碳中和

2022年主题出版重点出版物

碳中和

逻辑体系与技术需求

丁仲礼 张涛 等／著

科学出版社

北京

内 容 简 介

2060 年前实现碳中和，是党中央经过深思熟虑作出的重大战略决策，也是当前社会各界普遍关心的热点问题。作为最大的发展中国家，我国实现这个宏伟目标时间紧、压力大、任务重。在此背景下，如何绘制可落地的"碳中和"路线图，使我国在展现大国担当的同时，保障自身发展的权益，这是政策制定背后的重大科学问题。

本书从实现碳中和的基本逻辑入手，追本溯源，系统阐述了碳中和的问题由来及相关概念，然后以技术需求清单的方式，从技术内涵、现状及发展趋势和需解决的关键科技问题等方面，立体化地展现了发电端构建新型电力系统的前沿技术、能源消费端的低碳技术、固碳端的生态系统固碳增汇技术，以及碳排放与碳固定核查评估技术。最后，简要介绍了世界主要国家设立的碳中和目标及技术、行政、财税、法规等措施，提出了对我国构建碳中和政策体系的启示。

本书适合所有对碳中和知识感兴趣的读者，特别是政府工作人员、相关行业从业人员及科研工作者阅读与参考。

图书在版编目（CIP）数据

碳中和：逻辑体系与技术需求 / 丁仲礼等著 .—北京：科学出版社，2022.9
2022 年主题出版重点出版物

ISBN 978-7-03-073285-9

Ⅰ.①碳…　Ⅱ.①丁…　Ⅲ.①二氧化碳－节能减排－研究－中国　Ⅳ.① X511

中国版本图书馆 CIP 数据核字（2022）第 177311 号

责任编辑：马　跃　李　莉　顾英利 / 责任校对：贾娜娜
责任印制：霍　兵 / 封面设计：有道设计

科 学 出 版 社 出版
北京东黄城根北街16号
邮政编码：100717
http://www.sciencep.com

中国科学院印刷厂 印刷
科学出版社发行　各地新华书店经销

*

2022年 9 月第 一 版　开本：787×1092　1/16
2022年11月第三次印刷　印张：28 3/4
字数：500 000
定价：98.00元
（如有印装质量问题，我社负责调换）

作者简介

丁仲礼，地质学家、气候变化专家。中国科学院院士，发展中国家科学院院士，中国科学院地质与地球物理研究所研究员、博士生导师；十三届全国人大常委会副委员长，中国民主同盟中央主席，欧美同学会（中国留学人员联谊会）会长。曾任中国科学院副院长，中国科学院大学校长，中国科学院地质与地球物理研究所所长，中国第四纪科学研究会理事长，国际IGBP-PAGES执委会委员，国际山地综合发展中心理事等。

他的研究领域主要为新生代地质与古环境、全球气候变化、碳排放历史等。

张　涛，化学家、能源化工专家。中国科学院院士、发展中国家科学院院士和加拿大工程院国际院士。现任中国科学院副院长，中国科学院主席团成员、化学部主任，中国科学院大连化学物理研究所研究员、博士生导师。曾任中国科学院大连化学物理研究所所长。

近期主要从事单原子催化、纳米催化以及生物质催化转化等方面的研究。所率领的团队在国际上率先提出"单原子催化"（single-atom catalysis）的新概念，并首先发现纤维素一步法催化转化制乙二醇的新反应。多项技术已获工业应用。

序 言
Preface

国家主席习近平代表中国政府作出我国力争在2030年前实现碳达峰、2060年前实现碳中和的承诺之后，中国科学院学部工作局即刻设立专门咨询项目，组织来自地学部、生命科学和医学学部、技术科学部、数学物理学部和化学部的约一百位院士、专家，重点围绕"我国实现碳中和需要研发什么样的技术体系"这一主题，开展前瞻性研究。之所以选择这一主题，是因为大家认识到，在我国能源禀赋以煤炭为主、人均GDP刚跨过一万美元大关、全社会还需要完成大量基础设施建设这些基本国情之下，要通过短短几十年的努力，实现碳中和目标，最为根本的一点在于研发出适用且相对廉价的技术，从而为实现我国产业体系的绿色低碳化转型提供强有力支撑。核心专家团队通过讨论，决定从碳中和的基本逻辑入手，分别列出电力供应系统、能源消费系统、生态和人为固碳系统的技术需求清单，并就如何在未来推动这些技术的进步提出我们的看法。整个咨询项目由中国科学院分管学部工作的副院长高鸿钧院士、能源领域的专家中国科学院副院长张涛院士和我负责协调，电力供应系统的技术需求清单研究由孔力研究员、刘中民院士、王一波研究员牵头，能源消费领域的技术需求清单研究由张锁江院士、刘中民院士、江亿院士、张香平研究员牵头，固碳领域的技术需求清单研究由方精云院士、于贵瑞院士、李小春研究员、魏伟研究员、刘竹研究员牵头；此外，我们认为实现碳中和是一个需要国际协调的全球性目标，这就势必会牵涉到碳排放和碳固定方面的监测、计量等技术，为此专门设立一个"碳收支"核查评估方面的课题，由于贵瑞院士、刘毅研究员、魏伟研究员和刘竹研究员牵头。

在以上课题设计基础上，我们认识到：一个国家要实现碳中和，固然同其技术水平和产业体系密切相关，但也与其经济社会的发展阶段有关。比如，全球二百多个国家和地区之中，有的尚处在农业文明阶段，而一些先发国家已进入后工业化时代，意味着有的国家还没有真正"启动"碳排放，而先发国家经过工业革命以来的发展，已完成城市化、工业化等过程，并完成了本国高排放行业的向外转移，因此需要把碳排放的历史与现状作一国际对比，同时把我国碳排放的来源作一分行业比较。为此，咨询项目还设计了一些相对"较软"的课题，分别由段晓男博士、魏一鸣教授、曲建升研究员、魏伟研究员、刘竹研究员、潘教峰研究员和我来牵头。

我们的咨询项目获得初步结果之后，先由我代表大家在2021年召开的院士大会上作了汇报，得到不少院士的鼓励，也得到不少中肯的修改建议。在此基础上，我们完成了整个咨询报告，并由中国科学院党组上报相关领导机构。

完成咨询报告后，我们自认为这个课题的成果相对来说比较完整，即对"为什么要实现碳中和"、"怎样实现碳中和"这些社会普遍关心的问题有一个较为全面的理解，尤其是我们自认为较全面地列出了实现碳中和需要研发的技术需求清单，类似这样的工作，至少就我们所知，在国内外尚未见到，为此提出在咨询报告基础上，补充必要的材料，形成一本专门著作。这就是本书写作的原由。

出版本书，中国科学院的相关领导，尤其是分管学部工作的高鸿钧院士非常重视，他们从不同方面给予了支持和帮助。我本人只在书稿的内容编排和体例确定上做过一些工作，成书后的全稿审阅是由张涛院士完成的。科学出版社的领导林鹏同志亲自挂帅，组织了科学出版社内部多个部门的业务骨干，为本书的编辑出版加班工作，他们的敬业精神令我感动。

本书是集体劳动的产物，我们在每一节之后都列出了具体写作人、审稿人和编辑的名单，除了各章节标注的作者外，董欣欣及郑勇涛等同志也做了不少工作，我在此向他们一并表示感谢。同时需要指出，正因为本书由多人写就，在写作体例上、一些重要概念上、术语使用上乃至观点上可能会有不完全一致之处，甚至是谬误之处，对这些，我们十分欢迎读者方家不吝指正。

是为序。

丁仲礼

2022年7月

目　录

第一章

1

从碳排放到碳中和

摘 要

本章介绍为什么要实现碳中和，以及如何实现碳中和的基本逻辑。

大气中的温室气体主要为二氧化碳（CO_2）、甲烷（CH_4）、氧化亚氮（N_2O）和水汽，它们是维持地球环境具备人类生存条件的必要物质。碳元素是温室气体中最为重要的成分，在不同碳库间可通过物理、化学、生物、地质过程发生迁移，从而使碳库间的碳分布发生改变。如果大气圈中的温室气体浓度发生明显增减，就会促使气候条件产生变化，从而使地表的温度、降水、植被分布等发生相应改变。

进入工业革命时代，世界各国对能源的需求随之增加，从而消耗大量的化石能源，排放大量的碳，导致大气二氧化碳和甲烷浓度不断攀升。与此相对应，全球地表平均温度增加了1摄氏度左右，并引起海平面上升、冰川消退，以及降水格局、生物分布等出现一系列变化。根据预测，如果不对温室气体排放加以控制，地球气候将出现一系列灾难性改变。基于这样的认识，在《联合国气候变化框架公约》（United Nations Framework Convention on Climate Change，UNFCCC）下，世界各国达成了应对气候变化的国际合作协定，其核心是在21世纪中叶，人类活动排放的温室气体量同自然过程吸收和人为封存的量相一致，即达到碳的净零排放，或称碳中和。

近现代全球的碳排放主要来自煤炭、石油、天然气的燃烧利用，即来自火电、钢铁、有色、化工等领域，可简单理解为从农业文明向工业文明转化，从工业时代向后工业时代转化历史过程中的产物，因此，这二百余年里在大气圈中积累的温室气体如果从人均角度考虑，主要来自先期工业化国家的贡献。本章亦有详细的分析说明发达国家是大气温室气体浓度升高的主要贡献者。

碳减排或碳中和需要逐步减少化石能源的利用，而能源的相对廉价和易获得性又是经济社会发展的基础。从发达国家走过的路径看，一般在人均国内生产总值（gross domestic product，GDP）达到4万美元之前，人均能源的消费量呈增长趋势。中国的人均GDP刚超过1.2万美元，可以预见，在未来几十年中，中国的人均能源消费还有较大的增长。因此，中国要实现碳中和，必须在非碳能源替代化石能源上下功夫。由此，本章提出实现碳中和需"三端共同发力"的概念，第一端是发电端，把水、光、风、核作为主力发电能源，并大幅提高发电、储能、输电的能力；第二端是能源消费端，用绿电、绿氢、地热等替代化石能源的使用；第三端为固碳端，通过生态建设及碳捕集、利用与封存（carbon capture, utilization and storage，CCUS）等技术把碳人为地固定在地表、产品或地层中。

本节介绍自然状态下地球碳循环的方式以及碳循环在不同时间尺度上对气候变化的作用，为在接下来的章节中介绍人为温室气体排放对气候系统的影响做好知识铺垫。

地球系统中的碳储存在不同子系统中，它们被称为碳库，有大气圈碳库、陆地生态系统碳库、海洋碳库、化石能源碳库和岩石圈碳库。严格地说，化石能源碳库应包含在岩石圈碳库中，但由于它与当前气候变化关系密切，故需要单独列出。各碳库之间可通过具体的物理、化学、生物、地质过程，实现碳的转移，从而导致碳库间碳含量的变化。对气候系统可造成重大影响的碳转移主要表现在大气圈碳库含量的变化，即造成大气中二氧化碳、甲烷等浓度随之升高或降低上。

在有人类活动干预气候系统之前，地球各碳库之间也存在着数量巨大的碳转移，由此表现出十分明显的气候变化。但必须强调的是，大气圈二氧化碳浓度的变化未必是自然状态下气候变化的驱动因素，这一点同工业革命以来气候变化主要起因于人为排放的碳这一现象有所不同。

在古气候学研究中，气候变化一般分成三个时间尺度来描述，根据目前的理解，大气中二氧化碳浓度同气候变化的关系可简单做如下表述：在几十万年到百万年甚至千万年级时间尺度的构造尺度气候变化中，二氧化碳浓度变化是最为主要的调节因素；在万年级时间尺度的轨道尺度气候变化中，二氧化碳浓度变化是气候变化的主要反馈因素；在千年级、百年级时间尺度气候变化中，二氧化碳的作用一般不甚明显。

碳（C）是地球上一种广泛分布的元素，如果根据所有元素在地壳中的丰度从高到低排列，它排在第17位[1]。碳元素可以赋存在气体化合物中，比如二氧化碳和甲烷；也可以有机烃类形式赋存在石油中，或者以复合阴离子形式溶解在水体中，比如碳酸氢根离子（HCO_3^-）和碳酸根离子（CO_3^{2-}）等；又可以结合在固态物质中，比如植被、石灰岩[主要成分为碳酸钙（$CaCO_3$）]、煤炭等均富含碳，另外，它还可以作为单质成矿，比如石墨和金刚石。

碳元素由于其存在形式的多样性，易于从一种赋存状态变化到另一种状态，比如煤炭燃烧使碳元素从固态转化为气态，海洋中溶解的HCO_3^-、CO_3^{2-}与Ca^{2+}结合最终形成$CaCO_3$固体沉淀。如果这样的转化能引起大气二氧化碳浓度发生实质性改变，则会通过温室效应（详见本章第二节）机制，引起全球气候的改变。这也是全世界近年来一直对大气二氧化碳浓度增加高度重视，并希望早日阻断大气二氧化碳浓度增加这个过程以达到碳中和的首要原因。

因此，了解全球碳循环（global carbon cycle），最要紧的是了解在此过程中，大气圈中的二氧化碳和甲烷浓度如何改变，进而如何影响气候条件的改变。这将是本节的重点。

一、 碳库及碳转移

对碳库，研究人员最为关心的是三件事，一是碳的储量和含量，二是碳存在的形式，三是碳如何从一个库转移到另外的库，即转移的过程与机制。碳储量是一个总体概念，指整个库中包含多少碳，一般以吉吨碳（10^9吨碳）或拍克碳（10^{15}克碳）表示，二者计量一致，均为"10亿吨碳"，如果要将其转化为二氧化碳，则应乘上一个系数3.66。碳含量是一个相对概念，一般以百分之几（%）或百万分之几（ppm[①]）表示。

下面介绍几个主要碳库。

（一）大气圈碳库

大气圈碳库中，对气候变化有实质影响的含碳气体主要为二氧化碳，其次为

---

① 1 ppm = 10^{-6}。

甲烷。甲烷的全球增温潜势（global warming potential，GWP，可简单理解为相对增温能力）大致是二氧化碳的29.8倍，即等质量甲烷的增温能力是二氧化碳的29.8倍，根据分子量换算成摩尔分数，则1 ppm甲烷的增温潜势可视为等同于10.8 ppm二氧化碳的增温潜势。截至2019年，全球大气二氧化碳的平均浓度（以摩尔分数表示）已达到410 ppm，碳总量已经在860吉吨碳之上；甲烷的含量在1.9 ppm左右，约相当于20.5 ppm二氧化碳当量。

从碳转移的角度看，与大气二氧化碳交换的主要对象是化石能源碳库、陆地生态系统碳库和海洋碳库。化石能源燃烧后产生的二氧化碳，绝大部分会先进入大气，大气相对海洋表层的二氧化碳分压则将随之增加，由此导致一部分排放的二氧化碳被海水溶解吸收；同样，大气二氧化碳分压增加，在其他条件不变的前提下，可通过所谓的二氧化碳施肥作用，促使植被光合作用增强，从而把一部分人为排放的二氧化碳固定在陆地生态系统碳库中。特别要指出的是，如果出现人为毁林或改变土地利用方式，常常会导致从陆地生态系统向大气排放二氧化碳。

以上是短时间尺度上的碳转移，在百年、千年甚至地质时间尺度上，同大气圈碳库做碳交换的过程还会有很多，比如火山作用、深部温泉过程、岩石圈断裂过程、煤炭地下自燃等都可以或多或少向大气释放二氧化碳，冻土融化、深部大陆架增温可导致甲烷释放。这些过程会在地质时间尺度上导致气候变化。

甲烷在大气圈碳库中短时间尺度的变化常常受控于湿地面积和反刍动物的数量变化，但由于甲烷相对于二氧化碳浓度较低，在温室效应上影响要小得多，故人们对其循环过程的了解并没有如二氧化碳那么详尽。

（二）陆地生态系统碳库

陆地生态系统碳库主要由地表植被（森林、灌木、草原、农作物等）、土壤（包括根系）和地表枯枝落叶层三大部分组成，从碳总量估计，地表植被在450～650吉吨碳，土壤在1200～2100吉吨碳，地表枯枝落叶层在300吉吨碳左右，因此这个库的碳总量约在2000～3000吉吨碳。

陆地生态系统碳库通过植被的光合作用吸收大气中的二氧化碳合成组成植物的有机质，同时通过植被-土壤的呼吸作用向大气释放二氧化碳，据估计，这两个过程的年通量在120吉吨碳左右，相比于大气圈碳库中约860吉吨碳，这个通量还是相当可观的。

在地表植被中，森林是最为重要的碳库，这是由于一方面森林生长期长，可固定大量的碳，另一方面森林被砍伐以后可作为木材制成各种用具，其本来固定的碳并不会很快返回到大气圈，同时森林被砍伐后的土地可重新经营起固碳作用的林地。因此，保护、经营好林地，对人为阻止大气二氧化碳浓度升高有非常重要的意义。

（三）海洋碳库

海洋是地球上最大的碳库（约38 000吉吨碳）。海洋中的碳主要以溶解无机碳的形式存在于中层和深层海水中，大约只有700～1000吉吨碳存在于与大气圈直接接触的表层海水中。此外，海底的松散沉积物中还赋存有沉淀下来的含碳量约为6000吉吨碳的碳酸盐，它们理论上可同海水反应而重新进入碳循环系统，但由于只可在与地质过程相关的时间尺度上起实质性作用，故目前气候变化相关的研究并不需要考虑它。

海洋同大气圈碳交换主要凭借三类过程：一是化学过程，即海水通过化学过程吸收大气中的二氧化碳，并以碳酸盐的形式存在于表层水体中，由于这种吸收随温度下降而增加，因此赤道附近的海水一般为"碳源"，即向大气排放二氧化碳，中高纬度海水则为"碳汇"，即吸收二氧化碳；二是物理过程，即通过大洋环流的物理过程起作用，比如在下沉流地区把二氧化碳带到深水区，而在上升流地区又向大气释放二氧化碳；三是生物过程，即在海洋表面混合层中，由于生物的光合作用，二氧化碳被不断地转化成有机碳和碳酸盐，这些物质又会通过呼吸作用和生物死亡之后的分解作用释放出二氧化碳，但有小部分以生物碎屑的形式沉积到海底。

工业革命以来，大气二氧化碳浓度在不断增加，海洋表层溶解的碳酸盐也在积累，因此海水的酸度在缓慢增加。从整个海洋来说，表层水体与中深层水体的混合过程相当缓慢，因此表层海水的碳积累幅度要相对高于中深层海水。

在人类排放有实质性影响之前，据估计海洋与大气间的碳交换年通量双向均约为90吉吨碳，这主要是通过海-气界面的扩散作用实现的。

（四）化石能源碳库

化石能源碳库主要以煤炭、石油、天然气等形式存在于地壳中，它们是漫长地质时期的产物。在人类开采利用化石能源之前，其同大气圈的交换主要通过内部自燃等过程释放二氧化碳，但量不会太大，足以通过陆地和海洋的自然吸收过程中和。自工业革命以来，通过煤炭、石油、天然气的规模化利用而向大气释放的二氧化碳日渐增多，目前排放的量已接近10吉吨碳/年。根据相关估计，地壳中以煤炭、石油、天然气形式存在的碳总量在5000～10 000吉吨碳。

（五）岩石圈碳库

岩石圈由地壳和上地幔顶部组成，厚度一般为60～120千米。岩石圈中含有大量的碳，前面所述的化石能源碳库实际上也包含在岩石圈碳库中，本书之所以将其单独列出，只因化石能源碳库对目前的大气二氧化碳浓度增加的作用处在核心位置。岩石圈中含碳量最大的次级碳库是广泛分布的碳酸盐岩，因其沉积时即结合了碳酸根离子，但碳酸盐岩原则上对大气二氧化碳浓度变化不会产生明显影响，因为其风化时，会释放二氧化碳，沉积时又将吸收大气二氧化碳，总体是平衡的。岩石圈中含有大量流体，里面含有不同浓度的二氧化碳，流体从岩石圈向大气圈运动时，可释放数量不等的二氧化碳气体，最为突出的例子就是火山喷发时，其释放的气体中含有丰富的二氧化碳，当数量积累到一定程度时，即可引起气候的实质性改变。

岩石圈对大气圈来说，既可能是碳源，也可能是碳汇。同时岩石圈处在不断运动之中，在其上面出现的物理、化学、生物过程一般只对万年以上时间尺度的碳循环起控制性作用。

二、　构造尺度气候变化与碳循环

气候变化在不同时间尺度上有不同特点，对研究者来说，通常是从驱动-响应（forcing-response）这样的思路出发，来构建各个时间尺度气候变化的理论。影响气候变化的因素可能有很多，但"原初驱动因素"是什么？有哪些正或负的反馈因素？这些因素通过什么机制起作用？以上恰是真正要关心的问题，对这些问题的理解也是判断目前气候变化原因的基础。

地球的地质构造处在缓慢而持久的变动之中，从而引起海陆构型、山脉分布、川流格局等地貌形态不断改变，由此引起气候条件的变迁，并且这种变迁的幅度可以非常大，比如地球历史上曾出现过基本被冰雪所覆盖的"雪球时期"，也出现过基本无冰的"温室时期"，有的时期大气二氧化碳浓度可高达几千ppm。

地质学界一般把数十万年以上时间尺度上的气候变化统称为构造尺度气候变化，顾名思义，即意指这是由岩石圈板块构造运动所"原初驱动"的。我们知道，地球岩石圈分若干个板块，这些板块数十亿年来一直处在不断分分合合的运动之中。可以想见，板块分布的不同格局本身就会使地球气候处在不同状态之下，由此推动了生物界的演化。可以这样说，由于板块运动，地球历史上，没有两个地质时期的气候条件是完全相同的。

那么，二氧化碳在构造尺度上的变化由什么控制？它本身在气候变化中起怎样的作用？回答这些问题，首先得了解板块运动的基本特征。岩石圈板块由地壳和上地幔顶部组成，为刚性块体，处在具塑性特性的"软流圈"之上，软流圈的缓慢运动可驱动板块运动。在它们的运动过程中，有三类重要的边界，均会从地球内部释放二氧化碳到大气圈中。一是扩张的大洋中脊，不断有火山物质涌出，同时促使大洋板块生长；二是在板块的俯冲带，形成一条火山喷发带；三是在不同的大陆板块碰撞带，地表隆起抬升，形成山脉，同时出现火山活动。可以想见，在板块运动的不同阶段，这些边界的活动方式、活动强度是不同的，由此释放到大气圈中的二氧化碳数量也会不同，并导致大气二氧化碳浓度处在不断变化之中。

如果仅有火山作用，地球就会由于温室气体不断增加而过热，由此需要有消耗含碳温室气体的过程起"维稳"作用。消耗含碳温室气体的过程，一是生物的作用，比如煤炭、石油、天然气的形成。二是硅酸盐的风化作用，这也是最为重要的过程。简单地说，硅酸盐的风化产生的以钙离子为代表的阳离子，由河流带入内陆水体、海洋，部分由土壤水/地下水系统向下渗透，均有可能形成大量的碳酸盐沉积，从而把大气二氧化碳固定到地表系统中。理论上讲，大气二氧化碳浓度越高，气温就越高，降水量也随之增加，从而促使风化作用和沉积作用增强，进而降低大气二氧化碳浓度；反过来，当板块运动释放二氧化碳总量降低时，消耗大气二氧化碳的作用也将相应减弱。从这个意义上讲，地球表面之所以没有像金星一样"气化"，或像火星一样"冰冻"，始终促使水处在三相（气-液-固）共存状态并推动生物的进化，大气二氧化碳-岩石风化这个系统的"维稳"作用厥功至伟。

地质学界把距今6500万年以来的时期称作新生代，在新生代很长一段时期内，大气二氧化碳浓度非常高（达数千ppm），当时南北两半球极地均没有冰盖，我们称其为"温室时期"。后来由于印度板块同欧亚板块碰撞，青藏高原抬升，大量的新鲜岩石暴露，促使硅酸盐的风化作用加强，持续消耗大气二氧化碳，从而使气温逐渐下降，首先在2000多万年前形成南极冰盖，到约300万年前，北极格陵兰岛出现冰盖，地球由此进入"冰室时期"，全球大气二氧化碳浓度据估计下降到300 ppm以下。

可见，碳循环在构造尺度气候变化上起到了重要的调节作用。

三、 轨道尺度气候变化与碳循环

轨道尺度的气候变化由地球轨道的周期性变化驱动。

地球轨道有三个参数（图1.1），一是偏心率，地球绕太阳公转，轨道呈椭圆形，太阳处在椭圆形一个焦点上，偏心率可直观地理解为轨道的椭圆化程度，当其为0时，轨道即为圆形；二是地轴倾斜度，即地球自转轴是倾斜的，并且倾斜程度会周期性变化；三是岁差，可简单理解为地球近日点出现的时间呈周期性变化。这三个参数变化是由于太阳系内各星体有各自运行轨道，从而使作用于地球的重力产生摄动。它们之间的组合变化，尽管基本不改变到达地球大气圈顶部的太阳辐射总量，也就是说，太阳辐射在一年中按时间和纬度的积分是基本不变的，但太阳辐射沿不同纬度和在不同季节可产生变化，从而驱动气候变化。这三个参数变化的主要周期分别是10万年、4.1万年和2.3万年。

20世纪70年代以来，地质学界利用深海、黄土、冰岩芯、湖泊、洞穴等沉积记录，运用物理学、化学、生物学多种手段，着重对地球的最新年代即第四纪时期（约260万年以来）的古气候演化史做了大量研究，目前已知的结果是第四纪时期的气候一直发生着冰期-间冰期的周期性旋回，冰期（非地质学界一般所称的冰河期）呈现出相当寒冷的气候，以北半球高纬度地区出现巨大的冰盖为主要特征，间冰期则相对温暖，同目前的气候条件近似。同天体物理学的理论计算结果一致，对气候变化的"代用指标"曲线（如深海底栖有孔虫氧同位素曲线指示全球陆地冰量的变化，黄土沉积的粒度曲线代表区域干旱程度的变化，冰岩芯中的氧同位素曲线代表当地气温的变化）做频谱分析后，发现确实存在主导性的10万年、4.1万年、2.3万年周期，这表明地球轨道变化对气候变化起到了"原初驱动"作用。

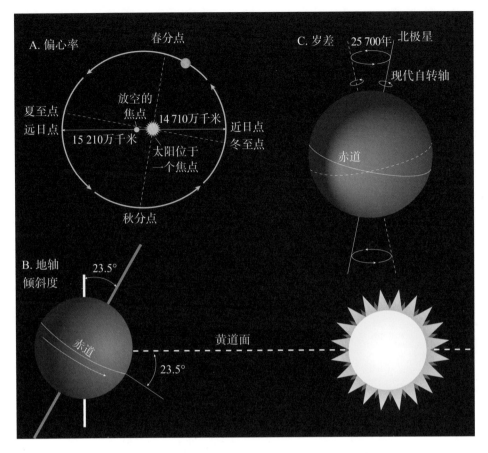

图1.1 地球轨道的三个参数（改绘自文献[2]）

对气候代用指标曲线的进一步分析发现，陆地冰量大小变化及与之相关的一系列变化由北半球高纬度（65°N）夏季太阳辐射的变化所控制，约80万年来（图1.2），其以10万年周期变化为主要特征，4.1万年和2.3万年的周期变幅相对较小。而低纬度地区则明显不同，低纬度地区太阳辐射变化以2.3万年为主，并且南北半球的相位相反。以能够精确定年的洞穴沉积氧同位素曲线为代表，南北半球低纬度地区的气候变化确实存在反相位情况，即北半球潮湿时，南半球变干，反之亦然。由此，古气候学界得出两种变化模态，一是全球冰量模态，即全球的冰量增减主要发生在高纬度地区，尤其是北半球，冰量增减变化也可对中低纬度地区产生重要影响；二是热带地区的季风模态，两半球都以2.3万年周期为主导，但二者之间相位相反。在变化幅度上，高纬度地区气温变幅可达10摄氏度以上，赤道地区一般只有2~3摄氏度。

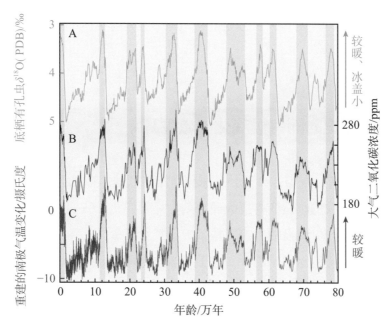

图1.2 南极冰岩芯记录的80万年冰期旋回中大气二氧化碳浓度的变化[2]

PDB：Peedee belemnite，氧同位素分析中的衡量标准之一

　　冰期时，陆地冰盖的扩张程度可大大超出非专业人士的想象。以最近一次冰盛期为例（距今2.1万年前），北半球的美洲、欧洲大片陆地被厚约3000米的冰盖所覆盖，其总量远超目前的南极大陆冰盖，从而导致全球海平面下降约120米，大片的大陆架得以出露，同时中低纬度地区干旱程度大大增加，导致沙漠扩张，全球性的沙尘暴频发，全球的生物总产量亦大大降低。

　　全球末次冰期大致在1.1万年前结束，由此进入当前这个间冰期，地质学界称之为全新世，全新世从开始到约6000年前，气候温暖程度达到高峰，海平面也比目前高2米左右，其后开始缓慢降温，这样的变迁也是在"自然"状态下，地球轨道变化所调控的。可以想见，如果没有人为干预，下一个冰期也必然会出现，但由于人为排放温室气体的影响，情况改变了。

　　在轨道尺度气候波动之下，大气二氧化碳浓度作何变化？过去几十年来，科学家通过十分艰苦的努力，到南极冰盖上打钻，获得冰岩芯，把封冻在古老冰岩芯中的气体提取出来做分析，由此获得大气二氧化碳和甲烷浓度的变化曲线。现在可以肯定地说，过去约80万年来，大气二氧化碳浓度在180 ppm至280 ppm变化，间冰期高于冰期，并且大气二氧化碳浓度的变化并没有超前于气温变化，由此可以比较明确地认为，在轨道尺度气候变化上，二氧化碳主要起正反馈作用，并不起"原初驱动"作用。

四、 人类历史时期气候变化与碳循环

大致在1万年前，人类社会开始从采集狩猎时代进入农业定居时代，从那时开始，人类对地球面貌的改造变得巨大而深刻，尽管如此，我们有证据相信，人类活动对地球气候系统产生明显的影响只是肇始于工业革命。

从重建气候历史的材料来看，过去1万年的地质记录要远远多于之前，并且研究者已有条件获得多重、高分辨率记录。这种高分辨率记录，一是来自冰岩芯，无论是北极格陵兰冰盖，还是南极冰盖，抑或是青藏高原和南美高原的小冰帽，相关研究者都通过艰苦的努力，获得了诸多冰岩芯，这些冰岩芯往往有年纹层，即冬天积雪、夏天消融，形成一年一层的纹理，可用于精确定年，冰岩芯中可提取有关气温、大气化学成分等的宝贵信息；二是来自树轮，树轮一年一圈，其宽窄变化等方面的信息与其生长条件即气候环境有强烈的相关性；三是洞穴中的石笋记录，石笋生长的物质来自土壤下渗水，许多石笋往往具有年纹层，可用于精确定年，石笋的碳、氧同位素等指标含有较明确的气候环境变化信息；四是热带海洋珊瑚记录，一些珊瑚生长时也有年纹层，易于定年，并且用诸如氧同位素等地球化学指标，可获得海水表层温度变化的信息；五是历史文献记录，世界上一些方志或史书中常含有气候变化的信息，比如港口结冰和消融的时间、物候变化的时间等，虽然它们不如气象记录那么直接，但对推测气候变化历史还是大有裨益的。

在过去的数十年间，全球各地的众多科学家，投入大量时间，对目前这个间冰期，即全新世的气候变迁做了大量研究，一些基本的共识已经达成。比如，从末次冰期结束后，气温开始缓慢上升，约6000年前达到高点，那时的海平面估计比目前高2米，气温也要高出1～2摄氏度，古气候学界一直以全新世适宜期（Holocene Optimum）称之，之后开始缓慢变冷，但速率处在每千年变冷0.2～0.3摄氏度，这个大趋势式的变化应该是地球轨道变化所控制的。在全新世1万年间，气候也有波动，既有千年时间尺度的波动，也有百年时间尺度的波动，目前看来，这类波动并没有明显的周期性，并且大部分为区域性现象，即难以做全球或半球的对比。从中

国历史记录看，百年尺度的波动，确实存在。早在20世纪三四十年代，国内一些历史学家和自然科学家就曾提出，中国某些王朝更替、战乱同气候冷暖交替有关，比如，气候变冷时，北方草原地区相应变干，因此不足以支撑游牧民族生存，故游牧民族要南侵进入农业区域。需要指出的是，有关千年尺度、百年尺度的气候变化或事件，尽管研究很多，但还难以确定其"原初驱动"因素，更不用说掌握其变化规律。

针对最近一千多年，欧洲研究最多的是两个气候事件，一是"中世纪暖期"，二是"小冰期"，前者发生于公元1000～1300年，后者为公元1400～1900年。中世纪暖期时，欧洲北方人可在格陵兰西南缘的冰盖外侧定居并栽种小麦，气候应该比现今还要温暖；小冰期时，阿尔卑斯山脉的冰川大幅向低海拔地区扩张，冬天变长变冷，庄稼歉收，应属于灾难性气候时期。这两个事件在北半球达到多大的空间范围，目前还不能肯定。我国则肯定存在小冰期，这在西部山岳的冰川记录中看得很清楚。我国也可能存在类似于中世纪暖期这样的事件，但强度和起始时间还不是很清楚。

根据冰岩芯记录，工业革命前大气中二氧化碳的浓度在280 ppm左右，甲烷的浓度在0.8 ppm左右，应该与工业革命之前80万年的间冰期无甚差别，因此全新世大多数时段的气候变化同碳循环无甚关系，其趋势性变化受控于地球轨道变化，另外的一些非周期性变化事件可能同地球系统内部的变化如格陵兰冰盖的消长、大洋环流、火山喷发等有关联，也可能同太阳辐射变化这样的外部因素有关。但不管怎么说，这些事件的变化速率和变化幅度都不大，并且在空间上缺乏连续性。气候真正全球性的变化是过去150年来温度增加了1摄氏度左右，这样的快速增温肯定不会是构造尺度或轨道尺度因素变化所致，我们也没有火山活动、太阳活动等方面的证据来对其进行解释。由于这个时段大气温室气体浓度快速增加，从古气候变化的背景来理解，二氧化碳导致的增温是最为合理的解释。当然，这个增温是不是中断了本来轨道变化导致的全球变冷趋势，并给人类带来了好处，那是另外一个话题。

作 者：丁仲礼

审稿人：葛全胜

编 辑：韩 鹏 陈会迎

　　大气中对地面长波辐射具有强烈吸收作用的气体，被称为温室气体。在工业革命前几千年间，大气温室气体浓度保持在相对稳定的水平。但从工业革命以来，人类通过燃烧化石能源释放大量二氧化碳、甲烷、氧化亚氮等温室气体，造成大气中温室气体浓度不断攀升，温室效应加剧，进而引起全球气温的升高。过去百年，全球经历了以变暖为特征的气候变化。自1970年以来，全球地表平均温度的上升速度超过了过去2000年来甚至更长时间里的任何年份。随着全球变暖，大气、海洋、冰冻圈和生物圈已经发生了广泛而快速的变化，通过不同方式影响着全球各个区域。如果全球升温趋势不减，这种影响将在未来进一步增强，特别是小岛国和沿海地区，面临海平面上升带来的巨大影响。大致在距今6000年前，全球地表平均温度比工业革命前高约2摄氏度，当时海平面比目前高约2米，这应该是目前科学界希望把温度升高控制在2摄氏度之内的一个较为充分的理由。2015年底，《联合国气候变化框架公约》近200个缔约方一致同意通过《巴黎协定》，明确把全球地表平均温度升幅控制在工业化前水平以上2摄氏度之内，并努力将温度升幅限制在工业化前水平以上1.5摄氏度之内，以降低气候变化所带来的风险与影响。因此，《巴黎协定》也就成为第一个使全球2摄氏度温控目标具有法律效力的国际条约。

一、 温室气体和温室效应

太阳是地球能量的主要来源，地球通过接收来自太阳的短波辐射获得热量。太阳辐射透过大气到达地面，地表受热后向外释放长波辐射输出热量，从而维持能量平衡。大气中某些成分具有吸收地表向上发射的长波辐射并向下发射长波辐射的能力，从而起到加热地表的作用，导致地表与低层大气温度升高。因这种作用类似于栽培农作物的温室，故称为"温室效应"。温室效应由法国物理学家和数学家约瑟夫·傅里叶于1824年首次发现。随后，瑞典气象学家尼尔斯·古斯塔夫·埃克霍尔姆在1901年正式提出"温室效应"的概念。大气中对地面长波辐射具有强烈吸收作用的气体，被称为温室气体，主要有二氧化碳、甲烷、氧化亚氮、臭氧、氯氟烃及水汽等。

温室效应阻挡了地表热量辐射到太空，起到调节地球气温的作用。地球的平均温度之所以长期保持在适宜生物生存和繁衍的水平，温室效应功不可没。根据估算，若没有温室效应，地球表面的平均温度将是–18摄氏度，而现在的实际平均温度是15摄氏度，因而自然温室效应的增温幅度是33摄氏度。正因为有了适量的温室气体和温室效应，才有地球的宜居环境，也才会有人类文明。然而，如果温室气体浓度过高，温室效应过强，也会产生严酷的环境。比如金星，和地球在大小、质量和密度上非常相似，但它的大气非常致密，96%是二氧化碳，温室效应强烈，导致其地表温度高达464摄氏度。反过来，如果温室气体浓度过低，温室效应太弱，如火星，就会极端寒冷而同样不适合生物生长。

不同类型温室气体产生的增温效应存在较大的差异。为了评价温室气体对气候变化影响的相对能力，学术界采用了一个名为"全球增温潜势"的参数，即在一定的时间框架内，某种温室气体的温室效应对应于相同效应的二氧化碳的质量，可简单理解为相对增温能力。之所以用二氧化碳作为参照气体，是因为其对全球变暖的影响最大。在百年框架下，甲烷的全球增温潜势是29.8，氧化亚氮是273，也就是说，这两种气体在百年尺度上的增温能力分别是二氧化碳的29.8倍和273倍。有些温室气体如氯氟烃，虽然增温能力很强，但由于含量极低，整体的增温效应有限。因此，学术界一般考虑的温室气体主要是二氧化碳、甲烷和氧化亚氮。

在工业革命前几千年间，大气二氧化碳浓度保持在相对稳定的水平，即280 ppm左右。但从工业革命以来，大气中温室气体的种类和浓度显著增加。和1750年相比，2019年的大气二氧化碳、甲烷和氧化亚氮浓度分别增加了47%、156%和23%。在地球历史上，2019年大气二氧化碳浓度（410 ppm）比有冰岩芯记录的过去至少80万年里任何年份都要高，甲烷和氧化亚氮的浓度在过去至少80万年里也是最高的。

工业革命以来，造成大气温室气体浓度增加的主要原因是人类活动。化石能源燃烧、土地利用变化（如森林砍伐、开垦农田）等会造成二氧化碳的大量排放。特别是化石能源燃烧，从20世纪50年代开始就已经成为大气二氧化碳最主要的来源。煤炭、石油、天然气是当前人类使用的主要化石能源。通常用排放因子表征能源排放水平，也就是燃烧单位质量能源释放二氧化碳的量。煤炭、石油、天然气三者的二氧化碳排放因子之比大致为1∶0.8∶0.6。根据"全球碳计划"（Global Carbon Project）评估报告，2010~2019年全球年均人为二氧化碳排放量为401亿吨，其中化石能源排放的二氧化碳为344亿吨，约占排放总量的86%，土地利用变化排放的二氧化碳为57亿吨。虽然人类排放的二氧化碳约有54%被陆地（约31%）和海洋（约23%）所吸收，但仍然约有46%留在大气中累积起来，造成大气二氧化碳浓度升高。

人类活动同样深刻影响着大气中其他温室气体的浓度变化，如水稻种植、家畜饲养、生物质燃烧以及煤矿开采和天然气的排放等都大大增加了大气中的甲烷浓度。使用化肥、燃烧化石能源助推了大气中氧化亚氮浓度的升高。

过去百年，全球经历了以变暖为特征的气候变化。根据政府间气候变化专门委员会（Intergovernmental Panel on Climate Change，IPCC）第六次评估报告（AR6）第一工作组报告，2011~2020年全球地表平均温度要比1850~1900年高约1.09摄氏度，且陆地增温幅度（约1.59摄氏度）要大于海洋（约0.88摄氏度）。自1970年以来，全球地表平均温度的上升速度超过了过去2000年来甚至更长时间里的任何年份。

二、 温室气体与全球增温

根据上面的分析，我们了解到全球大气温度总体在升高，温室气体浓度也在增加，那么，两者之间是否存在因果关系呢？

就全球增温而言，百年来全球大气温度呈波动式上升，即在整体上升趋势中表现为冷—暖—冷—暖的波动。从20世纪80年代开始全球持续变暖，但在1998～2012年增温速率明显变缓，有学者称这种现象为"全球增温停滞"或者"全球变暖减缓"。但随后全球温度又有所上升。因此，全球大气温度并非稳定上升，而大气二氧化碳浓度则持续攀升，因此，全球变暖和大气二氧化碳浓度之间并非简单的线性相关关系。

度量温室气体浓度与增温关系的一个关键指标是气候敏感度。以工业革命前的气候状态为参考标准，当大气二氧化碳浓度从280 ppm增加到560 ppm，即为工业革命前浓度的两倍，气候系统完全响应并达到新的平衡态时，全球地表平均温度的增加幅度称为"平衡态气候敏感度"，简称为"气候敏感度"。气候敏感度用摄氏度来表示，它是预估在温室气体排放背景下全球增温幅度的关键参数，直接影响到未来温室气体减排方案的制定。气候敏感度越高，即表明二氧化碳增加导致的可能增温越高，意味着在同等升温控制目标下大气二氧化碳浓度的剩余增长空间越小，人类社会面临的减排压力就越大。

有关气候敏感度的研究始于19世纪末。瑞典科学家斯万特·阿伦尼乌斯根据简单的热辐射平衡理论定量研究了二氧化碳的温室效应，指出二氧化碳浓度加倍下全球地表平均温度将增加4.4摄氏度左右。经过不断地深入研究，IPCC第六次评估报告第一工作组报告认为，气候敏感度的中值为3摄氏度，可能范围为2.5～4摄氏度。这意味着，如果人类活动持续向大气排放二氧化碳，并使其浓度达到560 ppm，全球地表平均温度相比工业革命前将增加3摄氏度。在限定增温不超过2摄氏度、平衡态气候敏感度如果取中值3摄氏度时，对应大气二氧化碳浓度约为450 ppm，这正是十几年前国际上强调"2摄氏度阈值"下控制温室气体浓度不超过450 ppm说法的由来。但目前大气二氧化碳浓度为410 ppm以上，甲烷为1.9 ppm左右，约相当于20.5 ppm二氧化碳当量，再算上氧化亚氮的作用，早已超过450 ppm二氧化碳当量，但升温还在1摄氏度左右，由此可见，增温和二氧化碳的作用关系比较复杂。需要指出的是，气候敏感度描述的是气候系统完全达到平衡后的全球温升幅度，由于海洋热惯性等的影响，气候系统完全达到平衡需要上千年的时间。目前在全球气候变化治理中讨论的温控目标是限于21世纪内的瞬变增温而不是超千年的长期平衡态目标。因此，需要寻找一个指标来度量碳排放和瞬变的温升幅度之间的关系。

通过数据分析发现，工业化以来的人为累积二氧化碳排放和全球地表温升之间存在近似线性的关系，这种关系被称为"累积二氧化碳排放的瞬态气候响应"（transient climate response to cumulative emissions of carbon dioxide，TCRE）。该指标被用来定量化描述每排放1000吉吨二氧化碳引起的全球地表平均温度的变化。IPCC第六次评估报告第一工作组报告指出，TCRE的最优估计值为0.45摄氏度/1000吉吨二氧化碳，可能范围是0.27～0.63摄氏度/1000吉吨二氧化碳。当然，TCRE估算存在较大的不确定性，这是因为科学界对气候系统的复杂性尚未充分了解。

在气候学上，把人为排放温室气体、气溶胶等引起大气层顶部净辐射通量的变化这一驱动因子，称为"强迫"。由于温度升高会导致气候系统如海冰、积雪、水汽、云量等发生一系列的变化，反过来对温升产生影响，我们将这些变化称为"反馈"。气候敏感度描述的是对温室气体"辐射强迫"的"响应"，但最终响应的强度（增温幅度）不仅取决于强迫，还受到各种反馈过程的影响。二氧化碳浓度加倍引起的直接辐射驱动，在气候系统尚未发生任何反馈的情况下，可根据物理定理计算得到准确的数值（3.71瓦/米^2），大致相当于全球增温1.2摄氏度。

然而，气候系统的反馈过程相当复杂，这是造成气候敏感度不确定性的主要来源。这些反馈过程包括以下几方面。第一，水汽反馈。水汽是地球上最重要的温室气体，其温室效应也最强。大气中水汽的多少受温度控制，当地表温度升高时，大气中水汽含量增加，会吸收大量的长波辐射，导致进一步增温，这一过程即为"水汽正反馈"。第二，冰雪反照率反馈。冰雪对太阳短波辐射有较强的反射效应。高纬度和高山地区的雪与海冰对气温的变化非常敏感，增温使得冰雪融化，降低地球的反照率，使得地-气系统对太阳辐射的吸收增加，导致进一步增温，该过程即为"冰雪反照率正反馈"。第三，云反馈。增温背景下，云的响应非常复杂，云量、云高、云粒子大小和云的相态改变等都影响大气层顶部的辐射通量。一种云属性的改变可能同时存在增温和降温两种效应，即正负反馈效应。比如云量减少，一方面会导致入射短波辐射增加，导致地-气系统增温，造成正反馈；另一方面则会使出射长波辐射增多，导致地-气系统降温，为负反馈。云反馈的净效应难以确定，这或许是气候敏感度不易准确计算的一大原因。

气候敏感度不确定性的另一来源是人为排放的大气气溶胶含量变化。气溶胶一般起到反射太阳辐射的作用，因此具有致冷作用，但有一部分气溶胶如黑碳则通过吸收太阳辐射而起增温作用。人为排放的气溶胶浓度随工业化的不同进程而变化，但由于缺少全球不同时期气溶胶浓度变化的足够可靠的数据，定量评估其影响的条件还不成熟。

正是因为目前学术界对以上反馈过程和相互作用，尤其是涉及云的基本物理过程的认识存在不足，不同模式给出的气候敏感度结果差异较大，这对科学制定减排目标提出了严峻挑战。

除上述因素外，其他自然因素造成的影响也不容忽视。比如火山活动排放大量的火山灰，可以到达平流层，形成硫酸盐气溶胶，通过阻挡太阳短波辐射导致全球降温。历史上不乏大规模火山活动导致气候剧烈变化的例子，比如1991年6月，菲律宾皮纳图博火山爆发导致全球降温0.5摄氏度，进入了为期两年的"火山冬天"。火山气溶胶的气候影响一般只持续一两年，观测中未发现近百年来火山活动存在长期趋势，故不足以影响全球温度的长期变化规律。

再比如，太阳黑子活动。由于地球的能量主要来自太阳，太阳活动的强弱直接影响入射短波辐射量的多少。太阳黑子越多，说明太阳活动越强。最近400年来发生过3次太阳黑子活动极小期，分别是1645～1715年的蒙德极小期、1790～1830年的道尔顿极小期和2004年至今的太阳活动极小期。太阳活动弱的时期，往往是寒冷的时期。目前一般认为，中世纪暖期（又称"中世纪气候异常期"）和小冰期是太阳活动和火山活动综合作用下自然强迫因子影响气候的个例。中世纪暖期的太阳辐照度偏高、火山活动频率偏低，小冰期则太阳辐照度偏低、火山活动频率偏高。

IPCC第六次评估报告第一工作组报告指出，与1850～1900年相比，2010～2019年的平均温升中，由人类活动导致全球地表增温的可能幅度为0.8～1.3摄氏度，最佳估计值为1.07摄氏度。其中，温室气体导致增温1～2摄氏度，其他人类驱动因素（主要为气溶胶）导致变冷0～0.8摄氏度，自然因素导致全球地表温度变化-0.1～0.1摄氏度。由此可见，人类活动排放温室气体是造成工业化以来对流层变暖的主要驱动因素。因此，只有大幅度减排，才有可能延缓地球变暖的步伐。

三、 全球增温影响与温控目标

随着全球变暖，大气、海洋、冰冻圈和生物圈正在发生广泛而快速的变化，通过不同方式影响着全球各个区域。如果全球升温趋势不减，这种影响将进一步增强。

增温对全球环境有利有弊。如原来严寒区域的气候会变得温和，植被会变得更加茂盛，如果海平面不明显上升，适合农业种植的面积将增加。但冰川融化、海平面上升、极端气候事件发生的可能性增加，将对经济社会产生负面影响，尤其是对那些脆弱地区。从古气候变化历史看，增温本身不一定有多大灾难性，但如果增温过快，使人类没有足够时间适应，则灾难必至；在目前的条件下增温，如果达不到使格陵兰冰盖出现消融的地步，则海平面不会明显上升，人类是有能力适应的，如果增温导致北半球海冰消失，进而促使格陵兰冰盖融化，则全球小岛国，以及大量生活在沿海低地地区的人们将会受到灾难性的影响。

事实上，对于全球变暖后果的担忧，从20世纪70年代就已经开始。尽管第二次世界大战以后全球温度不断降低，古气候学者仍然敏锐地察觉到全球变暖可能带来的风险。1967年，真锅淑郎和理查德·韦瑟尔德利用辐射对流模式首次可靠地预测了二氧化碳浓度加倍后所引起的变暖程度的大小。这是真锅淑郎获得2021年诺贝尔物理学奖的重要成就之一。1977年，美国学者诺德豪斯（2018年诺贝尔经济学奖获得者）提出2摄氏度升温阈值的想法，探讨了全球变暖对全球经济的影响，开创了气候变化经济学的先河。1979年，美国国家科学院发布著名的《查尼报告》，指出"没有理由怀疑大气二氧化碳浓度加倍会导致全球平均温度出现显著改变，二氧化碳浓度加倍将令全球温度升高1.5～4.5摄氏度"。

1996年，欧盟委员会明确提出了"全球平均温升控制在工业化前水平2摄氏度以内"的政治目标。随着对气候变化问题研究的深入，温室气体排放导致全球升温的理念深入人心，2摄氏度的温控目标逐渐成为科学界研究的热门话题。2004年，英国约克大学的克里斯·托马斯（Chris Thomas）教授领衔，在《自然》杂志上发表了一篇影响深远的文章《2摄氏度温升会导致大约24%物种面临灭绝风险》。这篇论文让"2摄氏度的温度升幅"迅速吸引了大量来自科学界、经济界和政界的目光。

2009年，2摄氏度温度升幅作为控制目标被纳入《哥本哈根协议》。虽然哥本哈根气候谈判时提出的把2摄氏度温度升幅与450 ppm二氧化碳当量挂钩没有得到各缔约方的一致认可，但把全球2摄氏度温度升幅作为一个控制目标，并没有引起任何反对声音。

即便如此，许多岛屿国家和最不发达国家认为，2摄氏度温控目标还不足以避免海平面上升和气候变暖造成的威胁。于是，它们提出了1.5摄氏度温控目标。2015年底，《联合国气候变化框架公约》近200个缔约方一致同意通过《巴黎协定》，明确把全球地表平均温度升幅控制在工业化前水平以上2摄氏度之内，并努力将温度升幅限制在工业化前水平以上1.5摄氏度之内，以降低气候变化所带来的风险与影响。2016年4月正式签署的《巴黎协定》是第一个使全球2摄氏度温控目标具有法律效力的国际条约。

国际社会设定了政治温控目标后，未来碳排放空间的估算问题也就显得格外重要。科学界为了更为准确地估算在温控目标下还有多大的碳排放空间，提出了剩余的"未来碳排放空间"的概念。2018年公布的IPCC 1.5摄氏度特别评估报告（SR1.5）给出的结果是，2018年后在2摄氏度温控目标下，未来碳排放空间为1170～1500吉吨二氧化碳（50%～67%的概率范围）。2021年公布的IPCC第六次评估报告第一工作组报告，对碳排放空间的估算结果与IPCC 1.5摄氏度特别评估报告接近，指出从1850年到2019年人类活动已经释放了2390吉吨二氧化碳，若要在21世纪末把全球地表平均温度升幅控制在2摄氏度以内，则2020年开始的未来碳排放空间是1150～1350吉吨二氧化碳（50%～67%的概率范围）。若要在21世纪末把全球地表平均温度升幅控制在1.5摄氏度以内，则2020年开始的未来碳排放空间是400～500吉吨二氧化碳（50%～67%的概率范围）。根据《2020年全球碳预算报告》（Global Carbon Budget 2020），2012～2019年的实际碳排放量为320吉吨二氧化碳，平均每年排放约40吉吨二氧化碳。照此速度，剩余的未来碳排放空间将在几十年内耗尽。

IPCC 1.5摄氏度特别评估报告指出，与2摄氏度温度升幅相比，1.5摄氏度的温度升幅可以减轻陆地、淡水、沿海生态系统所受的负面影响，更好地保护其生态服务功能，降低许多不可逆转的气候变化风险。但是对于经济基础薄弱、受极端天气影响较大的沿海和小岛屿国家，气候变化所带来的风险仍然很大。

诚然，全球1.5摄氏度温控目标，较之2摄氏度温控目标，有可能显著减少极端气候事件对自然和人类社会的影响，对于人口众多且分布密集的全球季风区、非洲气候敏感区和脆弱区具有特殊的意义，但要实现这一目标，也要求人类社会在能源、土地、城市、基础设施、工业等方面进行前所未有的快速且深入、广泛的变革，涉及应对气候变化成本损益的复杂分析。如果温度升幅限制在1.5摄氏度以内，那么到2030年，全球二氧化碳排放要比2010年下降45%，并且要在2050年左右达到净零排放。如果温度升幅上限是2摄氏度的话，2030年的减排幅度只需要20%，净零排放的时间更可以晚20多年。毫无疑问，实现温度升幅控制在1.5摄氏度以内，对许多发展中国家，尤其是尚未实现工业化的国家来说，挑战巨大，即便是发达经济体，是否有技术、有资金率先实现大幅度减排，也具有很大的不确定性。

2021年10月26日，《排放差距报告2021》发布。各国上报的最新国家自主贡献目标以及已宣布的其他一些气候变化减缓承诺仅在原先预测的2030年温室气体排放量基础上减少了7.5%。然而，要想维持《巴黎协定》2摄氏度温控目标的最低成本路径，则要求实现30%的减排，要想实现1.5摄氏度目标需要减排55%。很显然，无论是1.5摄氏度还是2摄氏度的温控目标，人类社会都需要付出更加艰辛的努力。当然，我们也不得不指出，当前的气候预测结果尚存在不确定性，推动和引导建立公平合理、合作共赢的全球气候治理体系需要坚实的科学支撑，科技界在这方面责任重大。

作　者：段晓男　丁仲礼

审稿人：周天军

编　辑：韩　鹏　陈会迎

人类活动与能源消费息息相关。化石能源作为当前主要的能源消费种类，其中的碳元素随着能量转化过程会以二氧化碳和甲烷的形式排放到大气中。因此，能源消费是人类活动碳排放最主要的方式。不论在全球还是在我国，能源消费排放的二氧化碳都要占总量的八成以上。为了弄清能源消费各环节产生的温室气体排放量，需要建立相应的核算方法。目前最主要的两种方法是IPCC方法和物质守恒法。IPCC方法被广泛使用，其优点在于基于国家能源统计数据，在国家尺度上具有较好的适用性，特别是用于能源燃烧的碳排放计算。但IPCC方法的缺陷是将单位热值的含碳量作为主要参数，未考虑煤炭中其他元素（包括氢、硫、氮等）对于热值的贡献。物质守恒法则以碳元素的质量守恒为原理进行碳排放核算，计算逻辑更清晰。由于我国煤炭中灰分含量较高，因此实际煤质平均热值和含碳量均远低于IPCC的缺省值，同时平均碳氧化因子也低于IPCC的推荐值。基于物质守恒法重新核算中国的碳排放总量比国际机构估计值会低10%～15%。

一、碳排放与能源消费

能源亦称能量资源，是可产生各种能量（如热能、电能、光能和机械能等）或可做功的物质的统称。能源包括直接取得或者通过加工、转换而取得有用能的各种资源。能源品种多样，涵盖煤炭、石油、天然气、水能、太阳能、风能、地热能、生物质能、核能等一次能源，以及电力、热力、成品油等二次能源。一次能源中，煤炭、石油、天然气等又归为化石能源，水能、太阳能、风能等为可再生能源。

化石能源消费是人类活动碳排放最主要的方式。2020年全球一次能源消费量为5566.3亿吉焦，其中化石能源占了83.1%，由此产生的二氧化碳排放量占人类活动总排放量的84%。在我国，2020年一次能源消费量为1454.6亿吉焦，其中化石能源（煤炭、石油、天然气）约占84.1%。《中华人民共和国气候变化第二次两年更新报告》显示，能源活动作为我国温室气体的主要排放源，排放的二氧化碳约占总量的86.9%。相关研究表明，我国历年碳排放走势与能源消费变化基本一致。

二、 能源消费过程中温室气体排放的核算方法

目前能源消费过程中温室气体排放的核算方法主要有IPCC方法和物质守恒法。

（一）IPCC方法

IPCC是评估与气候变化相关科学的国际机构，不定期地发布IPCC国家温室气体清单指南，为世界各国建立国家温室气体清单和减排履约提供最新的方法和规则，其方法学体系对全球各国都具有深刻的影响。

其基本方法可以用以下公式表示：

温室气体排放量（千克温室气体）

=活动水平（太焦[①]）×排放因子（千克温室气体/太焦）

其中，活动水平为人类活动造成能源消耗的程度；排放因子为产生单位热量排放的温室气体量。

假如针对的是能源消费过程中的二氧化碳排放量计算，上述公式可进一步具体表示为

二氧化碳排放量（千克二氧化碳）

=活动水平（太焦）×排放因子（千克二氧化碳/太焦）

=燃料消耗量（千克）×低位发热量（太焦/千克）

×潜在排放因子（千克碳/太焦）×碳氧化因子×44/12

---

① 1太焦=1000吉焦。

其中，燃料消耗量为实物能源消耗量，固态和液态能源以质量单位计量，气态能源以体积单位计量；低位发热量为单位质量的试样在恒容条件下，在过量氧气中燃烧，其燃烧产物组成为氧气、氮气、二氧化碳、二氧化硫、气态水及固态灰时放出的热量；潜在排放因子为单位热值的含碳量；碳氧化因子为能源中的碳被氧化为二氧化碳的百分比；44/12为把碳（原子量12）转化为二氧化碳（分子量为44）的系数。

其他类型的温室气体的计算过程同样基于IPCC方法。在计算出其他类型温室气体的直接排放量后，为方便比较，需通过各自的全球增温潜势将具体的温室气体排放量转化为二氧化碳排放当量。

一种温室气体的二氧化碳排放当量＝该气体的质量×全球增温潜势

根据IPCC第六次评估报告第一工作组报告，在百年框架下，甲烷的全球增温潜势为29.8，氧化亚氮的全球增温潜势为273，氢氟烃（hydrofluorocarbons，HFCs）的全球增温潜势为几十到上万，比如HFC-134a的全球增温潜势为1526。

IPCC方法的缺陷是将单位热值的含碳量作为主要参数，并未考虑煤炭中其他元素（包括氢、硫、氮等）对于热量的贡献，因此往往会高估碳排放总量。

（二）物质守恒法

实际上，无论化石能源是通过何种用途进入到消费环节，核算二氧化碳排放量的方法学都应遵循物质守恒原理，即核算系统中输入碳元素、存留碳元素（未利用部分）及形成二氧化碳排放的碳元素在质量上守恒。基于物质守恒的二氧化碳排放的计算方法，称为物质守恒法，基本公式为

二氧化碳排放量（吨二氧化碳）
＝活动水平（吨）×排放因子（吨二氧化碳/吨）
＝能源消费量（吨）×单位能源含碳量（吨碳/吨）
×碳氧化因子×44/12

在这个计算公式中，能源消费量既可以来自一个国家、一个地区，也可以来自更小的实体。不同化石能源含碳量不同，且在不同利用过程中碳被氧化成二氧化碳的程度也不同。因此，在实际能源利用过程中，需要确定不同燃料的含碳量，以及不同工艺条件下碳被氧化为二氧化碳的程度。物质守恒法能够更为准确地测定二氧

化碳排放量，但需要以大量基础数据为前提。

三、 排放因子的概念和计算方法

排放因子是某种能源消费活动温室气体排放强度的量化表征，在能源活动温室气体排放核算中起关键作用。

其中，在IPCC方法计算二氧化碳排放量公式中，

$$排放因子（千克二氧化碳/太焦）$$
$$=潜在排放因子（千克碳/太焦）\times 碳氧化因子 \times 44/12$$

而物质守恒法中，

$$排放因子（吨二氧化碳/吨）$$
$$=单位能源含碳量（吨碳/吨）\times 碳氧化因子 \times 44/12$$

因此，IPCC方法中的排放因子和能源单位热值的含碳量、碳氧化因子等因素有关。而物质守恒法中的排放因子仅和能源单位质量的含碳量、碳氧化因子有关。

理论上讲，各种能源品种的热值和含碳量、各种能源主要利用设备的碳氧化因子都需要通过实际测试获得。通过实测数据计算得到的排放因子可以较为准确地反映实际过程中的技术水平和排放特点。但是在数据无法获取的情况下，可以采用《2005中国温室气体清单研究》《省级温室气体清单编制指南（试行）》推荐的化石能源燃烧温室气体排放因子，或采用IPCC国家温室气体清单指南推荐的缺省值（缺省值即默认值）。下面就如何测定单位热值含碳量、低位热值、碳氧化因子等参数做简要介绍。

单位热值含碳量的定义为"单位热值（太焦）燃料所含碳元素的质量（千克碳）"，与我国常用的以单位质量所表示的含碳量百分比有所不同。当热量并非完全来自碳的燃烧时，这种方法就会高估二氧化碳的排放量。由于我国目前煤炭中灰分含量较高，因此含碳量整体较低。具体来说，我国无烟煤的含碳量与IPCC缺省值相当，烟煤、褐煤的含碳量比IPCC缺省含碳量分别低1.16%和1.41%，次烟煤含碳量比IPCC缺省含碳量高1.41%。如果使用IPCC方法，就会高估我国的二氧化碳排放量。

热值是表示燃料质量的一个重要指标，顾名思义，指的是单位质量（或体积）的燃料完全燃烧时所放出的热量。通常用热量计（卡计）测定或通过燃料分析结果计算，分高位热值和低位热值两种。高位热值是燃料的燃烧热和水蒸气的冷凝热的总数，即燃料完全燃烧时所放出的总热量。低位热值仅是燃料的燃烧热，即由总热量减去冷凝热的差值。我国煤炭的含碳量较低，热值也相对较低。油类燃料和气态燃料的含碳量与热值相乘得到的单位热值含碳量，也低于国际缺省值。

碳氧化因子是指实际二氧化碳排放量与燃料完全燃烧所能排放二氧化碳量的比值。IPCC默认的碳氧化因子为1。然而，受燃料质量及燃烧过程设备运行因素的影响，燃料燃烧效率往往无法达到100%，部分碳元素仍以固态形式留存于飞灰与灰渣之中。因此，实际的碳氧化因子会在一定范围内波动。有研究表明，不同油气燃烧设备的碳氧化因子差异不大，如无法获得实测数据，可以采用《2005中国温室气体清单研究》《省级温室气体清单编制指南（试行）》中的推荐值。然而，煤炭的情况比较复杂，不同部门、不同设备燃煤的碳氧化因子差异较大。一般建议通过实测的方法，尽量获得主要设备分煤种的碳氧化因子。当然，在无法通过实测获得数据的情况下，《2005中国温室气体清单研究》《省级温室气体清单编制指南（试行）》中的推荐值也可以作为参考。

依据《2005中国温室气体清单研究》，结合分部门、分化石能源品种潜在排放因子，以及设备的碳氧化因子，最终确定实际排放因子。以无烟煤为例，实际排放因子主要为23.07～27.02吨碳/太焦。其中，电力与热力部门的实际排放因子为26.94吨碳/太焦。原油、天然气的实际排放因子推荐值分别为19.67吨碳/太焦、15.17吨碳/太焦。由此可见，能源品种的排放因子基本遵循煤＞油＞气的规律。

中国科学院战略性先导科技专项"应对气候变化的碳收支认证及相关问题"的研究团队发现，我国煤炭种类众多，2015年通过实测得到我国产的16种煤的平均热值（20.95拍焦[①]/兆吨）及各煤质产量加权后的热值（20.6拍焦/兆吨），远低于《2006 IPCC国家温室气体清单指南》中的缺省值（28.2拍焦/兆吨）。而单位热值含碳量（26.59吨碳/太焦），或产量加权后的含碳量（26.32吨碳/太焦）与IPCC缺省值接近（25.8吨碳/太焦），煤的平均碳氧化因子（92%）也大大低于IPCC推荐值（98%～100%）。我国油和气的排放因子分别为0.838吨碳/吨油和0.590吨碳/10^3标米^3，

---

① 1拍焦 =1000太焦。

和IPCC推荐值（0.838吨碳/吨油和0.521吨碳/10^3标米^3）相同或相近。经过重新核算后中国碳排放总量普遍比国际碳排放数据库值低10%～15%。

四、 工业部门的温室气体排放计算

工业部门作为能源消费的主体，包括火电、钢铁、有色、化工、建材等行业，在碳排放中扮演着重要的角色。计算各个工业部门由于能源消耗产生的二氧化碳排放以及可能涉及的工艺过程的碳排放，可以采用IPCC方法或者物质守恒法。基于中国科学院战略性先导科技专项"应对气候变化的碳收支认证及相关问题"的研究成果，本节以行业为核算对象，采用物质守恒法，针对火电行业和钢铁行业的二氧化碳排放，开展计算步骤及影响因素的详细介绍。

（一）火电行业

目前，我国火力发电消费的能源主要为煤炭、石油和天然气。其中，煤炭占比达到92%以上。结合不同能源类型的消耗量，火电行业碳排放核算方法如下：

$$E_{CO_2} = \sum (F_i \times EF_i)$$

其中，E_{CO_2}为火电行业二氧化碳排放总量（吨二氧化碳）；F_i为第i种燃料的消耗量（吨燃料），数据来自中国电力企业联合会的研究报告；EF_i为第i种燃料的电力行业平均排放因子（吨二氧化碳/吨燃料）。

$$EF = Q_{net} \times C \times O_{CFPI} \times 44/12$$

其中，EF为排放因子（单位燃料充分燃烧释放的二氧化碳，用吨二氧化碳/吨燃料表示）。平均热值Q_{net}（兆焦/吨燃料）数据也来自中国电力企业联合会的研究报告。C为燃料年均含碳量（吨碳/兆焦）。通过煤样元素分析，拟合出大量燃料样本的含碳量C与Q_{net}的关系，从而求得每年的燃料平均含碳量。O_{CFPI}为年均火电行业碳氧化因子。实际上，火电行业的碳氧化因子需要基于大量的调研数据，建立分燃料品种、分技术、分工况等情况下的电厂碳平衡表，再通过回归分析，才能得出行业平均的碳氧化因子。研究表明，影响碳氧化因子的主要因素包括机组容量、机组负荷、煤种、过量空气系数及偏离设计工况值等。

我国火电机组类型正沿着高压、超高压、亚临界、超临界、超超临界的路径发展，机组容量朝着逐渐增大的方向发展。在技术向前发展过程中，我国火电行业整体碳排放强度在逐年下降，比如从2005年的1.043千克/千瓦时下降到2018年的0.841千克/千瓦时。

（二）钢铁行业

目前，我国钢铁企业大多采用以高炉炼铁—转炉炼钢为主的长流程工艺，其中燃烧、熔炼、焙烧和加热过程，均需消耗能源并产生碳排放。

钢铁行业的碳排放计算公式为

$$E_{CO_2} = \sum (F_i \times EF_i)$$

其中，E_{CO_2}为钢铁行业二氧化碳排放总量（吨二氧化碳）；F_i为第i种工艺路线下的燃料消耗量（吨燃料），数据来源于中国钢铁工业协会；EF_i为第i种工艺路线下钢铁行业平均排放因子（吨二氧化碳/吨燃料）。

$$EF = C \times O_{CFPI} \times 44/12$$

其中，EF为排放因子（吨二氧化碳/吨燃料）；C为燃料年均含碳量（吨碳/吨燃料）；O_{CFPI}为年均钢铁行业碳氧化因子。实际上，钢铁行业的碳氧化因子同样需要大量的调研数据，基于分燃料品种、分工段、分工况等情况下的钢厂碳素流分析，才能得出行业平均的碳氧化因子。

以长流程工艺为例，基于生产工艺流程，分析长流程炼钢的二氧化碳主要排放源，利用物料平衡法对主要工段的碳元素输入输出进行分析。基于碳素流结果，获得不同炼钢工段煤炭利用过程的碳氧化因子。具体计算方法如下。

炼焦用煤碳氧化因子为"1"减去"煤气利用过程中未氧化碳，外送粗苯、焦油、焦炭利用过程中未氧化碳，以及焦粉利用过程中未氧化碳"占"炼焦煤含碳量"的比例。

烧结用煤碳氧化因子为"1"减去"烧结烟气中未捕集飞灰含碳量"占"煤粉含碳量和焦粉含碳量"的比例。

喷吹用煤碳氧化因子为"1"减去"煤气利用过程中未氧化碳、高炉渣中残碳和粗钢中溶碳"占"喷吹煤含碳量"的比例。

根据不同工段所用煤的含碳量及相应的碳氧化因子计算,可获得我国钢铁行业长流程技术不同工段用煤的排放因子。比如,中国科学院的研究团队通过实测方法,准确获得我国2012年钢铁行业的炼焦煤、烧结煤和喷吹煤的排放因子。与IPCC的缺省排放因子相比,中国的炼焦煤、烧结煤的实测排放因子会分别低10.41%和1.19%,喷吹煤则高3.56%。结合炼焦煤、烧结煤和喷吹煤在钢铁行业的消耗量(2012年分别为43 930万吨、1141万吨、9518万吨),可算出我国钢铁行业在炼焦煤、烧结煤和喷吹煤不同工段下的碳排放总量,比采用IPCC的缺省排放因子计算得到的排放值低7.86%。

(三)其他行业

工业部门中的建材、化工、冶金等领域也是碳排放大户,其碳排放计算的总体思路大致为:行业碳排放总量为一次能源作为燃料燃烧的直接排放量加上一次能源作为原料进入生产工艺过程中的直接碳排放。其中,一次能源作为燃料燃烧的直接排放量,为燃料消耗量乘以含碳量和碳氧化因子。一次能源作为原料进入生产工艺过程中的直接碳排放遵循碳元素守恒,需要对输入输出的各种形式的含碳物质进行分析,建立碳平衡,从而算出以二氧化碳形式排放的碳占输入总碳的百分比,该值即为原料形式输入的碳氧化因子。因此,作为原料输入的一次能源的消耗量乘以含碳量再乘以碳氧化因子,即可得一次能源作为原料进入生产工艺过程中的直接碳排放。

对于工业部门的其他温室气体排放核算,同样可以采用IPCC方法,此处不再做详细介绍。

五、 交通、建筑、农业部门的温室气体排放

(一)交通部门

交通部门的温室气体排放以二氧化碳为主。关于交通部门二氧化碳排放的测算方法主要有两种:一种是"自上而下"的算法(又称终端消费侧计算法),即各种能源消费量乘以相应能源的排放因子;另一种为"自下而上"的算法,基于"活动—交通方式比重—密度—油耗"的思路,通过所要研究国家或地区各种交通方

式的车辆里程数、保有量、单位行驶里程能源消耗量，计算得到燃料消费总量，再乘以能源的排放因子得到。

无论是"自上而下"的终端消费侧计算法还是"自下而上"的测算方法，都体现了基于"碳排放量等于交通活动水平和各类排放因子的乘积"的IPCC方法的核心思想。在我国，由于各个地区的巨大差异性和统计数据的不完备性，获取车辆行驶里程、不同类型机动车单位行驶里程油耗等数据比较困难。采用"自上而下"的算法计算我国交通部门的碳排放量更为现实。

采用"自上而下"的算法计算我国交通部门的二氧化碳排放量的主要步骤包括：通过国家及各省区市的统计年鉴、能源统计年鉴以及行业协会统计数据，对交通部门各类运输方式下的能源消费量进行收集、汇总和分析。确立交通过程中不同能源的排放因子。各种能源折算标准煤参考系数、平均低位发热量、单位热值含碳量和碳氧化因子可以采用《综合能耗计算通则》《省级温室气体清单编制指南（试行）》《2006 IPCC 国家温室气体清单指南》《2006 IPCC 国家温室气体清单指南2019修订版》的数据。利用IPCC方法中的碳核算模型进行交通部门的碳排放总量核算。

（二）建筑行业

目前对于建筑行业的二氧化碳排放核算主要有两种思路：一种是同时考虑建筑物建造过程中的隐含碳排放和建筑运营过程中的二氧化碳排放两部分；另一种是仅考虑建筑运营过程的二氧化碳排放。前一种思路由于考虑了建筑物建造过程中原料使用（钢筋、水泥、玻璃及其他建筑材料）和建设过程中大量能源消耗导致的二氧化碳排放，所需基础数据较多，数据收集较难。而第二种思路主要考虑的是建筑物在使用过程中的取暖、制冷、餐饮等的二氧化碳排放，该思路较为常见。

一般而言，建筑行业运营过程的二氧化碳排放采用"自下而上"的方法。先计算单个建筑的逐时能耗，再放大到区域尺度进行碳排放计算。对于单个建筑的逐时能耗，目前主要是通过搭建建筑物理模型，以及结合建筑所处的地理位置、温湿度、建筑性能、末端设备和运行特点等影响因素，从而获得具有代表性的典型建筑的能耗，再上升到时间和空间尺度，预测和模拟区域、地区乃至国家尺度的建筑能源需求，进而推算二氧化碳排放量。

（三）农业部门

农业部门的温室气体排放核算包括如下步骤：首先，通过国家统计局的各类统计数据收集活动水平数据。活动水平包括农业活动和能源消耗两大类。其中，农业活动又可以分为肠道发酵、粪便管理、水稻种植、化肥施用、粪便还田、牧场残余肥料、作物残留、有机土壤培肥、草原烧荒、燃烧作物残留等10类行为；能源消耗涵盖了种植业、养殖业和渔业的机械用能。然后，选取排放因子。排放因子来源包括《综合能耗计算通则》《省级温室气体清单编制指南（试行）》《2006 IPCC国家温室气体清单指南》《2006 IPCC国家温室气体清单指南2019修订版》。最后，利用IPCC方法中的核算模型进行农业部门的温室气体总量核算。农业主要排放二氧化碳、甲烷、氧化亚氮三种温室气体，二氧化碳主要来自能源消耗，甲烷主要来自家畜反刍消化的肠道发酵、畜禽粪便和稻田等，氧化亚氮主要来自化肥施用、秸秆还田和动物粪便等。不同农业活动过程中排放的温室气体类型有所差异。最终农业部门的碳排放是三种温室气体折算成二氧化碳当量之和。

六、土地利用变化和林地温室气体排放

根据原国家林业局发布的《国家森林资源连续清查技术规定（2014）》，中国的土地利用类型常分为林地、耕地、牧草地、水域、未利用地和建设用地等。其中，林地包括乔木林地、灌木林地、竹林地、疏林地、未成林造林地、苗圃地、迹地、宜林地。

土地利用变化和林地的温室气体排放量基于活动水平和排放因子的乘积进行计算，主要有以下三种方法：方法一是采用IPCC-1996-LUCF（IPCC-1996-land use change and forestry，IPCC-1996-土地利用变化和林业）的基本方法，排放/清除因子和参数的默认值来自IPCC-1996-LUCF或IPCC-GPG-LULUCF（IPCC good practice guidance for land use，land use change and forestry，IPCC土地利用、土地利用变化和林业优良做法指南），活动水平数据来自国际或国家层面的估计或统计数据；方法二是采用具有较高分辨率的本国活动数据和排放/清除因子或参数；方法三是基于高分辨率的活动数据，采用专门的国家碳计量系统或模型工具。

当前的国家土地利用变化和林地的温室气体排放核算以IPCC方法较为常用。《2006 IPCC国家温室气体清单指南》里面的土地利用变化和林地温室气体清单主要考虑森林和其他木质生物质生物量碳储量的变化、森林和草地转化的温室气体排放、被经营土地的撂荒以及土壤碳储量变化四类之和。其中，森林和其他木质生物质生物量碳储量的变化主要计算森林管理、采伐、薪炭材采集等活动导致的生物量碳储量增加或者减少；森林和草地转化的温室气体排放主要计算现有森林和天然草地转化为其他形式的土地利用类型过程中，生物质燃烧或者分解造成的二氧化碳、甲烷、氮氧化物和非甲烷类挥发性有机物（non-methane volatile organic compounds，NMVOCs）排放；被经营土地的撂荒计算曾经属于被经营土地（如农地、牧地）的土地在撂荒过程中由于自然植被恢复、生物量增长所形成的二氧化碳吸收；土壤碳储量变化计算土地利用变化及土地管理过程中的土壤二氧化碳清除或者排放，其中也包括农田土壤施用石灰造成的二氧化碳排放。2005年中国土地利用变化和林业温室气体清单只关注森林和其他木质生物质生物量碳储量的变化，以及森林转化的温室气体排放。以下就森林和其他木质生物质的温室气体排放核算进行介绍。

森林和其他木质生物质生物量碳储量的变化大致分两种情况。第一种是乔木林等树种，其碳吸收与树种的年龄有很大的关系。因此，在计算乔木林生物量生长碳吸收时的关键主要是区分不同年龄的乔木林树种，依据其种植面积、单位面积蓄积量和蓄积量增长率，计算出生物量增长量。再结合基本干材密度等数据，得到固定的碳量。第二种是竹林、经济林和灌木林等树种。这些树种或者是前几年生长迅速，后面生长基本稳定，或者是一直生长缓慢。因此，这些树种的碳储量只和种植面积有关。因此，在计算这几类树种的碳储量变化时，只要考虑种植面积和基数年的生物量即可通过一定的计算法则折算得到固定的碳量。

土地利用变化和林地温室气体排放部分的活动水平数据可基于全国森林资源清查资料，获得各地类面积与各类林木蓄积量活动水平数据。排放因子数据也可基于全国森林资源清查资料、林业研究部门对基本木材的参数统计等资料获取。

七、 国家温室气体统计方法

国家温室气体清单统计工作可以根据IPCC发布的国家温室气体清单指南开展。目前，IPCC已发布多版国家温室气体清单指南。其中，《1996 IPCC国家温室气体清单指南修订本》《IPCC国家温室气体清单优良作法指南和不确定性管理》《2006 IPCC国家温室气体清单指南》《2006 IPCC国家温室气体清单指南2019修订版》被广泛使用。

完成国家温室气体清单的统计可以有两种口径：根据《2006 IPCC国家温室气体清单指南》和《2006 IPCC国家温室气体清单指南2019修订版》，分别核算能源、工业过程、农业、土地利用和土地利用变化、废弃物处理五大部门的温室气体排放量，国家的二氧化碳排放总量通过各部门碳排放的汇总得到；根据中国科学院战略性先导科技专项"应对气候变化的碳收支认证及相关问题"的核算逻辑，对工业部门（火电、钢铁、水泥、冶金、建材、煤化工）、交通部门、建筑部门等的直接排放，以及农业、土地利用和土地利用变化、废弃物处理等部门开展核算，最终通过各部门碳排放的汇总也可以得到国家的温室气体排放总量。

另外，《2006 IPCC国家温室气体清单指南》还提供了国家碳排放核算的参考方法（第2卷第6章），用于与部门方法编制结果进行比较。参考方法基于各类化石能源的表观消费量计算国家二氧化碳排放量，其计算结果因未考虑能源消费端的库存变化和逸散排放的影响，故略高于部门方法的核算结果，一般用于检验部门方法核算结果和国家碳排放趋势。各种化石能源的表观消费量可通过下式计算得到：

$$表观消费量 = 产量 + 进口量 - 出口量 - 国际燃料舱 - 库存变化$$

需要指出的是，对于国家的碳排放总量，IPCC国家温室气体清单指南仅对各国基于领土的二氧化碳排放量进行报告。因此，对于国际燃料舱（如国际航空运输和国际轮船运输）和生物质的二氧化碳排放，这两种类别的碳排放量仅作为"备忘项"（memo item）进行报告，并不被纳入国家碳排放总量之中。

最后，一份完整的国家温室气体清单需包含对各核算过程各部分的不确定性的量化。清单编制所用的活动数据、排放因子和其他估算参数的不确定性，导致国家碳排放水平和趋势也存在不确定性。因此，需要对国家温室气体清单的不确定性进行量化，在未来不断通过不确定性的降低提高国家碳排放核算结果的准确性。

作　者：魏　伟　刘　竹　段晓男

审稿人：王　灿

编　辑：韩　鹏　陈会迎

第四节　全球碳排放简史及国别差异

工业革命以来，全球与能源消费相关的碳排放量呈现逐渐上升的趋势，2020年已经超过348亿吨二氧化碳（本节所述的碳排放均指与能源消费相关的碳排放）。世界各国的碳排放量存在巨大的差异，以2020年主要国家（地区）占全球碳排放量的比例来看，中国在31%左右，其次是美国、欧盟[①]。在人均碳排放量方面，发达国家往往高于发展中国家，并且它们在历史上都有过一个快速增长的时期。我国的人均碳排放量总体仍处于上升通道，这和我国目前还处在基础设施大量建设和城市化快速发展这一阶段有关。对1850～2020年主要国家（地区）的历史累计碳排放量进行比较，美国占比最大，约为全球的24.50%，其次为欧盟，约为17.10%，说明发达国家是全球大气二氧化碳浓度增加的主要贡献者。若用1850～2020年主要国家（地区）人均累计碳排放量来比较，美国和英国分别以2199吨二氧化碳和1582吨二氧化碳位居全球前两位。虽然我国的碳排放总量已经位居全球首位，但人均累计碳排放量仅为190吨二氧化碳，只有全球平均水平的47.20%，不到美国的十分之一。由于世界各国处于不同的发展阶段，其居民消费碳排放量也呈现出不同的特征。2019年，美国、加拿大、英国等主要发达国家居民消费人均碳排放量为4.44～15.36吨二氧化碳，而我国约为2.67吨二氧化碳，仅为主要发达国家的17%～60%。

[①] 欧盟是超国家的（super-national）类别，但是有减排目标及自主贡献预案等主张，也是《联合国气候变化框架公约》的缔约方，本节将欧盟（英国于2020年脱欧，本节所用欧盟数据均只包括欧盟现有的27个会员国）作为整体进行国家间排放差异比较分析。

一、　全球碳排放整体状况

（一）历史简要回顾

在人类社会早期以及农耕时代，化石能源使用量寥寥无几，碳排放量自然也处在很低的水平。自工业革命以来，经济社会发展对化石能源的依赖逐渐增强，全球消耗的煤炭、石油、天然气等化石能源总量持续增长，相应地，二氧化碳排放量也不断增加。从18世纪中期开始，全球碳排放量整体呈现增长趋势，特别是20世纪中叶以来，加速趋势更为明显。1950年，全球碳排放量约为60亿吨二氧化碳。到1990年，这一数字几乎翻了两番，超过220亿吨二氧化碳。随后碳排放量依然保持增加的态势，2020年碳排放量已超过348亿吨二氧化碳。

在20世纪20年代之前，石油和天然气消费产生的碳排放量不到全球碳排放总量的10%。随着石油开采和利用规模猛增，其产生的碳排放量占比逐年上升。到20世纪70年代前后，在美国、欧盟等以石油为主要燃料的工业化大国或地区的推动下，石油消费产生的碳排放量占全球的比例超过50%，成为全球碳排放的最主要来源。进入21世纪后，随着全球原油价格加速上涨，中国、印度等新兴经济体对煤炭需求骤增，导致来自煤炭的碳排放量持续增长并在2005年后再次超过石油。相较于煤炭和石油，天然气在开采、生产、运输过程中产生的污染较低，逐渐得到大规模的开发与使用。2020年，煤炭、石油和天然气的碳排放量占全球碳排放总量的比例分别为40%、32%、21%，呈现出煤炭、石油和天然气"三分天下"的局面。

（二）发展态势

长期以来，美国、英国等工业化国家一直是全球碳排放最重要的贡献者。从1751年到1850年这一百年间，94%的二氧化碳排放量是由欧洲国家贡献的，并且绝大多数来自英国。直到1882年，英国占全球碳排放总量的比例仍超过50%。19世纪后半叶，美国逐渐成为最大的工业化国家，其碳排放量也后来居上，并于1890年成为碳排放第一大国，并一直保持到2005年。自20世纪70年代开始，大部分发达国家进入后工业化时代,其高耗能高排放(简称"双高")产业亦往外转移。因此,它们的碳排放量开始趋于平稳或下降,只有日本在20世纪70年代曾出现过短期的大幅上升。

进入20世纪后期,随着新兴经济体加速发展,全球碳排放格局呈现出新的态势,发展中国家逐渐成为全球碳排放的重要来源。根据"全球碳计划"数据,对2016~2020年主要国家(地区)的年际碳排放量进行分析发现(表1.1),中国、美国、欧盟位居全球碳排放量的前三位,合计占全球碳排放总量的50%以上。

表1.1　2016~2020年主要国家(地区)碳排放量　　　(单位:亿吨二氧化碳)

国家(地区)	2016 年	2017 年	2018 年	2019 年	2020 年	5 年平均
美国	52.92	52.54	54.25	52.85	47.13	51.94
欧盟	30.96	31.20	30.46	29.10	25.99	29.54
法国	3.41	3.46	3.32	3.24	2.77	3.24
德国	8.01	7.87	7.55	7.02	6.44	7.38
意大利	3.57	3.51	3.48	3.37	3.04	3.39
英国	3.99	3.88	3.80	3.70	3.30	3.73
加拿大	5.64	5.73	5.87	5.77	5.36	5.67
日本	12.03	11.88	11.36	11.07	10.31	11.33
俄罗斯	16.18	16.46	16.91	16.78	15.77	16.42
中国	95.53	97.51	99.57	101.75	106.68	100.21
印度	23.92	24.57	25.91	26.16	24.42	25.00
巴西	4.78	4.85	4.67	4.66	4.67	4.73
南非	4.65	4.64	4.64	4.76	4.52	4.64
墨西哥	4.85	4.61	4.51	4.38	3.57	4.38
全球	354.52	359.26	366.46	367.03	348.07	359.07

尽管全球碳排放总量仍保持增长趋势，但主要国家（地区）表现出不同的演进态势：作为重要的发展中国家，印度碳排放量最初处于较低的水平，但随着其工业化进程的推进，现已进入碳排放量的快速增长期；作为制造业大国的中国，通过约20年的快速发展，碳排放量已逐渐趋于稳定，其碳排放量增速整体上开始下降；以美国、英国、欧盟等为代表的工业化国家（地区），碳排放量开始表现出明显的下降趋势；加拿大、日本、俄罗斯和南非等国，近年来碳排放量整体变化不大，略有下降的趋势。

当然，世界上大部分不发达国家还没有进入工业化阶段，其碳排放量整体处于低位，尚难看出"启动"碳排放的势头。

二、 国家间碳排放的差别

学术界一般采用年碳排放量、人均碳排放量、历史累计碳排放量、人均累计碳排放量等指标，对各国碳排放量状况进行比较分析。本部分选取主要工业化国家和发展中国家为分析对象，利用"全球碳计划"、美国橡树岭国家实验室二氧化碳信息分析中心（Carbon Dioxide Information Analysis Centre，CDIAC）和世界银行等建立的碳排放数据库，用上述四个指标对碳排放的国别差异做简要呈现。

（一）年碳排放量

年碳排放量是对某一国家或地区年度碳排放总量的测算。表1.2列出了1901～2020年主要国家（地区）每十年平均碳排放量[1]，可以看出：自20世纪以来，美国、欧盟一直是全球碳排放量的主要贡献者，在很长一段时间它们位居全球碳排放量的前两位；在20世纪50年代到90年代，俄罗斯曾出现年碳排放量的大幅增长，之后碳排放增速逐渐放缓；从20世纪90年代开始，中国进入年碳排放量的快速增长期，并于2006年超过美国，成为全球碳排放量第一大国。

用年碳排放量进行国别比较意义不大，因为国家间人口差别巨大，这样笼统地对比不能获得对碳排放的实质性理解。

---

[1] 按照目前国家（地区）领土范围进行碳排放统计。

表 1.2　1901～2020 年主要国家（地区）每十年平均碳排放量

（单位：亿吨二氧化碳）

国家（地区）	1901～1910 年	1911～1920 年	1921～1930 年	1931～1940 年	1941～1950 年	1951～1960 年	1961～1970 年	1971～1980 年	1981～1990 年	1991～2000 年	2001～2010 年	2011～2020 年
美国	9.96	14.86	17.45	15.56	23.30	27.10	35.05	46.50	46.25	55.27	59.37	53.39
欧盟	8.33	9.40	10.21	10.99	11.01	17.53	27.46	37.96	38.01	36.51	36.37	30.65
法国	1.36	1.32	2.02	1.96	1.53	2.48	3.57	4.94	4.06	4.11	4.10	3.38
德国	3.87	4.80	4.57	4.93	4.63	7.07	9.54	10.67	10.32	9.42	8.68	7.73
意大利	0.20	0.23	0.34	0.40	0.28	0.76	2.06	3.56	3.81	4.46	4.75	3.60
英国	4.46	4.81	4.18	4.35	4.61	5.57	6.11	6.22	5.64	5.77	5.53	4.16
加拿大	0.37	0.75	0.86	0.84	1.40	1.75	2.59	4.01	4.32	5.06	5.72	5.70
日本	0.32	0.61	0.82	1.11	1.08	1.64	4.54	8.99	9.53	12.20	12.57	12.03
俄罗斯	0.52	0.53	0.48	2.02	2.81	6.65	11.79	18.48	22.91	16.94	15.60	16.42
中国	0.11	0.19	0.32	0.56	0.69	3.21	5.10	11.79	19.82	31.00	59.43	98.42
印度	0.21	0.37	0.44	0.47	0.58	0.89	1.54	2.39	4.25	7.92	12.76	22.68
巴西	0.03	0.04	0.05	0.05	0.08	0.33	0.66	1.51	1.88	2.69	3.50	4.77
南非	0.11	0.21	0.28	0.33	0.54	0.83	1.26	1.92	3.12	3.53	4.37	4.64
墨西哥	0.02	0.24	0.52	0.21	0.25	0.45	0.83	1.83	3.01	3.57	4.55	4.63
全球	25.18	33.00	37.12	39.52	50.68	76.50	117.27	177.50	206.02	237.44	296.18	355.29

（二）人均碳排放量

人均碳排放量是以人口为单位进行碳排放量计算的指标。通过人均碳排放量指标，可以粗略看出各国居民对全球碳排放量的相对贡献。总体而言，发达国家的人均碳排放量要高于发展中国家。例如，2020年，八国集团（G8）人均碳排放量为10.29吨二氧化碳，中国、印度、巴西、南非、墨西哥等5个发展中国家人均碳排放量的平均值为4.49吨二氧化碳。从2016～2020年主要国家（地区）人均碳排放量情况来看（表1.3），美国、加拿大、俄罗斯、日本处于较高的水平，5年平均值分别为15.91吨二氧化碳、15.31吨二氧化碳、11.38吨二氧化碳和8.95吨二氧化碳，分别是全球平均水平的3.37倍、3.24倍、2.41倍和1.89倍[①]。

表1.3 2016～2020年主要国家（地区）人均碳排放量 （单位：吨二氧化碳）

国家（地区）	2016年	2017年	2018年	2019年	2020年	5年平均
美国	16.39	16.17	16.61	16.10	14.30	15.91
欧盟	6.95	6.99	6.82	6.51	5.80	6.61
法国	5.11	5.17	4.95	4.83	4.10	4.83
德国	9.72	9.52	9.11	8.44	7.74	8.91
意大利	5.88	5.81	5.76	5.59	5.10	5.63
英国	6.08	5.87	5.72	5.53	4.90	5.62
加拿大	15.62	15.68	15.83	15.34	14.10	15.31
日本	9.47	9.37	8.98	8.76	8.19	8.95
俄罗斯	11.21	11.39	11.71	11.63	10.94	11.38
中国	6.93	7.03	7.15	7.28	7.56	7.19
印度	1.81	1.84	1.92	1.91	1.77	1.85
巴西	2.32	2.33	2.23	2.21	2.20	2.26
南非	7.31	7.28	7.20	7.02	6.61	7.08
墨西哥	3.93	3.70	3.57	3.44	2.77	3.48
全球	4.77	4.78	4.82	4.78	4.48	4.73

通过比较主要国家（地区）逐年人均碳排放量的变化，可以发现两个鲜明特点。第一个特点是发达国家都经历过人均碳排放量高速增长的时期，如美国

① 是运用原始数据计算的结果，与用表中数据（经过四舍五入）计算的结果可能存在细微偏差。

在1901～1910年的人均碳排放量年均增长率为5.04%，德国在1947～1957年为9.89%，日本在1960～1970年竟高达11.98%。第二个特点是发达国家都出现过人均碳排放量的高峰期，如美国在1973年、英国在1971年、德国和法国在1979年分别达到人均碳排放量峰值，其后开始略有下降或基本保持不变。这个高峰期后的下降，可能与"双高"产业向发展中国家转移有一定关系。

在20世纪50年代之前，发展中国家人均碳排放量处于很低的水平，之后才开始缓慢增长。我国的人均碳排放量变化趋势与之类似，在1990年之后增速加快，并超过发展中国家的平均水平，目前又超过欧盟，并且还有一定的上升可能，这既与我国还处在基础设施大量建设和城市化快速发展这一阶段有关，也和我国以煤炭为主的能源消费结构有关。

（三）历史累计碳排放量

历史累计碳排放量是指某一国家（地区）从某一年份开始到最近年份的碳排放量之和。

纵观全球主要国家的历史累计碳排放量状况，可以明确的是，历史累计碳排放量最多的国家并不总是碳排放量最大的国家。例如，英国在2020年的碳排放量仅占全球碳排放总量的0.95%，但其1850～2020年历史累计碳排放量却占全球历史累计碳排放总量的4.41%。从1850～2020年主要国家（地区）[①]的历史累计碳排放量可以看出（表1.4）：美国历史累计碳排放量最大，约占全球历史累计碳排放总量的24.50%；中国是历史累计碳排放量第二大国，但仅为美国的55.64%；印度的历史累计碳排放量也达到较高的水平，已超过法国、加拿大、意大利等发达国家。

表1.4 1850～2020年主要国家（地区）历史累计碳排放量 （单位：亿吨二氧化碳）

国家（地区）	历史累计碳排放量	国家（地区）	历史累计碳排放量	国家（地区）	历史累计碳排放量
美国	4 146	英国	746	意大利	247
欧盟	2 893	日本	656	南非	212
中国	2 307	印度	546	墨西哥	201
俄罗斯	1 156	法国	382	巴西	156
德国	924	加拿大	336	全球	16 920

---

① 按照目前国家（地区）领土范围进行碳排放统计。

（四）人均累计碳排放量

由于国家间人口差别很大，用累计碳排放总量并不能反映人均占有碳排放空间的状况，而人均累计碳排放量则更能直观地反映碳排放的真实状况。某一国家（地区）人均累计碳排放量以某个时间为起点截止到统计年份，把逐年的人均碳排放量相加即可获得。

基于主要国家（地区）历年的碳排放总量和人口总量数据，我们计算得到1850～2020年主要国家（地区）[1]人均累计碳排放量情况。从表1.5可以看出，美国、英国等老牌工业化国家的人均累计碳排放量远远超出全球人均累计碳排放量的平均水平（402吨二氧化碳）。截至2020年，美国人均累计碳排放量最多，为2199吨二氧化碳，其后依次为英国、加拿大、德国等发达国家，而以中国和印度为代表的发展中国家，其人均累计碳排放量则相对较小，远低于全球平均水平。相比之下，美国、英国两国的人均累计碳排放量分别是我国的11.6倍和8.3倍，是印度的37.8倍和27.2倍[2]。而我国和印度的人均累计碳排放量则分别只占全球平均水平的47.20%和14.48%[2]。

表1.5 1850～2020年主要国家（地区）人均累计碳排放量 （单位：吨二氧化碳）

国家（地区）	人均累计碳排放量	国家（地区）	人均累计碳排放量	国家（地区）	人均累计碳排放量
美国	2199	欧盟	783	墨西哥	295
英国	1582	法国	770	中国	190
加拿大	1576	南非	719	巴西	107
德国	1291	日本	579	印度	58
俄罗斯	856	意大利	450	全球	402

---

① 按照目前国家（地区）领土范围进行碳排放统计。

② 是运用原始数据计算的结果，与用表中数据（经过四舍五入）计算的结果存在细微偏差。

三、 居民消费与碳排放

（一）居民消费与碳排放的关系

居民是商品和社会服务的终端消费主体，其消费活动会直接或间接消耗能源，由此产生的碳排放称作居民消费碳排放（或居民生活碳排放）。居民消费碳排放主要包括两部分：一是居民直接消费能源产生的直接碳排放，即消费煤炭、石油、天然气等一次能源和电力、热力等二次能源产生的碳排放；二是居民消费的各类商品和服务所隐含（或带来）的间接碳排放，包括衣、食、住、行、用等消费行为在生产、运输、储存、交换或服务等过程中产生的碳排放（图1.3）。需要说明的是，居民消费碳排放是反映居民作为终端消费者所占用碳排放空间的专门指标，其直接和间接产生的碳排放在生产端或流通环节均已进行了核算，不可简单地将居民消费碳排放与常规碳排放指标做累加计算。

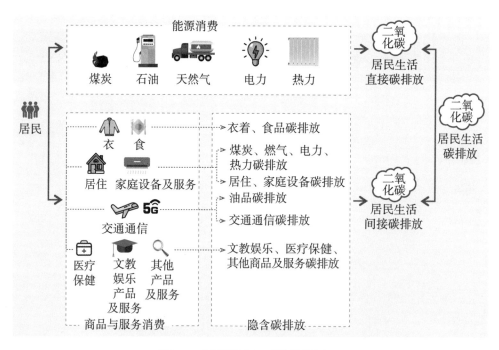

图1.3　居民消费与碳排放的关系

不同的生活方式会导致居民消费碳排放产生明显差异。在人类社会的很长一段时期内，绝大多数人的生活仅处于满足基本生存需求的水平，生活用品以手工生产为主，几乎不产生碳排放或碳排放量很低。工业革命以来，各国生产生活条件得到不同程度的改善，碳排放量随之逐渐增长，不同发展水平的国家居民碳排放量差异也逐步加大，有些发达国家已处在"过度消费"或"奢侈性消费"水平，居民消费碳排放量居高不下；一些欠发达国家依然温饱不足，在基本生存线上苦苦挣扎，居民消费碳排放量很低，有的甚至可以忽略不计。

接下来将利用"全球碳计划"、国际能源署（International Energy Agency，IEA）、经济合作与发展组织（Organisation for Economic Co-operation and Development，OECD）、世界银行等建立的碳排放相关数据库，对主要国家的居民消费碳排放特征进行分析①。

（二）居民消费直接碳排放

通过表1.6可以发现，美国长期处于全球居民消费直接碳排放总量首位，2019年其居民消费直接碳排放总量分别是英国的8倍、德国的6倍、印度的4倍。中国的居民消费直接碳排放总量也随着经济的发展呈增长趋势，1995年约为美国的47%，2019年已达到美国的86%。

表1.6 主要国家的居民消费直接碳排放总量 （单位：亿吨二氧化碳）

国家	1995年	2000年	2005年	2010年	2015年	2019年
意大利	0.71	0.73	0.82	0.77	0.69	0.64
加拿大	0.86	0.88	0.91	0.91	0.97	0.98
法国	0.86	1.02	1.09	1.10	0.95	0.92
英国	1.10	1.19	1.22	1.22	0.98	0.99
日本	1.40	1.53	1.60	1.62	1.42	1.35
德国	1.71	1.62	1.56	1.50	1.27	1.31
美国	7.00	7.63	7.94	7.96	7.59	7.90
南非	0.16	0.16	0.27	0.22	0.29	0.36
巴西	0.37	0.44	0.43	0.52	0.61	0.65
印度	0.68	0.88	1.04	1.28	1.64	1.94
俄罗斯	1.91	1.98	1.55	1.56	1.79	2.52
中国	3.31	2.64	3.68	4.65	6.12	6.80

① 由于欧盟及墨西哥同时间序列数据存在严重缺失现象，因此仅分析了12个国家居民消费与碳排放相关状况。

表1.7反映了主要国家人均居民消费直接碳排放量情况：主要发达国家远高于主要发展中国家；目前，发达国家的人均居民消费直接碳排放量已达到平稳期，发展中国家还处于增长阶段。2019年，加拿大和美国以2.61吨二氧化碳和2.41吨二氧化碳位居人均水平前两名，而印度、巴西、中国和南非的人均居民消费直接碳排放量分别仅为0.14吨二氧化碳、0.31吨二氧化碳、0.49吨二氧化碳和0.62吨二氧化碳。

表1.7 主要国家的人均居民消费直接碳排放量 （单位：吨二氧化碳）

国家	1995年	2000年	2005年	2010年	2015年	2019年
意大利	1.24	1.28	1.41	1.29	1.13	1.08
加拿大	2.94	2.87	2.83	2.69	2.71	2.61
法国	1.44	1.68	1.73	1.69	1.43	1.37
英国	1.90	2.01	2.02	1.94	1.51	1.48
日本	1.12	1.20	1.26	1.26	1.12	1.07
德国	2.09	1.97	1.89	1.84	1.56	1.58
美国	2.63	2.70	2.69	2.57	2.37	2.41
南非	0.39	0.36	0.57	0.44	0.53	0.62
巴西	0.23	0.25	0.23	0.27	0.30	0.31
印度	0.07	0.08	0.09	0.10	0.13	0.14
俄罗斯	1.29	1.35	1.08	1.09	1.24	1.74
中国	0.27	0.21	0.28	0.35	0.45	0.49

（三）居民消费间接碳排放

美国的居民消费间接碳排放总量位居全球第一，2018年其分别是加拿大的24倍、法国的21倍、英国的15倍、印度的3倍（表1.8）。中国的居民消费间接碳排放总量也处于增长通道，但2018年仅为美国的72%。

表1.8 主要国家的居民消费间接碳排放总量和人均居民消费间接碳排放量

国家	居民消费间接碳排放总量 / 亿吨二氧化碳				人均居民消费间接碳排放量 / 吨二氧化碳			
	2015 年	2016 年	2017 年	2018 年	2015 年	2016 年	2017 年	2018 年
意大利	2.65	2.69	2.79	2.94	4.37	4.44	4.60	4.86
加拿大	2.14	1.65	1.74	1.78	5.99	4.56	4.77	4.80
法国	1.85	1.88	1.94	2.06	2.78	2.82	2.90	3.07
英国	2.91	2.67	2.60	2.76	4.47	4.07	3.94	4.16
日本	7.32	8.14	7.92	8.02	5.76	6.41	6.25	6.34
德国	4.42	4.59	4.78	4.97	5.41	5.57	5.78	5.99
美国	38.78	40.08	40.98	42.29	12.09	12.41	12.60	12.94
南非	0.87	0.78	0.89	0.93	1.57	1.38	1.56	1.60
巴西	2.56	2.44	2.75	2.50	1.25	1.18	1.32	1.20
印度	10.53	11.12	12.80	12.92	0.80	0.84	0.96	0.96
俄罗斯	6.94	6.35	7.70	7.56	4.82	4.40	5.33	5.23
中国	24.76	25.79	27.16	30.44	1.81	1.87	1.96	2.19

从2018年人均居民消费间接碳排放量来看，美国、日本、德国分别为12.94吨二氧化碳、6.34吨二氧化碳和5.99吨二氧化碳，位居主要国家前三名，中国、南非、巴西和印度分别仅为2.19吨二氧化碳、1.60吨二氧化碳、1.20吨二氧化碳、0.96吨二氧化碳。美国人均居民消费间接碳排放量分别是中国的5.9倍、南非的8.1倍、巴西的10.8倍和印度的13.5倍。美国在人均居民消费间接碳排放量上远高于其他各国，反映出其生活模式和消费水平的奢侈性。

（四）居民消费碳排放总体分析

综合分析2019年人均居民消费碳排放数据（表1.9），美国以人均15.36吨二氧化碳的排放量遥遥领先各国，加拿大、德国、日本、法国等发达国家的居民人均排放4.44～7.58吨二氧化碳，而巴西和印度分别为1.50吨二氧化碳和1.10吨二氧化碳。我国居民人均排放约2.67吨二氧化碳，仅为主要发达国家的17%～60%。根据已有研究，经济收入对居民消费碳排放影响显著。以美国为例，2015年其最高收入群体（＞20万美元/年）的人均居民消费碳排放约为32.3吨二氧化碳，是最低收入群体（＜1.5万美元/年）的2.6倍。

表1.9　2015年、2019年主要国家居民消费碳排放总量及人均居民消费碳排放量

国家	居民消费碳排放总量 / 亿吨二氧化碳		人均居民消费碳排放量 / 吨二氧化碳	
	2015 年	2019 年	2015 年	2019 年
意大利	3.34	3.58	5.50	5.93
加拿大	3.11	2.76	8.70	7.45
法国	2.81	2.98	4.22	4.44
英国	3.89	3.75	5.98	5.65
日本	8.75	9.37	6.88	7.41
德国	5.69	6.28	6.97	7.58
美国	46.37	50.19	14.46	15.36
南非	1.16	1.29	2.10	2.23
巴西	3.17	3.15	1.55	1.50
印度	12.18	14.86	0.93	1.10
俄罗斯	8.73	10.08	6.06	6.98
中国	30.88	37.24	2.25	2.67

注：由于表1.6～表1.8中数据进行了四舍五入，本表中的2015年数据与用表1.6～表1.8中的数据计算出的结果，个别存在0.01的误差。由于居民消费间接碳排放数据最新年份为2018年，本表中的2019年数据是根据表1.6、表1.7中2019年数据和表1.8中2018年数据评估得来的。

作　者：曲建升　段晓男　曾静静

审稿人：王　灿

编　辑：韩　鹏　陈会迎

　　能源是经济增长中重要的生产要素，也是居民生活中重要的消费品。能源消费与经济增长的关系错综复杂，甚至二者互相影响。在不同国家、不同发展阶段，能源消费弹性系数均不同，无严格精准的定量规律可循，但存在一些统计性、趋势性变化特征。在工业化前中期，资本和能源不断替代劳动力，加之能源消费基数低，能源消费弹性系数往往大于1；在工业化中后期，技术更新换代总体上呈现为能源节约型，能源消费弹性系数缓慢下降甚至跨过零值变为负数，能源消费出现负增长。这个过程可能长达百年甚至更长时间。能源消费除了受经济发展水平、技术水平、人口规模、资源禀赋条件等制约外，还受国际产业分工、能源价格体系、管理制度等影响。世界能源消费极不平衡，发达国家人均用能水平普遍高于发展中国家，其居民生活用能结构普遍优于发展中国家。中国高度重视节能工作并取得了显著成效，近40年来单位GDP能源消费量总体上快速下降、清洁能源消费比重大幅攀升。中国基础设施建设压缩在相对较短时期，当前高载能的建筑安装工程投资占比过高，高耗能行业比重偏高，同时还承接了大量的发达国家贸易转移能耗，这给控制能源消费总量和实现碳达峰、碳中和带来诸多困难。中国还处在现代化进程中，还未全面实现满足人民群众日益增长的美好生活需要，能源消费量在未来一段时期还将持续增长。

一、 经济社会发展与能源消费简史

能源是经济社会发展的重要物质基础，是必不可少的生产资料和消费资料。历史上，能源消费规模与经济社会发展水平高度相关，二者相辅相成、互为促进。经济发展带动能源消费规模持续扩张，能源供应也支撑着经济持续增长。在不同历史时期，能源消费的增长速度、来源结构、使用结构均有所不同。不同国家进入工业化进程的时间不同，能源消费增速在时间和国别上也有很大差异。能源发展本身也是经济社会发展的重要组成部分，能源是经济社会系统与自然生态系统的联系环节。人类社会从工业化后期迈入生态文明时代的进程中，从自然界中获取的不可再生能源资源将逐步减少，甚至能源消费总量也不再增长。

在能源与经济的关系分析中，经常采用能源消费弹性系数指标。它是指在一定时期内，一个国家或地区的能源消费增速与经济增速的比值。它综合反映了该经济体能源消耗与经济增长的定量关系，隐含着经济结构变化和能源利用技术进步等特征。能源消费弹性系数越小，越说明经济增长更多的是依靠技术进步或非能源密集型行业发展来推动的，是经济高质量发展的一个重要体现。我们通常所说的，力争能源消费增长1%，支撑经济增长2%，即力争能源消费弹性系数为0.5。如果能源消费弹性系数较高，表明经济增长对能源的依赖性较大。当能源消费弹性系数小于0时，表明该经济体的能源消费量已经越过了峰值，并进入负增长阶段（此时经济仍在增长）。由于经济发展、结构转型、技术进步、用能行为、市场体系的复杂性，能源消费弹性系数并不是稳定的或单调变化的，在某些年份可能大起或大落。能源消费弹性系数的测算仅在经济持续增长的条件下才有意义。如果经济增长接近于零甚至负增长，能源消费弹性系数的参考价值不大。能源消费弹性系数主要由经济社会发展阶段决定。近200年来主要国家和经济体的能源消费弹性系数如表1.10所示。

表1.10 主要国家和经济体能源消费弹性系数

时期	法国	德国	日本	英国	美国	中国	印度	OECD 国家	非OECD 国家
1821～1870 年	1.13	1.41		1.49	0.43				
1871～1920 年	1.54	1.73	1.81	1.16	0.99				
1921～1950 年	0.60	0.40	1.56	0.27	0.59				
1951～1973 年	0.86	0.66	1.02	0.55	0.88				
1974～2000 年	0.53	0.00	0.53	0.00	0.31	0.57	1.11	0.44	0.84
2001～2020 年	−1.44	−0.86	−2.85	−1.46	−0.24	0.72	0.76	−0.20	0.73

资料来源：北京理工大学能源与环境政策研究中心综合、校订多个数据来源得到。

注：1973 年及以前的数据测算包括传统生物质燃料（不含食物、饲料、畜力）。如果扣除传统生物质燃料，发达国家工业化前期的能源消费增速更高（因基数小）、能源消费弹性更大。国家或国家集团按当前口径计。一般认为 OECD 成员是发达国家。

在农业社会，经济发展水平低、人均用能少，能源供需以家庭自给自足为主。这一阶段，尽管有一些技术进步，但经济规模和能源消费规模的扩展很大程度是人口增长所致。家庭生活能源主要是秸秆、柴草等生物质能，动力能源主要是人力、畜力、风力、水力等，手工业用能有薪柴、煤炭等。当时，各类能源的替代性比较弱，一般不合并计算能源消费总量，也不关注能源消费弹性。

以蒸汽机为代表的第一次工业革命大大推进了生产力的发展。英国是当时世界经济的中心，经济快速增长，能源消费也随之迅速增长。英国的能源消费增速高于经济增速持续了上百年时间，直到 1870 年才接近经济增速并又持续了近 50 年时间。1820～1920 年，英国经济增长 3.7 倍，化石能源消费增长超过 10 倍（基本上是煤炭）。第一次世界大战结束以后，英国能源消费增速才明显低于经济增速[3]。

第二次工业革命将人类带入了石油和电气时代。1859 年美国打出了世界第一口现代意义的油井，随后的 10 年左右时间，以石油产品为燃料的内燃机相继发明，最早的发电厂建成投产。世界经济重心和能源重心开始向美国转移，石油工业和电力工业开始得到发展，但石油产量和发电量形成较大规模是在第一次世界大战以后。美国的化石能源消费增速高于经济增速（可再生能源发电量很少），直到第一次世界大战结束。德国在此期间经济和能源消费增速也很高，直到第一次世界大战爆发。

第二次世界大战以后，主要发达国家，特别是日本和德国，进入了经济增长快轨道，能源消耗急剧增长。核能的发明和应用、天然气大规模开发及其储运技术的发展，进一步推动了发达国家能源供给多元化。

第一次世界石油危机以来，发达国家能源消费增速放缓，甚至越过峰值进入了负增长阶段。1973年石油危机加剧了当时发达国家特别是石油净进口国的经济困难，它们在产业结构调整、能源利用技术、能源供给多元化等方面做了重大努力，扭转了能源快速增长的趋势，能源增速明显低于经济增速。英国自1973年起能源消费量基本处于平台期长达30年时间，直到2004年后出现较明显的负增长。德国是1979年达到峰值后缓慢下降，法国在2004年达到峰值并开始显著下降，日本在2005年达到峰值并快速下降。美国的能源消费持续增长到2005年达峰后显著下降。发展中经济体工业化尚未结束，能源消费还在持续增长。21世纪以来，中国和印度的平均能源消费弹性系数分别为0.72和0.76。尽管发达国家能源消费规模在持续下降，但其人均用能水平仍然很高。2019年，OECD国家人均能耗5.65吨标准煤，大约是非OECD国家人均量的3倍。

人类文明的每一次重大进步都伴随着能源的更替和改进，这也体现在各类能源品种消费弹性的交替变化上。英国在19世纪70年代单位GDP煤炭消费量[①]达到峰值后，能源消费弹性系数开始小于1；消费总量在1956年达到峰值（其中平台期从1910年起大约持续了50年[②]），能源消费弹性系数开始转负值。美国的单位GDP石油消费量在1972年达到峰值，消费总量在2005年达到峰值（平台期1998～2019年，暂未见显著下降趋势）。电气化水平反映了一个经济体的经济发展水平。OECD国家的单位GDP电力消费在1991年达到峰值，电力消费总量2005年以来进入了平台期，人均用电量在2007年已达到峰值（8404千瓦时），之后缓慢下降[③]。2021年中国的人均用电量为5885千瓦时。

---

① 煤炭消费总量除以GDP，按不变价计。以下定义类似。

② 峰值消费量前后计为平台期（按峰值量的90%以内界定）。

③ 根据国际能源署数据计算。

二、 能源消费的影响因素及国别差异

能源消费弹性系数是能源与经济复杂关系的综合表观，其背后隐含着诸多因素。能源消费规模不仅受经济总体规模、人口规模的影响，更受到诸多结构性因素的影响。经济结构、技术水平及其结构、能源市场体系、国际贸易等都会影响能源消费规模，进而影响能源消费弹性。

发达国家已进入后工业化时代，其经济增长由高附加值、低能源密集型行业驱动。在国民经济体系中，其产业结构以非能源密集型的服务业为主、工业比重小，其最终需求结构以居民消费为主、固定资本形成率低（其中以高载能为特征的建筑安装工程占固定资产投资的比重又小），由此造成单位GDP能耗较小。对于正处在工业化进程的发展中国家，产业结构偏重、工业用能比重高，以土建项目为主的固定资产投资占比高，由此造成单位GDP能耗大（表1.11）。

表1.11 主要国家和经济体的经济结构对比（2019年） （单位：%）

项目	法国	德国	日本	英国	美国	中国	印度	OECD 国家	非OECD 国家
工业比重	13.9	24.8	23.6	13.7	14.5	32.0	21.7[*]	22.0	
固定资本形成率	23.5	21.4	25.4	17.7	21.0	42.6	28.5[*]	22.1	
固定资产投资中建筑安装工程比重	53.2	49.1	46.3	56.8	40.7	85.2			
工业用能比重	17.3	24.0	28.4	16.2	16.0	48.0	37.4	20.7	35.1

资料来源：OECD统计数据库，其中带*的为2017年数据。

注：本表涉及的价值量数据均按当年价计算。工业用能比重按终端能源消费量计算（电热当量法）。

能源消费弹性系数还受能源利用效率进步速度的影响。近二百年来，各类能源利用技术效率水平在不断提升。常用的测度指标有单位产品能耗，比如吨钢可比能耗、吨水泥综合能耗、发电煤耗等。1900年以来，发达国家火力发电的热效率由3.4%增长到近年的40%以上[4]。经过多轮的技术更新和改造，我国主要工业

产品生产的能源利用效率大幅提升,其单产能耗水平已降到或接近发达国家水平(表1.12)。能源消耗水平还受替代技术发展的影响。如果有新技术替代能源投入,如以轻质金属替代钢材,也能节约大量能源。当然,在特定的发展阶段,也有一些技术是高耗能型的,如比特币技术。

表 1.12 中国主要能源密集型产品单产能耗

指标	1990 年	1995 年	2000 年	2005 年	2010 年	2015 年	2020 年
火电厂发电煤耗 / (克标准煤 / 千瓦时)	392	379	363	343	312	297	287
钢可比能耗 / (千克标准煤 / 吨)	997	976	784	732	681	644	603
电解铝交流电耗 / (千瓦时 / 吨)	17 100	16 620	15 418	14 575	13 979	13 562	13 244
水泥综合能耗 / (千克标准煤 / 吨)	201	199	172	149	143	137	128
乙烯综合能耗 / (千克标准煤 / 吨)	1 580		1 125	1 073	950	854	837

资料来源:《中国能源统计年鉴2021》。

发达国家通过国际贸易将能源消费和碳排放转移到发展中国家。20世纪80年代以来,在经济全球化和国际分工的驱动下,发达国家将大量能源密集型制造业转移到发展中国家,从发展中国家进口了大量载能产品。中国自2001年加入世界贸易组织以来,出口贸易快速增长,其中包括大量能源密集型产品出口,这在一定程度上造成"十五"期间能源消费弹性系数大于1、单位GDP能耗不降反升的局面。2020年中国向世界出口钢材5367万吨、铝材486万吨、钢铁或铜制标准紧固件407万吨(表1.13),以及大量机电产品。生产这些产品耗费了大量能源资源,也排放了大量二氧化碳。这些产品主要被发达国家所使用。根据OECD的测算,2018年中国承担了其他国家净转移的二氧化碳排放8.9亿吨,占化石能源总排放的9%[1]。2006年净转移排放占比最高,达到24%。如采用完整的存量口径测算(固定资产折旧也分摊到出口载能中),2018年中国承担净转移排放有15亿～25亿吨二氧化碳,占全国碳排放的15%～25%[2]。

---

[1] 来自 OECD 数据库(https://stats.oecd.org/)。

[2] 根据投入产出表(input-output table,IOT)粗略推算得到。

表1.13　中国部分能源密集型产品出口量

项目	2000 年	2005 年	2010 年	2015 年	2019 年	2020 年
平板玻璃出口数量 / 万米²	5 592	19 925	17 398	21 460	18 822	16 263
家用陶瓷器皿出口数量 / 万吨	110	201	189	335	390	424
钢材出口数量 / 万吨	621	2 052	4 256	11 240	6 429	5 367
铝材出口数量 / 万吨	13	71	218	420	515	486
钢铁或铜制标准紧固件出口数量 / 万吨	51	152	225	272	317	407

资料来源：国家统计局统计数据库和海关统计快报；2020年平板玻璃出口数量数据来源于《玻璃》2021年第4期中题为《2020年我国平板玻璃进出口贸易分析》的文献，对数据进行了四舍五入取整。

在开展能源消费的国际比较时，除了需要关注年度的流量分析，还要开展存量分析。对于后进入工业化进程的国家，一方面可以采用跨越式的技术进步，能源利用效率提升较快（与早期进入工业化国家相比），有助于降低能耗。另一方面，其利用后发优势，经济建设速度较快，基础设施建设集中在相对短的时期内完成，在此期间生产和消耗了大量钢铁、水泥、建材、化工等能源密集型的基础性投资品，那么此期间能源消费规模可能急剧升高。这从人均用能量、人均居民生活用能量的差异中可反映出来。目前中国的人均用电量大约是OECD国家人均用电量的2/3，但人均居民生活用电量仅为OECD国家人均居民生活用电量的1/3。待基本完成基础设施建设，且不存在大拆、大修、大重建、大闲置的情形，生产重心转移到消费品生产，能源密集型产品产量和需求量可能大幅下降。因此，从这个意义上讲，可能存在更为明显的能源消费峰值。但这在很大程度上取决于基础设施的服役周期，取决于是否存在大拆、大修、大重建、大闲置的情形。我国的住房和交通基础设施建设集中期较短（2019年建筑安装工程在固定资产投资中的比重高达85.2%），是造成能耗水平高的重要原因。延长这些设施的服役期对于节约能源资源、降低碳排放至关重要。

三、　世界能源消费的不平衡性与不充分性

与世界各国经济发展水平不平衡类似，各国的能源消费也极不平衡，发展中国家能源消费极不充分。如表1.14所示，2019年OECD国家的人均用能量为5.65吨

标准煤，美国的人均用能量甚至接近10吨标准煤，美国的人均用能量是世界人均水平的4倍多。大多数发展中国家（非OECD国家）的人均用能量远低于发达国家。广大发展中国家居民的能源消费仍然是为了满足基本的生活需要，而发达国家居民的能源消费则相对是一种享受型、奢侈型消费。电力作为一种清洁、便捷、优质能源，往往更能反映一个国家或地区的居民生活水平。各国人均居民生活用电量的差异高于人均GDP和人均用能量的差异（如果用反映不均衡程度的基尼系数测量）。这主要是因为广大发展中国家居民生活使用煤炭和传统生物质燃料的比例大，而使用天然气、电力等清洁能源的比例小。2019年中国人均居民生活用电量为732千瓦时，仅为美国人均量的17%。

广大发展中国家和地区还普遍存在能源贫困问题，主要体现在：第一，用能水平较低，人均生活用能量远低于发达国家，非OECD国家人均用能量为OECD国家人均量的1/3。第二，用能结构较差，无法获得以电力为代表的清洁能源服务，煤炭和传统固体生物质能使用比较广泛，2020年全球还有7.57亿无电人口，25.85亿人的炊事无清洁能源[1]。第三，用能能力较弱，难以支付得起相对昂贵的现代清洁商品能源。能源贫困会在健康和教育等方面导致诸多不良后果，而且这些后果的影响通常是深远的，甚至是不可逆转的。大量使用煤炭和柴草等传统固体能源将导致严重的室内空气污染，引起呼吸道和心脑血管疾病，尤其是对产妇和新生幼儿的健康存在威胁[5]。根据全球疾病负担研究（Global Burden of Disease Study，GBD）的数据[2]，固体燃料利用导致的室内空气污染是人类第三大死亡致因，2019年全世界有230万人因此过早死亡，相当于室外大气污染致过早死亡人数的56%。在获取传统生物质能的过程中，劳动强度大、劳动时间长，而且往往是由妇女或儿童来承担，这同时影响健康和人力资本水平。另外，传统生物质能的利用效率相当低下，造成大量资源浪费。中国的通电率早已达100%，但居民用电水平不高。中国的居民用天然气已有较高普及率，但主要是在城镇。第七次全国人口普查数据显示，2020年全国31%的乡村家庭户以柴草或煤炭作为主要炊事燃料。

---

① 此为国际能源署数据。

② http://ghdx.healthdata.org/gbd-results-tool。

表1.14　主要国家和经济体能源经济指标（2019年）

指标	法国	德国	日本	英国	美国	中国	印度	OECD国家	非OECD国家
人均GDP/（万美元，按汇率计的2015年不变价）	3.88	4.32	3.64	4.66	6.08	1.02	0.20	3.78	0.52
人均GDP/（万美元，按PPP¹⁾计的2015年不变价）	4.32	5.00	4.26	4.41	6.08	1.65	0.68	4.31	1.09
人均用能量/吨标准煤	5.14	5.06	4.70	3.65	9.62	3.47	0.98	5.65	1.97
单位GDP能耗/（吨标准煤/万美元，按汇率计的2015年不变价）	1.33	1.17	1.29	0.79	1.59	3.39	4.93	1.50	3.77
单位GDP能耗/（吨标准煤/万美元，按PPP计的2015年不变价）	1.19	1.01	1.10	0.83	1.59	2.10	1.44	1.31	1.80
人均用电量/千瓦时	7043	6606	7935	4750	12744	5119	988	7773	2295
人均居民生活用电量/千瓦时	2367	1523	1983	1554	4373	732	233	2221	485
单位GDP电耗/（千瓦时/万美元，按汇率计的2015年不变价）	1.82	1.53	2.18	1.02	2.10	5.00	4.97	2.06	4.40
单位GDP电耗/（千瓦时/万美元，按PPP计的2015年不变价）	1.63	1.32	1.86	1.08	2.10	3.11	1.46	1.80	2.10

资料来源：国际能源署数据库。

1）PPP：purchasing power parity，购买力平价。

四、 中国能源消费展望

要控制住能源消费总量增速，还面临着很大的挑战。中国的工业化进程还没有结束，基础设施还有很大的增长需求。目前还没有明显迹象显示中国的能源消费弹性系数在下降。主要发达国家的能源峰值出现在人均GDP达到2.6万～4.1万美元（世界银行PPP测算）或者2.2万～3.5万美元（汇率法）时（表1.15）。如果2035年中国人均GDP实现翻番（与2020年相比）并基本实现现代化，届时能源消费量可能还会继续增长。如果从2035年到2060年，人均GDP再翻一番达到4万美元（汇率法），其间中国的能源消费有望进入下降区间。如果在此期间或更长时期，可再生能源或核能技术有重大颠覆性进展，能源供给压力较小、成本较低，不排除能源消费总量长期平稳甚至恢复增长的可能性。

表1.15 人均能源消费峰值及其对应的人均GDP

国家	人均能源消费峰值/吨标准煤	达峰时间	峰值点对应的人均GDP/万美元		
			世界银行数据（按PPP计的2017年不变价）	世界银行数据（按汇率计的2015年不变价）	国际能源署数据（按PPP计的2015年不变价）
法国	6.2	2004～2005年	4.1	3.5	3.9
德国	6.7	1979年	3.2	2.3	2.7
日本	5.9	2004～2006年	3.8～3.9	3.3～3.4	3.7～3.9
英国	5.5	1973年	2.6	2.2	2.1
美国	12.0	1978年	3.5	3.1	3.1

注：能源数据来自国际能源署。人均GDP数据来自世界银行和国际能源署。由于世界银行公布的PPP水平下人均GDP数据存在缺失，根据已有年份不变价汇率下人均GDP的增速数据进行了补齐。

作　者：魏一鸣　廖　华

审稿人：戴彦德

编　辑：马　跃　陈会迎

第六节　中国未来能源需求预估

目前，我国正处于产业结构和经济发展模式转型的关键时期，在此背景下，基于用能历史趋势采用"自上而下"的方法进行的远期用能预测往往不准。因此，本节采用"自下而上"的方法，对工业、交通、建筑三大领域的用能进行了拆分以及中外对比，并对三大领域的未来低碳发展路径进行了初步的判断。对于工业领域，推进工业结构逐渐向中高端转型，大力推动工业生产流程的化石能源替代以及发展工业可中断、柔性用电技术，是未来低碳发展的主要途径；对于交通领域，推进交通运输结构优化、提高货运交通中铁路和水路的占比、构建以高铁为主的城际客运交通，大力推广纯电动汽车、推进交通部门的全面电气化，推进氢能、生物质能等替代燃料的应用，是未来低碳发展的主要途径；对于建筑部门，合理控制未来建筑规模总量，避免大拆大建，维持居民绿色节约的建筑用能模式和灵活可调的建筑系统形式，全面实现建筑部门的电气化和柔性用电，是未来低碳发展的主要途径。基于上述途径，预估我国到2060年的终端能源消费有可能控制在电力约12.7万亿千瓦时，其他燃料约12.3亿吨标准煤（包括作为原材料的工业原料）。

一、中国各领域用能状况及中外对比

（一）工业领域

2019年，中国工业部门用能约32亿吨标准煤，其中电力4.8万亿千瓦时，化石能源折合约17亿吨标准煤。除去电力、热力、燃气及水生产和供应业等能源生产部门以及采掘业，制造业是工业部门最主要的用能领域，占到工业总用能的90%以上。

从单位增加值角度来看，我国制造业单位增加值能耗明显高于各发达国家，2017年我国制造业单位增加值能耗为6.4吨标准煤/万元（2010年美元不变价），而在主要发达国家中，法国、德国、日本、英国制造业单位增加值能耗均低于2吨标准煤/万元（2010年美元不变价），美国制造业单位增加值能耗相对较高，为3.1吨标准煤/万元（2010年美元不变价），但也低于我国目前的水平。

一方面，中国以重化工业为主的制造业结构是制造业单位增加值能耗高的重要原因。2017年我国钢铁、有色、建材三大行业增加值占制造业总增加值的比例约为19%，而各发达国家占比仅为6%～11%，中国上述三大行业能耗占制造业总能耗的约55%，而各发达国家占比只有11%～38%。因此，不论是从增加值占比的角度还是从能耗占比的角度来看，我国钢铁、有色、化工、建材等重工业的比重都高于发达国家。

另一方面，我国制造业各子行业单位增加值能耗也要高于发达国家水平。目前在钢铁、有色、化工、建材四大重工业部门，中国的单位增加值能耗是发达国家同领域平均水平的两倍左右。然而，我国钢、电解铝、铜、平板玻璃等几大高能耗产品的单位产品能耗水平已接近甚至优于世界先进国家水平，这反映出我国产品更多为低端产品，产品附加值低，细分产品结构差异是导致增加值能耗水平差异的重要原因。

（二）交通领域

2019年，中国交通部门电力消耗约0.1万亿千瓦时，化石能源消耗约4.9亿吨标准煤。其中，货运交通用能约占总用能的40%，城际客运与城市客运约占总用能的19%，私家车、出租车、网约车等乘用车约占总用能的41%。以公路货运以及乘用车为主的公路运输是中国目前交通能耗的主要组成部分。从人均看，2019年中国的人均交通用能约为0.35吨标准煤，显著低于各发达国家水平，未来仍有一定的发展空间。

1. 货运交通

从运输需求看，目前我国的单位增加值货运周转量比美国高约30%，这意味着中国制造业每产生一单位的增加值，其货物所需要的货运周转量要高于美国，这与我国的货品运输类别以及产品增加值水平都密切相关。从货类结构上来看，建材、煤及其制品、钢铁等重化工业产品运量需求占到我国货运需求总量的60%。

目前中国钢铁、水泥等重工业产品的人均蓄积量已达到发达国家水平，人均产量也达到或超过发达国家峰值水平，预计随着能源结构调整，燃煤运输大量减少，随着制造业产业结构的调整，大宗货物运输需求也将减少，高价值产品的运输量上升，总货运周转量不会持续大幅增长。研究美国目前的货运结构发现，石油和天然气及其制品、煤及其制品以及建材等矿物制品运量还占到总运量的50%左右，这部分产品的单位增加值货运量需求远高于机电产品、轻工产品，考虑未来化石能源、建材需求量的减少，中国单位制造业增加值货运量将会在美国现在的水平上进一步降低。

从货运结构上来看，目前我国铁路货运周转量占货运总周转量的比例约为20%，与美国40%的水平相比还较低。对比货运的运输单耗，可以发现航空、公路运输单耗远高于铁路和水路。大力发展铁路和水路货运一方面可以降低运输单耗，另一方面也更容易实现全面电气化。

2. 客运交通

2019年我国人均城际客运周转量约为2500公里，相当于美国的1/2。美国主要是在公路客运和航空客运的人均周转量上高于我国，而我国的人均铁路客运周转量则远超美国。未来随着中国居民收入及生活水平的提升，城际客运需求会继续增长。

对于乘用车，目前中国的千人乘用车保有量仅为欧洲、日本、美国的1/4～1/3，未来还有很大的增长空间。但受到我国人口总量、城市形态以及管理政策等方面的限制，中国的人均乘用车保有量很难达到欧美发达国家和地区的水平，相关研究对中国未来千人乘用车保有量的预测多数在300～450辆。目前中国乘用车年平均行驶里程数约为13 000公里，高于除美国的各发达国家，但在过去十年间呈持续下降趋势，预计未来很可能会继续下行到10 000公里左右的水平。

客运交通未来发展的重点在于大力推动以高铁为主的城际客运交通方式，并且实现乘用车的全面电气化。中美城际客运的结构有显著的不同，以铁路为主的城际客运结构是中国的特色以及优势，未来应当继续发展以铁路为主的城际客运。基于中国的新能源汽车产业规划，到2035年纯电动汽车成为新销售车辆的主流，这会伴随着交通基础设施结构的改变（更多的充电桩、更少的加油站），从而加速电动车的推广和对燃油车的替代，在这样的规划下，中国有望实现未来接近100%的纯电动汽车渗透率。

（三）建筑领域

1. 用能状况及中外对比

2019年，我国建筑运行的总商品能耗为10.2亿吨标准煤，约占全国能源消费总量的21%。建筑运行能耗可以分为城镇住宅用能（除北方采暖）、农村住宅用能、公共建筑用能（除北方采暖）以及北方采暖用能。从用能总量来看，上述四类用能基本呈四分天下的局势，各占建筑能耗的1/4左右。

大致来看，建筑用能主要受到建筑规模以及用能强度的影响。对比各个国家的人均建筑面积水平，可以发现中国的人均住宅面积已经接近发达国家水平，但人均公共建筑面积与一些发达国家相比还处在低位。比较各国（地区）的建筑运行能耗，中国的建筑运行用能总量已经与美国接近，但用能强度仍处于较低水平，无论是人均能耗还是单位面积能耗都比美国、加拿大、欧洲及日韩低得多：建筑领域人均用电量是美国、加拿大的1/6，法国、日本等的1/3左右；人均化石能源用量是美国、加拿大的1/3，法国、日本等的1/2左右；单位面积建筑用电量也仅为美国、加拿大的1/3左右。

2. 建筑系统形式和居民生活方式是中外建筑用能强度差异的主要原因

目前中国公共建筑的平均能耗强度仍处于较低的水平，单位面积的能耗强度仅为发达国家的1/3～1/2。清华大学建筑节能研究中心曾对气候相似、功能相同的中美两座大学校园建筑能耗进行了实测，发现在美国校园中冷机、风机等主要耗能设备的能效都远高于中国校园的情况下，美国校园建筑的能耗平均值仍达到了中国的近4倍。实际上，造成公共建筑能耗出现巨大差异的主要原因，并非在于该建筑物是否采用了先进的节能设备，而更多地在于通风方式、使用模式以及热湿环境营造方式的不同。

通风方式：建筑是采用全密闭的建筑形式，仅依靠机械系统进行通风，还是采取有利于自然通风的设计，尽量依靠自然通风来实现新风供给，是影响公共建筑能耗的重要因素。实际上，良好的自然通风设计可以实现等同甚至优于机械通风的通风效果，并且可以节省大量的风机能耗。同时，自然通风还可以实现较大的通风换气量，在室外环境适宜的时候充分利用自然冷源，减少空调系统的开启时间，从而减少建筑能耗。

使用模式：只在"有人"的"部分空间、部分时间"内使用空调、采暖和照明系统，还是不论"有人与否"，"全空间、全时间"地开启空调、采暖和照明系统，会造成巨大的能耗差异。在上述案例中，中国校园建筑基本实现"部分空间、部分时间"控制室内环境，而美国校园建筑的室内环境无论建筑体量大小，都是"全空间、全时间"。

热湿环境营造方式：采用集中式的空调系统，还是分散空调，是影响公共建筑能耗的另一重要因素。以办公建筑为例，不同区域的负荷情况、人员的在室情况不同，分散空调可以根据各个房间的要求各自进行调节，而集中式空调系统的独立控制能力较弱，为满足所有末端的要求，有时还需要通过再热来进一步进行热湿环境的调节，同时也无法做到无人时关闭，因而造成较高的能耗强度。

而对于居住建筑，中国的户均用能及单位面积用能均远低于发达国家，这主要来源于住宅建筑中居民用能方式的差异。对比中美两国典型家庭住宅除采暖和生活热水以外的用电量，中国绝大部分家庭的年总用电量小于3000千瓦时，而在美国中等收入家庭的年用电量通常要达到约10 000千瓦时。其中的差距来源于空调等用电设备的设备类型和使用方式的不同。

中国绝大多数居民家庭采用分体空调+部分时间部分空间的空调使用模式，因而用能强度较低。而户式中央空调是美国居民家庭常见的空调形式，其使用方式往往是全时间全空间的模式，空调开启时长以及制冷面积要远大于中国家庭。

对于其他电器，如洗碗机、干衣机以及大容量冰箱冰柜等美国家庭常见的用电设备，在中国家庭中目前的拥有量还比较低，这是导致用电量差异的重要原因。例如，有烘干功能的洗衣机每个洗衣周期的用电量要远远高于没有烘干功能的常规洗衣机，使用有烘干功能洗衣机的美国家庭洗衣年耗电量可高达1000千瓦时，是中国家庭的7倍。

二、 中国各领域未来低碳发展路径判断

（一）工业领域

1. 推进工业结构逐渐向高端转型

目前，中国城镇化和基础设施建设已初步完成，今后大规模建设的状况将发生转变。目前，中国的人均住宅面积已经超过了亚洲发达国家日本和韩国，接近部分欧洲发达国家水平。人均建筑面积尽管仍低于多数欧美国家，但从资源环境容量看，我国不可能达到这些欧美国家人均建筑面积水平。从城市形态来看，我国高密集度大城市的发展模式使公共建筑服务效率高，从而也无必要按照欧美的人均规模发展。

因此在新时期，由城镇化建设所带动的高能耗产业对 GDP 的拉动会下降，进而导致工业结构的转变和工业单位增加值能耗的下降。在建设规模下降的情况下，未来钢铁、水泥等高能耗产品的需求将减少，大量机构给出的 2050 年、2060 年预测都在目前需求量的一半以下。

对于与终端消费品生产密切相关的化学工业、食品工业、轻工业，未来随着居民生活水平的提高，产出还会继续增长，目前我国化学工业增加值在制造业总增加值中占比约为 20%，对比部分发达国家现状（美国 23%、法国 23%、日本 21%），未来我国的化学工业增加值的占比和总量均会继续提升。同时随着技术的发展，高附加值产业的产出将大幅增加，我国机械设备和电子设备制造业增加值约占制造业总增加值的 36%，还远低于发达国家水平（美国 47%、德国 60%），对比各发达国家，中国未来机械设备和电子设备制造业的增加值占比有望增长到 50% 以上，成为我国制造业增加值增长的重要动力。这样，在未来工业能耗小幅增长或保持平稳的情况下工业增加值仍然可以继续增长。

2. 推动工业生产流程的电气化和化石能源替代

在未来以电力为主的能源供需结构的要求下，通过工业生产流程电气化等方式推动工业化石能源需求的替代是未来实现碳中和的重要条件。

不同行业有不同的化石能源替代技术和途径，应在考虑各类技术经济性和成熟度的基础上对工业领域的化石能源需求进行逐步替代，部分可参考的途径如下。

钢铁工业：大力推广短流程炼钢、适当发展氢直接还原铁炼钢等技术，减少焦炭使用。

有色工业：提高再生铝比例；促进氧化铝生产等其他用热过程的电气化。

化学工业：实现低温热力需求的全面电气化；在经济性可行的前提下，促进化工生产流程中加热炉等高温制热装置的电气化，减少化石能源燃烧；在经济性可行的前提下，发展二氧化碳加氢工艺，利用电解水制氢及捕集二氧化碳合成化工产品以替代化石能源作为原料的使用。

建材工业：发展熟料替代材料，降低水泥熟料比；利用垃圾等替代水泥窑燃料；在经济性可行的前提下，促进水泥窑的电气化。

轻工业、食品工业：取消自备电厂，用电热泵替代锅炉满足生产过程中的蒸汽和热水需求。

机械设备和电子设备制造业：利用电热泵满足生产过程中的低温用热需求；促进铸造焊接等生产流程的电气化。

3. 发展工业可中断、柔性用电技术，实现需求侧响应

发展工业柔性用电技术，如可中断性电解铝技术等。对于诸如钢铁、电解铝等高能耗工业生产，利用电力负荷低谷期生产，高峰期停产，通过产品储存代替电能储存，实现工业生产需求侧响应，以配合电源侧大比例的风电光电接入。

（二）交通领域

1. 推进交通运输结构优化

对于货运交通，减少长途载重货车的运量；大力发展铁路货运线的建设，增加货运结构中铁路的占比；发展内河及沿海船运，增大国内水路货运占比。

对于客运交通，继续发展以高铁为主的城际客运交通方式；减少长途公路客运的占比；合理引导航空客运需求，避免其过快增长。

2. 大力推动交通部门的全面电气化

继续推进我国铁路运输线路的电气化建设，实现铁路运输的全面电气化；推进

码头、港口的大功率充电桩建设,实现水路运输的全面电气化;继续推动城市公共汽车的电气化替代,实现城市轨道交通、城市公共汽车等城市客运方式的全面电气化;推动短途公路货运的全面电气化,通过燃油车限制、禁售等方式,在2045年之前实现乘用车的全面电气化。

3. 积极推进氢能、生物质能等替代燃料的应用

在上述的运输结构调整及电气化改造下,交通部门的化石能源需求将大幅度减少,剩余的化石能源需求主要来源于长途公路客货运及航空客货运,可以通过积极推进长途公路运输的生物质液体燃料、氢燃料替代及航空运输的生物质燃料替代来实现交通部门的全面零碳化。

(三)建筑领域

1. 城镇化发展阶段发生转变,合理控制未来建筑规模总量

建筑规模总量是影响建筑领域能耗与碳排放的重要因素,因此合理规划和控制未来建筑规模总量,减少新建建筑规模,是实现建筑领域低碳发展的必要条件。

减少建筑建造相关碳排放,控制建筑规模总量是重要基础。从目前建筑竣工面积来看,已经大大超出了城镇化新增人口对建筑的需求。目前我国人均建筑面积已经接近发达国家水平,即使考虑未来城镇化率的继续提高,按照现有人均建筑面积水平,需要新增的房屋规模也有限。2019年全社会已有建成民用建筑约640亿平方米,人均约40平方米(包括住宅和公建)。按照亚洲其他发达国家的状况,人均50平方米民用建筑(住宅、商建和公建)已完全可以满足经济、社会和文化发展的需要。所以我国未来14亿人口,建筑总规模达到750亿平方米应完全可以满足现代化和人民美好生活的需要。

2. 防止大拆大建,提倡通过精细修缮实现加固、延寿和提升质量

我国将由大规模房屋建设期转为大规模建筑维修和升级改造期。对于既有建筑,尽可能避免大拆大建,而是发展新的技术和工艺,通过精心修缮,实现其加固延寿和质量提升,是减少房屋建造带来的巨大钢铁与建材需求,从而减少制造业能源消耗和碳排放的重要举措。房屋拆除时的平均寿命应从目前不到40年提高到100年以上。

3. 维持绿色节约的建筑用能模式，在较低能耗水平基础上满足建筑用能需求

如前文所述，我国目前的建筑用能与发达国家相比在建筑使用方式、建筑系统形式等方面都有巨大的差异。例如，在美国无论是居住建筑还是商业建筑，其基本的使用模式都是一切依靠机械系统，"全空间、全时间"运行室内环境控制系统；而我国则是"自然环境为主、机械系统为辅"，即使运行机械系统，也是采用"部分空间、部分时间"的室内环境系统调控模式。尽管这一模式所提供的服务水平略低于发达国家的"全空间、全时间"模式，但用电量却有2～5倍之差。如果放弃这一传统的绿色使用模式，代之以美国目前的建筑使用和运行模式，将使得我国建筑运行能耗大幅度增长，给我国的能源供给和减碳工作带来极大的负担。

因此，我国为了抑制未来建筑能耗大幅度增长，一方面，需要坚持"自然环境为主、机械系统为辅"的基本理念，提倡建筑的自然通风，营造与自然和谐的室内环境；另一方面，需要倡导分散优先的空调系统形式，发挥系统的可调性，以支持使用者的绿色使用模式，让使用者在室内环境营造中起主导作用。同时，对于北方地区20世纪80年代建造的非节能建筑进行以改善保温性能为主要措施的节能改造，进一步降低这些建筑冬季采暖需求。在上述条件下，维持我国建筑能耗强度在现有水平上不出现大幅增长，是完全可行的。

4. 全面实现建筑部门的电气化和柔性用电

2019年建筑部门煤炭、天然气等化石能源直接燃烧相关的直接碳排放约6亿吨二氧化碳。全面实现电气化是降低这部分直接碳排放的主要途径，主要包括炊事电气化、生活热水电气化、燃气热水锅炉的电替代以及燃气蒸汽锅炉的电替代。实现建筑内二氧化碳的直接排放为零排放，目前没有任何技术和经济问题，并且在多数情况下还可以降低运行成本，获得经济效益。因此，降低建筑领域直接碳排放的关键应该是理念和认识上的转变以及炊事文化的变化。通过各级宣传部门各种渠道使大家认识到，使用天然气也有碳排放，只有实现"气改电"才能实现建筑零碳排放，在政策机制上全面推广"气改电"，应该是实现建筑零碳排放最重要的途径。

同时，建筑应从能源系统单纯的消费者转为支持大规模风电光电接入的积极贡献者。一方面，建筑本身是发展光电的重要资源，充分利用城乡建筑的屋顶空间和其他可接受太阳辐射的外表面安装光伏电池，通过这种分布式光伏发电的形式，在很大程度上解决大规模发展光电时空间资源不足的问题，尽可能充分利用建筑表面

安装光伏电池，应该成为建筑设计的重要追求，外表面的光伏利用率也应成为今后评价绿色建筑或节能建筑的重要指标。另一方面，在零碳能源系统中，建筑还可承担协助消纳风电光电的功能。通过光储直柔新型配电系统，与周边的停车场和电动车结合，可以构成容量巨大的分布式虚拟蓄能系统，从而在未来零碳电力中发挥巨大作用，实现一天内可再生电力与用电侧需求间的匹配。

为了实现建筑用热的零碳，首先就要减少供暖需求的热量：通过节能改造和节能运行降低实际采暖需求，把供暖平均热耗从目前的0.3吉焦/米^{2}降低到0.2吉焦/米^2，是实现低碳的首要条件。其次，充分利用现有的集中管网条件，采集热电厂和工业生产过程的余热资源，来满足供热的热源需求。核电余热是未来我国建筑供热重要的零碳热源，预计未来我国将在沿海建成并运行2亿千瓦核电厂，年发电16 000亿千瓦时的同时，全年还将向海上排放75亿吉焦的热量。有效回收这部分热量，并通过大规模跨季节蓄热，可满足北方沿海150千米内地区建筑供热和各类轻工业生产用热需求。目前已开发的通过核电余热实现"水热联产、水热同送、水热分离"技术，还可以同时为北方沿海地区提供淡水资源，并降低热量长途输送成本。

（四）实现我国碳中和目标的路径设想

建立新型的零碳电力系统，并在各个用能领域实现全面电气化，实现煤改电、油改电和气改电，是我国实现能源领域碳中和的基本路径。而实现这一目标，必须是"先立后破"，建成可提供充足零碳电力的新型电力系统是先决条件。

新型电力系统的建成要突破风电光电高效消纳的瓶颈，解决新型电力系统要求的调蓄问题。而未来全面推广的电动车的车载电池和建筑新型配电系统可形成的柔性用电能力，将是协助解决电力系统调蓄问题的重要资源。因此，加快电动车的发展和有序充电桩网络建设，推动建筑配电的光储直柔改造，助力新型电力系统的建成，应作为实现零碳能源转型的第一步。

新型电力系统及电动车、建筑柔性用电的发展，又可以形成巨大的新兴产业，满足制造业发展的需要，如风电光电设备、电动车和电池制造产业，充电桩产业，电力电子器件产业，以及建筑柔性配电带动起来的直流电器产业，满足这一期间经济增长对制造业提出的增长要求。

反之，我国大量制造业产能建成于21世纪，生产线尚未达到回收期。维持这些产能，使这些制造业持续生产，对于稳定国家经济发展至关重要。因此并不急于对这些制造业进行改造，只是不能再建设大量依赖化石能源的新产能。新上马的制造业一定要采用新工艺、新流程，实现零碳制造。

按照这条路径，到2035年前后，新型的零碳电力系统初步建成，而大部分传统制造业产能也先后进入更新换代期，此时，再着力改造制造业，依靠从现在开始的10～15年的技术积累，依靠低运行成本的新型电力系统，我们可以用15～20年的时间建成最先进的零碳制造体系，使我国发展成为真正的制造业强国。

三、 中国未来能源消费需求预估

基于上述用能现状以及低碳发展路径的分析，本部分采用"自下而上"的方法对中国2060年的能源消费需求进行了预估。宏观经济增长按照2060年GDP翻两番、人均GDP达到4万美元的目标进行设定，并考虑中国制造业强国的定位以及低碳发展目标分工业、交通、建筑三大领域对我国2060年的能源需求情景进行了设计。

（一）工业领域

工业结构：重工业增加值占比降低，化学工业增加值占比继续提升，机械设备和电子设备制造业增加值占比显著提高。

燃料替代：在发达国家现有的单位增加值能耗强度及结构的基础上，在2030年之后进一步推行工业用热及用燃料流程的电气化，钢铁工业大力发展短流程炼钢，发展部分氢直接还原铁炼钢等；水泥生产降低熟料比；化学工业实现全部热水、蒸汽需求的电气化以及少部分低温加热炉的电气化；有色工业大幅度提高再生铝的比例；机械设备和电子设备制造业、食品工业、轻工业的用热需求实现全面电气化。

（二）交通领域

运输需求：货运交通重工业产品运输需求减少，未来单位增加值货运周转量大幅下降，居民出行需求到2040年基本达到发达国家水平，千人乘用车保有量达到350辆。

运输结构：货运交通提高铁路与水路的占比到80%，降低公路货运占比到20%；城际客运交通提高铁路占比到70%，公路和航空分别占比10%、20%。

燃料替代：到2045年基本实现铁路、内河船运、乘用车、城市客运交通、短途公路货运的全面电气化；对剩余的长途公路客货运及航空运输采用氢燃料及生物质燃料替代。

（三）建筑领域

建筑规模：2060年民用建筑总规模控制在750亿平方米以内，避免大拆大建，重视建筑维护，延长建筑寿命。

用能模式：居民维持绿色节约的生活方式，坚持"自然环境为主、机械系统为辅"的建筑系统形式。实现建筑领域的全面电气化和柔性用电。充分利用电厂余热及其他工业余热，实现北方地区的零碳供热。

基于上述假设，预估2060年电力需求约为12.7万亿千瓦时。这一电量按等价热值计算约为15.6亿吨标准煤，按目前的发电煤耗计算约为38亿吨标准煤，燃料需求在12.3亿吨标准煤左右（包括作为原材料的工业原料），届时全国的总能耗与2020年水平相当，约为50亿吨标准煤。各部门需求具体如表1.16所示。

表1.16 2060年用能需求预估结果

项目	电力 / 万亿千瓦时	燃料 / 亿吨标准煤
工业	6.8	11.0
交通	1.9	1.3
建筑	4.0	0[1]
总计	12.7	12.3

1）余热需求49亿吉焦，依靠电厂和工业排放的余热提供。

上述能源需求结果建立在工业、交通、建筑部门积极的结构调整、燃料替代、用能模式转变的基础之上，是我们所期望达到的目标情景。但未来实际的转型路径具有不确定性，对于交通、建筑部门，由于我国居民在用能方式上与发达国家居民的根本差异，未来用能基本可以控制在目标情景以内；对于工业部门，在经济增长目标相同的前提下，如果不能较好地完成产业结构调整、工业流程替代，所需的能耗可能会有提高。在这种情况下，中国未来的总能耗可能会超过60亿吨标准煤，电力需求超过14万亿千瓦时，高于上述结果。

作　者：江　亿　张　洋　胡　姗
审稿人：戴彦德
编　辑：马　跃　陈会迎

第七节　碳中和为一"三端共同发力"体系

　　本节介绍碳中和的基本逻辑和实现路径。碳中和的基本定义为净零排放而不是零排放。净零排放可定义为通过人类活动排放的二氧化碳总量与自然界吸收及人为固定的碳总量相当。根据人为排放主要来自发电/供热部门，工业部门的钢铁、有色、化工、建材领域，以及交通部门和建筑部门这一特点，碳中和可理解为一个三端共同发力体系，分别为发电端、能源消费端和固碳端。发电端在于建设一个新型电力体系，它应该由水、光、风、核等非碳能源为主体，火电应逐步退出，只作为调节电源和应急电源之用，这个电力系统的装机总量应该比现今大几倍并需要先进的储能体系和电力输送体系，用以保证能源消费端有足够绿电可用；能源消费端主要把工业、交通、建筑等部门的煤炭、石油、天然气消费用绿电、绿氢、地热等非碳能源来替代，这是一个涉及面非常广的过程，需要通过工艺再造来完成；固碳端的工作重心在于或把本该排放到大气中的二氧化碳收集起来，制成化学用品、生物制品或封存于地表地层之中，或把已经排放到大气中的二氧化碳通过生态保育、修复、建设等过程人为固定到生态系统之中。这三端共同起作用需要研发大量的新技术并需要建设大量的基础设施，代表了经济社会的系统性转型，因而需要通过分步实施才能完成。本节提出我国通过控碳阶段、减碳阶段、低碳阶段、中和阶段"四阶段"路径来完成目标，并对每个阶段的核心工作做了简要描述。

一、 碳中和的定义

简而言之，碳中和是指在一定空间区域（如一国、一省市甚至一企业园区）范围内，其排放的碳[①]与通过自然过程和人为过程固定的碳在数量上相等，即达到净零排放状态。可见，碳中和与碳的"零排放"是两个截然不同的概念。

自然过程固碳可理解为地球系统本身对来自人类作用产生的"额外"的碳的吸收固定能力，它同具体国家或主体的努力无关，属于"天帮忙"。

根据国际上过去几十年来的观测统计，人类排放的所有二氧化碳有约54%被自然过程吸收，其中陆地吸收约31%，海洋吸收约23%，另外的约46%留在大气中，成为升高大气二氧化碳浓度的主要"贡献者"。海洋吸收主要通过无机过程溶解二氧化碳、碳酸钙沉积和微生物合成碳酸钙等过程，陆地吸收则主要通过陆地生态系统固存有机碳和土壤/地下水过程形成无机碳酸盐，以及在河道、河口中沉积埋藏有机碳等。尽管陆地吸收总量是已知的，但目前为止，各种陆地吸收过程的相对比例并不清楚，根据相关研究，2010～2020年我国陆地生态系统固碳量为每年10亿～15亿吨二氧化碳，最有可能的估计范围为每年11亿～13亿吨二氧化碳。

人为过程固碳有多种形式，比如把二氧化碳从烟道中收集起来后，或制成化学和生物制品，或打入地球深处封存，或打入油气田用于油气采集过程中的"驱动"体系，等等；保护和养育陆地与近海的生态系统，使碳固定在植被、土壤或海底中，也属于"人努力"，即人为固碳过程。

"天帮忙"与"人努力"固碳量的总和若与人为排放量相等，即为碳中和。

二、 碳中和的基本逻辑

通过前面几节，我们得知目前我国每年的二氧化碳排放在100亿吨左右。那

---

① 主要是指二氧化碳。甲烷由于在确定其来源，以及监测、测量等方面技术支撑不足，尚难精准确定其排放主体。

么，这100亿吨二氧化碳的排放主要来自何处？了解这一点对我国如何实现碳中和目标至关重要，这也是构成我国碳中和路线图的逻辑起点。根据国家的相关统计，中国2020年的一次能源消费总量约为50亿吨标准煤，其中煤炭、石油、天然气的占比分别为56.8%、18.9%、8.4%，一次电力及其他能源的占比仅为15.9%。100亿吨二氧化碳的排放中，发电（供热）占比45%，工业占比39%，交通占比10%，建筑占比5%，农业占比1%。工业排放中，建材工业（37.9%）、钢铁工业（31.5%）、化学工业（24.1%）和有色工业（6.4%）占主导地位（此处比例由四大高碳排放领域归一化后计算得到；其他工业领域碳排放量较少且门类繁多，暂不考虑）。这里需要特别指出，各家数据由于统计口径略有差别，有关二氧化碳排放"终极来源"的数量也有所差别，即使在本书中，由于用到不同出处的数据，差别也存在。但总的说来，这个差别不影响我们对我国如何实现碳中和的基本理解。

根据碳中和定义以及碳排放、碳自然吸收、碳人为固定等概念，我们可以导出结论：碳中和是一个三端共同发力体系，即发电端用水、光、风、核等非碳能源替代煤炭、石油、天然气，能源消费端通过工艺流程再造，用绿电、绿氢、地热等替代煤炭、石油、天然气，固碳端用生态建设、CCUS等碳固存技术，将碳人为地固定在地表、产品或地层中。这就是碳中和的基本逻辑。

一国无论是技术原因，还是市场原因，其"不得不排放"的二氧化碳总量等同于自然吸收量与人为固碳量之和，即可视为净零排放，实现了该国的碳中和。由此可见，有先进并廉价的技术可供这三端所用，是实现碳中和的前提条件。也就是说，"技术为王"将在碳中和过程中得以充分体现。下面我们就为了实现我国的碳中和目标，该如何形成这一三端共同发力体系做简单介绍。

三、 三端共同发力体系

（一）发电端之要在构建新型电力系统

2021年我国电力装机容量为23.8亿千瓦，未来假定：能源消费端要实现电力替代、氢能替代（氢气也主要产自电力），人均GDP从一万美元到三四万美元所需的能源总量明显增长，风、光发电利用小时数难以明显提高，未来总人口不会明显下降，那么我国实现碳中和之时，估算总的电力装机容量会在60亿到80亿千瓦之间。因此，未来新型电力系统的第一个特点是电力装机容量巨大。

第二个特点是我国十分丰富的风、光资源将逐步转变为主力发电和供能资源，这不仅包括西部的风、光资源，也包括沿海大陆架风力资源，更要包括各地分散式（尤其是农村）的光热等资源（如屋顶和零星空地）。

第三个特点是稳定电源应从目前以火电为主逐步转化为以核电、水电和综合互补的清洁能源为主。

第四个特点是必须利用能量的储存、转化及调节等技术，克服风、光资源波动性大的天然缺陷。

第五个特点是火电（如从减少二氧化碳排放看，应逐步用天然气取代煤炭发电）只作为应急电源或一部分调节电源之用。

第六个特点是在现有基础上，成倍扩大输电基础设施，平衡区域资源差异；并加强配电基础建设，增强对分布式资源的消纳能力。

从实现碳中和的角度，我国拟以装机总量60亿～80亿千瓦（风力发电、光伏发电共占比70%，稳定电源、应急电源和调节电源占比30%）为目标，规划新型电力系统。在40年时长内，大致以每十年为一期，顺次走控碳电力、降碳电力、低碳电力最后到近零碳电力之路，并完成超大规模的输变电基础设施建设。

要建立这样的新型电力系统，无论是发电，还是储能、转化、消纳、输出等，技术上都有大量需要攻克的关键环节，这将成为实现碳中和目标的重中之重（详见本书第二章）。

（二）能源消费端之要在电力替代、氢能替代以及工艺重构

用非碳能源发电、制氢，再用电力、氢能替代煤炭、石油、天然气用于工业、交通、建筑等部门，从而实现能源消费端的低碳化甚至非碳化，这是实现碳中和的核心内容。在绿色低碳电力供应充足并价廉的前提下，能源消费端的低碳化主要是通过各种生产工艺流程的再造来完成。

能源消费端的排放大户是工业、交通、建筑三部门，工业部门的排放大户是钢铁、有色、化工、建材四领域。

从现有技术分析，交通的低碳化甚至非碳化较易实现，即轨道交通和私家车可

用电力替代，船舶、卡车、航空可部分用氢能替代。这里关键之处是建设私家车的充电体系，建设从制氢到输运再到加氢站的完整体系，当然还有如何保证经济、安全等问题。

建筑部门的低碳技术亦基本具备，大致可考虑以下途径，即城市以全面电气化为主，加上条件具备的小区以电动热泵（地源热泵、空气源或者长程余热）为补充，少部分情况特殊者可部分利用天然气；农村则以屋顶光伏+电动热泵+天然气+生物沼气+输入电力的适当组合为主。

以上两大部门去碳化的关键是政府与市场做好协调，并以合适的节奏推广之。

工业部门的钢铁、有色、化工、建材目前还没有用电力、氢能替代化石能源的成熟技术，虽然从理论上讲是可以实现的，但仍需技术层面变革性的突破和行业间的协调。事实上，国内外一些企业与研发单位，在氢能+电力+煤炭的"混合型"炼铁（如氢冶金）上已有较为成功的例子。从工艺流程再造看，不同工业过程既可考虑先采用低碳化的"混合型"再到无碳化的"清洁型"，也可考虑一步取代到位。

由此可见，能源消费端的"替代路线"亦需研发大量新技术并布局大量新产业（详见本书第三章）。

需要说明的是，水泥一般用石灰石（$CaCO_3$）作原料，煅烧过程中不可能不产生二氧化碳，这部分如得不到捕集利用，当在"不得不排放的二氧化碳"之列。此外，煤炭、石油、天然气作为资源来生产基础化学品、高端材料、航空煤油等，其开采—加工—产品使用的全生命周期中也存在"不得不排放的二氧化碳"。

从以上两部分的分析看，无论是发电端还是能源消费端，到2060年时，都会有相当数量的碳排放存在，需要固碳措施予以中和。

（三）固碳端之要在生态建设

学术界对固碳方式已有过很多研究，主要分四大类。第一类是通过对退化生态系统的修复、保育等措施，提高光合作用并将更多碳以有机物形式固定在植物（尤其是森林）和土壤之中，这是最重要的固碳过程，2010～2020年我国陆地生态系统的固碳能力为每年10亿～15亿吨二氧化碳，最有可能的估计范围为每年11亿～13亿吨二氧化碳；第二类是将低浓度二氧化碳进行捕集富集为高浓度的二氧化碳，再通过化学转化、生物转化、矿化以及地质利用转化制成或得到各类化学品、燃料、材料和资源；第三类是捕集二氧化碳后，将其封存于地层之中；第四类是生物质燃料利用、采伐树木及秸秆等闷烧还田等（详见本书第四章）。

由于生态文明建设是"国之大者"，而其他碳固存技术的应用均需额外消耗能源，且未必经济合算，因此，固碳端的工作当首先聚焦于生态建设。在2060年之前，对非生态碳固存技术先做深入研究和技术储备，力争掌握知识产权和工程技术，大幅度减少成本，临近2060年时，根据我国"不得不排放的二氧化碳"量和生态固碳贡献状况，再相机推动这些技术的应用。

四、 我国碳中和的可能路径

在已有的经济社会发展逻辑之下，到21世纪中叶，一定会有一部分"不得不排放的二氧化碳"，不管是由于技术上不具备还是经济上不合算。由此，我们在对标碳中和时，首先要弄清楚一个问题：我们减排到什么程度，即可达到碳中和？

过去的全球碳循环数据表明，人为排放二氧化碳中的约54%被陆地和海洋的自然过程所吸收，假定未来几十年全球碳循环方式基本不变，尤其是海洋吸收约23%的比例不变，则各国排放的约46%那部分应该是"中和对象"。但事实上，陆地吸收的约31%大部分来自生态过程，小部分来自其他过程，二者之间的比例目前尚未研究清楚。根据相关研究，2010～2020年我国陆地生态系统每年的固碳量为10亿～15亿吨二氧化碳，最有可能的估计范围为每年11亿～13亿吨二氧化碳；一些专家根据这套数据并采用多种模型综合分析后，预测2060年我国陆地生态系统固碳能力为10.72亿吨二氧化碳，如果增强生态系统管理，还可新增固碳量2.46亿吨二氧化碳，即2060年我国陆地生态系统固碳潜力总量为13.18亿吨二氧化碳。根据以上分析，如果我国2060年时排放25亿～30亿吨二氧化碳，则海洋可吸收5.75亿～6.9亿吨，生态建设吸收13亿吨，陆地总吸收的31%中，生态系统吸收以外的其他过程如果占一定比例，吸收2亿吨左右，那么吸收总量将在22亿吨左右；在此基础上，如果发展5亿吨规模的CCUS技术固碳，则大致能达到碳中和。

如果我们将2060年"不得不排放的二氧化碳"设定为25亿～30亿吨，则需要在目前100亿吨的基础上减排70%～75%，挑战性非常大。这就需要制定分阶段减排规划，理论上讲，我国可考虑"四阶段"的减排路径，从现在起用40年左右的时间达到碳中和目标。

第一个阶段为"控碳阶段"，争取到2030年把二氧化碳排放总量控制在100亿吨之内，即"十四五"期间可以增一点，"十五五"期间达峰后再减回来。在这第一个十年中，交通部门争取大幅度增加电动汽车和氢能运输占比，建筑部门的低碳化改造争取完成半数左右，工业部门利用煤+氢+电取代煤炭的工艺过程大部分完成研发和示范。这十年间电力需求的增长应尽量少用火电满足，而应以风电、光电为主，内陆核电完成应用示范，制氢和用氢的体系完成示范并有所推广。

第二个阶段为"减碳阶段"，争取到2040年把二氧化碳排放总量控制在85亿吨之内。在这个阶段，争取基本完成交通部门和建筑部门的低碳化改造，工业部门全面推广用煤/石油/天然气+氢+电取代煤炭的工艺过程，并在技术成熟领域推广无碳新工艺。这十年火电装机总量争取淘汰15%落后产能，用风、光资源制氢和用氢的体系完备及大幅度扩大产能。

第三个阶段为"低碳阶段"，争取到2050年把二氧化碳排放总量控制在60亿吨之内。在此阶段，建筑部门和交通部门达到近无碳化，工业部门的低碳化改造基本完成。这十年火电装机总量再削减25%，风、光发电及制氢作为能源主力，经济适用的储能技术基本成熟。据估计，我国对核废料的再生资源化利用技术在这个阶段将基本成熟，核电上网电价将有所下降，故用核电代替火电作为稳定电源的条件将基本具备。

第四个阶段为"中和阶段"，力争到2060年把二氧化碳排放总量控制在25亿～30亿吨。在此阶段，智能化、低碳化的电力供应系统得以建立，火电装机量只占目前总量的30%左右，并且一部分火电用天然气替代煤炭，火电排放二氧化碳力争控制在每年10亿吨，火电只作为应急电力和一部分地区的"基础负荷"，电力供应主力为水、光、风、核。除交通和建筑部门外，工业部门也全面实现低碳化。尚有15亿吨的二氧化碳排放空间主要分配给水泥生产、化工、某些原材料生产和工业过程，以及边远地区的生活用能等"不得不排放"领域。其余5亿吨二氧化碳排放空间机动分配。

　　"四阶段"路线图只是一个粗略表述，由于技术的进步具有非线性，所谓十年一时期也只是为表达方便而定。

　　本书的后续章节将系统介绍实现这个三端共同发力体系的技术支撑需求。

作　者：丁仲礼

审稿人：葛全胜

编　辑：马　跃　陈会迎

本章参考文献

[1] Yaroshevsky A A. Abundances of chemical elements in the Earth's crust. Geochemistry International，2006，44（1）：48-55.

[2] 汪品先，田军，黄恩清，等.地球系统与演变.北京：科学出版社，2018.

[3] Fouquet R，Pearson P J G. A thousand years of energy use in the United Kingdom. The Energy Journal，1998，19（4）：1-41.

[4] Smil V. Energy Transitions：Global and National Perspectives. Santa Barbara：Praeger，ABC-CLIO，2016.

[5] 魏一鸣，廖华，王科，等.中国能源报告（2014）：能源贫困研究.北京：科学出版社，2014.

第二章

发电端的低碳技术

2

摘　要

2030年前碳排放量达到峰值、2060年前实现碳中和是我国应对全球环境变化的重大战略决策，也是我国对世界做出的庄重承诺。可以预见，未来四十年"双碳"目标下我国能源电力供应体系将发生重大变革，绿色低碳能源特别是可再生能源发电将成为电力生产的主体。

可再生能源具有清洁低碳、资源丰富、分布广泛等优点，但太阳能、风能也具有能量密度低、波动性大等缺点。大力发展水电、核电等高能量密度能源以弥补太阳能、风能能量密度低的缺陷，加快发展储能、灵活性资源调控、车网互动（vehicle-to-grid，V2G）、电与燃料转换（power-to-X，P2X）等新型电力系统技术以平抑风力发电、光伏发电的波动，优化布局远距离输电和分布式电力网络基础设施建设以改善电源与负荷的区域不平衡性，是未来以可再生能源为主体的新型电力系统建设的重要内容和本质要求。未来我国新型电力系统发展将经历四个阶段，大致以十年为一个阶段，走从控碳电力、降碳电力、低碳电力到近零碳电力之路。

本章第一节概述电力供给结构对于未来能源消费脱碳的重要性，阐明电力供给结构预测的核心思路、主要约束条件以及发展情景，并按照未来新型电力系统发展的四个阶段，分析预测面向碳中和的电力供给结构发展路径。

第二节分析非碳/低碳能源大规模发展并广泛接入电网情况下我国电网体系的发展趋势，概述碳中和目标下我国电力供需总体格局，论述构建以新能源为主体的新型电力系统的发展思路及其内涵，分析未来面向碳中和情景的电网体系和形态。依据供需平衡能力和储能等技术发展水平，判断我国输配电设施在控碳、降碳、低碳、近零碳四个不同阶段的建设需求。

第三节介绍各种非碳/低碳能源发电技术及其未来发展方向和趋势，以及未来需要突破的关键技术。

第四节分析灵活性调节资源对构建以可再生能源为主的新型电力系统的重要性，简要介绍各种灵活性调节技术的原理、未来发展方向和趋势、拟突破的关键技术，以及电力系统灵活性调节资源的应用场景和运行模式等，分析各项技术的科技攻关方向和重点任务。

第五节概述新型电力系统电网控制技术的重要性，简要介绍包括可再生能源发电功率预测技术、可再生能源主动构网技术、新型电力系统的稳定机理与运行控制等技术的发展方向，以及未来需要解决的关键问题。

第一节　面向碳中和的电力供给结构预测

未来四十年，可再生能源发电将成为电力生产的主体。大力发展风力发电和光伏发电，推动水电、核电、太阳能热发电、生物质发电以及储能等稳定电源建设，提高能源供应强度，平抑风力发电、光伏发电的波动性，优化布局远距离输电和分布式电力网络基础设施建设，改善电源与负荷的区域不平衡性，是未来以可再生能源发电为主体的新型电力系统建设的重要内容。通过持续扩大非碳能源发电规模和比例，根据发展需要合理建设先进燃煤发电（煤电），大力推动新型电力技术创新和推广应用，实现到2060年电力生产过程二氧化碳排放量不超过10亿吨。

一、面向2060年能源供给的情景设定

目前，电力生产行业是我国二氧化碳排放最高的行业，在我国碳排放总量中的占比达到45%，降碳压力极大。在未来各行业深度电气化的趋势下，全国电量需求将增长1倍以上，电力消费在全国能源消费结构中的占比将上升到85%，成为我国主要的能源消费形式。因此，电力供给的脱碳是未来能源领域脱碳的关键，未来四十年，绿色低碳的可再生能源发电将成为电力供给的主体。

（一）能源电力供给现状

我国以化石能源为主的能源结构尚未发生根本改变，但化石能源消费比例已经从2011年的91.6%下降到2020年的84.1%[1]。如图2.1所示，2020年我国能源消费总量折合49.8亿吨标准煤，其中煤炭折合28.3亿吨标准煤，石油折合9.4亿吨标准煤，天然气折合4.2亿吨标准煤，水风光核电力及其他能源折合7.9亿吨标准煤。

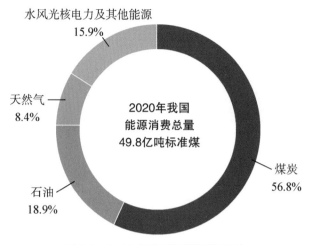

图2.1　2020年我国能源消费结构

我国电力装机规模持续扩大，化石能源发电装机占比不断下降。2012～2021年，我国电力装机总量从11.5亿千瓦扩大到23.8亿千瓦[①]，化石能源发电装机占比从69.6%下降到51.3%。如图2.2所示，截至2021年底，煤电装机占比46.7%，燃气发电装机占比4.6%，水风光核发电装机占比45.3%。

图2.2　2021年我国电力装机结构

所有数值相加不等于100%是因为这些数据进行过舍入修约

---

①　《2021年全国电力工业统计快报一览表》（2022-01-26），https://www.cec.org.cn/upload/1/editor/ 1642758964482. pdf[2022-04-28]；《中电联发布〈2021—2022 年度全国电力供需形势分析预测报告〉》（2022-01-27），https://cec.org.cn/detail/index.html?3-306171[2022-04-28]；《国家能源局 2022 年一季度网上新闻发布会文字实录》（2022-01-28），http://www.nea.gov.cn/2022-01/28/c_ 1310445390.htm[2022-04-28]。

如图2.3所示，2021年我国总发电量为8.4万亿千瓦时，其中煤电占比60.0%，燃气发电占比3.4%，水风光核发电占比32.6%。

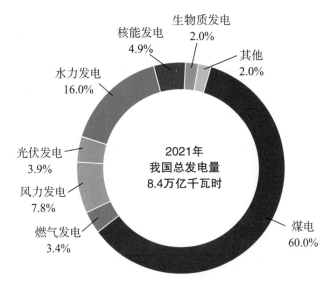

图2.3　2021年我国电力生产结构[①]

（二）核心思路和主要约束条件

1. 核心思路

全国电力供给结构预测采用情景分析法。在正确描述现有状况的条件下，该方法可根据未来可能发生的变化和未来的条件，描绘出多种可能发生的情景，为决策者制定战略规划提供科学依据[2, 3]。通常会设置多种情景，尽可能覆盖预测的所有不确定性[②]，在此设置了基线情景、积极情景、保守情景三种情景。

基线情景：在2020～2060年，有效控制能源总量缓慢增长、达峰和回落；高效低成本可再生能源发电、新型电力系统等关键技术实现突破并大规模应用；电力

① 《2021年全国电力工业统计快报一览表》（2022-01-26），https://www.cec.org.cn/upload/1/editor/ 1642758964482. pdf[2022-04-28]；《中电联发布〈2021—2022年度全国电力供需形势分析预测报告〉》（2022-01-27），https://cec.org.cn/detail/index.html?3-306171[2022-04-28]；《国家能源局2022年一季度网上新闻发布会文字实录》（2022-01-28），http://www.nea.gov.cn/2022-01/28/c_1310445390.htm[2022-04-28]。

② "Energy Technology Perspectives 2017"（2017-06-20），https://www.iea.org/reports/energy-technology-perspectives-2017[2022-06-15]。

转化能源占一次能源的比重增加到85%，电力生产过程产生的二氧化碳排放量不超过10亿吨。

积极情景：加大政策支持力度，有效控制能源总量达峰值；加快突破非碳能源的跨季节储存、跨区域输送、跨能源产品联产互补等重大瓶颈问题，降低能源系统成本，提高能源利用效率；电力转化能源占一次能源的比重增加到90%，能源领域碳排放量有效下降到底部水平。

保守情景：受国际形势和政策变化影响，能源总量仍能先达峰再回落；电力转化能源占一次能源的比重有所增加，能源领域碳排放大幅度减少，但是碳排放峰值和2060年碳排放量均高于基线情景。

2. 主要约束条件

1）可再生能源资源技术开发总量约束

可再生能源资源包括太阳能、风能、水能和生物质能等。我国可再生能源资源潜力巨大，但是其大规模开发利用受到环境、生态、社会等多种因素的制约。部分可再生能源资源分区域可开发量如表2.1所示。

表2.1 我国部分可再生能源资源分区域可开发量   （单位：亿千瓦）

可再生能源类型	东北	西南	西北	华东	华北	华中	华南	总计
太阳能（水平面年辐射总量≥1000千瓦时/米²）	287.7	781.4	239.6	16.4	18.3	10.9	7.4	1361.7
其中：太阳能热	11.0	117.2	59.8	3.6	3.0	2.2	1.2	198.0
陆上风能（陆地高度80米）	13.8	7.6	6.0	1.5	1.1	0.9	0.9	31.8
水能	0.18	4.50	0.66	0.30	0.09	0.64	0.23	6.60
生物质能	0.30	0.36	0.20	0.49	0.28	0.36	0.19	2.18

资料来源：中国气象局、中国核电发展中心、国网能源研究院有限公司等机构。

太阳能资源技术可开发总量为1361.7亿千瓦，太阳能光伏发电几乎不受地域限制，但可能会受到可利用土地资源的制约，太阳能热发电项目需在法向直射辐射强度1800千瓦时/（年·米²）以上的地区建设。能量密度较低，波动性、周期性和季节性较强，是制约太阳能发电大规模发展的主要因素。

　　风能资源技术可开发总量为35.8亿千瓦，其中陆上80米高度风能资源为31.8亿千瓦，近海风能资源为4亿千瓦，东北、西南和西北地区约占风能资源技术可开发总量的86%。随着陆地高度80米以上风能和深远海风能的开发利用，风能资源技术开发量有可能大幅提高。波动性、用地用海等是制约风能大规模发展的主要因素。

　　水能资源技术可开发总量为6.60亿千瓦，2021年水电装机总量已达到3.9亿千瓦，可开发水能资源仅剩2.7亿千瓦。我国将在四川、云南、西藏等西南省区推进大型水电基地开发。地形地质条件、环境影响、跨国流域等是制约水电大规模开发的重要因素。

　　生物质能资源技术可开发总量为2.18亿千瓦。收储运体系不健全、技术和产业水平不高、政策体系不完善是制约生物质能大规模开发的主要因素。

　　2）二氧化碳排放约束

　　按照碳达峰、碳中和目标的要求，我国电力生产过程产生的二氧化碳将于2030年前达到峰值，到2060年不超过10亿吨。

　　3）政策约束

　　《中共中央 国务院关于完整准确全面贯彻新发展理念做好碳达峰碳中和工作的意见》要求，到2025年非化石能源消费比重达到20%左右；到2030年，非化石能源消费比重达到25%左右，风力发电、太阳能发电装机总量达到12亿千瓦以上；到2060年，非化石能源消费比重达到80%以上。

二、 新型电力系统发展的四个阶段

　　未来我国新型电力系统发展将经历四个阶段，在四十年时间内，大致以十年为一个阶段，走从控碳电力、降碳电力、低碳电力到近零碳电力之路。2020～2060年全国发电装机占比实际及愿景如图2.4所示，全国总发电量和电力领域二氧化碳排放实际及愿景情况如图2.5所示。

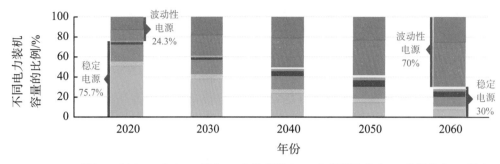

图2.4　2020~2060年全国发电装机占比

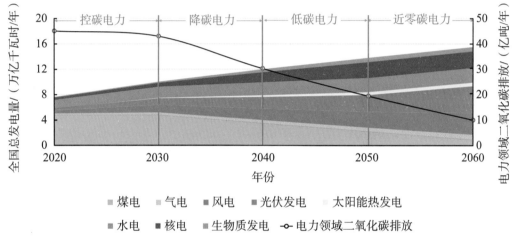

图2.5　2020~2060年全国总发电量和电力领域二氧化碳排放情况

（一）控碳电力阶段（2021~2030年）

主要特征：全国总发电量大幅增长，其中水风光核发电量占比提升到46%以上，同时根据发展需要合理建设先进煤电产能。

第一个十年，电力装机的增长应以风力发电、光伏发电为主，但为保障能源安全和产业链稳定，应坚持先立后破的原则，合理建设先进煤电产能，逐步淘汰落后煤电产能。电力装机规模增长和结构不断优化，碳基电力上升势头明显减缓。

在科技创新方面，2030年前突破效率28%以上的光伏电池、1.5万千瓦级海上风力发电机组、大功率高温气冷堆核电站等关键技术，为全国发电设施建设提供大功率、高效率的先进装备，并形成海上风力发电大规模利用成套技术；掌握并推广煤电机组灵活性改造和快速启停技术，推动抽水蓄能技术和可调节性水电技术进步。同时大幅提升上述技术的经济性和实用性，支撑可再生能源规模化发展和消纳。

（二）降碳电力阶段（2031～2040年）

主要特征：全国总发电量持续增长，其中水风光核发电量占比达到62%以上，煤电机组发电量转向下降，带动电力生产过程中二氧化碳排放量逐步下降。

第二个十年，应持续扩大电力供给总量，大力推动全国发电结构调整，煤电发展进入下行通道。第二个十年间，不再新建煤电机组并淘汰老旧落后机组，剩余煤电机组逐步改造为调节性电源机组，燃煤机组发电小时数也将有所下降。

在科技创新方面，2040年前突破效率30%的光伏电池、2万千瓦级海上风力发电机组、100万千瓦级新一代核电站及年处理800吨乏燃料等关键技术，发电成本持续下降；V2G、大规模储能技术逐步推广应用，全部煤电机组完成灵活性改造。

（三）低碳电力阶段（2041～2050年）

主要特征：全国总发电量持续平稳增长，其中水风光核发电量占比提高到74%，稳定电源及新型电力技术将支撑系统可靠运行。

第三个十年，我国电力降碳进入"深水区"，应重点加强多元化电力装机建设，平衡波动性发电和非波动性发电的装机比例关系。为了平抑大规模高比例风力发电和光伏发电的波动性影响，非波动性发电装机（包括水电、核电、太阳能热发电等其他非碳基发电和一部分煤电）承担电力调度和实时调节控制任务；同时推广应用可再生能源主动支撑、大规模电力储能、灵活性资源调控等一批新型电力关键技术，实现电力系统灵活、高效、安全、可靠运行。

在科技创新方面，2050年前突破效率30%以上的光伏电池产业化技术、3万千瓦级海上风力发电机组技术，实现钍基熔盐堆商业化、加速器驱动的先进核能系统（accelerator driven advanced nuclear energy system，ADANES）工业级标准化；由于大量煤电机组逐步退役，必须加大建设新型调节电源力度，低成本储热的太阳能热发电、P2X、度电成本0.12元/千瓦时以下的大规模储能技术将得到推广应用。

（四）近零碳电力阶段（2051～2060年）

主要特征：全国总发电量进一步增长，其中水风光核发电量占比达到85%以上，建成新型电力系统，实现"近零碳电力"。

第四个十年，继续加强非碳基电力系统技术创新，提升非碳基电力装机比例和非碳基电力系统运行水平。到2060年，电力系统结构、控制、安全、稳定新技术和新装备得到全面应用。通过进一步降低煤电装机规模和发电小时数，电力生产过程中的二氧化碳排放量不超过10亿吨。

在科技创新方面，2060年高效率、低成本的太阳能、风能发电技术将支撑我国陆上、海上可再生能源的大规模开发利用，先进核能技术实现钍基燃料贡献率80%以上、ADANES商业化推广；先进太阳能热发电、储电、储热、V2G、P2X等技术水平持续提升，消费侧灵活性调节资源得到深度开发利用，为全国电力系统增加上亿千瓦的可调电源。

作　者：王一波　陈伟伟

审稿人：谢秋野　王成山

编　辑：范运年　纪四稳　王楠楠

　　未来四十年，我国电力的供需规模仍将持续增长，预计2060年我国发电装机容量将达到2020年装机容量的3倍左右。风力发电和太阳能发电将逐步成为电力系统中的主体电源，电网消纳新能源的任务将更加艰巨，非碳能源发电将占装机总量的90%左右，发电量将达到总发电量的85%以上。由于资源和负荷的不平衡性，以可再生能源为主体的电力系统依然存在着电力生产中心和电力负荷中心分布不平衡的显著特征，远距离输电规模将持续扩大。预计2060年全国跨省区输电通道规模将达到7亿～8亿千瓦，比2020年的2.7亿千瓦增加一倍以上。大电网仍将是构成电力系统的基本形态，但分布式电网将成为电力系统的重要组成部分，电网中的灵活性调节资源对于电网的安全运行至关重要。电力市场化运行机制将引导多元主体参与建设面向碳中和的电网体系。

一、碳中和目标下我国电网体系总体分析

（一）电力供需格局

1. 供需规模持续增长

　　目前，我国已建成全球规模最大的电力系统，2021年全社会用电量8.31万亿千瓦时，装机容量达到23.8亿千瓦。未来我国电力系统供需规模将持续扩大，电网保障供需平衡的作用将更加突出。

　　未来我国用电需求仍将持续增长。随着经济增长、产业升级和人民生活水平提高，人均用电量水平也将升高。同时，为实现"双碳"目标，支撑煤炭、石油、天

然气消费实现达峰目标，需要在工业、建筑、交通等领域实施电能替代，实现更高水平的电气化。在上述两种因素的共同作用下，我国用电量将持续增长。预计2060年我国全社会用电量将达到15万亿千瓦时以上，比2020年增长一倍。

未来发电装机规模也将持续扩大。预计2060年我国发电装机容量将达到60亿～80亿千瓦，达到2020年装机容量的3倍左右。

2. 新能源占比不断提高

近年来，我国大力发展非化石能源，特别是风能、太阳能等新能源。2021年，我国风力发电和太阳能发电装机规模合计6.34亿千瓦，占装机总量的26.7%；风力发电和太阳能发电量合计9828亿千瓦时，约占总发电量的11.8%。远期在碳中和情景目标下，风力发电和太阳能发电将逐步成为主体电源，电网消纳新能源的任务将更加艰巨。

预计到2060年，风力发电和太阳能发电装机合计将达到40亿千瓦以上，常规水力发电装机5亿千瓦左右，核电装机约3.4亿千瓦，非碳基电力装机将占装机总量的90%左右，发电量将达到总发电量的85%以上。

3. 电源与负荷中心的区域不平衡

我国能源资源分布不均，北方和西部煤炭、风能、太阳能等资源丰富，西南地区水电资源比较丰富，形成了"西电东送、北电南送"的电力资源配置基本格局，2020年西电东送能力达到2.7亿千瓦。据测算，我国81%的水能资源、86%的风能资源、96%的太阳能资源分布在西部地区和东北地区，未来全国约2/3的用电量分布在东部地区和中部地区。考虑分布式可再生能源发展，中短期内中部和东部地区仍然难以实现电力自给自足，电源与负荷逆向分布的特征不会发生根本性变化，中短期内电网远距离输送能源的功能将进一步强化。但是随着"一带一路"建设，长期来看，东西部发展差异将逐渐缩小，尤其新疆等西北部地区作为"一带一路"的陆上通道连接欧亚大陆，预期将会有若干城镇及都市逐步发展壮大，使西部能源外送需求有所减弱，如图2.6所示。

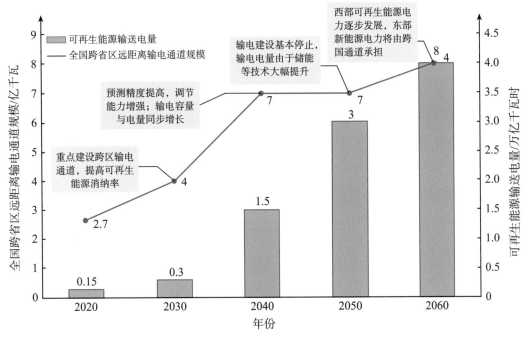

图2.6 2020～2060年全国跨省区远距离输电通道规模与可再生能源输送电量

（二）未来电网体系发展思路与发展原则

1. 发展思路

深入贯彻"创新、协调、绿色、开放、共享"的新发展理念，以"双碳"为总体目标，积极构建以新能源为主体的新型电力系统，充分发挥电网优化能源资源配置的枢纽平台作用，统筹推进源网荷储协调发展，提高电网接纳新能源和多元化负荷的承载力和灵活性，稳步推进跨省区远距离清洁电力输送，构建规模合理、结构清晰、安全可靠的交流同步电网，提升电网数字化、智能化调度运行水平，积极发展源网荷储一体化、微电网、直流配电网等新模式、新业态，为保障经济社会发展和推动能源绿色低碳转型提供有力的支撑。

2. 发展原则

坚持系统观念，整体优化。坚持系统思维，坚持全国一盘棋，通过大范围优化配置资源，推动源网荷储协调发展，提高电力系统的整体效率和经济性。

坚持清洁低碳，绿色优先。坚持生态环境保护优先，激发负荷侧和新型储能技术等潜力，形成源网荷储协同消纳新能源的格局，适应碳中和情景下大规模高比例新能源的持续开发利用需求。

坚持远近结合，先立后破。杜绝脱离实际的"运动式"降碳，充分认识碳达峰、碳中和的复杂性、长期性和系统性，循序渐进、稳中求进，逐步实现电力系统升级换代。

坚持安全可靠，结构合理。坚守安全底线，构建规模合理、分层分区、安全可靠的电网，提高电力抗灾和应急保障能力，重点提高应对高比例新能源不稳定性和网络攻击等新型风险的能力。

坚持创新驱动，数字升级。大力推进科技创新，促进转型升级，提高电网数字化水平，构建"互联网+"智能电网，加强系统集成优化，改进调度运行方式，提高电力系统效率。

（三）面向碳中和情景的电网体系和形态

1. 远距离输电规模持续扩大

随着化石能源发电机组大量退出，发电资源与电力负荷中心区域分布不平衡的问题将更加突出，东部地区面临较大的电量缺口，大规模跨省区电力调配的需求将进一步增大。

面向碳中和情景的电网体系下，跨省区大型输电通道进一步增加。跨省区输电量约4万亿千瓦时，基本为非化石能源电力，主要电力流方向为东北地区、西北地区、西南地区向东中部地区输电。

2. 大电网仍是基本形态

新能源出力和气象密切相关，存在地理差异，通过大电网互联可以提升资源互济共享能力。同时，随着新能源成为主体电源，未来持续多天阴雨等不利天气下局部电力供应安全保障难度较大，需要通过大电网实现更大范围内的互济，提高系统可靠性，保障供电安全。

面向碳中和情景的电网体系的示意图如图2.7所示，大电网仍是电力系统的基本形态。通过大电网和大市场，可以在全国范围统筹资源配置；实现跨区域互济，提高供电可靠性；还能获取风、光、水、火发电资源互相调剂和跨区域流域补偿调节等效益，实现各类发电资源充分共享、互为备用。

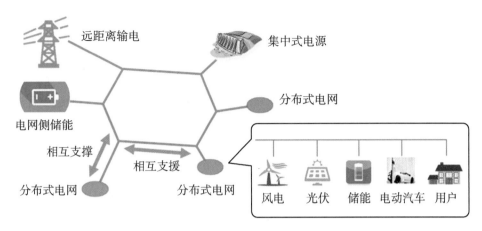

图2.7 面向碳中和情景的电网体系示意图

3. 分布式电网形成有效补充

风能、太阳能密度低、分布广泛，适合分布式开发利用。未来，随着风力发电、光伏发电、储能、灵活性负荷等大规模、分散式接入，电力市场主体将从单一化向多元化转变，电力输送将从发配用单向传输向源网荷储融合互动灵活传输转变。传统电力系统的调度运行方式也需要做出相应改变。

面向碳中和情景的电网体系下，分布式电网与大电网兼容并举、相互支撑，以保障电网安全稳定运行。分布式电网贴近终端用户，在保障中心城市重要负荷供电、支撑县域经济高质量发展、服务工业园区绿色发展、解决偏远地区用电等方面的作用尤为突出。分布式电网具备灵活性与主动性，支持多元化电源、负荷开放接入和双向互动，促进分布式新能源高效灵活就地消纳。依托先进量测技术、现代信息通信技术、大数据技术、物联网技术等，分布式电网将拥有全景感知能力；基于大规模超算能力和人工智能技术，分布式电网可以智慧化调控运行，优化配置资源、提升系统运行效率。

4. 电网灵活调节能力大幅提高

在碳中和情景下，将有极高比例的新能源发电装机接入电网，对电网的运行提出了巨大的挑战。新能源出力间歇性、波动性大，且出力与用电负荷曲线匹配度较低，甚至某些时段完全相反。例如，风力发电在负荷高峰时刻出力处于较低水平，光伏在晚高峰时出力基本为零。新能源大规模发展增加了电网平衡调节与调峰的压力，传统电力系统无法满足实时平衡需要，需要各方共同努力提高调节能力。

面向碳中和情景的电网体系下，源网荷储融合互动，灵活调节。在电源侧，抽水蓄能、储能等灵活调节电源提供调节服务；新能源发电通过配置储能、提升功率预测水平、智慧化调度运行等手段，成为新型"系统友好型"新能源电站，提升电力支撑水平，平抑新能源间歇性、波动性给电力系统带来的冲击。在电网侧，充分利用省间资源互济，共享系统调节资源，发挥大电网的联网效益，平抑不同区域的新能源出力波动。在负荷侧，电供暖、电制氢、数据中心、电动汽车充电设施等新型灵活负荷成为电力系统的重要组成部分。通过市场机制改变传统"源随荷动"的模式，实现源网荷储深度融合，灵活互动。

5. 形成支撑电力市场化运行的服务平台

电力市场可以最大限度地还原电力商品属性，实现市场配置资源、释放价格信号、反映成本特性、增强需求弹性、引导电力投资、调动系统灵活性调节资源、促进源网荷储有效互动、引导多元主体参与系统运行决策等多重功能。

面向碳中和情景的电网体系下，我国将形成以中长期电力市场为主体、现货市场为补充，涵盖电能量、辅助服务、发电权、输电权和容量补偿等多交易品种的高标准电力市场体系。

二、 碳中和目标下我国输配电设施建设需求

（一）控碳电力阶段

2021～2030年，此阶段为青海、宁夏、新疆等地可再生能源快速建设和增长时期，远距离特高压直流输电技术已基本成熟，而储能技术尚未成熟，电力系统灵活调节能力仍然不足，因此可再生能源的输送和消纳重点依赖跨地区的远距离输电建设。此阶段主要以平衡东西部资源，同时积极建设分布式微网在用户侧进行整合为目标，为电力系统灵活性调节能力建设奠定基础。

重点建设哈密—重庆、陇东—山东、金上—湖北、蒙西—河北、宁夏—湖南等跨省区输电通道，预计全国跨省区远距离输电通道规模将达到4亿千瓦，比2020年增长1.3亿千瓦。预计跨省区新能源输电通道规模将达到1.5亿千瓦，输送电量将达到3000亿千瓦时。

同时随着港口、铁路、公路、油田等各行业分布式可再生能源建设逐步进入高峰，原有较为落后的配电网迫切需要提升感知、控制和智能化水平，交直流微网需要大规模发展，以接受和消纳分布式可再生能源。

（二）降碳电力阶段

2031～2040年，用电负荷相比目前状态将增加约1.5倍，而且负荷仍将集中在中部和东部地区。在此阶段，一方面，受东部地区可再生能源建设容量制约，大部分新增负荷依然需要远距离跨省区输电以满足其需求，预期输电通道建设压力仍然较大；另一方面，河西走廊通道受制于地理条件，远距离输电建设在此阶段将趋向饱和，大量新建向中部和东部地区输电的走廊受到一定制约。总体预计跨省区远距离输电通道规模将达到7亿千瓦，需要新建跨省区远距离输电通道3亿千瓦。

随着全国各地可再生能源发电数据和气象数据在2020～2040年逐渐积累完善，预计可再生能源发电预测精度将大幅提升。

随着分布式用户侧市场机制逐步建立和完善，源网荷储将深度融合、灵活互动，尤其是电供暖、电制氢、数据中心、电动汽车充电设施等新型灵活负荷在此阶段将成为电力系统调节的重要组成部分。因此，在同样的输电容量下，新能源输电电量将得到大幅提升，预计新能源跨省区输送电量达到1.5万亿千瓦时。

分布式可再生能源将逐渐与城乡居民、工业生产融为一体，网络呈现交流为主、直流为辅的格局，同时配用电智能化建设也将进一步加强。

（三）低碳电力阶段

2041～2050年，此阶段大规模储能技术将有所突破，各种储能的成本也将大幅下降。预计2041～2050年锂电池、液流电池等储能系统的平准化成本可以降到0.1～0.2元/千瓦时，建设规模也将大幅增长。这使得新能源能够平稳地跨省区输送，现有输电通道利用率将会得到进一步提升。

在此阶段，由于储能技术日趋成熟，成本明显下降，新建输电通道压力逐步减小。预计在此十年中，跨省区远距离输电通道规模将维持在7亿千瓦，跨省区远距离输电通道利用率将接近极限，新能源输送电量将达到3万亿千瓦时。

（四）近零碳电力阶段

2051～2060年，我国东西部发展将逐渐均衡，尤其是新疆等西北部地区作为"一带一路"的陆上通道连接欧亚大陆，预期将逐渐发展出一些新型城镇和都市群，使得西北地区向中部和东部的输电需求和动力进一步减弱，甚至西部部分地区将逐渐自我平衡。这将会导致中部和东部地区增长的绿色电力需求逐步转向由东北区域供给，甚至可以发展出若干蒙古国、俄罗斯向我国中东部地区的输电通道，以及东南亚向我国南方区域的输电通道。预期在此十年中，新增输电通道规模1亿千瓦，最终跨省区远距离输电通道规模将达到8亿千瓦，新能源输送电量将达到4万亿千瓦时。

作　者：孔　力

审稿人：谢秋野　王成山

编　辑：范运年　纪四稳　王楠楠

　　发展非碳/低碳能源已成为全球能源转型及实现应对气候变化目标的重大战略举措。非碳/低碳能源发电类型主要包括太阳能、风能、生物质能、地热能和海洋能等可再生能源发电以及核能发电，如图2.8所示。可再生能源等非碳/低碳能源具有资源潜力大、可持续利用、绿色低碳等特点。我国可再生能源资源丰富、分布广泛，未来可实现大规模发电平价/低价上网、大面积区域供热，实现规模化化石燃料替代。

　　积极推动可再生能源等非碳/低碳产业规模化发展，不断提高非碳/低碳能源占比，将是我国能源革命的重要内容，是推动生态文明和经济建设协同发展的关键因素，是实现国家可持续发展和增强国际竞争力的必然需求。本节简要介绍多种非碳/低碳能源发电技术的基本情况、未来发展方向和趋势、拟突破的关键技术。

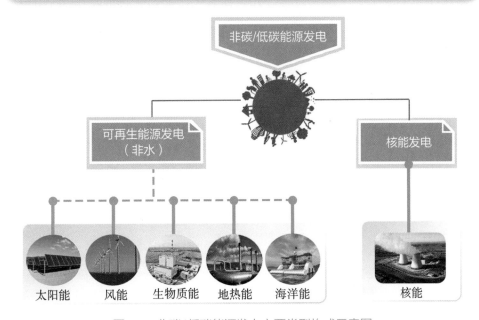

图2.8　非碳/低碳能源发电主要类型构成示意图

一、 先进太阳能发电技术

太阳能通常是指以电磁波的形式投射到地球，可以转化为热能、电能、化学能的太阳辐射能。太阳能资源总量巨大、清洁无污染、资源不受地域限制，但太阳能能量密度较低，受自然条件和气象因素的影响，具有一定的波动性和不稳定性。

目前，太阳能的利用主要有光伏发电、太阳能热发电等方式。

（一）先进光伏发电技术

光伏发电技术是可再生能源发电中技术进步最快、成本下降最显著的技术之一。我国太阳能资源丰富，对应水平面年辐射总量 $\geqslant 1000$ 千瓦时/米^2 的区域，太阳能可开发总量约为 1361.7 亿千瓦。

1. 基本介绍

光伏发电是利用半导体界面的光生伏特效应将光能直接转变为电能的一种技术，典型并网光伏发电系统结构示意图如图 2.9 所示。光伏发电技术近年来持续进步，近十年来成本下降了 90% 以上。在晶体硅太阳能电池产业化技术方面，我国处于世界先进水平，已经掌握了从多晶硅提纯、单晶/多晶生长到高效电池和组件制备全产业链的核心技术，我国太阳能电池和组件产量占据全球 70% 以上，光伏产品具有成本和质量优势，光伏产业已成为我国具有国际竞争力的优势产业之一[1]。目前，在我国部分地区，光伏发电成本已经和脱硫燃煤基准电价相当，实现了发电侧平价上网。

未来光伏发电技术在转换效率提升、成本下降方面仍然具有很大潜力，将突破更高转换效率、更大规模组件技术，实现更低成本的光伏发电开发利用。

---

[1] 《中国光伏产业发展路线图（2020 年版）》（2021-02-03），http://www.chinapv.org.cn/road_map/927.html[2022-04-28]。

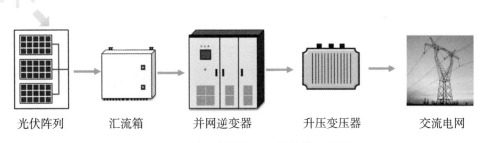

图2.9　典型并网光伏发电系统结构示意图

2. 未来发展方向和趋势

光伏发电技术主要包括晶体硅电池、薄膜电池和新型电池、光伏系统及平衡部件等核心技术，其未来发展方向和趋势如下。

1）晶体硅电池效率不断提升

晶体硅电池是目前市场占有率最高的电池，它具有产业化效率高、成本低等特点，产业化转换效率约为23%。其中，钝化发射极和背面电池（passivated emitter and rear cell，PERC）技术是目前主流的量产技术。德国弗劳恩霍夫太阳能系统研究所和德国哈梅林太阳能研究所提出的隧穿氧化层钝化接触（tunnel oxide passivated contact，TOPCon）技术正逐渐成为实现更高转换效率的主流路线，其开发出的TOPCon电池、多晶硅氧化-交叉指式背接触（polycrystalline on oxide-interdigitated back contact，POLO-IBC）结构电池等新型晶体硅结构电池的实验室光电转换效率达到26.1%。日本钟化（Kaneka）公司将异质结（heterojunction with intrinsic thinfilm，HJT）电池技术与交叉指式背接触（interdigitated back contact，IBC）晶体硅光伏电池技术相融合，形成的HJT-IBC电池创造了晶体硅电池光电转换效率的世界纪录（26.7%）。此外，通过叠层技术，可突破晶体硅单结电池理论光电转换效率的极限（29.2%），如欧洲牛津光伏公司采用钙钛矿/晶体硅叠层结构，取得了29.5%的光电转换效率世界纪录。

2）多种薄膜电池和新型电池获得突破

传统薄膜电池，包括铜铟镓硒（copper indium gallium selenide，CIGS）电池和碲化镉（cadmium telluride，CdTe）电池，其光电转换效率接近多晶硅电池。2020年，国际上CIGS电池和CdTe电池的最高光电转换效率分别是23.35%和22.1%，均已实现了产业化，但成本偏高。

钙钛矿电池的光电转换效率、稳定性和实用化技术发展迅猛，已获得当前国际上薄膜电池实验室光电转换效率的纪录，其中，单结钙钛矿电池的最高光电转换效率达到了25.5%。大面积制备技术也在积极开发中，如日本松下公司804平方厘米的钙钛矿电池组件光电转换效率达到了17.9%。

国内外积极探索各种新型电池技术，如多结叠层电池技术可突破单晶硅电池的理论光电转换效率极限（29.2%）。钙钛矿/晶体硅、钙钛矿/CIGS等叠层电池的理论光电转换效率均超过35%。南京大学制备的全钙钛矿双结叠层电池光电转换效率达24.2%，德国亥姆霍兹柏林材料与能源中心保持的钙钛矿/CIGS叠层电池光电转换效率纪录为24.2%。多种电池融合的叠层技术有望成为未来提升电池光电转换效率的重要途径。

3）应用模式不断创新

光伏系统应用朝着多样化、规模化、高效率的方向发展，如水光互补、渔光互补、农光互补等应用模式不断推广，光伏+制氢、光伏+建筑等应用形式不断创新。此外，光伏系统应用逐步从陆上走入海洋，新加坡建成5兆瓦漂浮式海湾光伏系统。

光伏直流系统发展迅速，德国亚琛工业大学建立了5兆瓦光伏直流系统，研制出单机5兆瓦/5千伏直流变换器，最高光电转换效率达98%。

3. 拟突破的关键技术

为满足更高效率、更低成本发展需求，光伏发电需突破的关键技术如下。

1）高效晶体硅电池技术

高效晶体硅电池技术包括高质量界面及体材料钝化技术，异质结界面的电荷分离和选择性传输机制，表面/界面缺陷能级和能带结构调控及匹配技术，叠层器件结构设计技术，绒面晶体硅基底上薄膜生长技术，可规模化生产的大面积均匀薄膜制备技术，叠层电池稳定性技术，叠层电池的电极浆料、组件封装工艺及设备等。

2）先进薄膜电池和新型电池技术

先进薄膜电池和新型电池技术包括钙钛矿大面积低成本成膜及结晶工艺，与成膜及结晶相关的成套装备技术，太阳能光电转换新机理，光伏电池新型结构和新材料，高效、低成本、绿色、环保的新型电池制备技术。

3）新型光伏系统及平衡部件技术

新型光伏系统及平衡部件技术包括大功率高效率光伏直流变换器及中压直流系统稳定控制、快速保护技术，高可靠性、高性能海洋漂浮式光伏系统集成技术，光伏系统智慧运维和功率预测技术等。

（二）先进太阳能热发电技术

太阳能热发电系统因其配有大容量储热装置，既可以作为一个稳定的电源生产电力，也可以将电网中多余的电力储存起来，从而成为电力网络中重要的发电兼储能单元，在高比例可再生能源电力系统中可以起到调频、调峰、增加系统惯性和稳定性的作用。

1. 基本介绍

太阳能热发电是将太阳辐射能转化为热能，再通过热工转换发电的技术。其能量转换过程需要配置储热系统，从而具有电网友好、出力可调的特点。太阳能热发电系统既能作为基荷电源，也可以作为调峰电源，还可以作为能源双向流动的节点。

截至2021年底，全球太阳能热发电装机容量为6.8吉瓦，我国商业化运行的太阳能热发电站装机总量为538兆瓦，24小时不间断发电纪录为连续32天，最大太阳能热发电站装机容量为100兆瓦、储热时长为11小时。

2. 未来发展方向和趋势

当前，以熔盐为储热材料、配有大规模储热系统的太阳能热发电技术是商业化太阳能热发电的主流技术，提高系统运行参数、降低成本是未来的发展方向。此外，超临界二氧化碳太阳能热发电技术是当前全球太阳能热发电的研究热点。

1）超超临界熔盐塔式太阳能热发电技术

为了进一步提高转换效率，基于传统朗肯循环（又称兰金循环）的超超临界太阳能热发电技术成为重要发展方向。超超临界蒸汽温度不低于600摄氏度，压力不低于25兆帕，适用于以熔盐为传热流体的大型塔式太阳能热发电，选择合适的熔盐系统和匹配机组容量是其难点。

2）超临界二氧化碳太阳能热发电技术

基于超临界二氧化碳动力循环的塔式太阳能热发电技术，具有热机转换效率高、系统回热温度高和热机功率匹配性好的特点。突破基于超临界二氧化碳动力循环的太阳能热发电技术的瓶颈，是实现太阳能热发电平价上网的关键。美国和日本均研制出百千瓦级超临界二氧化碳热机系统样机，但是存在实际效率与理论效率相差较大的问题。我国在"十三五"期间布局了兆瓦级样机及系统的研发，目前5兆瓦样机及系统处于试验验证阶段。

3）化学电池和卡诺电池协同储能技术

化学电池和卡诺电池协同储能技术是未来可再生能源电力系统中可以规模化发展的关键技术之一。在未来新型电力系统构架中，需要深入系统研究多种电池耦合储能系统在电力波动条件下的响应特征，构建新型多源耦合储能系统优化模型，探索源网荷储协同调控耦合影响机制及核心关键技术。

3. 拟突破的关键技术

1）高温、高能流密度条件下吸热器运行技术

太阳能热发电效率的提高依靠系统运行温度的提高，技术上需要吸热器在高聚光比和高温条件下运行，需要在传热流体材料与结构材料之间的腐蚀机理研究、吸热器结构材料的高温力学行为和吸热器疲劳设计、膜层设计与制备等方面实现突破。

2）超临界二氧化碳换热理论及方法

二氧化碳在从临界状态过渡到超临界状态时物质属性变化剧烈，需要突破二氧化碳换热方法、中间材料的选择和设计、二氧化碳在物质属性剧烈变化过程中的流动换热技术等。

二、 先进风力发电技术

近年来风力发电发展迅速，技术也越来越成熟。我国具有丰富的风能资源[4]，据估算，我国陆地80米、100米、120米和140米高度的风能资源技术开发总量分别为31.8亿千瓦、39亿千瓦、46亿千瓦、51亿千瓦。我国近海风能资源按照水深和离岸距离两种方式进行估算，水深5～50米海域风能资源技术开发量为4亿千瓦；离岸距离50千米以内海域风能资源技术开发量为3.6亿千瓦。

1. 基本介绍

近年来我国风力发电技术和产业获得了跨越式发展，实现了从陆上到海上，从集中式到集中式与分散式并重，从关键部件、整机设计制造、风力发电场开发、运维到标准、检测和认证体系的全面突破，建立了较为完备的产业链，部分技术水平逐渐与世界同步，建立了大功率机组设计制造技术体系，实现了主要装备国产化和产业化，图2.10为典型双馈型风力发电系统结构示意图。未来需要进一步提高装备性能与可靠性、降低成本，解决产业发展的"卡脖子"技术问题，在基础和前沿技术研发、核心技术攻关、大功率装备研制、海上风力发电工程、输电、运维等方面全面提升能力和水平。

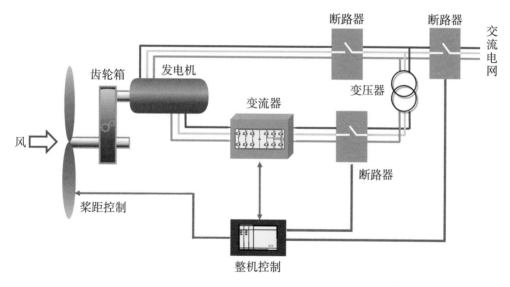

图2.10　典型双馈型风力发电系统结构示意图

2. 未来发展方向和趋势

未来我国风力发电将持续快速增长，将继续坚持集中式与分散式并举、本地消纳与外送并举、陆上与海上并举，积极推进三北地区陆上大型风力发电基地建设和规模化外送，加快推动近海风力发电规模化发展以及深远海风力发电示范，大力推动中东部和南方地区生态友好型分散式风力发电发展。

1）陆上风力发电集群化及分散式开发利用同步发展

陆上风力发电总体呈现"由北到南、由集中到分散、由小到大"的发展趋势，风力发电装机由三北地区向中、东、南部地区推进；由集中式到集中式与分散式并重发展；陆上风力发电机组由单机容量2～3兆瓦向4～6兆瓦及更大功率发展，低风速机型发展迅速；陆上大型风力发电基地规模和数量持续增长；陆上风力发电成本显著下降。

2）海上风力发电发展速度加快

海上风力发电总体呈现"由小及大、由近及远、由浅入深"的发展趋势，单机容量逐步加大，固定式海上风力发电机组单机容量达到10兆瓦，最长叶片达到102米，5.5兆瓦漂浮式风力发电机组开始运行试验，开始部署研发15兆瓦级固定式海上风力发电机组和10兆瓦级漂浮式风力发电机组；海上风力发电场规模越来越大，单体规模超过百万千瓦，集中式规模化开发趋势明显，海上柔性直流输电系统得到应用；风力发电场离岸距离和水深逐步增加，近海风力发电布局和开发明显加快，深远海风力发电场开始示范探索；海上风力发电成本逐步降低，预计"十四五"末将实现平价上网。

3. 拟突破的关键技术

1）超大型、高可靠性海上风力发电机组与关键部件

面向15兆瓦级及以上海上风力发电机组的研制需要，突破整机轻量化设计集成、超长叶片设计制造、轻量化传动链、先进控制等技术，在叶片材料、主控可编程逻辑控制器（programmable logic controller，PLC）及变流器功率器件等方面加强自主研发，探索新型高效率、轻量化海上风力发电机组技术路线，为海上风力发电规模化、低成本开发利用提供超高性能、高可靠性、低成本装备。

2）海上风力发电汇集、输电技术与关键装备

面向海上风力发电大规模汇集与送出需求，结合我国不同海域环境、海况及电网条件，研究突破多种典型系统（近海、中海、远海）设计、系统高效/稳定/安全运行技术，实现换流站、变换器、海缆等关键装备的自主研制，从海上风力发电场设计、装备自主研制、送出通道集约化、运维智能化等多个方面降低海上风力发电开发成本，实现平价上网。

3）风力发电自主设计技术与工具软件开发

面向我国风力发电领域设计、仿真工具软件缺乏，面临"卡脖子"风险的问题，结合我国风力发电开发的资源、环境条件，自主研发风资源评估、风力发电场设计、风力发电机组仿真分析工具软件，形成持续支持、产品升级迭代机制，尽快形成我国风力发电的自主设计体系。

4）大功率风力发电装备试验测试技术与公共测试平台

我国大功率海上风力发电装备试验测试技术严重滞后于风力发电机组研发进度，急需加快研发超大型风力发电设备地面和现场试验测试技术，建设大功率风力发电装备公共测试平台，健全完善海上风力发电标准体系。

三、 先进核能发电技术

核能发电是利用核反应堆中核燃料裂变反应所释放的能量发电，发电过程不向大气排放二氧化碳和其他污染物。核燃料能量密度高，可以和能量密度较低的可再生能源形成很好的搭配，满足各种不同负荷强度的供电需求。同时核能发电相对稳定，基本不受季节和时间的影响。发展核电和小型模块化堆，实现多能融合，可有效解决电力系统稳定和波动性问题。

1. 基本介绍

核能发电运行稳定可靠、换料周期长。核电适合在新型电力系统中作为基荷电源，图2.11为核电站结构示意图。核电发展面临着成本、乏燃料处理、核电站安全及核扩散等问题。2001年成立了第四代核能系统国际论坛（Generation IV International Forum，GIF），并提出了四代堆概念。四代堆的目标是在可持续性能、安全和可靠性、经济性、防核扩散和实物保护方面实现改善。

我国正在积极发展高温气冷堆、钠冷快堆及钍基熔盐堆等第四代先进核能技术以及ADANES技术，同时在小型模块化堆、核能综合利用等方面也开展了相关研究[5]。

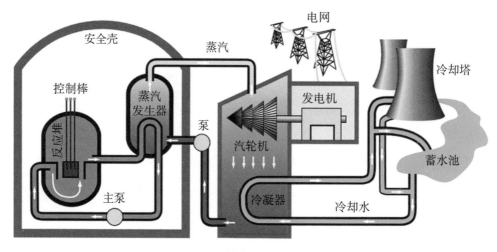

图2.11　核电站结构示意图

2. 未来发展方向和趋势

1) 有序稳妥推进核电建设

在确保安全的前提下,积极推动东南沿海地区的三代核电项目批量化、规模化建设,2025年前适时启动内陆地区三代核电项目建设,实现核电的合理布局和可持续发展。

2) 积极推动小型模块化堆、四代堆核能系统和ADANES的建设

我国高温气冷堆技术领跑全球,在快中子堆等方面也已经有了重大突破,在建目前世界上唯一运行的熔盐试验堆。在ADANES方面,国家重大科技基础设施"加速器驱动嬗变研究装置"正在建设中,包括加速器驱动燃烧器和乏燃料再生循环系统等。目前已建有多个处于不同发展阶段的小型模块化堆。

3) 发展核能综合利用技术

大力发展核能综合利用技术,包括利用核能的供热、高温制氢、海水淡化、熔盐储热等技术,提供多种类型的二次能源,提高系统整体经济性和利用率。

3. 拟突破的关键技术

1) 第四代先进核能技术

推动高温气冷堆、钠冷快堆及钍基熔盐堆等第四代先进核能技术的示范堆建设

和商业化。陆续建成第四代先进核电的试验和示范系统，预计在2030年前后进行商业化推广。

2）小型模块化堆技术

加快发展小型模块化堆技术，包括小型反应堆设备及系统的模块化分析设计和制造技术、反应堆模块的结构可扩展性和多样化输出技术、小型模块化堆的安全特性和安全分析技术等。四代堆的小型模块化堆技术预计在2025年左右实现突破，同时推进工业化示范。

3）ADANES

研发裂变过程、余热排放及燃料包容的固有安全性技术，研发无水冷却外中子大动态调控粗燃料核嬗变增殖等关键技术。预计2040年前建成百兆瓦级模块化示范工程，进行技术演示和验证。

4）钍基核能高效利用技术

研究钍基熔盐堆多物理场耦合机制及材料劣化机制，研发堆内安全运行性能提升、涵盖核燃料从入堆到卸堆处理全过程的燃料循环模式与后处理流程等技术。预计2040年前在熔盐干法后处理工业级技术上实现突破，具备百吨级钍基乏燃料盐批处理能力。

5）可控核聚变技术

重点研制聚变堆材料及堆芯关键部件，探索开展氘氚等离子体物理与试验技术、聚变-裂变混合堆技术，研制紧凑型聚变能试验装置及其他磁约束路径与装置，突破耐高温中子辐照诊断技术。建立聚变核安全体系，为建造聚变示范堆提供核心技术支撑。

6）乏燃料后处理技术

基于快堆发展铀基燃料闭式循环技术、基于熔盐堆发展钍基燃料闭式循环技术，进一步发展先进乏燃料后处理技术。

四、 生物质发电技术

全球生物质资源种类繁多、数量庞大。生物质能是植物通过光合作用将太阳能转化为化学能储存在生物质内部的能量。生物质能有多种加工转化技术路径，可提供固、液、气三态的多种能源产品[①]，可以发电和供热，还可以提供塑料、生物化工原料等众多非能生物基产品，图2.12为生物质能循环利用示意图。

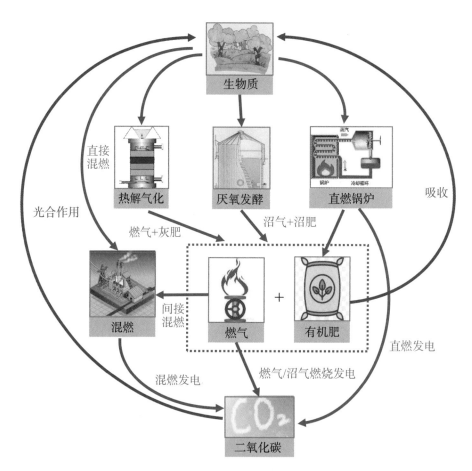

图2.12 生物质能循环利用示意图

---

① 中国产业发展促进会生物质能产业分会，德国国际合作机构（GIZ），生态环境部环境工程评估中心，等：《3060 零碳生物质能发展潜力蓝皮书》，2021 年。

与化石能源相比，生物质能的优势在于全生命周期零碳排放、污染物排放可达天然气利用的排放标准；与其他可再生能源相比，生物质是唯一可储存、可运输的可再生燃料，适应能源市场多样化需求，并与生态系统相容，资源量大，可获得性强。

1. 基本介绍

现代生物质能的利用是通过热化学法、生化法和物理化学法等转化技术，将其转化为热量或电力、固体燃料（木炭或成型燃料）、液体燃料（生物柴油、生物原油、甲醇、乙醇和植物油等）和气体燃料（沼气、生物质燃气和氢气等）等二次能源。生物质发电技术主要分为三大类，包括直燃发电技术、气化发电技术、燃煤生物质耦合发电技术。

2. 未来发展方向和趋势

未来我国生物质发电行业规模将稳步增长，生物质能开发利用模式将进一步向多元化方向发展。

1）生物液体燃料向产品多元、转化高效、过程清洁方向发展

未来将加快推进非粮生物质原料纤维素乙醇的规模化生产，同步推进关键技术装备自主化研发；完成万吨级油脂热化学加氢/裂解生产线的建设，形成达到国际领先水平的生物柴油技术；推进生物质基航空燃料技术的规模化应用。

2）生物燃气向多类原料统筹利用及副产物综合利用方向发展

未来将推进依托生物燃气的热、电、液体燃料多联产技术的发展，加快工程示范建设和应用模式推广。

3）生物质成型燃料向低成本、高品质、标准化方向发展

我国生物质成型燃料关键技术取得一定程度的突破，特别是压模辊压式成型技术，相应产品达到国际同类先进水平。未来生物质成型燃料将向低成本、高品质、标准化方向加快发展。

4）生物质发电向"热-电-气-炭"多联产多维深化与延展

全球生物质发电装机规模呈逐年提升趋势，生物质直燃发电和沼气发电技术最成熟，其次是生物质与煤直接混燃发电，均达到商业化阶段。我国生物质发电以直燃发电为主，技术起步较晚但发展迅速，已形成产业规模。未来将在现有工艺基础

上，大力开发生物质可燃气费-托合成燃料、合成生物质天然气及生物质炭制备纳米材料等高附加值产物，提高相关工艺产品的综合经济效益。

3. 拟突破的关键技术

1）生物液体燃料技术

突破多品种生物质原料转化乙醇的产业化技术以及油脂原料分离纯化、高效异构化关键工艺，加大生物质基特种燃料技术的研发力度。

2）生物燃气技术

突破分布式农林生物质热解、气化及合成气[①]燃烧超低排放技术，推进依托生物燃气的热、电、液体燃料多联产技术的发展。

3）生物质发电技术

针对我国不同地区、不同种类生物质资源特征，加强关键气化装备的研发，提高生物质气化装备的设计和制造能力；设计合理的多联产工艺流程和能质流向，合理分配生物质在各终端产品上的出力，实现生物质资源的最大化利用。

五、 地热能发电技术

地热能是蕴藏在地球内部的热能，是一种分布广泛、清洁低碳、稳定连续的可再生能源。地热能规模化开发利用的产业发展潜力巨大，与其他可再生能源互补发展的场景丰富。

我国地热能资源相当于全世界总量的六分之一。根据对336个大城市的评价，我国浅层地热能年可开采资源量折合7亿吨标准煤，我国中深层地热能年可开采资源量折合18.65亿吨标准煤。假定到2060年可以充分利用现有这些地热能储量，预计减排二氧化碳的总量为67.72亿吨。

---

① 合成气是以一氧化碳和氢气为主要组分，用作化工原料的一种原料气。合成气的原料范围很广，可由煤或焦炭等固体燃料气化产生，也可由天然气和石脑油等轻质烃类制取，还可由重油经部分氧化法生产。

1. 基本介绍

高效可持续地热能利用技术是指通过人工改造或与其他可再生能源技术相结合，经济性地实现地热能可持续开发利用的技术。可持续包括储层温度和水位降低在控制范围以内，不产生不良地质环境影响。地热能利用技术主要包括浅层地热能利用技术、中深层地热能利用技术和深层地热能利用技术。

我国干热岩资源储量丰富，具有良好的市场前景，但在工程化开发及标准制定等方面，仍需通过关键技术的研发和示范，取得高水平成果和工程经验，推进产业化发展。

2. 未来发展方向和趋势

1）浅层地热能规模化与集约化

地热能的开发利用单体规模由万平方米级向百万平方米级方向发展。例如，北京城市副中心规划建设300万平方米以浅层地热能为主的建筑供暖系统。

2）中深层地热能开发深度增加、规模扩大

随着勘探技术日臻成熟，中深层地热能开发利用深度已接近4000米。雄安新区规划建设1亿平方米以中深层地热能为主的建筑供热制冷系统。此外，中深层地热能利用技术向多样化发展，采灌结合的多井技术和井下换热的单井技术都会不断进步。

3）深层地热能开发利用取得成效，未来发展空间巨大

深层地热能（包括干热岩），尤其是增强型地热能利用技术，在国际上已经实现小规模稳定发电。我国已在西部建成开发利用试验基地，4000米以下勘探技术不断完善，并将向更大的深度空间发展。

4）"地热能+"多能互补利用趋势显著

利用形式上由单一的地热能开发利用，逐渐转变为以地热能为基础载荷，与太阳能、风能等其他可再生能源实现多能互补利用，发挥储能和调节的作用。

3. 拟突破的关键技术

1）深层地热能开发与发电技术（重点是增强型地热系统技术）

大力开展深层地热资源评价与钻探靶区优选、钻井工艺技术、干热岩压裂及地

下水-岩高效换热等关键技术研究，用于评价深部岩体连通性及其换热面积的新型示踪剂研发，储层裂隙网络中多场耦合的能量传递与转换机理研究。预计2035年前可能实现规模化开发利用。

2）"地热能+"储能技术

开展多能互补储/供能集成系统研发，充分利用中深层地热能的基础载荷作用，研发中深层地热能含水层储能技术，提高可再生能源规模化利用效率。预计10年内可以商业化应用。

六、 海洋能发电技术

除以上介绍的先进太阳能发电技术、先进风力发电技术、先进核能发电技术、生物质发电技术以及地热能发电技术，非碳/低碳能源发电技术还包括海洋能发电技术等形式。

海洋能主要包括潮差能、潮流能、波浪能、温差能、盐差能等，我国海洋能资源总量丰富，种类齐全，分布范围较广且不均匀。其中，潮差能和潮流能富集区域主要分布于浙江、福建、山东近海；波浪能富集区域主要分布于广东、海南、福建近海；温差能富集区域主要位于我国南海海域；盐差能主要位于各河流入海口。

1. 基本介绍

近年来我国海洋能开发利用技术和成果整体水平迅速提升，潮流能机组实现并网供电并制定了上网电价，百千瓦级波浪能工程样机实现在近海及远海岛屿并网供电，在珠海大万山岛开始建造我国首个兆瓦级波浪能试验场。目前，我国海洋可再生能源产业的区域布局和产业链条已现雏形，正处于由科研向产业推广转变的关键阶段。

2. 未来发展方向和趋势

随着技术的不断成熟，海洋能发电技术从近海开始向资源更加丰富、环境更加苛刻的深远海发展，研究重点也逐步由原理性验证向高效、高可靠设计转移。

1）波浪能向高效、高稳定性和大型阵列化方向发展

突破波浪能高效俘获与转换技术、波浪能装置高可靠自治运行技术、大型波浪能装置阵列化应用技术。

2）潮流能向高效、低成本和大型化方向发展

突破潮流能机组大型化关键技术、潮流能高效俘获技术、潮流能低成本规模化应用技术。

3）温差能需要重点突破关键技术、研发核心部件，并开展综合利用技术研究与示范

目前我国温差能热力循环理论效率大于5.19%，氨透平理论效率为87%，整体与国外处于同一水平。未来需要重点突破兆瓦级发电示范及其综合利用技术。

3. 拟突破的关键技术

需要进一步攻克高效、高可靠海洋能利用关键技术，提升装备的稳定性、可靠性，开展大容量、集群化应用，并拓展应用场景，探索与海上开发活动的结合。

1）波浪能

进一步提高波浪能装置的能量转换效率，提升装置的发电量；突破波浪能装置自保护技术、抗台风锚泊技术和能量转换系统自治技术，提高波浪能装置的生存能力和免维护能力。

2）潮流能

未来将实现兆瓦级单机功率，需突破适应复杂海况的兆瓦级机组桨叶、变桨、变频器等关键部件研发及整机设计技术，实现不同工况下的高效转换与控制。

3）温差能

进一步提升发电系统净输出效率，突破高效节能透平、换热器技术，以及深海冷海水大管径、高强度管道结构与保温、敷设技术。

作　者：胡书举

审稿人：谢秋野　王成山

编　辑：范运年　纪四稳　王楠楠

实现以新能源为主体的新型电力系统安全、可靠、经济与高效运行，关键是要有充裕的灵活性调节资源，以满足不同时间尺度和空间范围内的电力平衡和电量平衡。电力平衡一般为小时级内的快速调节控制，实现安全稳定运行。电量平衡则为更长时间尺度上的峰谷调节、极端气候应对等，实现经济运行和可靠供电。

从全社会用电成本最优角度出发，新型电力系统需要挖掘多种可能的灵活性调节资源，涵盖电源、电网和负荷多个环节与并网主体。目前，电力系统中可以作为灵活性调节资源的手段主要有煤电机组灵活性改造、燃气机组建设、需求响应、V2G、P2X、储能等。各种灵活性技术的发展路径及规模，取决于其自身的技术经济性和支撑其发展的资源条件。

2030年前，通过煤电机组灵活性改造、燃气机组建设、需求响应、水电灵活调节和抽水蓄能，以及锂离子电池等新型储能的初步发展，完全可以满足支撑新能源规模化发展的调节需求。2030年以后，存量煤电机组的角色从以发电为主转变为以调节为主；终端用能电气化程度的提高给需求响应提供了更大的可用容量；我国抽水蓄能全部可开发资源逐步开发完成；多种新型储能与V2G在日内峰谷调节方面逐步发挥重要作用；基于绿色电力的P2X提供更多的氢基燃料，是长期电量平衡和应对极端气候的有力保障。

在新型电力系统的不同发展阶段，通过优化规划和市场机制，实现多种灵活性调节资源在技术、成本、资源条件等维度下的优化组合和持续迭代，可经济高效地支撑低碳和近零碳电力系统的发展。

一、　灵活性调节资源对构建新型电力系统的重要性

现代电力系统以大同步发电机组、大电网、超/特高压、交直流混联为结构特征，其显著标志是系统主体运行安全稳定、电能质量高和供电经济性好。电力系统稳定性主要是指在遭受扰动后系统维持同步运行的能力，系统必须能够适应不断变化的有功功率和无功功率平衡需求，由于电能不能大量储存，系统必须保持适当的有功和无功备用。目前电源结构中以同步发电机为主，能够为系统提供惯量支撑以提高抗扰动能力，以及提供一次调频和二次调频服务以使系统发电出力与负荷平衡，并维持系统频率和联络线交换功率为给定值；同时，按照运行费用最小等原则分配机组出力以实现经济运行。目前，抽水蓄能作为电力系统主要的灵活性调节资源发挥着重要的调节作用。可见，现代电力系统稳定与控制的内在机理是以煤电和水电等同步发电机为物理基础的。

未来，我国的电力系统将在碳中和目标驱动下不断演变。一方面，随着电能替代的推进，电力负荷将不断增加，全社会用电量将从2021年的8.31万亿千瓦时逐步增加到2060年的15万亿千瓦时以上。另一方面，由于风力和光伏等新能源的年发电小时数少，未来以新能源为主体的新型电力系统电源装机必须大大增加才能满足用电量需求，装机容量将从2021年的23.8亿千瓦逐步增加到2060年的60亿千瓦以上。可以看出，电源结构将发生巨大的变化，由以同步发电机为主导演变为以电力电子设备接入电源为主导，电力系统的稳定机理及运行控制将发生根本性改变。因此，以新能源为主体的新型电力系统的安全、可靠、经济与高效运行，更加迫切需要充裕的灵活性调节资源作为支撑，以实现系统的电力平衡和电量平衡。

电力平衡为秒、分钟至小时的快速调节控制，以保证电力系统安全稳定运行、保障供电质量。电力平衡为系统提供的服务主要为惯量支撑、一次调频、二次调频、平抑新能源发电波动、热/冷备用和负荷跟踪等，一般调节动作频繁。

电量平衡为小时、日、周、月及季度和年的峰谷调节，以及极端气候应对等，实现经济运行并保障供电可靠性。电量平衡动作次数较少，但需要按照运行周期做好规划与储备。

电力系统中可以作为灵活性调节资源的手段主要有煤电机组灵活性改造、燃气机组建设、需求响应、V2G、P2X、多种新型储能等。此外，多种能源的互补利用，可以发挥它们各自的属性优势与综合调节能力，也可以为电力系统提供灵活性调节支持。

上述各种灵活性调节资源均有其适配的内外部条件和技术经济性，为了优化全社会供电成本，从技术、政策及市场机制上不断挖掘适宜的灵活性调节资源，以适应并支持电力系统低碳化发展的不同阶段显得尤为重要。2021年12月，国家能源局修订发布了《电力并网运行管理规定》和《电力辅助服务管理办法》，两份文件拓展了并网运行管理和辅助服务主体，涵盖了火电、水电、核电、风电、光伏发电、光热发电、抽水蓄能、自备电厂等发电侧并网主体，电化学、压缩空气、飞轮等新型储能，以及传统高载能工业负荷、工商业可中断负荷、电动汽车充电网络等能够响应电力调度指令的可调节负荷（含通过聚合商、虚拟电厂等形式聚合）等负荷侧并网主体，从电源、电网、负荷多个环节挖掘灵活性调节资源，并通过市场手段激发并网主体参与电力系统调节的积极性。

二、 灵活性调节技术

（一）多种能源互补利用与调节技术

1. 基本介绍

多种能源的互补利用与调节，是基于不同能源之间和能源的不同转化环节之间的耦合与互补特性，实现纵向的源网荷储协调优化和横向的风光水火储及冷热电集成优化。通过多种能源系统的联合规划设计、协调运行控制，可以实现能源利用的高能效和低成本，以及运行特性的改善。

2. 未来发展方向和趋势

源网荷储一体化，基于先进的聚合技术和市场机制，通过整合本地多种电源、电网和负荷资源，实现源网荷储的高度融合，参与电力中长期市场、现货市场和辅助服务市场等，充分发挥负荷和本地电源的支撑调节能力。在应用模式上，源网荷储一体化包括区域（省）级、市（县）级、园区（居民区）级等不同的层级。源网荷储一体化构建了源荷高度融合的电力系统新特征，是集中式或分布式新能源发电规模化发展的重要载体。

以新能源为主的多能互补，充分发挥流域梯级水电站、具有较强调节性能的水电站、煤电机组、储能设施的调节能力，弥补新能源自身调节能力的不足，强化电源侧的灵活调节能力，减轻送受端系统的调节压力。通过统筹各类电源的规划、设计、建设和运营，最大化利用清洁能源，确保电源基地送电可持续。

风光储场站级集成，针对各风电或光伏场站级并网主体，充分挖掘风电机组、风场集控，以及光伏发电系统、光伏电站自身的调控潜力，配置适量的储能，实现场站级电源调节控制能力的提升，如图2.13所示。在模式上，风光储场站级集成系统包括光伏+储能、风电+储能、风电+光伏+储能等，是目前集中式新能源的有效发展方向，也是未来以新能源为主体的新型电力系统的主要构成单元。

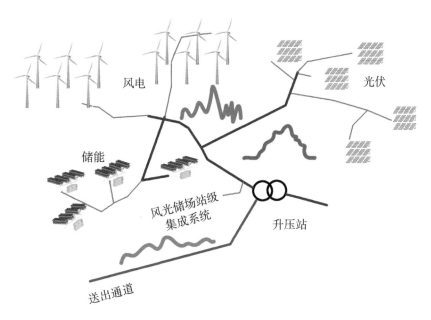

图2.13 风光储场站级集成系统

3. 拟突破的关键技术

源网荷储一体化与多能互补，需要解决能源全生命周期内纵向协调和横向集成的优化问题，包括规划、设计、建设和运营全过程；解决储能规划与运行的优化问题，以最小的成本实现综合系统性能的提升；还需要解决政策引导和市场机制设计问题。

风光储场站级集成，作为新能源的重要发展模式，需要解决集成系统的电源性能提升、参与电力系统调节的指标体系和考核办法、实时状态识别与能力评价，以及风储、光储、风光储参与调频、调压、调峰、黑启动等电力服务的容量配置、协调控制、集群效应及优化等问题。

（二）煤电机组灵活性改造技术

1. 基本介绍

煤电机组分为仅发电的纯凝机组和发电与供热联合的供热机组，灵活性改造旨在改善机组的调峰能力、爬坡速度、快速启停能力等。根据现有煤电机组的技术特性，可以形成不同的技术方案。我国煤电机组灵活性提升潜力巨大，文献[6]表明通过灵活性改造，可以使我国纯凝机组最低运行负荷达到 30%～35% 额定负荷，供热机组最低运行负荷达到 40%～50% 额定负荷。

纯凝机组多采用低负荷运行工况调整策略达到深度调峰目的，往往通过等离子燃烧器技术和富氧燃烧器技术实现机组在低负荷运行时锅炉低负荷稳定燃烧，并采用相应的手段确保脱硝装置低负荷投运时的可靠性。

文献[7]指出，供热机组的灵活性改造方案包括增设电锅炉、旁路供热、切除低压缸进汽、增加蓄热罐等。其中，增设电锅炉方案目前适用性最广，调峰幅度最大且运行灵活，但其能量有效利用率较低。旁路供热方案投资较少，但受机组旁路设计容量的限制以及锅炉再热器冷却、汽轮机轴向推力及高排冷却等因素的影响，其供热能力有限。切除低压缸进汽方案投资少，具有较好的经济性，但其运行灵活性较差、调峰深度有限。增加蓄热罐方案在投资、经济性和运行安全性方面均较好，但其调峰能力有限，且占地面积较大。因此，供热机组的灵活性改造需根据自身电负荷、热负荷、改造成本、运行收益等情况进行综合考虑。

2. 未来发展方向和趋势

从现阶段到未来较长一段时期内，煤电机组仍然是我国的主要电源，在其他具有经济性的灵活性调节手段规模化发展以前，实施煤电机组灵活性改造是提高电力系统调节能力重要且经济的选择。《国家发展改革委 国家能源局关于开展全国煤电机组改造升级的通知》（发改运行〔2021〕1519号）明确规定，存量煤电机组灵活性改造应改尽改，"十四五"期间完成2亿千瓦，增加系统调节能力3000万～4000万千瓦。即使从现在起煤电机组不再增加新的装机，只要通过市场机制等手段使有条件的煤电机组继续实施灵活性改造，则预计到2030年可以提供1.5亿千瓦的调峰能力。

随着电力系统中煤电机组占比的不断降低，煤电机组的功能定位将逐步由以发电为主转为以调节为主，机组的运行目标从追求高效节能转变为注重提升机组的灵活性并兼顾高效节能。因此，鼓励煤电机组进行灵活性改造、参与深度调峰和快速启停的相关政策也将逐步出台，调节性能优异、可调范围大的煤电机组将在辅助服务市场中获得相应的回报。

3. 拟突破的关键技术

煤电机组灵活性改造还需要继续降低机组最小技术负荷、提高爬坡速度和快速启停能力，尤其是高温高压的高参数机组；研究解决机组常态化深调峰运行的安全保障、高效率保持和热电解耦技术，以实现到2030年主要供热机组最低运行负荷达到40%额定负荷，纯凝亚临界机组最低运行负荷达到 20%额定负荷，纯凝超临界机组最低运行负荷达到30%额定负荷。

同时，需要研究并逐步完善激励煤电灵活性改造的电力市场机制，助力煤电机组的角色转变。

（三）抽水蓄能和水电可调节技术

1. 基本介绍

抽水蓄能是以一定的水量作为能量载体，通过势能和电能之间的能量转换，向电力系统提供电能的一种特殊形式的水力发电系统。抽水蓄能电站配备有上、下游两个水库，在负荷低谷时段，抽水蓄能电站工作在电动机状态，将下游水库里的水抽到上游水库保存。在负荷高峰时段，抽水蓄能电站工作在发电机状态，上游水库中储存的水经过水轮机流到下游水库，并推动水轮机发电。抽水蓄能的储存能量非常大，能量释放时间为几小时至几天，综合效率为70%～85%，非常适合电力系统调峰和用作备用电源的长时间储能场合。在有条件的地方建设抽水蓄能，是目前最成熟和经济的储能发展途径。

此外，常规梯级水电站群通过联合调度，可以发挥其比抽水蓄能库容大、调节能力强的优势，在年、月、旬、周、日、时等不同时间尺度上实现发电+储能的灵活性调节作用。

2. 未来发展方向和趋势

目前我国已投产抽水蓄能电站总规模3249万千瓦，在建抽水蓄能电站总规模5513万千瓦，中长期规划布局重点实施项目总装机容量约4.21亿千瓦。

我国水电理论蕴藏量为6.6亿千瓦，主要集中在西南和长江上游可再生能源富集地区，目前已开发约3.9亿千瓦，利用常规梯级水电站与各大电网互联的便利条件，其调节能力也将为电力系统的灵活性调节提供有力支撑。

3. 拟突破的关键技术

抽水蓄能需要进一步研发40万千瓦级、700米级以上超高水头超大容量抽水蓄能机组，2030年左右可实现应用；海水抽蓄可以作为淡水抽蓄的补充，需要进一步解决设备与设施的海水兼容性、环保，以及选址与降低成本等问题，预计2030年后开始逐步商业应用。

可调节水电需要突破流域梯级水库联合优化调度运行技术，以及50万千瓦级、100米级以上超高水头大型冲击式水轮发电机组等水力发电设备自主化设计、制造关键技术，2030年左右可实现应用并发挥灵活性调节作用。

（四）多种新型电力储能技术

1. 基本介绍

电力储能是指利用电化学或物理的方法储存电能的一系列措施。多种新型电力储能技术近年来发展非常迅速，一些已经初步具备了商业化运营条件，包括锂离子电池、钠离子电池、液流电池、飞轮储能、超级电容器、新型压缩空气储能等。比起抽水蓄能，这些新型电力储能技术大多具有选址容易、部署便捷的特点，主要技术指标如功率密度、能量密度、响应时间、效率等也各有优势，具备成为电力系统灵活性调节资源的潜力。多种新型电力储能技术特点及其发展现状如表2.2所示[8]。

表2.2 多种新型电力储能技术特点及其发展现状

	储能方式	优点	缺点	技术现状
机械储能	压缩空气储能	功率和容量等级高	响应速度慢、能量效率低	我国在压缩空气储能方面虽然起步较晚，但发展迅速，目前兆瓦级新型压缩空气储能示范项目已建成
	飞轮储能	功率密度高、响应速度快、寿命长	能量密度低、成本高	美国在技术和产业化方面领先，我国引进吸收和自主研发，尚未形成技术体系和产品
电化学储能	铅酸/铅炭电池储能	技术成熟、成本较低	能量密度低、循环寿命短	铅酸电池已有160余年的历史，全产业链体系健全，铅炭电池有一定的技术提升
	锂离子电池储能	能量密度高、功率密度高、能量效率高	安全性有待提高	已在储能电站中得到广泛使用，目前国内外均建有百兆瓦级电站，参与电力系统调峰、调频、平抑新能源发电波动等
	钠离子电池储能	资源丰富、成本较低	能量密度较低	处于技术验证阶段，已有1兆瓦时储能系统示范运行
	液流电池储能	寿命长、更适合长时应用	能量密度较低、能量效率较低	经过30年的发展，目前已取得长足进步，百兆瓦级液流电池储能电站已建成
	钠硫电池储能	能量密度高	安全性较差	日本已进入商品化实施阶段，国内仍处于小规模试用阶段
电磁储能	超级电容器储能	功率密度高、响应速度快、循环寿命长	能量密度低、成本高	目前我国已实现产业化生产，在细分领域实现了商业应用
	超导磁储能	能量转换效率高、响应速度快、循环寿命长	能量密度低、成本高、维护难	目前处于理论研究和小型试验阶段，我国从1999年起相继建成了几套小容量的超导磁储能装置

2. 未来发展方向和趋势以及拟突破的关键技术

1）锂离子电池

锂离子电池以锂离子为活性离子，充电时正极材料中的锂原子失去电子变成锂离子，通过电解质向负极迁移，在负极与外部电子结合并嵌插储存于负极，以实现储能，放电过程可逆。锂离子电池的电化学性能主要取决于所用电极材料和电解质材料的结构及性能，负极材料主要为碳或钛酸锂，正极材料主要有锰酸锂、钴酸锂、磷酸铁锂、镍钴锰三元材料、镍钴铝三元材料等。

得益于电动汽车的快速发展，锂离子电池的成本近十年来下降了85%以上，锂离子电池储能正在跨越经济性门槛，在新型储能装机总量中占据绝对地位。目前锂离子电池储能系统的平准化成本为0.4~0.5元/千瓦时，作为电力系统灵活性调节资源仍然需要继续降低成本，并提高电芯及成套设备的安全性。预计到2030年，锂离子电池储能系统的平准化成本可以降到0.2~0.3元/千瓦时，在灵活性调节资源中逐步具有竞争力。预计到2060年，锂离子电池储能的平准化成本可以降到0.1元/千瓦时左右，成为主导的日内和小时级调节手段。

锂离子电池需要解决适应高安全、低成本、大容量应用需求的电池体系和材料、工艺及设备国产化问题，涉及关键材料/电芯制造、关键装备开发、电池系统集成等多个环节的技术和产业；需要研究锂离子电池储能系统的故障机理、安全防护及智能运维技术；此外，锂矿资源的高效开采、提炼及锂资源循环利用技术是其可持续发展的关键。

2）钠离子电池

关于钠离子电池，这里主要分析有机电解液的钠离子电池，其储能原理与锂离子电池基本相同，其负极材料一般为硬碳，正极材料为钠与其他过渡金属的氧化物，电解液中穿梭的是钠离子。钠离子电池采用钠盐作为原材料，不含贵金属，而钠盐储量资源基本不受限制；负极硬碳可以从储量丰富的无烟煤制得，因而其成本有望远低于锂离子电池。钠离子电池的缺点在于其能量密度较低，主要用在固定式储能场合。

钠离子电池目前仅处于技术验证阶段，未来商业化应用后其平准化成本有望比锂离子电池低20%以上，在固定式储能领域具有替代锂离子电池的可能。

钠离子电池仍需要进一步探索低成本正负极材料合成及量产技术；进一步探明界面反应、稳定性、全生命周期失效机制，研制长寿命钠离子电芯。

3）液流电池

液流电池通过电解质内离子的价态变化实现电能储存和释放，主要包括全钒液流电池、锌溴液流电池、多硫化钠/溴液流电池，以及铁铬液流电池等。

根据该类电池的技术特点和性价比，液流电池适用于放电时长4~20小时和大容量应用场景，其效率为70%～75%，循环寿命可达10 000次。液流电池输出功率和容量相互独立，系统设计灵活，过载能力和深放电能力强，循环寿命长；但需要泵来维持电池运行，因而电池系统维护要求较高，低载荷时的效率较低。

全钒液流电池目前已经开始规模化应用，以钒离子溶液作为电池反应的活性物质，利用不同价态离子对的氧化还原反应来实现化学能和电能相互转换。全钒液流电池的成本受钒材料影响大，目前钒材料主要来源于钢铁生产副产品（73%）和原矿开采（17%），其他从废催化剂、电厂灰、气化焦炭回收获得。目前4小时全钒液流储能系统的平准化成本为0.3～0.4元/千瓦时，预计到2030年平准化成本达到0.2～0.3元/千瓦时，将出现一定规模的商业化应用，随后其成本将随着产业规模的扩大进一步下降，并在长时、大容量储能中占据一定的份额。

全钒液流电池需要进一步研发低成本高电导率隔膜、国产化大功率电堆，以及解决成套设备的可靠和优化运行问题。

4）飞轮储能

飞轮储能是利用电机带动飞轮转子高速运转，将电能转化为机械能储存起来，并在需要时由转子带动电机发电的一种物理储能技术。飞轮的储能量由转子的质量和转速决定，其功率输出由电机和变流器特性决定。飞轮储能技术主要分为两类：一是基于接触式机械轴承的低速飞轮，其主要特点是储存功率大，但支撑时间较短，一般用于不间断电源等短时高功率场合；二是基于磁悬浮轴承的高速飞轮，其主要特点是结构紧凑、效率高，但单体容量较小，可用于较长时间的功率支撑。

高速飞轮目前最高转速可达每分钟3万转以上，其功率密度高、响应速度快、寿命长。将标准化、模块化和系列化的飞轮并联组成飞轮阵列，可以减少复杂冗长的产品设计、加工、试验及测试过程，提高系统经济性，是大容量飞轮储能的发展方向。

飞轮储能作为典型的功率型储能，在短时电力平衡如电力系统惯量支撑、快速调频、紧急备用等方面可以发挥其效率高、响应速度快、寿命长的优势，如飞轮辅助煤电机组和风电场进行惯量支撑与快速调频等。飞轮储能有望在2030年之后在电力系统中开始规模化应用，到2060年成为重要的短时储能技术。

高速飞轮需要进一步解决转子复合材料、磁悬浮轴承、整机优化设计、加工和控制技术等问题；在产品定位上宜采用系列化模块及阵列并联的技术路线，通过规模化实现成本进一步下降。

5）超级电容器

超级电容器按储能机制可以分为三类，即正、负电极都为双电层的双电层电容器，正、负电极与电解液发生快速可逆氧化还原反应的法拉第赝电容，以及两个电极分别为双电层和法拉第赝电容的混合型电化学电容器。基于多孔碳材料的双电层电容器中的电荷以静电方式储存在电极和电解质之间的双电层界面上，只进行电化学极化而不发生电化学反应，因此充放电速度快、循环寿命长、充放电效率高、高低温性能好、安全可靠、环境友好。

超级电容器的优势与飞轮储能类似，提供短时大功率支撑，可以与新能源发电系统、电能质量设备等结合起来以提升设备的调节能力和响应性能。超级电容器有望在2030年后在短时电力平衡应用领域成为飞轮储能的重要补充。

超级电容器需要解决应用中大量单体串并联组合的一致性管理问题，以避免个别单体电压过高而失效。

6）新型压缩空气储能

压缩空气储能是以空气为介质进行电能的储存，传统压缩空气储能起源于燃气轮机，仍然依赖化石燃料提供热源，储能效率相对较低，发展较慢。目前，世界上已有大型压缩空气储能电站投入商业运行，其单机容量可达100兆瓦级，如1978年投入商业运行的德国洪托夫（Huntorf）290兆瓦/2小时电站（后经改造提升至321兆瓦）、于1991年投入商业运行的美国亚拉巴马州麦金托什（McIntosh）110兆瓦/26小时压缩空气储能电站。

近年来一些先进压缩空气储能技术不断发展，如绝热压缩空气储能、液化空气储能、超临界压缩空气储能等，在效率上已有较大改善，单机规模已经从10兆瓦发展到100兆瓦，处于研发示范和商业化初期。

与抽水蓄能类似，传统压缩空气储能也需要特殊的地理条件建造大型储气室，如岩石洞穴、盐洞、废弃矿井等，适用于大型储能场景。新型压缩空气储能有望克服传统压缩空气储能的技术难点，在长时大规模储能领域成为抽水蓄能的重要补充。

压缩空气储能需要突破基于总能系统理论的能量耦合与全工况调控技术、宽负荷组合式压缩机和高负荷轴流透平膨胀机技术，以及阵列式大容量蓄热换热器技术等关键技术。

（五）分布式储能与V2G技术

1. 基本介绍

分布式储能主要是靠近用户侧建设的小型、分散的储能系统，包括工商业储能和居民区储能，其建设的主要目的是满足用户特定的某个或多个功能需求，如用电负荷峰谷调节、应急供电、与分布式光伏结合等。在电力市场的激励机制下，可以将众多的分布式储能聚合起来，形成"云储能"，主动参与电网调节，以较少的社会投资释放出较多的调节资源。

V2G是指在电动汽车与电网信息交互的基础上，实现电动汽车与电力系统之间的双向能量流动，并作为分布式储能装置参与电网调节的技术。V2G技术的实现有两个层级：一是电动汽车作为可调负荷，通过有序充电，避免无序充电造成的电力系统峰谷差拉大、局部过载等问题；二是停驶的电动汽车可作为分布式储能，参与电力系统的灵活性调节。随着电动汽车保有量的快速增加，V2G具备成为电力系统灵活性调节资源的条件。

分布式储能与V2G可以发挥其同时具备源、荷属性的特点，通过聚合为系统提供多种调节支持，尤其在分布式光伏消纳、峰谷调节、配电网电压质量改善和提高用户经济效益等方面具有优势。

2. 未来发展方向和趋势

我国用户侧分布式储能的发展已经有部分商业应用，随着电力市场改革的推进，以及分布式光伏发电和风力发电的快速发展，未来分布式储能装机规模会有很大的突破。因此，应提前进行分布式储能规划设计、设备和接入系统等方面的准备，以完善分布式储能作为灵活性调节资源的内外部条件。

电动汽车作为交通领域节能减排和低碳化发展的主力军，其未来发展趋势非常明确。预计到2030年，我国电动汽车保有量将达到8000万辆，按照平均每辆电动汽车配置蓄电池容量50千瓦时计算，如果每天有25%的电动汽车作为移动储能参与电网互动，以6千瓦的功率和40%额定容量进行充放电调节，则可为电网提供1.2亿千瓦/4亿千瓦时的备用容量支撑。预计到2060年，我国电动汽车保有量将达到3.2亿辆，按照平均每辆电动汽车配置电池容量100千瓦时计，如果每天有25%的电动汽车作为移动储能参与电网互动，以10千瓦的功率和40%额定容量进行充放电调节，则可为电网提供8亿千瓦/32亿千瓦时的备用容量支撑。由此可见，V2G具有巨大的灵活性调节潜力。

图2.14为电动汽车和分布式储能通过调控交易平台与电网交互的示意图。

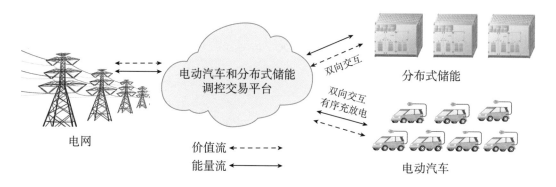

图2.14　电动汽车和分布式储能与电网交互示意图

3. 拟突破的关键技术

分布式储能与V2G技术的基础是长寿命、高安全的动力+储能电池，需要进一步研发长寿命、高安全的储能型电池，如固态锂电池，预计2025～2030年开始固态锂电池逐步规模化应用，并可以从技术上支撑分布式储能和V2G技术发展。

需要研发支持海量用户接入并参与交易的分布式储能与V2G聚合技术或虚拟电厂技术，研究支撑分布式储能与V2G发展的电力市场机制；研究基于宽禁带电力电子器件的分布式储能与V2G功率变换技术。

（六）P2X技术

1. 基本介绍

P2X是指将电能转换为其他形式的能源，包含电转热、电转冷、电转气、电转液等。其中，电转热、电转冷技术已经成熟且被广泛应用；电转气技术通过化工手段将电能转换为氢气、甲烷、氨气等各类气体，并可以在需要的时候通过气体燃烧发电回馈电网。此外，电转甲醇作为液体燃料储存利用，也是一种有效的P2X利用形式。P2X能间接实现电能的大规模、长时间储存与运输，并扩大电能的应用形式，促进多能系统的相互融合，加强能源资源的有效互动。

现阶段电转气技术主要有以下几类，电转氢技术目前主要有碱性电解水制氢、质子交换膜电解水（proton exchange membrane water electrolysis，PEMWE）制氢和固态氧化物电解水制氢；电转甲烷目前需要先进行电转氢，然后通过二氧化碳加氢合成甲烷；电转氨也要先进行电转氢，然后通过哈伯合成氨反应器，将氮气与氢气合成氨。

2. 未来发展方向和趋势

P2X是一种具有较强的可中断性与可时移性的可控负荷，是理想的需求响应资源，可以丰富电力平衡和电量平衡的调节手段。同时，热、冷、气等能源品类都具有能够大规模储存的特征，因此P2X技术可实现能量的多元化灵活储存，可以增强系统灵活性。此外，P2X技术可以作为不同能源系统之间的接口，支撑电力系统扩大耦合边界，实现更大范围的连接与优化。通过P2X技术，可以实现以电为中心的综合能源高效利用。

P2X的多种应用形式可以为电力系统提供灵活性调节手段，包括可再生能源消纳、调峰/调频等，尤其是通过电转气储存燃料，并通过发电或热电联供的形式使用，是应对长周期的电量不平衡和极端气候事件的有效途径。未来随着煤电机组的逐步退役，在其原址利用原有的电力基础设施，开展绿电制氢-氢基燃料储存-氢发电调节，是一种经济有效的途径，如图2.15所示。

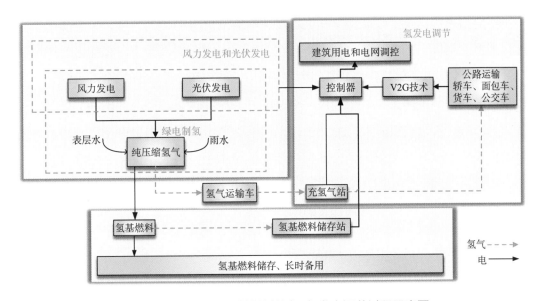

图2.15　绿电制氢-氢基燃料储存-氢发电调节过程示意图

目前电转氢成本高，只为市场提供了不足1%的氢气。预计到2030年，随着技术成熟以及可再生能源电力成本下降，电转氢成本会进一步降低，电转氢可满足约10%的氢气需求。预计到2060年化石燃料制氢基本淘汰，电转氢将成为主要途径，满足95%以上的氢气需求。

3. 拟突破的关键技术

电转气的重要基础是制氢，需要进一步提高碱性电解水制氢、质子交换膜电解水制氢和固态氧化物电解水制氢的效率并降低成本；需要解决氢基燃料的全过程安全机制、装备制造以及参与电力系统调节的优化运行控制技术等问题。

三、 我国灵活性调节技术的发展趋势

（一）灵活性调节资源的评价方法

电力系统灵活性的特征包括：本质性，即需要始终保持供需平衡；时间性，即不同时间尺度系统的灵活调节能力不同；方向性，即应随着机组的发电状态和负荷的变化而向上调节或向下调节；供给多元性，即除了可以应对净负荷随机波动的实际物理元件，系统运行方式的改进同样可以提供灵活性[9]。因此，以新能源为主体的新型电力系统的灵活性调节，是在市场化机制支撑下多种灵活性调节资源和手段优化组合的结果，其本质是维持电力系统多时间尺度下的供需平衡和优化运行。

灵活性调节资源参与电力系统运行的技术性能可用多个指标综合进行评价，包括响应时间、调节速率、调节精度、启停时间、持续运行时间等。不同的灵活性调节资源有各自不同的技术性能特点，因此灵活性调节资源的组合就是在满足从短周期到长周期系统平衡的前提下，多种可选择性技术手段的成本优化。由此可见，上述多种灵活性调节技术的发展规模和时机，取决于其技术经济性，即技术性能的提升、综合成本的下降和支撑其发展的内外部条件。

（二）灵活性调节资源应用的支撑条件

第一，新型电力系统对灵活性调节资源的需求分析、规划及综合评估体系。根据我国电力系统低碳化转型过程中不同发展阶段的电力供需特点，包括电源、负

荷、电网及运行控制等，从系统供需平衡的本质和安全、稳定、低碳、经济的运行目标出发，分析系统对灵活性调节资源的多维技术需求。研究灵活性调节资源的规划方法、规划模型和指标体系，满足新型电力系统不同发展阶段的供需总量平衡、区域平衡和多时间尺度平衡。尤其需要注意的是，很多灵活性调节资源是通过控制被控设备释放出来的，如多种能源互补调节、水电梯级利用、需求响应、V2G等，因此考虑运行过程的规划方法将是多种灵活性调节资源应用于新型电力系统的重要支撑技术。

第二，支撑多种灵活性调节资源的运行调度技术。由于参与灵活性调节的对象从传统的可调机组扩大到多种并网主体，参与主体复杂、技术特性各异、组织架构不同，因此支撑多种灵活性调节资源组合优化运行的控制、管理与调度技术非常关键。实现各种灵活性调节资源的状态可观、能力可测、性能优化、计量交易便捷，大量分散式的灵活性调节资源仍然有很大的技术提升空间，包括各类虚拟电厂、分散式聚合技术及平台等。需要从系统控制管理架构、信息模型、传感与采集、数据分析处理等多方面展开系统性研究。

第三，支撑多种灵活性调节资源的市场机制。从全社会用电成本最优的角度出发，灵活性调节资源的部署和运行也是一个价值发现的过程，应优先利用低成本调节资源及其组合，然后才是高成本资源。因此，需要支撑上述价值发现过程的政策环境和市场机制，有序调动源、网、荷多个环节和不同利益主体的积极性。

（三）我国新型电力系统灵活性调节资源的发展预测

按照技术经济性优化选择的原则，煤电机组的灵活性改造、需求响应的调节潜力巨大且成本相对较低，煤电机组应该作为优先开发的灵活性调节资源。储能、抽水蓄能在有条件和灵活性调节资源紧缺的地方应该加快开发；以锂离子电池为主的新型储能，由于部署灵活快捷、运行特性突出，在电力系统的局部环节和局部区域可以发挥重要作用。

总体来看，2030年前，通过煤电机组灵活性改造、燃气机组建设、需求响应、梯级水电灵活调节和抽水蓄能，以及锂离子电池等新型储能的建设，能够为电力系统增加3亿千瓦以上的灵活性调节资源，完全可以支撑我国可再生能源规模化发展下的电力系统灵活性调节需求。

2030～2060年，煤电机组逐步退役，且存量机组的角色从以发电为主转变为以调节为主;终端用能电气化程度的提高给需求响应提供了更大的可用容量;我国抽水蓄能全部可开发资源逐步完成开发,将承担重要的调节作用;用户侧分布式储能与V2G在日内调节方面逐步发挥重要作用;基于绿色电力的P2X可以提供更多的氢基燃料,是长期电量平衡和应对极端气候的最有力保障;以锂离子电池为主的新型储能逐步具备技术经济性竞争力。各种灵活性调节手段在技术性能、成本、资源条件约束、市场机制等维度下逐步迭代,形成多种调节手段优化组合、层次合理、经济高效的调节能力,支撑低碳和近零碳电力系统的发展。图2.16为多种灵活性调节资源在新型电力系统不同阶段的发展趋势。

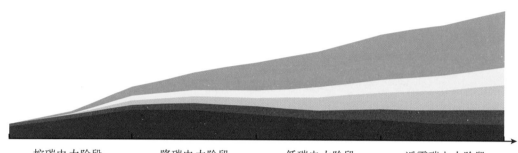

| 控碳电力阶段 | 降碳电力阶段 | 低碳电力阶段 | 近零碳电力阶段 |

■ 煤电调节　■ 抽水蓄能和水电调节　■ 多种能源互补利用
　P2X　■ 新型集中式储能　■ 分布式储能和V2G

图2.16　新型电力系统灵活性调节资源发展趋势示意图

作　者:唐西胜

审稿人:王成山

编　辑:范运年　纪四稳　王楠楠

　　构建新型电力系统是加速实现"双碳"目标的重要举措，为应对高比例可再生能源并网消纳、系统高效低碳运行等需求和挑战，需要在发电、储能、转化、消纳、输出等各关键环节取得一系列技术突破，包括可再生能源发电功率高效预测技术，以及含高比例新能源、高比例电力电子装置的"双高型"电力系统的稳定机理和控制技术；大力发展新一代主动构网型（grid-forming，GFM）电力电子换流器，以及电力信息物理融合的新型透明电力系统数字化技术；加强数字化芯片研制、自主可控电力能源仿真分析软件研发等攻关，以更好地支撑新型电力系统的高效运行及高比例新能源消纳。

　　新型电力系统是指随着"双碳"战略的实施，为应对新能源大规模接入，电力系统向清洁化、低碳化、智能化升级转型的新形态。新型电力系统中的"新型"体现在源、网、荷多个维度上：①源侧可再生能源取代传统煤电机组，逐渐成为主导；②网络将从单一交流网络演化为交直流混联大电网、交直流微电网、交直流互联的复杂互联网络；③负荷特性由传统的刚性、纯消费型向柔性、生产与消费兼具型改变。

　　源网荷储多维度上的重大变化将使电力系统运行也随之发生深刻改变，主要体现在：集中化大容量煤电机组变为分布于用户侧的新能源与储能，电力系统时空平衡将发生重构；煤电机组的旋转发电机变为新能源电力电子装置，应对扰动储存的转子动能急剧下降，导致电力系统控制方式需要进行重构。

　　因此，新型电力系统的运行控制技术也需要重新构建，整个关键技术体系将是一个多学科交叉的体系，如图2.17所示。

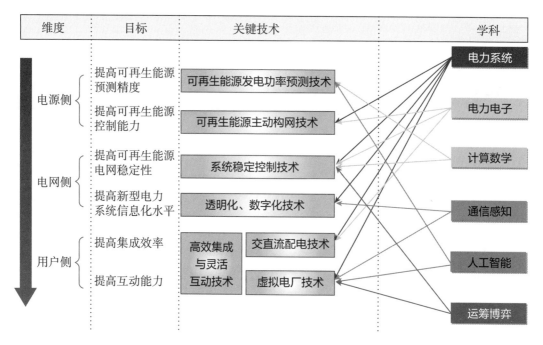

图2.17 新型电力系统中的运行控制关键技术体系

一、 可再生能源发电功率预测技术

维持电力供需平衡是保证电力系统安全稳定运行的关键，其中电力预测技术是制定电力供需平衡计划和调度控制的关键基础。电力预测的准确性将直接影响电力系统的可靠性、经济性和需要额外配置的电力储备。电力预测与气象条件关系紧密，气象要素对发电、输电、电力负荷等均有显著影响。长期以来，气象预测在电力负荷预测、电网调度运行及电网设备的防灾减灾方面均发挥着重要作用。而可再生能源规模化发展和新型电力系统的建设对可再生能源发电功率预测技术提出了更高的要求。

依据现行能源行业标准，单个风电场功率非受控时段的短期预测的月均方根误差应小于20%，月合格率大于80%，超短期预测第4小时预测的月均方根误差应小于15%，月合格率大于85%；光伏发电站发电时段（不含出力受控时段）的短期预测月均方根误差应小于15%，月合格率应大于80%，超短期预测第4小时月均方根误差应小于10%，月合格率应大于85%。我国目前风电和光伏的短期功率预测的月均方根误差约为25%，月合格率主要集中在82%～96%。为保证大规模可再生能源的调控，至2060年功率预测的月均方根误差应控制在10%以内。

可再生能源发电功率预测技术包含统计预测模型、物理预测模型及物理统计相结合的模型。面向不同时间尺度、预测对象和应用场景的功率预测技术，是未来需关注的关键技术。为提高功率预测结果的精度和实用性，支持大规模可再生能源并网，可再生能源发电功率预测技术的发展将由单一预测方法转向综合预测方法，结合天气过程数值预测系统与人工智能应用，由日前预测发展至日内多小时滚动至分钟级预测，从基于历史数据建模发展至概率观测和事件预测。对于光伏发电，还包括基于云团观测的光伏发电功率分钟预测技术等。另外，目前国际标准、国家标准和行业标准中仅有针对可再生能源资源评估的数据要求，缺乏支撑超短期功率预测的实时数据收集标准，因此未来有必要制定相关标准，并在开发和建设风电场及光伏电站时对数据收集提出要求，为可再生能源发电功率预测提供高质量、标准化的数据支撑。

二、 可再生能源主动构网技术

目前电力系统采用煤电、水电、核电等常规能源，通过同步发电机组产生电力并为系统提供频率、电压调节功能。传统同步发电机组具有大惯性、与电网频率强耦合等各种优良特性，具有主动支撑电力系统安全稳定运行的能力。

在"双碳"目标下，未来我国光伏发电、风电等新能源发电占比将大幅度提升，而新能源必须通过电力电子换流器等装置并入电网。目前绝大多数新能源的并网换流器控制采用跟网型（grid-following，GFL）控制方式，即该控制方式需要系统中同步发电机组的引导，对外表现为电网弱支撑性、低抗干扰性的电流源特性。随着电力系统中火电同步发电机组占比逐步下降，如果大量新能源并网换流器仍采用跟网型控制策略，在很多情况下没有合适的同步电源可以跟踪，势必会引起电力系统惯量水平急剧降低、系统抗干扰能力降低和稳定特性恶化等严重问题。

在未来以新能源和电力电子装置为基础技术的电力系统中，电网的主动支撑能力需要由主动构网型电力电子换流器来实现。主动构网型电力电子换流器控制方式，其外特性类似于传统同步发电机，对外表现为电压源特性，能够通过主动控制提供电力系统安全稳定运行所需的惯性响应、频率和电压支撑能力，以弥补煤电机组退出后缺失的惯量，在各种扰动下，能够快速恢复新型电力系统的额定电压和额定频率。

为支撑电网自主稳定运行，主动构网型换流器技术在不断发展，目前已有频率/电压下垂控制、虚拟同步机（virtual synchronous machine，VSM）控制和虚拟振荡器控制（virtual oscillator control，VOC）技术。频率/电压下垂控制型换流器技术，是最成熟也是最早发展的组网型控制方法，于20世纪90年代初被提出，其主要特点是在频率和电压与实际有功功率和无功功率之间呈现线性平衡，类似于典型同步发电机调速器与励磁系统的下垂特性。这些 $P\text{-}f$（有功功率-频率）和 $Q\text{-}V$（无功功率-电压）下垂关系已在低电压等级微电网中广泛应用，具有良好的负荷均衡、即插即用等优点，但难以适应输配电网海量主动构网型换流器的大规模接入。虚拟同步机控制技术模拟传统同步发电机组特性，具体是通过将逆变器终端测量的数据输入到虚拟的同步发电机模型，将其动力学方程结果再实时映射到逆变器的输出。这项技术虽然获得了学术界的广泛关注，但其稳定机理难以揭示，并未在工业界获得广泛应用，落地项目较少。虚拟振荡器控制技术能够利用非线性振荡器的天然自主同步能力和电网瞬时感知能力来为系统提供频率与电压支撑，近年来获得学术界和工业界的广泛关注。

由于储能匹配的容量限制，主动构网型换流器电源在电力系统中的应用形态，将从分布式可再生能源、微电网向大型新能源电站逐渐演化。针对可再生能源的主动构网及其控制问题，未来需重点突破主动构网型换流器控制策略及其电网交互技术、规模化构网型换流器集群控制技术等，提高主动构网型换流器电源在区域自主同步电力系统中的发电占比，从而保障电力系统一定量的惯量、频率/电压调节水平，进而保障高比例可再生能源新型电力系统的安全稳定运行。

三、 新型电力系统的稳定机理与运行控制

在电力系统发展进程中，电力系统稳定问题一直是电力系统规划、设计、运行和控制中特别关注的主题。随着以电力电子装置为接口的风电、光伏电源规模化布局，传统以煤电机组为主的同步发电机电源将逐步被替代。相比于传统以同步发电机电磁-机械转矩平衡为基础的稳定性原理，含高比例新能源、高比例电力电子装置的"双高型"电力系统稳定性原理发生了本质变化。"双高型"电力系统转动惯量减小、频率调节能力降低，以及新能源设备接入电网性能标准相对偏低，这些特

征将可能造成新能源大规模并网后，在各种扰动下容易引发脱网和系统振荡等问题，并严重影响电力系统安全、稳定、经济运行及电力能源可靠供应。

以目前大规模风电、光伏发电等可再生能源并网（图2.18）为例，风力发电机组电力电子设备之间及其与电网之间相互作用会引发宽频带振荡。该振荡稳定性问题主要是系统和控制参数变化引起的负阻尼振荡，然而可能存在系统先出现弱阻尼振荡，随后各类特殊非线性环节参与振荡，从而产生新的非线性振荡模式，使得振荡呈现时变或多模态混叠的特征。

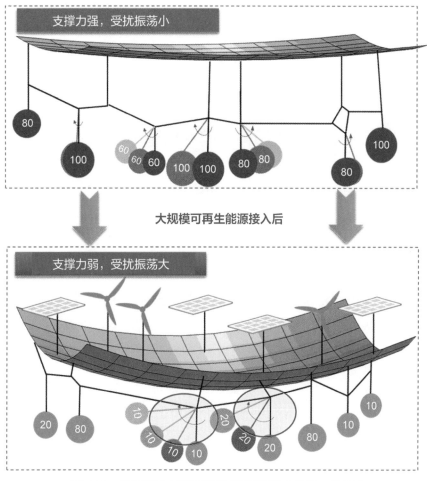

图2.18　新型电力系统下稳定的新问题（单位：兆瓦）

随着新型电力系统数字化进程的发展，先进仿真计算技术将发挥重要作用，复杂的电力系统稳定问题能够通过计算技术进行有效分析。但是对于复杂的非线性多尺度稳定问题，目前还没有对应的解析分析和计算方法。随着新能源、电力电子装置高比例接入，电力系统稳定分析与仿真计算技术也将面临新的挑战。对于传统方法，一般首先描述特定电力系统动态稳定现象的基本物理过程，并通过严格的数学推导，进而利用先进的计算技术给出定量分析结果。但目前针对已发生的振荡稳定现象，其物理机理未得到有效合理揭示，且海量风力、光伏发电单元难以精准快速建模。

因此，需要通过借鉴复杂系统等学科的研究成果，从物理机理出发，建立新的动力学研究框架体系，探索新型电力系统电力电子化下的稳定性分析与运行控制方法，提出大扰动下的稳定机理与大规模新能源电力系统动力学分析方法。当新能源发电与传统同步发电机电源占比相当时，需研究协调新能源与同步发电机动态控制技术以提高整体稳定性；将来新能源占比较高时，则需要源网荷储多维度协同稳定控制，最大化提升系统的安全稳定运行水平和新能源消纳利用水平。

四、 新型电力系统的透明化、数字化技术

未来数字化技术、智能电网技术将提升高比例可再生能源、高比例电力电子设备电力系统的"可观、可测、可控"水平，提高系统效率和安全稳定性，是新型电力系统的重要支撑技术。新型电力系统具有更加突出的源荷双向不确定性特征，对系统的可观可控性和精准调控提出了更高的要求。

新型电力系统需要充分利用电力系统物理模型、传感器和运行历史等数据，集成多学科、多物理量、多尺度、多概率的数字仿真映射，实现实际物理系统的状态预测、管理和进化，从而提升新型电力系统资源配置效率，提高风险管控水平，保障系统安全稳定。

新型电力系统透明化、数字化构建的关键技术要素主要包括小微智能传感器、数字化智能设备、强大的软件平台、大数据平台以及小微能源的高效便捷利用等技术，最后发展形成数字孪生技术，即融合电力物理系统、信息化技术以及数字计算科学，通过数字、数据来进行科学计算，实现系统状态的透明化。

首先，为实现新型电力系统透明化、数字化，需要从设备智能化着手，设备智能化是新型电力系统的物理基础，智能设备需具有状态可感知、未来可预测、行为可调可控等智能化特征，而实现设备智能化的关键则在于数字化芯片的研制应用，这需要芯片制造全产业链的全生命周期转型，通过从概念设计自主化、原型设计、

测试验证开始的正向工程来研发智能透明设备和新型电力系统。

其次，随着电力系统源网荷储各方面大量新型设备、新型用户、新型电源等的接入，海量数据状态感知及高价值数据质量提升问题急需解决。传感器是实现新型电力系统状态可观测的技术基础，是支撑新型电力系统的关键所在。微型传感器具有小微化、低功耗、自取能、自组网、粘贴式、高精度、高可靠性、高性价比、自我学习等特征。通过研发并部署基于新型敏感材料及微纳结构的电力专用高性能传感器，并规划感知标准体系，可全面支撑新型电力系统物理对象的状态感知、量值传递、环境监测、行为追踪等应用，实现全网态势感知。

最后，需要逐渐构建形成自主可控的电力能源数字孪生系统（图2.19）。强大的软件平台和大数据平台是构建数字孪生系统的关键支撑，主要包括完全自主可控的电力能源超实时数值计算、多物理量/多尺度/多概率的仿真方法、信息数据与物理计算之间的交互迭代与逼近等技术，面向未来电网"双碳"发展需求，构建基于深度学习的跨平台模型描述/编译/调用的智能仿真计算引擎，开发基于新一代现场级工业物联网融合的电力能源数字孪生系统。

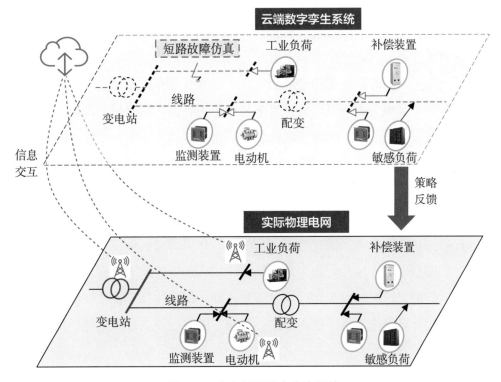

图2.19 电力能源数字孪生系统

五、 新型电力系统用户侧资源高效集成与灵活互动技术

以新能源为主体的新型电力系统灵活互动技术充分利用新一代人工智能和信息通信技术,提升新型电力系统中电源、电网、负荷和储能各环节相互之间的感知能力,挖掘其广域时空范围内的时空互补和互动潜力,并通过高效的交直流互联方式实现源源互补、源网协调、网荷互动、网储互动和源荷互动等多种交互形式。转变传统"源随荷动"的单一运行模式,既实现了新型电力系统背景下源网荷储各环节以及全社会海量分布式灵活性调节资源潜力的最大化利用,又能有力应对以新能源为主体的新型电力系统下的源荷双侧不确定性,实现更经济、更高效和更安全的新型电力系统功率动态平衡能力的目标。

目前,用户接入大规模分布式可再生能源主要受制于交流配电网自身的固有结构、运行方式及分布式能源地理分布等因素。交流配电网多区域之间互济能力有限,更大时空范围内的多能互补潜能难以充分发挥,柔性调控能力不足、新能源消纳困难等问题日益凸显,配电网将面临网架结构及供电能力的双重挑战。在此背景下,多微网柔性直流互联、交直流混合配电迅速发展,通过多端柔性互联从本质上改变了交流配电网的原有形态和连通能力,可以突破现有配电网闭环设计、开环运行的方式,赋予了电力系统灵活可控且多样化的拓扑结构和良好的网络连通性,使系统具备更大时空范围的多区域互联和功率均衡能力。

伴随着智能传感、人工智能等新一代信息技术与电力能源的深度融合,未来以新能源为主体的新型电力系统运行中的信息化水平将逐步提高,能源储存数据量也将日益激增,所接入电网的源网荷储各环节的利益主体也将逐渐多元化,系统运行中对于数据隐私性保护等需求也将进一步增强。在保障源网荷储各环节利益最大化和数据隐私的基础上,充分利用大数据和新一代人工智能技术,深入挖掘源网荷储各环节互动的潜力,通过虚拟电厂聚合源网荷储,促进各环节良性互动和全局资源优化配置,提升新型电力系统在不确定性环境下的运行能力和灵活性,也将是未来值得重点关注的方向。

因此,在用户侧需面向资源高效集成与灵活互动两个需求发展关键技术。

1）分布式资源高效集成的交直流混合配电技术

可再生能源、电动汽车等分布式资源常规并网方式存在电力电子设备及其变换环节多、效率和可靠性低等问题，且互联设备电压差异大，限制了分布式资源的灵活集成和高效互动。交直流配电赋予分布式资源灵活可控的多样化互联网架结构，如图2.20所示，该结构有利于增强系统连通性，并可减少变换环节，提高能源转换效率，支撑更大时空范围内的能源互补消纳和高效互动。因而需要构建源网荷储交直流互联的新一代配电网络，突破多端交直流复杂网络交互振荡稳定性分析技术、系统阻尼协同提升与高弹性控制技术、模型/数据融合驱动的交直流主动均衡与柔性互动技术等，实现新型电力系统配/用电侧分布式资源的高效集成与互动。

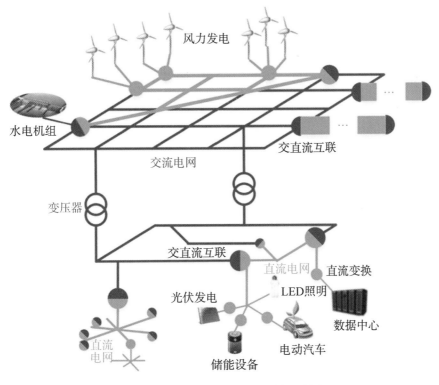

图2.20　交直流混合配电系统典型结构
LED指发光二极管（light-emitting diode）

2）支撑源网荷储互动的虚拟电厂技术与市场运行机制

虚拟电厂是由多个小规模资源实体在市场驱动下的灵活合作聚合而成的，为电网提供与传统电厂类似的发电和辅助服务，支撑电网的安全稳定运行，如图2.21所示。目前我国仅少数地区实现了秒级和毫秒级负荷精准控制，与以"自治"与"共享"为特征的虚拟电厂目标尚有较大差距，需进一步推动虚拟电厂聚合互动，以及基于区块链等技术的可信交易、用户资源自适应定价与智能合约等，为用户侧大量资源参与电力交易和辅助服务提供技术支撑。

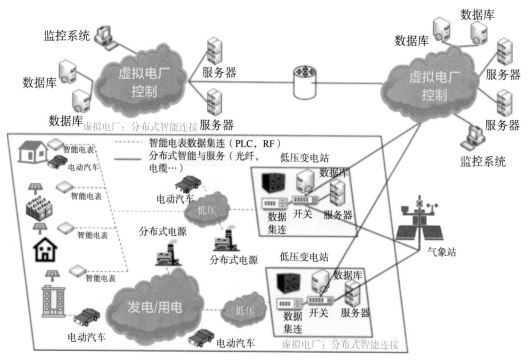

图2.21 虚拟电厂架构
RF指射频（radio frequency）

针对分布式新能源所具有的分布分散、数量庞大、随机波动性强、难以集中管控等新特点，需要提出弱中心化的运行管控技术和市场机制，以提高分布式新能源的管控效率，促进分布式新能源消纳和新型电力系统安全稳定运行。同时，加强研究分布式新能源参与电力系统互动和交易的博弈模式、博弈策略，以有效激发新能源建设动力和利用潜力，并有效指导与推动电网企业向服务化、共享化、平台型发展和转型。

同时，针对新型电力系统中源网荷储利益主体多元化，数据保护隐私性增强，资源点多面广、海量分散等特点，需要深入探索基于人工智能的源网荷储各环节互动潜力挖掘技术，辨识不同市场互动机制、外界环境下新型电力系统对新能源的消纳能力，提升不确定性环境下的新型电力系统分析和调控能力，掌握源网荷储互动环境下的电网安全分析方法，攻克突破数据驱动的源网荷储协同优化技术和互动控制技术等，为源网荷储深度互动下提升新型电力系统灵活性和安全稳定运行水平提供支撑。

作　者: 裴　玮

审稿人: 王成山　谢秋野

编　辑: 范运年　纪四稳　王楠楠

本章参考文献

[1] 国家统计局. 中国统计年鉴2021. 北京：中国统计出版社，2021.

[2] Leo S D，Pietrapertosa F，Salvia M，et al. Contribution of the Basilicata region to decarbonisation of the energy system：results of a scenario analysis. Renewable and Sustainable Energy Reviews，2021，138：1-14.

[3] 于红霞，汪波，钱荣. 情景分析在企业发展战略中的应用研究. 科技管理研究，2006，（11）：91-94.

[4] 朱蓉，王阳，向洋，等. 中国风能资源气候特征和开发潜力研究. 太阳能学报，2021，42（6）：409-418.

[5] 荣健，刘展. 先进核能技术发展与展望. 原子能科学技术，2020，54（9）：1638-1643.

[6] 侯玉婷，李晓博，刘畅，等. 火电机组灵活性改造形势及技术应用. 热力发电，2018，47（5）：8-13.

[7] 刘刚. 火电机组灵活性改造技术路线研究. 电站系统工程，2018，34（1）：12-15.

[8] 唐西胜，齐智平，孔力. 电力储能技术及应用. 北京：机械工业出版社，2020.

[9] 王玲玲，刘恋，张锞，等. 电力系统灵活调节服务与市场机制研究综述. 电网技术，2022，46（2）：442-452.

第三章 3

能源消费端的低碳技术

以化石能源为主的能源消费过程排放了大量的二氧化碳，主要集中在工业、交通、建筑、农业等部门。要实现能源消费端的低碳化，一方面要推动各行业内在的技术变革及产业结构升级；另一方面则需要采用非碳能源替代化石能源发电、制氢，用来替代化石能源应用于能源消费端各部门，从而大幅减少二氧化碳排放。

本章主要针对能源消费端的工业、交通、建筑、农业等部门的碳排放现状及趋势进行了分析，结合氢能体系技术及发展方向，提出了若干拟重点发展的先进低碳技术，凝练出需解决的关键科技问题，以及实现能源消费端低碳化的策略及技术发展路线，为低碳绿色发展提供科学依据和技术支撑。

本章首先阐述了氢能"制氢—储氢—用氢"全链条技术的发展。大规模电解水制氢技术的开发将成为绿氢生产的主要途径；合金固态储氢和有机液体储氢研发可以满足氢气低价、高效及安全储运的要求；氢燃料电池的应用在碳减排中将发挥重要作用。进一步降低成本、提高安全性和可靠性，是氢能技术当前面临的重大挑战，也是探索其在工业、交通、建筑等领域规模化应用的重要途径。

工业部门主要碳排放源来自钢铁、有色、化工、建材四大行业，其低碳化需要通过绿氢/绿电替代、原料/产品结构调整、工艺流程再造等策略来完成。绿氢/绿电替代仍需技术层面的研究和行业间的互相协调；原料/产品结构调整可通过加强理论创新和原创技术突破实现；工艺流程再造可通过技术创新和集成应用推动流程重构，实现传统工业模式的绿色低碳升级。

交通部门的低碳化以电力、氢能等清洁能源的应用为重点，如私家车以纯电动车为主，重卡、长途客运以氢燃料电池为主；船舶以蓄电池、氢燃料电池、液化天然气（liquefied natural gas，LNG）为主等。难点在于大幅提升氢能电池、蓄电池的容量、寿命、动力、经济性及安全性等，同时建立方便快捷的充电/加注体系。

建筑部门的低碳技术大致可考虑如下途径，即城市全面实现电气化，以避免建筑运行使用化石能源造成的直接碳排放；提高机电系统效率，以降低建筑运行电力消耗；发展柔性用电技术和方式，以有效利用自身光伏发电和外界的风电光电。

农业部门从农田土壤、畜禽养殖、农作物、农业机械四个方面分别分析了碳排放现状及问题，引导固碳减排型农业技术在农业生产中的推广应用，推动农业高质量可持续发展，促进农业绿色转型。

氢能具有来源丰富、可再生、能量密度高和清洁等特点，有望规模化替代化石能源，氢能技术成为我国能源革命的关键技术。基于低能耗、安全高效、低成本、零碳排的制氢、储氢、用氢原则，本节重点介绍质子交换膜电解水制氢技术、工业副产氢高效提纯技术、金属合金固态储氢技术、有机液体储氢技术、质子交换膜燃料电池（proton exchange membrane fuel cell，PEMFC）技术及固体氧化物燃料电池（solid oxide fuel cell，SOFC）技术，结合各技术的内涵、未来发展方向和趋势，凝练出需解决的关键科技问题，并对氢能技术发展路线做出预测。

一、氢能的重要性及意义

我国能源消费端仍以化石能源为主，导致大量的二氧化碳排放，氢无论是直接燃烧还是在燃料电池中发电，都不产生污染物及二氧化碳排放，是实现生产端和消费端低碳技术的关键。根据预测，到2050年，氢能在全球能源中的占比将达到18%[1]，其使用将减少60亿吨二氧化碳排放。在全球化石能源日益短缺和二氧化碳排放造成环境问题的双重压力下，氢能应用将成为缓解化石能源大规模应用及实现工业、交通、建筑等领域深度脱碳的重要途径之一。

氢能的产业链包括制氢、储（运）氢和用氢（图3.1）。传统制氢（灰氢）路线（煤制氢和天然气制氢）能耗高且涉及二氧化碳分离捕集复杂工艺，因此，加强工业副产氢提纯分离及电解水制氢（绿氢）的技术开发将有望实现经济性大规模制氢

---

[1]　源自国际氢能委员会（Hydrogen Council）预测。

及应用；氢气的储存和运输在氢能产业链中占较大比重，且氢气的高效储存是氢能大规模应用中的关键技术瓶颈。加大金属合金固态储氢和有机液体储氢研发力度，两者有望替代目前高压（35～70兆帕）气态储氢，实现氢气的高效及安全储运。在氢能的应用环节中，氢燃料电池作为新型节能环保能源之一，已经被列为我国中长期战略规划的重要发展方向，预计到2050年，我国氢燃料电池电动车保有量将突破千万量级[①]，也将在碳减排中发挥重要作用。

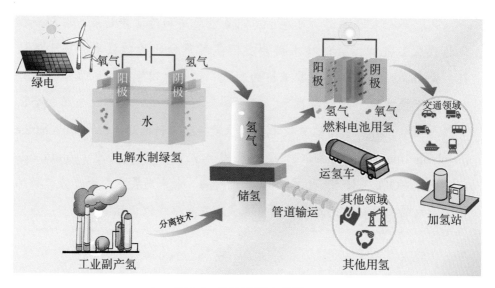

图3.1 氢能主要产业链

二、 制氢

利用可再生能源电解水制绿氢可有效避免传统化石能源制氢所产生的碳排放。然而，在氢能发展初期，仅凭电解水制氢无法满足用氢需求，需大力发展化石能源制氢与CCUS技术相结合，大力发展工业副产氢的高效提纯技术。

（一）质子交换膜电解水制氢技术

1. 技术内涵

质子交换膜电解水（PEMWE）制氢技术具有电流密度高、电解效率高、响

---

① 中国电动汽车百人会：《中国氢能产业发展报告2020》，2020年。

应速度快、产出气体纯度高、安全性高和占地面积小等优势，可提高电力系统的灵活性，能适应可再生能源发电的波动性，因此被认为是极具发展前景的绿色制氢技术[1]。该技术的核心是电解水槽，是一种利用电能将纯水分解为氢气和氧气的电化学装置。在装置运行过程中，水在阳极上被氧化成氧气并析出，同时生成的质子在电场作用下穿过质子交换膜在阴极上被还原成氢气并析出。膜电极是PEMWE装置的"心脏"，也是发生电化学析氧、析氢反应的场所。膜电极主要由阳极多孔传输层、阳极催化剂层、质子交换膜、阴极催化剂层、阴极多孔传输层组成，其中质子交换膜起到传导质子、隔绝电子的作用。阳极催化剂通常由贵金属铱和钌组成，而阴极催化剂通常由铂负载碳组成。阳极多孔传输层通常使用铂涂覆的多孔钛，而阴极多孔传输层通常使用碳纸或碳布，除传输水和气体外，还用于收集电流并支撑质子交换膜。

2. 未来发展方向和趋势

国际上PEMWE商业化相对成熟，且未来将逐步降低成本。而我国正处于从研发走向商业化的关键过渡时期，未来将重点向以下方向发展：①继续降低电堆系统的能耗；②增强关键材料及核心组件的性能及产能；③降低关键材料、关键部件、系统控制等方面的成本；④提高电堆系统的寿命。

为实现碳中和目标，我国氢年需求量将增至1.3亿吨左右，其中可再生能源制氢占比将达到80%①。虽然我国PEMWE制氢已进行了兆瓦级示范应用，但目前PEMWE制氢成本中电费占比过高。未来在突破PEMWE自身技术瓶颈的同时，还需改进上、下游配套衔接技术，特别是提高可再生能源整体消纳及利用率，充分利用风电、光伏、水电等可再生能源发电，这将是实现PEMWE产业化的关键。

3. 需解决的关键科技问题

虽然PEMWE未来发展前景广阔，但目前也面临一些亟须解决的关键科技问题。例如，需深入认识催化剂结构和性能与规模生产工艺参数之间的关系，进一步降低贵金属负载量，提升电催化剂活性及稳定性，并实现催化剂的规模化制备。此外，需优化催化剂制浆、喷涂、干燥、热压等工艺，实现膜电极开发及批量化生产，在制备膜电极的性能与均一化程度等方面缩短与国外的差距。最后，需改善双极板表面处理工艺，优化电解槽结构，提高质子交换膜电解槽的性能并降低

---

① 中国氢能联盟：《中国氢能源及燃料电池产业白皮书（2020）》，2021年。

设备成本。

（二）工业副产氢高效提纯技术

1. 技术内涵

工业副产氢为各类工业生产过程中的副产物，采用变压吸附、低温吸附、膜分离等方法可将工业副产"废氢"提纯制取为高纯氢。目前，工业副产氢高效提纯技术主要应用在焦煤炼焦、氯碱化工、丙烷裂化等工业过程中，与传统制氢路线相比，具有氢产量大、效率高、成本低及零碳排等优势。大力发展工业副产氢提纯，可有效解决当前煤制氢存在的碳排放量高、环境污染严重及产量低的问题。

2. 未来发展方向和趋势

据统计，中国工业副产氢潜在供应量可达450万吨/年[①]，将其转换为电能具有一定的经济效益。与其他方法相比，工业副产氢纯化制取高纯氢气，平均成本约为10~16元/千克[②]，在大大降低氢气制取成本的同时也缩短了基础建设项目的投资效益回收期，又能降低碳排放和工业废气处理的成本。因此，工业副产氢将是我国氢能发展路线初期和中期的重要过渡性氢源。目前，工业副产氢提纯主要由各企业独立进行，分布较为分散，未来在大力提高工业副产氢产能的同时，应考虑以下几个方面：①随着环保概念的深入以及石油资源的减少，应大力发展轻烃利用及氯碱行业富产氢的提纯；②工业副产氢集中提纯处理，减少各单位单独提纯氢成本及设备投入；③加大工业富产氢提纯企业周边的储运及加氢站建设，形成最佳的氢储存、运输及应用产业链布局；④建立健全工业副产氢高效提纯技术及检测标准，确保不同提纯路线的氢质量。

3. 需解决的关键科技问题

需解决的关键科技问题：①在满足氢气纯度99.97%的要求下，氢气中的微量杂质一氧化碳含量≤0.2 ppm[③]；②在保证高分离效率和降低成本的前提下，将氢气中含量要求不高的氮气和氩气等杂质一并脱除至极低的水平；③解决原料气组分波动和吸附剂长期运行性能下降所导致的氢气品质不稳定问题。

---

① 中国电动汽车百人会：《中国氢能产业发展报告2020》，2020年。
② 中国氢能联盟：《中国氢能源及燃料电池产业白皮书（2019版）》，2019年。
③ 《质子交换膜燃料电池汽车用燃料 氢气》（GB/T 37244—2018）。

三、 储氢

目前高效储氢的方式包括高压气态储氢、低温液态储氢、金属合金固态储氢及有机液体储氢等。其中，金属合金固态储氢、有机液体储氢因储氢量高、条件温和、安全性能高等特点而被广泛关注，其应用场景被不断拓宽。

（一）金属合金固态储氢技术

1. 技术内涵

金属合金固态储氢技术是在一定的温度与压力下，金属合金与氢气形成金属氢化物进行氢气储存。相比于高压气态储氢与低温液态储氢技术，该技术不需要高压设备及液化装置，用氢时可通过加热或减压将氢释放，操作简便，安全可逆，体积储氢密度高。此外，该技术储氢时放热，放氢时吸热，在储存氢的同时可实现热的储存与传递。目前，常用的储氢合金主要为 FeTi 系 AB（A 表示吸氢金属；B 表示不吸氢金属）型、钛和铬系 AB_2 型、稀土系 AB_5 型、镁系 A_2B 型及钒系 bcc（body-centered cubic，体心立方）型[2]。其中，AB_2 型和 AB_5 型储氢合金部分实现了应用，但储氢容量小于 2.0%（质量分数），bcc 型储氢容量相对较高，理论储氢容量可达 3.8%（质量分数）。

2. 未来发展方向和趋势

金属合金固态储氢技术可将储氢的金属合金变身为"固态油箱"，合金储氢材料可循环使用，适用于燃料电池汽车、重型卡车、叉车、轮船、氢能发电及工业和建筑供热等。目前，国外金属合金固态储氢技术已在分布式发电和燃料电池游艇中尝试应用，国内的研发主要在汽车行业，已经形成了从原料开发、分离到合金制备的完整产业链，部分国产产品成功应用于松下电器（中国）有限公司、三星集团（中国）、比亚迪股份有限公司等企业。此外，我国混合动力汽车镍氢电池、燃料电池用高功率型储氢合金粉的研发也取得了较大进展，部分产品已应用于中国第一汽车集团有限公司、东风汽车集团有限公司、中国长安汽车集团股份有限公司、奇瑞汽车股份有限公司等车企。未来以 AB_2、AB_5、镁系及钒系为主的储氢合金预计将产生巨大的效益，主要发展方向和趋势有以下几个方面：①金属合金储氢材料还处在研发阶段，应重点研究金属合金储氢材料的结构与性能之间的关系，获得高性能金属合金储氢材料，并进行工业试验。②与化工行业结合进行氢气的提纯，石油化工等领域产生大量的含氢尾气，将含氢尾气通入装有储氢合金的装置中，氢气会被合金吸收，通过加热的方式放氢制备高纯氢，具有巨大的经济效益。③与纳米或合金领域交叉融合，结合金属合金储氢材料的吸氢放热与放氢吸热的特性，推进其在军工、航天等特殊行业的应用。④在民用方面推进其在燃料电池汽车领域的应用，储氢合金具有高体积储氢密度和安全性，使用合金来进行氢气储存，大大节省了空间，提高了效率，应用在燃料电池汽车方面具有极大的环保效益和经济效益。

3. 需解决的关键科技问题

高效金属合金储氢材料的规模化制备及低温可控放氢是其应用的关键，以下几个方面的关键科技问题需重点解决：①深入了解储氢合金的晶体结构、缺陷及掺杂剂与储氢量、储氢坪台压的关系，实现常温低压条件下高储氢量合金的制备；②根据合金材料的储放氢动力学和热力学，深入研究储氢材料的储放氢机制；③通过探究反应器的放大效应对储氢材料结构和性能的影响，避免放大过程中合金元素的偏析，实现储氢合金的规模化制备。

（二）有机液体储氢技术

1. 技术内涵

有机液体储氢技术是以不饱和液体有机物为载体，在不破坏有机物主体结构的前提下，通过加氢和脱氢可逆过程来实现氢气储存的技术[3]。该技术具有理论储氢量大、储氢密度高、可多次循环使用、运输安全便利等优势，解决了传统高压气态储氢中存在的密度低、压力高、安全系数低以及低压液态储氢成本高、能耗大的问题。有机液体储氢技术为氢气的储存运输提供了一条安全高效的技术路线，对于降低运输成本、提高运输安全性具有重要意义。

2. 未来发展方向和趋势

2017年，千代田（日本）有限公司、日本邮船株式会社、三井物产株式会社及三菱商事株式会社联合建立了以甲基环己烷为载体的储氢技术，实现了从文莱到日本的海上有机液体储运氢，其中储氢核心催化剂来自千代田（日本）有限公司，循环使用时间长达10 000小时。未来有机液体储氢技术中涉及的氢载体、加氢脱氢催化剂及储运方式是该技术能否大规模应用及产生巨大经济效益的重要因素。该技术未来的发展方向和趋势可归纳为以下几个方面：①低温可脱氢有机液体氢载体。典型的有机液体氢载体（如甲基环己烷）脱氢温度高、能耗大，不利于该技术的大规模应用。杂环或多环不饱和芳香族化合物不仅可以降低脱氢的温度，还可以从煤焦油或可再生碳资源中获得，在提高资源利用率的同时，也可以降低氢载体成本，将成为未来有机液体氢载体研究的重点方向。②高效率非贵金属加氢脱氢催化剂。贵金属催化剂（如Pd）活性好，但价格高，易被中间产物毒化而失活；非贵金属催化剂的加/脱氢效率及寿命目前还很难满足应用的要求。在使用非贵金属代替部分贵金属降低成本的同时，应逐步实现高效率、长寿命非贵金属催化剂的研发及应用。③长距离跨国/大宗储运及灵活性加氢站。各国的制氢成本存在差异，有机液体储氢材料稳定性好，可保障跨国运输安全，将为国际氢贸易提供商业契机。依托现有油品输运管道、油船等进行大宗有机液体储氢储运，降低输运设施建设成本，储运的氢气进一步用于发电、耦合化工加氢等，减少煤炭资源利用。增设加氢站，形成与传统加油站类似的储运配送系统，实现大规模加氢站内制氢，为氢燃料电池提供车载动力，进一步缓解能源危机及环境问题。

3. 需解决的关键科技问题

有机液体储氢技术应用的关键问题之一是制备高效长寿命加氢脱氢催化剂。深入了解加氢脱氢催化剂的结构、形貌和缺陷等对有机液体储氢材料选择性、脱氢量和循环寿命等的影响，从而实现高活性、高稳定性催化剂的制备。探索储氢材料的化学结构，从而解决有机液体储氢多次循环后性能下降的问题，实现有机液体储氢的规模化应用。

四、 氢燃料电池

在众多用氢场景中，利用氢气在燃料电池中发电是较为关键的技术。氢燃料电池具有能量转换效率高、清洁无污染、零碳排等特点，未来将成为新能源汽车重要的动力来源，对我国污染防治和能源结构变革具有重要意义。

（一）质子交换膜燃料电池技术

1. 技术内涵

质子交换膜燃料电池（PEMFC）能直接将储存于氢气与氧气中的化学能转换为电能，且副产物仅为水和热量，可实现零碳排。PEMFC具有能量转换效率高、功率密度高、响应快、工作温度适宜、可快速启动及噪声低等优点，因此被认为是最有前景的可替代化石能源的新型绿色电源。PEMFC单电池主要由端板、双极板及流道、膜电极等部分组成。端板用于均匀压紧PEMFC中各组件并实现固定。双极板及流道能提供反应物质，将各单体电池串联起来收集电流，并实现机械支撑；通过流道将反应物均匀带至膜电极各处，从而实现对反应所产生水和热的有效管理。膜电极是PEMFC的"心脏"，也是氢气和氧气发生电化学反应的场所。阴极及阳极催化剂通常由贵金属铂负载到碳载体上制成。气体扩散层通常是碳纸或碳布，除扩散气体外，还用于收集电流并支撑质子交换膜。PEMFC单电池以串联形式层叠组合形成PEMFC电堆，也是燃料电池电动汽车的核心部件。

2. 未来发展方向和趋势

我国PEMFC技术未来将按照以下方向发展：①继续提高电堆系统的功率；②增强关键材料及核心组件的性能及产能；③扩大生产规模以降低成本；④优化关键材料及核心组件以提高系统寿命。

预计到2050年，我国PEMFC系统的体积功率密度将达到6.5千瓦/升，成本有望降至300元/千瓦，乘用车、商用车系统寿命将以万小时计，而固定式电源寿命将以十万小时计[①]。在发展PEMFC系统的同时，上下游产业的开发应同步进行。应科学制定包括制氢、储（运）氢等在内的全产业链规划，合理构建政策保障体系。特别是应大力加强加氢站等氢能基础设施建设，鼓励氢能相关企业投入PEMFC技术的研发工作，从而加速商业化进程，使PEMFC尽快拥有与传统内燃机发动机竞争的实力。

---

① 中国氢能联盟：《中国氢能源及燃料电池产业白皮书（2019版）》，2019年。

3. 需解决的关键科技问题

虽然PEMFC未来发展前景广阔，但目前仍面临着一些亟须解决的关键科技问题。例如，PEMFC中核心部件（质子交换膜、气体扩散层、双极板等）需进一步实现国产化，在降低成本的同时突破国外知识产权的封锁。PEMFC中电催化剂同样存在依赖进口、成本高且耐久性不足等问题。我国自主开发的铂碳催化剂性能与国外仍有差距，且产能也仅为千克级/批次，仅能满足单电池或电堆示范。此外，贵金属铂存在地壳储量低、价格高、供应量受限等问题，难以真正实现PEMFC大规模商业化应用，因此未来在继续开发低铂催化剂的同时还应注重非铂催化剂的研发。我国要大力加强科研及产业化投入，力争在PEMFC关键科技领域取得快速突破，缩小与国外先进水平的差距。

（二）固体氧化物燃料电池技术

1. 技术内涵

固体氧化物燃料电池（SOFC）又被称为陶瓷燃料电池，它是一种能将储存在燃料和氧化剂中的化学能直接高效、环境友好地转换成电能的全固态化学发电装置。SOFC具有燃料选择范围广、催化剂成本低等特点，被认为是有潜力的下一代电力系统。SOFC的工作温度较高，通常在800～1000摄氏度，未来通过新材料研发有望将工作温度降低至600摄氏度左右。SOFC的基本部件主要包括阳极、阴极及固体电解质等。电极为疏松多孔的结构，具有吸附扩散氧的作用并传导电子，而致密的电解质用来隔绝两侧反应物的同时还需要传导离子。在实际工作中，氧气在阴极被还原为氧离子，在电场及浓差驱动力作用下，通过电解质隔膜中的氧空位跃迁到阳极参与燃料的氧化反应。SOFC电解质通常采用氧化钇稳定的氧化锆材料，催化剂以非贵金属氧化物较为常见。根据结构特点，SOFC主要分为管式和平板式。

2. 未来发展方向和趋势

SOFC采用全固态电池结构，因其发电效率高、热电联供效率高而具有十分广阔的应用前景，特别是应用于分布式发电、热电联供系统、小型备用电站等。SOFC未来的主要发展方向为中大型分布式发电、大规模供电及煤炭气化结合燃料电池发电系统等。

然而，SOFC 技术也存在一些瓶颈，如工作温度高、启停时间长、材料物性要求高、部件制造成本高等，导致 SOFC 的商业化发展受到限制。目前国际上 SOFC 的市场应用相对成熟，而在我国仍处于萌芽阶段，未来需要政策支持及产业链配套发展。未来的主要研究方向包括：①针对大规模具体场景的应用开展研究；②优化系统的设计参数；③针对不同能量载体开展应用；④针对不确定因素对储能系统的影响进行分析。

3. 需解决的关键科技问题

尽管 SOFC 具有十分广阔的应用前景，但仍存在一些亟须解决的关键科技问题。在基础研究方面，应突破 SOFC 中关键材料存在热机械不稳定性问题，特别是在热循环过程中电池的开裂、分层及破损等问题。此外，为保护 SOFC 组件，升温速率相对较慢，导致启停时间较长，未来应加快 SOFC 中关键材料的研发。在应用方面，目前 SOFC 大部分集中在小规模供能系统、热电冷多联产系统等，而针对规模储能系统的研究还处于验证其可行性的阶段。不仅如此，针对储能系统中的参数配置，如电流密度、运行压力、运行温度、系统热集成等应充分优化。最后，在 SOFC 寿命方面还未有较为系统的研究，也是应重点突破的方向。

五、 氢能技术发展路线预测

基于以上对氢能"制氢—储氢—用氢"三方面的技术内涵、未来发展方向和趋势以及需解决的关键科技问题的分析，对氢能技术发展路线进行预测，如图 3.2 所示。

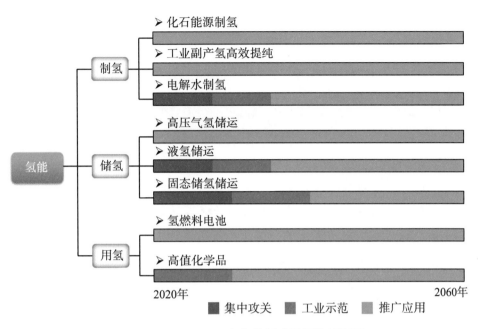

图3.2 2020～2060年氢能技术发展路线预测

作　者：刘艳荣　王　昊　张香平

审稿人：韩布兴　徐春明　郭占成

编　辑：杨　震　李丽娇

工业部门的低碳技术

我国是世界工业大国，工业产值约占全世界的30%。在我国的工业领域中，钢铁、有色、化工、建材四大行业是国民经济的支柱产业，同时也是工业领域碳排放的主要来源，因此工业碳减排是重中之重，减排任务艰巨，迫切需要从理论到技术的系统性变革。本节首先对钢铁、有色、化工、建材四大行业现有工艺及二氧化碳排放来源进行了系统分析；然后结合国家重大战略需求和行业发展规划，提出了若干先进的低碳及前瞻技术，并对各技术进行了分析，预测了各技术的未来发展方向和趋势，阐述了各技术需解决的关键科技问题。

一、 钢铁行业的低碳技术

我国是全球最大的钢铁生产国和消费国，2020年我国粗钢产量约为10.6亿吨，占世界粗钢产量的57%；钢铁行业总能耗约5.8亿吨标准煤，占全国总能耗的11.6%左右；二氧化碳总排放量约占全国的15%，占全球钢铁行业的60%以上，是我国高碳排放量的制造业之一。我国钢铁工业购入能源中，电力消耗仅占6.3%、油气能源约占1.7%，煤炭和焦炭占比高达92.0%，远高于全国能源消费结构中煤炭所占比例（57.5%），而在电力消耗中，绿电（光电、风电）比例不超过1%[①]。

我国钢铁冶炼技术以高炉—转炉长流程为主，主要的碳排放单元是高炉炼铁

---

① 中国节能协会冶金工业节能专业委员会，冶金工业规划研究院：《中国钢铁工业节能低碳发展报告（2020）》，2020年。

过程，约占总碳排放量的74%。钢铁行业碳减排的可能路径除产业结构调整、需求降低外，碳原料替代和流程变革也非常重要，关键技术包括氢冶金技术、废钢回用短流程技术、富氧高炉技术、余热余能利用技术、钢化联产技术等。

（一）氢冶金技术

1. 技术内涵

钢铁工业的传统模式是采用碳作为还原剂和热源的碳热还原冶金过程，生产过程需排放二氧化碳，其反应式为 $2Fe_2O_3 + 3C \Longrightarrow 4Fe + 3CO_2$。氢冶金的概念基于碳热还原冶金提出，即利用氢代替碳作为还原剂和能量源，产物是水，不排放二氧化碳，其基本反应式为 $Fe_2O_3 + 3H_2 \Longrightarrow 2Fe + 3H_2O$。氢气是一种优良的还原剂和清洁燃料，发展氢冶金，是钢铁行业低碳化、绿色可持续发展的最有利选择。氢冶金工艺技术流程按照研究进展和发展方向可分为富氢冶金技术和纯氢冶金技术。

2. 未来发展方向和趋势

1）富氢冶金技术

由于纯氢冶金受大规模制氢技术和成本的限制，富氢冶金得到了优先发展。在富氢高炉炼铁方面，向高炉中喷吹焦炉煤气、天然气等均是传统高炉冶金向氢冶金技术转变的切实可行的技术路线。现有日本环境和谐型炼铁工艺技术开发项目、韩国浦项制铁公司氢还原炼铁工艺、德国蒂森克虏伯集团氢基炼铁项目、中国宝武钢铁集团有限公司核能制氢项目等，说明国内外高炉炼铁已经从碳热还原冶金向氢冶金转变。未来尚需在焦炭的骨架作用与氢还原之间的矛盾等方面进行集中攻关，有望在2035年前后实现高炉氢还原炼铁工艺。

直接还原铁工艺（竖炉）凭借流程短、不依赖于焦炭、能源选择范围广、环境负荷低等特点已成为钢铁工业绿色发展的有效途径。以天然气、煤制气、焦炉煤气等为主体能源或还原剂生产海绵铁的竖炉直接还原工艺是迅速扩大氢还原在炼铁技术上应用的关键技术。富氢竖炉的生产工艺自20世纪中叶已逐步实现了工业化。自20世纪末起，我国陆续开展了竖炉直接还原技术的开发和研究，如中国宝武钢铁集团有限公司煤制气-竖炉直接还原法工业性试验、陕西恒迪科技产业股份有限公司煤制气-竖炉直接还原铁的半工业化试验、山西省中晋冶金科技有限公司的焦炉煤气-竖炉直接还原铁的试验等。预计在2030年之前可建成富氢竖炉直接还原铁生产示范装置，完成探索、研究、试用和完善重大关键共性技术的研发和中试试验。在2030年后逐步提高富氢直接还原铁产量的占比，使富氢直接还原工艺得以推广应用。

2）纯氢冶金技术

纯氢冶金是还原剂全部为氢气的无碳冶金工艺，直接还原技术将在纯氢还原铁生产领域占据绝对主导地位。纯氢气竖炉或流化床直接还原早在20世纪80年代就于西欧国家有过工业生产实践。但是，自西欧几座全氢气竖炉及特立尼达和多巴哥共和国的CIRCORED项目的流化床直接还原炼铁生产装置停产后，40多年来仍未建成一座采用纯氢气生产直接还原铁的竖炉或流化床。采用纯氢还原工艺实现无碳冶金还处于研发起步阶段，在实质性的研发与工业应用方面仍面临巨大挑战，预计在2040年可建成纯氢直接还原铁生产示范装置。

3. 需解决的关键科技问题

我国纯氢冶金技术研究储备不足，需要大力发展耐高温高安全性材料的研发技术、氢冶金反应器结构设计和工艺控制技术、炉料特征变化的理论研究、氢气防爆防泄漏技术，深入分析和制定氢冶金工艺能够达到的最大产出条件和参数，找出控制提高反应速率和效率的方法。

碳还原铁矿石为放热反应，氢气还原过程是吸热反应，在没有碳源、还原气全为氢气的条件下，系统内部无法实现热量互补、变换，供热问题要靠加大氢气量解决，而在高的制氢成本下，纯氢竖炉或流化床工艺不具经济性。因此，富氢或纯氢还原过程的实现要求保持原料氢平衡比例和反应过程中能量的持续供给，克服铁矿还原过程中的温度效应，突破热平衡、化学平衡和传质间矛盾导致的氢利用率极限，才能真正实现从理论支撑到工业大规模氢能冶炼技术的应用。

（二）废钢回用短流程技术

1. 技术内涵

短流程清洁冶炼技术以废钢为原料，与采用矿石炼铁后再炼钢（长流程）相比，省去了能耗最高的高炉炼铁工序、焦化和烧结球团工序，更有利于生产清洁化、低碳化。短流程技术吨钢能耗约为200千克标准煤，仅为长流程的1/3，同时可节省铁矿石的资源消耗，并大幅减少尾矿、煤泥、粉尘、铁渣、废水、二氧化碳、二氧化硫等排放物的排放量。

2. 未来发展方向和趋势

我国废钢产量不足，加上长流程废钢添加比不断提高，使得废钢行情较为紧俏，生产成本受废钢价格牵制，导致短流程电炉产量在我国仅占10%，而相较于世界平均水平的27.9%，欧盟电炉钢占比的41%，美国占比的70%，日本占比的24.5%，比例明显偏低。中国工程院2019年出版的《黑色金属矿产资源强国战略研究》中指出：到2025年，我国钢铁蓄积量将达到120亿吨，废钢资源年产出量将达到2.7亿～3亿吨，约占粗钢产量的23%～25%；2030年，我国钢铁蓄积量将达到132亿吨，废钢资源年产出量将达到3.2亿～3.5亿吨，约占粗钢产量的30%～33%；2060年，废钢资源年产出量将达到4.8亿～5亿吨，约占粗钢产量的60%。届时，国内废钢资源将相对充裕，短流程炼钢的优势将逐步体现。

3. 需解决的关键科技问题

1）废钢中残留物控制

废钢质量对电炉钢的质量影响较大，冶炼中对入炉废钢的化学成分应基本明确，且力求稳定，这对顺利冶炼非常重要。如果大量配入废钢压块，所含化学成分难以掌握，易造成钢水含碳量经常过高或过低，给正常冶炼造成困难。在最近的10～15年，得益于电炉设计、原料供应、中厚板坯连铸技术和直接轧制技术的发展，美国电炉钢企业已经跻身扁平材（质量要求较高）市场，以生产标准的带钢。而目前国内的小钢厂生产仍集中在长材（附加值较低）领域。

2）钢水中氮含量的控制

在电炉上控制氮含量是非常困难的，这是用电炉流程生产优质钢最大的限制条件。钢中氮含量高会引起应变时效，使钢的延展性下降。在电炉工艺中，一般通过有效地消除气源与钢液的接触来降低吸氮量。

（三）富氧高炉技术

1. 技术内涵

我国钢铁冶炼技术以高炉—转炉法为主，高炉富氧鼓风是现代高炉炼铁技术中强化冶炼的重要技术手段。高炉炼铁是在高温有氧条件下，焦炭燃烧生成的还原气体（一氧化碳和氢气）在炉内上升过程中除去铁矿石中的氧，得到金属铁的过程。其中，铁矿石、焦炭、造渣用熔剂（石灰石）从炉顶装入，氧气由位于炉子下部的风口吹入经预热的空气（即鼓风）获得。高炉富氧鼓风是向鼓风中加入工业氧，使鼓风中含氧量超过大气中的含氧量，其目的是在不增加风量、不增加鼓风机动力消耗的前提下，提高冶炼强度以增加高炉产量和强化燃料在风口前燃烧。与传统的高炉炼铁工艺相比，富氧高炉工艺生产流程产生的二氧化碳排放量可减少50%以上，生产效率提高50%～200%。

2. 未来发展方向和趋势

高炉富氧鼓风会使风口前理论燃烧温度大幅度升高：富氧率为1%（氧气浓度由大气下的21%升高至22%），理论燃烧温度提高45～50摄氏度。例如：风温在1000～1150摄氏度，风中湿度为1%，富氧后氧浓度达到26%～28%时，理论燃烧温度会达到2500摄氏度以上（同等条件、非富氧情况下，炉缸温度一般在2200摄氏度±50摄氏度），这样的高炉会很难操作，必须加大喷煤比，以降低炉缸温度。瑞典炼铁行业研究结果表明：高炉富氧后氧气浓度最高不要超过37%，否则高炉难以操作，会进一步导致煤气流分布不均、炉缸过热、耐火材料损坏、风口区软熔带煤气透气性变差、炉顶温度过低、除尘效果不好等问题，严重影响高炉炼铁的生产经济性。国内外的基础理论研究及小规模的试验，初步证明了顶煤气循环氧气高炉的工艺可行性。目前，我国大多数高炉富氧率在2.5%～4%（氧浓度为23.5%～25%），还有较大的提升空间。富氧率的高低主要是受氧气价格影响，如江苏沙钢集团有限公司（简称沙钢）氧气价格在0.5元/米³左右，高炉生产富氧率可以达到11.5%～15%（氧浓度为32.5%～36%）。沙钢高炉富氧率曾达到过12.6%（氧浓度为33.6%），取得了较好的经济效益。

3. 需解决的关键科技问题

氧气高炉必须突破的科技难点有：①高富氧（全氧）使高炉内温度场发生变化，炉内上凉下热[①]；②理论燃烧温度过高，产生的二氧化硅大量挥发到高炉上部重新凝结，降低料柱透气性，从而破坏高炉稳定运行；③高炉冶炼条件发生了变化，中心气流会减弱，边缘气流会增强；④高炉强化冶炼后，特别是炉内出现滑料现象时，极易发生滑料引起炉凉；⑤顶煤气脱碳工艺技术还不成熟。

---

① 上凉：采用纯氧鼓风后带来的炉内煤气量过少，造成炉身炉料加热不足。下热：理论燃烧温度提高、煤气量减少及直接还原度降低，导致炉缸温度过高。

（四）余热余能利用技术

1. 技术内涵

我国钢铁生产以长流程（高炉—转炉法）为主，生产过程中会产生大量余热余能资源，主要包括冷却系统带走的余热及煤和焦炭燃烧产生的副产煤气资源。传统的流程结构节能、技术节能以及管理节能的空间日趋变窄，利用余能余热转换发电是最直接的提高能源利用率的手段。目前，我国钢铁行业平均自发电率为53%，但仍具有较大的提升空间。

2. 未来发展方向和趋势

1）煤气发电技术

钢铁生产过程中伴随煤和焦炭的消耗，副产大量的煤气，包括高炉煤气（高炉炼铁工序）、转炉煤气（转炉炼钢工序）和焦炉煤气（焦化工序），这三种副产煤气占全流程总能耗的近40%。目前，钢铁行业的煤气发电机组根据发电原理不同可分为燃气-蒸汽联合循环发电机组和锅炉发电机组。燃气-蒸汽联合循环发电机组具有较高的能源转换效率，但是投资较大、维护费用较高、对煤气的品质要求高、电厂连续运行可靠性低，导致近年来推广较慢；锅炉发电机组近年来发展较快，由原来的中温中压、高温高压发展到目前主流的高温超高压、超高温超高压、超高温亚临界（蒸汽压力17.5兆帕，温度大于570摄氏度）参数，高炉煤气单耗由5米³/千瓦时降至2.6米³/千瓦时，同时先进机组的热效率超过了40%。钢铁企业也通过主动淘汰中、低参数机组，结合高炉气动鼓风改造，集中煤气资源建设高参数机组获得了较大的效益。高参数机组在小型化方面的技术突破，使其在中小型钢铁企业中的推广具备有利条件。35兆瓦超高压及80兆瓦和100兆瓦亚临界煤气发电均有数十套成熟的工程案例。亚临界机组的热效率能达到41%，未来几年亚临界煤气发电有望逐步推广，并成为大中型企业的主流机组。预计五年内，我国钢铁行业将建设亚临界机组100套，超高温超高压机组100套，从而实现我国钢铁行业能源利用率的提高。

2）余热发电技术

钢铁生产过程中产生的余热资源主要包括烧结工序中的冷却废气带走的热量（占烧结工序热能耗的35%，吨烧结矿发电量平均16千瓦时）、焦化工序中冷却焦炭带走的热量（其中采用惰性气体冷却焦炭的干熄焦技术可回收80%~86%的焦炭显热，吨干熄焦发电量超过140千瓦时）、转炉烟气汽化冷却和轧钢加热炉汽化冷却系统产生的蒸汽。根据不同的余热来源，主要的发电技术包括余热蒸汽发电技术、烧结余热发电技术以及焦化余热发电技术。

3. 需解决的关键科技问题

需解决的关键科技问题：①进一步提高热装温度，降低煤气消耗，采用节约的煤气发电；②余热蒸汽发电存在蒸汽压损失较大、产生的饱和蒸汽压等级不一、冬季供暖造成汽轮发电机组停运等问题；③提高余热热源稳定性，外加煤气补燃以保证机组稳定运行；④提高装备的运行稳定性，提高发电效率。

（五）钢化联产技术

1. 技术内涵

钢铁生产过程中副产的煤气除了传统的强化利用其热值（即提高煤气的燃烧效率和发电效率），也开始注重副产煤气中碳、氢元素利用价值的提升（即煤气的资源化利用和价值的再提升）。副产煤气中富含的大量氢气、甲烷和一氧化碳可以作为化工合成的基本原料气，用于合成甲醇、乙醇、甲酸、草酸、乙二醇等化工产品，是实现石油资源替代的有效途径。

2. 未来发展方向和趋势

采用煤化工工艺制备一些化工产品需要昂贵的制气投资，而通过分离提纯钢铁冶炼过程中富余煤气中的一氧化碳和氢气，制成市场消耗大、国内依赖进口程度高的化工产品，则可大幅度降低成本，因此在我国具有很大的发展潜力。

钢铁生产过程中的副产煤气主要包括高炉煤气、转炉煤气和焦化煤气。其中，高炉煤气中一氧化碳含量不高，体积分数仅为23%～27%；而氮气含量较高，体积分数超过55%。一氧化碳的分离提纯成本较高，目前国内还没有采用高炉煤气生产化工产品成功的范例。但是高炉煤气的产量较大，吨铁副产高炉煤气中一氧化碳的量约为吨钢副产转炉煤气中的6倍。因此，未来随着分离提纯技术成熟度的提高和成本的降低，高炉煤气有望成为钢化联产技术中一氧化碳的主要来源。

焦化煤气的主要成分是氢气和甲烷，目前采用焦化煤气制备化工产品的主要途径有：①通过甲烷化反应可采用焦炉煤气中的氢气、一氧化碳和二氧化碳制备甲烷；

②采用纯氧催化部分氧化的方式将焦炉煤气中的甲烷转化为一氧化碳和氢气，达到合适的氢碳比后合成制备甲醇；③焦炉煤气合成氨、生产尿素等工艺技术；④从焦炉煤气中可低成本分离提取的氢高达44%，是当前灰氢阶段重要的廉价氢能来源。

转炉煤气中一氧化碳的体积分数在50%以上，但是几乎不含有氢气。化工产品都含有一定比例的氢，因此转炉煤气用于生产化工产品基本都会涉及加氢的环节。对含有焦化工序的钢铁联合企业，可以通过分离得到的焦炉煤气中的氢气与转炉煤气中提纯的一氧化碳结合，用于合成甲醇、乙醇、甲酸、草酸、乙二醇等化工产品。

3. 需解决的关键科技问题

需解决的关键科技问题：①一氧化碳、氢气的分离提纯技术有待提高，成本需进一步降低；②我国大约只有1/3的焦化产能是在钢铁联合企业内，对于没有焦化工序的钢铁联合企业，没有大量廉价的氢气来源，需要通过其他方式制氢，如果采用其他方式制氢则带来二氧化碳排放和成本问题。

（六）钢铁行业技术发展路线预测

基于以上钢铁行业的技术发展现状和趋势，预测了未来钢铁行业低碳技术发展路线（图3.3）。除此之外，随着以生物质能、太阳能、风能、地热能等可再生能源生产绿电技术的发展，绿电价格降低后水溶液电化学还原炼铁技术也具有一定前景。

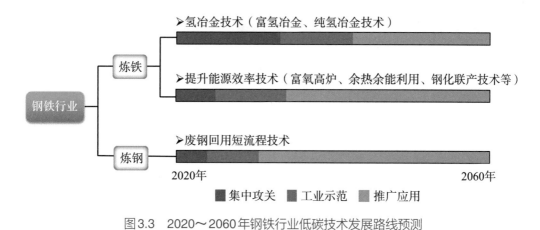

图3.3 2020～2060年钢铁行业低碳技术发展路线预测

二、 有色行业的低碳技术

有色金属是指除铁、铬以外的所有金属，广义上还包括有色合金。我国有色金属资源丰富，但分布不平衡，南方多北方少，主要集中在长江流域。有色金属工业包括地质勘探、采矿、选矿、冶炼和加工等部门，其中冶炼过程能耗高、二氧化碳排放量大。

2020年，我国有色行业二氧化碳的排放总量约为6.6亿吨，冶炼过程二氧化碳排放量5.88亿吨，其中铝冶炼过程二氧化碳排放量约5亿吨，占有色冶炼总二氧化碳排放量的85%，是有色行业碳减排的重点。

铝冶炼包括铝土矿提取氧化铝、电解生产铝、对使用后的废铝进行再生等环节（图3.4），各环节吨产品的二氧化碳排放量分别是铝土矿开采0.01吨，氧化铝提取1.08吨，电解铝生产中电解过程11.7吨，碳素阳极消耗0.7吨，再生铝循环利用0.2吨。电解铝过程电耗大（1吨电解铝需耗电约1.35万千瓦时），是造成电解环节高排放的主要原因，而再生铝资源回收能耗和碳排放量较低。以下从工艺过程减碳分析相应的低碳技术发展路线。

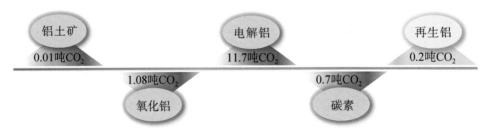

图3.4　铝冶炼过程各环节吨产品二氧化碳排放量

（一）氧化铝高效提取技术

1. 技术内涵

氧化铝在现代工业中占有十分重要的地位。它不仅是电解铝的最主要原料，也是陶瓷、催化剂、催化剂载体、高温耐火材料、人造宝石、研磨抛光材料及锂离子电池隔膜等制备中不可或缺的原料。氧化铝的生产原料主要为铝土矿,其中氧化铝含量为40%～65%,主要杂质为二氧化硅,含量为5%～15%,同时还含有少量的氧化铁、二氧化钛等成分。因此,以铝土矿为原料生产氧化铝的过程,实质上就是使矿石中的氧化铝与二氧化硅、氧化铁等杂质分离的过程。全球90%的氧化铝都是通过拜耳法从铝土矿中提取得到的,其原理是:在高温高压下用氢氧化钠溶液溶出铝土矿,使其中的氧化铝溶解得到铝酸钠溶液,再通过稀释、净化和添加氢氧化铝晶种使铝酸钠分解析出氢氧化铝,氢氧化铝煅烧得到氧化铝;铝土矿中的活性二氧化硅也会溶解进入到氢氧化钠溶液中,随后与铝酸钠溶液反应生成不溶性铝硅酸钠,与铁、钛等其他杂质留在固相(即废渣赤泥)中,造成钠、铝的损失,并使赤泥呈强碱性,pH达到12以上,导致其综合利用困难,成为世界性难题,百年来赤泥利用一直未取得突破。

2. 未来发展方向和趋势

拜耳法对铝土矿品位(铝硅比,即氧化铝与二氧化硅质量比)有较高的要求,通常要求铝硅比在5以上。而我国70%以上的铝土矿资源为中低品位一水硬铝石型铝土矿,导致我国铝土矿溶出时必须经高温高压,氧化铝回收率不足80%,氧化铝生产成本和能耗居高不下。此外,与其他国家相比,我国赤泥碱含量更高,赤泥成分更为复杂,利用难度更大。

国外铝土矿资源禀赋高,以三水铝石和一水软铝石为主,品质好,因此国际上对拜耳法工艺升级研究较少,更侧重于对非冶金氧化铝产品的开发和性能的提升,如纳米氧化铝、特殊形貌氧化铝及高纯氧化铝的技术研发。

对于我国而言,如何克服铝土矿资源禀赋差的先天因素,实现低品位铝土矿中氧化铝的温和提取,同步解决赤泥高碱问题,进而实现其生态化利用是氧化铝行业的发展方向。同时,鉴于我国氧化铝产品品质距国外先进水平有较大差距,很多高端氧化铝严重依赖进口,我国亟须大力发展清洁能源驱动下的高端氧化铝制备技术。

1)选矿拜耳法氧化铝提取技术

选矿拜耳法为我国氧化铝提取技术多年一直持续发展的研究方向,通过选矿从中低品位铝土矿中选出高品位铝土矿,然后将高品位矿用高温高压拜耳法进行处理。该技术可扩大我国铝土矿原料供给,但在目前的技术水平下,氧化铝实收率低(60%～70%),浮选尾矿中氧化铝的含量通常在40%以上,且未能解决含化学药剂的选矿尾矿的利用问题，污染严重。如果通过绿色的含硅矿相预分离技术提升铝土矿品位，则不仅能大幅提高我国铝土矿资源保障能力，而且有望因矿相预分离过程中铝土矿的自活化而大幅降低氧化铝提取温度，减少高碱赤泥产量，蒸汽消耗量也会随之降低；此外，含硅矿相无碱分离后所得副产物是良好的生态修复材料，施加于退化土壤后可显著增加氧化铝提取过程的碳汇，这对氧化铝行业碳减排意义重大。

2）钾系亚熔盐法氧化铝提取技术

我国特色铝土矿主要为一水硬铝石型铝土矿，其稳定的晶体结构决定了常规钠系拜耳法的高温高压操作。而钾系反应介质由于其自身的高反应活性，可大幅降低反应温度，加之赤泥生物活性的提高，为赤泥的生态化利用创造了非常有利的条件。

钾系亚熔盐法包括两大部分，首先经过钾系拜耳法低温提取其中约75%的氧化铝；然后再采用钾系亚熔盐深度分离铝硅，提取约20%的氧化铝，同步调控铝土矿中硅、铁、钙等杂质的形态，使这些植物生长所必需的中量元素和微量元素再经过定向转化成为矿物肥，不仅实现提铝废渣即赤泥的完全资源化，而且矿物肥可用于赤泥堆场、废弃矿山等的生态修复，可显著增加碳汇能力。

3）高端多品种氧化铝制备技术

超细、高纯、特殊形貌等多品种氧化铝是以冶金氧化铝为原料，经过特殊工艺实现粒度、纯度和形貌的调控。例如，氧化铝纯度达99.999%以上，粒度在100纳米以下，或呈极窄的粒度分布以及片状、球形等特殊形貌，是当前高端氧化铝的几个发展方向。高端氧化铝制备所用氧化铝量不足其总产量的5%，这部分减排可忽略不计。

3. 需解决的关键科技问题

为顺利实施上述新技术，需解决以下三大关键科技问题。

1）选矿拜耳法氧化铝提取技术

铝土矿矿相复杂，除含有一水硬铝石主矿相外，还含有石英、高岭石、叶蜡石、赤铁矿等多种矿物。实现一水硬铝石矿相与其他矿相的低成本、高效率的无碱预分离，是降低氧化铝生产能耗和碱耗、实现废渣赤泥向生态碳汇材料转化的核心技术，也是未来要解决的关键科技问题。

2）钾系亚熔盐法氧化铝提取技术

钾系亚熔盐法一方面需要揭示钾系拜耳法铝土矿溶出规律和赤泥成分（包括化学组成、矿相）的变化规律；另一方面，一段溶出赤泥的二段亚熔盐高效溶出反应新过程也是氧化铝清洁节能技术的核心内容和纽带，它是赤泥向多功能矿物肥转化，进而实现全流程无固体废物（固废）排放的基础。其目的不仅是实现赤泥中铝硅的深度分离，而且将赤泥中富含的钾、硅、铁、钙等植物生长所必需但很多土地已经极度缺乏的元素，通过亚熔盐溶出过程的调控，转化为具有植物生物活性的有益元素，从而将固废赤泥转化为土壤改良材料或人造功能土的必要成分，不仅能实现赤泥零排放，而且能将其转化为一种高附加值的生态碳汇材料，可改良大面积退化土壤，显著增加氧化铝行业碳汇，大幅削减氧化铝行业碳排放。

3）高端多品种氧化铝制备技术

立足我国资源特色，科学揭示多品种氧化铝原料杂质的赋存形态和转化规律，构建超细、高纯、粒度分布窄等高端氧化铝制备新体系以及与之匹配的光电驱动装备和自动控制技术，是高端氧化铝行业在低碳约束下亟待解决的科技问题。

（二）电解铝节能减排技术

1. 技术内涵

目前，金属铝全部是采用冰晶石（一种矿物，化学式为Na_3AlF_6）-氧化铝熔盐（盐类熔化后形成的熔融体）电解法生产的。该方法以氧化铝为原料，以冰晶石为主的氟化物体系为电解熔剂，采用碳素为阳极，铝液为阴极，在960摄氏度的温度下进行电解。在电解过程中，氧化铝溶解进入熔融的氟化物熔盐中，在阴极被电化学还原为金属铝，阳极生成二氧化碳和一氧化碳气体。电解铝是能耗最高、二氧化碳排放最为严重的行业之一[①]。研究电解铝的节能减排，从而降低电解铝行业的二氧化碳排放，对于完成我国碳减排目标具有十分重大的现实意义。

---

① 《电解铝行业能源管理体系实施指南》（GB/T 37482—2019）。

2. 未来发展方向和趋势

鉴于电解铝行业的高能耗和高排放，节能减排技术是电解铝的发展方向，具体如下。

1）低温电解铝技术

电解铝之所以能耗高，很大原因在于电解的温度较高，在960摄氏度左右，降低电解铝温度可显著降低电解能耗，开发低温电解铝技术，是降低电解铝能耗的一个主要途径。然而，高温熔盐体系随着电解温度降低，氧化铝溶解度也随之降低，溶解速率也变慢，严重影响电流效率和电解槽稳定性，因此低温熔盐电解尚存在较多问题，现处于集中攻关阶段，有望在2040年进行技术推广和应用。此外，前沿研究还有采用离子液体（也称室温熔融盐，室温附近温度下呈液态的由离子构成的物质）的低温电解铝技术，该技术以氯化铝为铝源，通过与离子液体复配形成离子液体电解质，电解过程温度可低至100摄氏度以内，槽压（为了促使两极进行电极反应，外部电源施加于两极间的电压）≤5伏，阴极析出固态铝单质，且无二氧化碳等温室气体排放，该技术的成功应用将大大支撑我国"双碳"目标的完成。然而该技术尚处于实验室小试阶段，仍需大力推进。

2）惰性阳极铝电解技术

传统铝电解槽采用消耗式碳素阳极，阳极更换过程对电解槽热平衡影响较大，且碳素阳极制备过程中需要消耗大量的电能，在电解过程中产生二氧化碳和一氧化碳，还会产生少量的四氟化碳。采用惰性阳极（电解时基本不消耗的阳极），理论上电解过程中阳极不消耗，阳极反应产生氧气，不产生二氧化碳和四氟化碳，环境友好，碳减排效果明显。惰性阳极铝电解技术有望使电解铝工业变为绿色工业，因此，国内外多家铝厂及研究机构自20世纪七八十年代起一直在进行研究开发，代表着铝电解工业的发展方向。2013年，俄罗斯铝业联合公司已开始在小型工业铝电解槽进行试验，并于2020年取得进展，开始进行较大规模的试验。2018年，美国铝业公司与英国力拓集团合作，共同组建了Elysis公司，致力于无碳铝冶炼技术（即惰性阳极铝电解技术）开发，并于2019年底生产出第一批无碳铝。

3）铝电解槽结构优化综合节能技术

目前我国的电解铝节能降耗水平已经居于世界前列，采用传统技术实现电解铝节能越来越困难，必须从电解槽的结构入手，将电解槽从传统的散热型结构改为保温型结构，减少电解槽的热损失，降低槽电压，提高电解槽的能源效率，从而降低铝电解槽的能耗。此外，电解铝二氧化碳排放结构中辅料排放量约为0.6吨，该辅料的排放量很大一部分来源于电解槽的阴极内衬生产过程。电解铝废内衬是一种危险废物（危废），同时又是一种资源，这些废阴极内衬材料含有约40%的碳、30%的耐火材料和30%的氟化物电解质，还含有少量的金属铝。开展铝电解槽废内衬的回收再利用可在一定程度上减少电解铝行业辅料排放量，是电解铝行业节能减排的发展方向。

3. 需解决的关键科技问题

1）低温电解铝技术

对于熔盐体系，研究低温熔盐体系的物理化学性质，构建低温电解熔盐体系，明晰氧化铝在低温熔盐体系中的溶解规律与铝离子的析出规律，掌握低温电解槽的热平衡机制，通过电解质组分优化与铝电解过程工艺优化实现电解过程的大幅度节能是关键。对于离子液体体系，其操作温度≤100摄氏度，且没有二氧化碳等温室气体排放，节能减排潜力巨大。但体系阴极析出的是固态铝单质，加上离子液体电解质本身需要无水无氧环境，因此电解槽设计需要隔离水氧。此外，还要考虑离子液体特殊的腐蚀性以及铝产品的收集和清洗方式。

2）惰性阳极铝电解技术

理论上惰性阳极生产金属铝的槽电压比碳阳极高1伏左右，电解过程耗电更多，生产1吨铝理论能耗高出3000千瓦时。由于煤发电释放的二氧化碳量比电解时释放的多得多，因此改用惰性阳极的同时采用绿电电解才能降低电解铝的二氧化碳排放。更为关键的是，惰性阳极材料一直没有突破，材料的耐腐蚀性、导电性、抗热震性（指材料在承受急剧温度变化时，评价其抗破损能力的重要指标）等问题没有得到有效解决，难以实现工业应用，是亟待解决的瓶颈问题。

3）铝电解槽结构优化综合节能技术

电解铝过程中约50%的能耗以热量形式通过电解槽散失，因此保温型电解槽开发对于电解铝节能技术尤为重要。窄中缝铝电解槽对于减少电解过程热量损失效果明显，掌握其阳极结构设计与优化、槽物理场变化趋势、槽电压变化与散热规律、槽工艺参数优化机制以及高导电阴极钢棒的设计与制作、高导电阴极钢棒电解槽磁场与流场变化规律和相应的电解工艺条件优化是关键。此外，铝电解槽废内衬真空蒸馏分离与再利用技术和铝电解槽底部全氧化铝组分耐火材料利用技术对电解铝过程的综合节能也有一定贡献。

（三）铝资源再生循环技术

1. 技术内涵

铝的抗腐蚀性强，在使用过程中损耗程度极低，且在多次重复循环利用后不会丧失其基本特性，具有极高的再生利用价值[①]。废铝一般经过分拣、预处理与重熔熔炼后进行再利用，90%以上的铝是以铝合金被应用的。废铝再生能耗仅为新铝生产的5%～8%，再生铝的温室气体排放量仅为原铝的5%左右，促进废铝回收可显著减少二氧化碳排放。

2. 未来发展方向和趋势

由于现行的再生铝技术中合金元素不能被去除，因此再生铝中合金元素含量会增加。随着废铝一轮又一轮的循环再生，铝中合金元素的积累是不可避免的，且随着再生铝量的增加，在不久的将来再生铝的产量将超过其用量，最终，越来越多的再生铝将无法应用而变为"死金属"。再生铝行业的发展需解决该问题，实现废铝的闭环回收与保级利用。

废铝的闭环回收与保级利用已成为再生铝发展的方向。西方国家很早就意识到废铝的保级利用问题，并且在保级利用方面经验丰富。国外铝行业的龙头企业通过与下游客户开展闭环回收合作，在不增加再生铝合金组分和含量的前提下，实现废铝的保级利用，使废铝资源价值最大化。目前，国外废旧易拉罐闭环回收保级利用体系已非常成熟，汽车废铝与航空航天废铝闭环回收系统也已建立。我国再生铝很少保级利用，大部分是降级使用作铸造铝合金用。由于中国的铝闭环回收体系还处于起步阶段，再生铝处理能力有待提高。而且，现在工艺得到的再生铝绝大多数是铝合金，要想进一步得到纯铝还需经过精炼。废铝若经过处理能直接制备成纯铝将缩短工艺流程，这是目前废铝再生的一个重要研究方向。主要研究的废铝再生制备纯铝技术如下。

---

① 国家发展和改革委员会：《"十四五"循环经济发展规划》，2021年。

1）低温熔盐体系废铝可溶阳极电解提铝技术

东北大学采用低温熔盐体系，以废铝（或废铝合金）为可溶阳极进行熔盐电解[4]。电解过程中可溶阳极中的铝在阴极板上沉积，而阳极中的合金元素以阳极泥（指电解精炼中附着于阳极基体表面、沉淀于电解槽底或悬浮于电解液中的泥状物）的形式析出，从而实现废铝中铝与合金元素的彻底分离，实现废铝的再生。尽管该技术回收废铝电耗较高（吨铝电耗预计在5000～7000千瓦时），但回收的铝可达到原铝的质量，能耗只相当于原铝的40%～50%，二氧化碳排放量只有原铝的30%，具有很好的二氧化碳减排优势。

2）离子液体体系废铝可溶阳极电解提铝技术

中国科学院过程工程研究所采用离子液体体系、废铝作阳极也可实现废铝的再生。再生过程与熔盐体系一样，可溶阳极中的铝在阴极板上沉积得到纯铝，其他元素以阳极泥的形式沉降至电解槽底部，从而实现废铝的再生。该技术再生铝纯度可达99%以上，能耗仅为原铝生产的30%～40%，二氧化碳排放几乎为零，是典型的低碳技术。

3. 需解决的关键科技问题

1）低温熔盐体系废铝可溶阳极电解提铝技术

该技术采用的低温熔盐体系虽然操作温度在600摄氏度以下，但温度仍属于较高水平，因此阳极更换和阴极析出的纯铝收集及去除其表面残留熔盐仍存在较大难度，并且会带来较大能量损失。

2）离子液体体系废铝可溶阳极电解提铝技术

该技术中离子液体的回收再利用和再生铝的收集成为难点，另外需进一步与再生电解过程结合，形成连续一体化装置，使得该技术形成完整的生产链条。

（四）硫化铜矿生物冶金技术

1. 技术内涵

世界范围内80%以上的铜资源为硫化铜矿，矿石中铜含量较低（铜品位0.2%～1%），其他大量杂质主要是石英、长石、云母等。因此，硫化铜矿的资源利用就是将矿石中低含量的铜从高含量的杂质中分离出来。目前全球采用生物冶金技术处理硫化铜矿的产铜量仅占世界总产铜量的10%左右，其原理是在常温、常压、酸性条件下，通过特异性以硫化矿物为能量来源的嗜酸铁氧化菌及硫氧化菌的作用，将硫化铜矿物氧化溶解，产出铜离子溶液，然后进一步通过萃取-电积工艺，产出高纯阴极铜。微生物以硫化矿为能源，氧化过程无需外源营养及能量投入，碳排放量非常低。

2. 未来发展方向和趋势

我国铜资源禀赋差，品位低，对外依存度超过70%。传统浮选-火法冶炼工艺碳排放量较高，每生产1吨铜排放约10吨二氧化碳，生物冶金技术可以显著降低生产成本，实现大幅减排（50%），可用于经济性处理低品位铜资源，并有望显著提高我国可用资源量。世界范围硫化铜矿物中，黄铜矿占比超过70%。但是目前生物冶金主要应用于次生硫化铜矿，而原生黄铜矿的生物浸出效率问题未得到解决，尚未实现规模化工业生产。

生物堆浸滴流床为巨大的开放体系，微生物群落及活性调控较为困难，需要解决微生物高活性及冶金工程参数匹配问题。同时硫化铜矿生物浸出过程中，各种脉石矿物以及其他硫化矿物，如黄铁矿，也不可避免地随着铜离子浸出，造成了浸出溶液中杂质离子不断累积，增加了后续铜提纯难度，也增加了废水处理成本；或者碱性脉石不断耗酸增加硫酸投入成本，导致二次矿物形成甚至可能造成堆浸渗透性丧失。这些因素在一定程度上限制了生物冶金技术的经济性应用。基于以上原因，未来需要在以下几个方面加强研究及技术开发。

1）黄铜矿高效生物浸出

随着地表氧化矿和次生硫化铜矿的不断消耗，黄铜矿将作为未来主要的铜资源，目前黄铜矿类铜矿石主要采用浮选-火法冶炼工艺，碳排放量较高，所以生物浸出一直是学界及产业界努力的方向。黄铜矿晶格能较高，共价键的键能较大，常规氧化条件下化学键难以断裂，且黄铜矿浸出过程中存在着反应中间产物钝化层，阻碍了矿物的继续溶解，所以产业界一直未能显著提升黄铜矿的生物浸出效率。解决黄铜矿生物浸出效率问题，通过生物堆浸的方式可望使投资及操作成本降低约50%，碳排放降低约50%，实现低品位矿石的绿色经济利用。

2）大型生物堆浸体系微生物调控技术

生物冶金体系依赖于高活性浸矿微生物，主要包括铁氧化微生物及硫氧化微生物。此类微生物以硫化矿物作为能量来源，不需要外源能源，碳排放量很低。但生物冶金，尤其是生物堆浸体系，通常的面积是以十万平方米至百万平方米计，矿石量以百万吨甚至千万吨计，如此巨大体系的微生物群落、活性、均一性控制是工业界的难题，尤其是需要将微生物高效生长所需的堆场条件与硫化矿物溶解所需的物理、化学条件匹配，以实现铜的高效浸出。

3）生物浸出过程酸铁及溶质平衡技术

硫化铜矿物一般仅占矿石总量的1%，或者更低，所以在生物浸出过程中，其他矿物的溶解需要尽量可控。硫化矿物，尤其是黄铁矿，在矿石中的含量往往数倍于铜矿物，其氧化造成浸出液中铁和硫酸的浓度不断升高。碱性脉石类矿物大量耗酸也将显著提高生产中硫酸的添加量。体系溶液中的溶质离子也会在堆浸滴流床内形成大量的次生矿物，影响铜浸出效率。国内外生物堆浸项目，如南美的生物堆浸往往需要补加大量的硫酸来维持系统酸度，而如我国的紫金山铜矿则需要大量的溶液中和，降低溶液中酸铁浓度，以至于该项成本占到生产成本的50%。无论硫酸添加还是酸铁中和均会显著增加成本，增加工业碳排放。如果可以实现堆浸过程中黄铁矿及其他脉石矿物的溶解，同时调控离子在堆内形成二次矿物的过程，实现溶液离子平衡，则可以显著降低硫酸添加及溶液中和成本，同时提高铜浸出效率，显著降低碳排放。

3. 需解决的关键科技问题

针对上述技术研究方向，需从以下几个方面解决关键科技问题。

1）黄铜矿生物浸出化学强化机制及技术

在生物浸出黄铜矿的过程中，结合高效功能微生物种群构建，进一步加强微生物的浸矿活性，同时通过化学强化络合晶格上的铜原子，使黄铜矿原稳定结构失衡，破坏黄铜矿表面一价铜离子的稳定性，从而促进Cu-S键的断裂及铜离子的溶出，以实现生物浸出效率的提升，形成黄铜矿生物浸出化学强化技术。

2）生物堆浸过程微生物调控关键参数及工程实现

获得各类微生物活性及核心功能基因表达所需的关键环境参数；基于生物堆浸

体系目的矿物浸出所需微生物功能，制定微生物群落及活性的调控目标，开发工业开放体系中通过溶液参数调控、堆场通气性改善等工业措施调控堆场中微生物群落及活性；形成基于堆场物理化学性质调控微生物群落及活性的技术，实现选择性铜矿物的氧化，实现工业体系铜高效浸出以及酸铁平衡。

3）生物堆浸过程伴生矿物溶解及二次矿物形成调控

主要伴生易溶解矿物——黄铁矿的氧化更依赖于溶液高氧化还原电位，可以通过调控亚铁氧化微生物的活性来实现溶液体系氧化还原电位的升高或降低，进而调控堆浸体系内的黄铁矿氧化；获得铁及其他主要离子在固液相的平衡条件，结合目标矿物浸出所需的溶液生物及化学条件，通过堆浸过程调控，实现溶质在堆内的二次矿物形成，以达到降低杂质离子浓度，实现铜的高效浸出以及后续萃取-电积工序稳定运行。

（五）其他金属的低碳减排技术

1. 技术内涵

研发镍、钴、钒、钛等新能源相关的其他有色金属的低碳清洁提取技术，确保国家能源矿产的安全供给。重点开发铬铁矿及钒渣碱法液相氧化提钒铬技术、红土镍矿及退役三元锂电池盐酸常压浸出提取镍钴等新技术，建成每年万吨级工程示范，实现行业的低碳绿色过程转型升级。

2. 未来发展方向和趋势

现有的工业硅、镁冶炼以及镍钴锂钒铬锰等金属的提取工艺，无论是采用火法还是湿法工艺，均存在反应温度高、提取率低等问题，如铬盐无钙焙烧、钠化转炉提钒、硫酸高压浸出提镍等工艺，是有色行业除了电解铝外，二氧化碳排放量不容忽视的几个重点领域。在国家"双碳"目标和环境保护政策日益趋紧的形势下，研发金属提取率高、反应温度低、能量可梯级利用的低碳清洁工艺是未来发展的重要方向。

3. 需解决的关键科技问题

需重点突破多场强化的低温反应体系设计，实现有价元素的低能耗、高效、高选择性浸出；突破多元溶液体系净化分离技术，提高资源利用率；开发反应介质再生循环技术，从源头上减少多元盐废物的产生；研发高端材料短流程制备技术，实现冶金材料制备一体化，减少中间过程，降低材料制备成本。相关技术的产业化应用，较现有工艺可实现碳减排20%以上。

（六）有色行业技术发展路线预测

基于以上有色金属冶炼过程碳排放来源分析，对有色行业系列低碳技术发展路线进行预测，如图3.5所示。

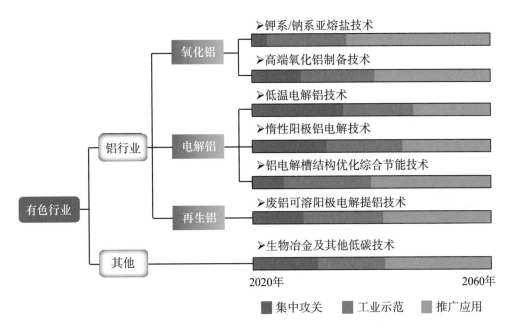

图3.5 2020～2060年有色行业低碳技术发展路线预测

三、 化工行业的低碳技术

我国是世界化工产值第一大国，按总产值计算，我国化工行业产值占全球化工行业产值的40%。化工产业也是我国的支柱产业之一，2020年，我国化工行业二氧化碳排放量约10亿吨（不包括电力排放）。

化工行业的二氧化碳排放主要来自石油化工、煤及天然气化工、其他化工等，其中石油化工二氧化碳排放量占化工行业的约35%，煤及天然气化工二氧化碳排放量占化工行业的约60%，其他化工二氧化碳排放量占化工行业的约5%[①]。石油化工二

[①] 国家统计局能源统计司：《中国能源统计年鉴2020》，2021年。

氧化碳排放主要来自石油炼制和催化裂化制烯烃/芳烃过程；煤及天然气化工中煤制合成气和合成氨是最大的两个碳排放过程；其他化工，如"三酸两碱"[①]生产、精细化工等碳排放量相对较低。

在风、光、电等新能源迅猛发展的冲击下，未来石油、煤炭、天然气等化石能源的资源化利用将成为新的发展趋势，消费结构的转变必然带来化工产业结构调整与技术升级。化工行业低碳技术拟重点从原料/产品结构调整、工艺技术进步、绿色能源替代等方面介绍系列新技术的发展方向和趋势，明确需解决的关键科技问题，最终实现化石能源消费量减少、生产过程二氧化碳排放和能耗降低。重点突破的关键技术包括原油催化裂解多产化学品技术、煤油共炼制烯烃/芳烃技术、电催化合成氨/尿素技术、电催化二氧化碳还原制合成气/醇/酸技术、甲烷无氧偶联制烯烃技术、先进低能耗分离技术以及固废高效再生利用技术等，如图3.6所示。

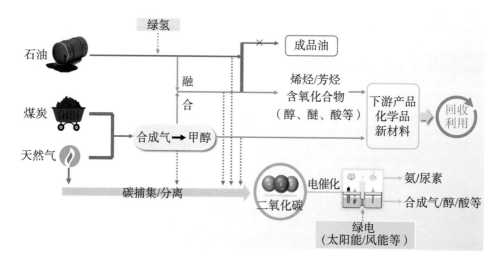

图3.6　化工行业低碳发展关键技术

（一）原油催化裂解多产化学品技术

1. 技术内涵

原油催化裂解多产化学品技术绕过传统炼油过程，将原油最大限度地转化为烯烃、芳烃等化学品，少生产甚至不生产汽油、柴油、煤油等燃料油，理想的化学品

---

① 即硝酸、硫酸、盐酸和氢氧化钠、碳酸钠，但碳酸钠不是碱，是盐，俗称纯碱，显碱性。

收率可达70%～80%。这一技术颠覆了传统炼油/炼化一体化的工艺流程，最大限度地利用石油的资源属性，与绿电、绿氢等可再生能源相集成可大幅减少二氧化碳排放，是石油化工未来重点发展的方向。

2. 未来发展方向和趋势

2020年我国原油加工量约6.6亿吨，成品油消费量约3.3亿吨，约占原油加工量的一半，这些消费最终都产生碳排放，原油催化裂解多产化学品技术从源头上减少了用于生产燃料的原油加工所产生的碳排放。传统原油加工涉及催化裂化、催化重整、加氢等过程，工艺碳排放强度大，2020年国家能源局统计数据显示原油加工过程二氧化碳排放约2亿吨。相比传统炼油/炼化一体化工艺，原油催化裂解多产化学品技术工艺碳排放大幅降低。原油催化裂解多产化学品的代表性技术有埃克森美孚技术和沙特阿美技术。埃克森美孚技术的创新点在于完全绕过常规炼油过程，将轻质原油直接在蒸汽裂解炉中裂解，工艺流程大为简化。2014年，在新加坡裕廊岛建成了全球首套商业化原油直接裂解制轻质烯烃装置，产能为100万吨/年。埃克森美孚技术直接将布伦特轻质原油进行蒸汽裂解，化学品收率大于60%。沙特阿美技术使用一体化的加氢处理、蒸汽裂解和焦化工艺直接加工阿拉伯轻质原油，化学品收率接近50%。诸如印度信实工业有限公司、日本住友化学株式会社等多家外国企业已投入原油制化学品项目的研发。国内中国石化石油化工科学研究院、中国石油天然气股份有限公司石油化工研究院等大型企业，以及中国科学院过程工程研究所、中国石油大学（华东）等科研机构也相继开展了相关研发工作。原油催化裂解多产化学品技术的产业化将带来全球石化行业竞争格局的重大转变。

3. 需解决的关键科技问题

针对催化剂难以兼顾高活性与低结焦率的难题，需重点开发能有效抑制氢转移和芳烃缩聚的新型催化材料并解析其微观催化作用机制，完成高性能流化催化剂的规模化制备，设计与之相匹配的流化反应-再生反应器，并突破绿电、绿氢等可再生能源优化集成等关键科技难题。

（二）煤油共炼制烯烃/芳烃技术

1. 技术内涵

煤油共炼制烯烃/芳烃技术是典型的煤化工和石油化工融合技术，可直接采用来自煤化工和石油化工的平台产品，进行烯烃和芳烃等化学品的耦合生产[5]。煤化工平台产品，包括甲醇和合成气等都是低碳分子，而石脑油等石油化工平台产品属于多碳分子，两者的耦合可以大幅提高原子利用率及能量利用效率。石油化工与煤化工融合发展，对促进化石原料多元化，弥补我国石油资源不足的缺陷，促进石油化工和煤化工产业升级，规避能源安全威胁具有重要的战略意义。煤油共炼代表性技术包括甲醇-石脑油耦合制烯烃、甲醇-甲苯耦合制对二甲苯（p-xylene，PX）等技术。

2. 未来发展方向和趋势

1）甲醇-石脑油耦合制烯烃技术

甲醇制烯烃采用分子筛为催化剂，属于强放热反应，工业装置反应温度在500摄氏度左右，需要不断从反应器移除热量，以保证装置的稳定运行。石脑油催化裂解同样采用分子筛催化剂，目标产品也是乙烯、丙烯等，不同的是催化裂解是强吸热反应。如果把石脑油和甲醇耦合进料，通过相同的分子筛催化剂催化制取烯烃，该过程可以直接实现吸热/放热平衡，提高系统的能量利用效率，增加产品收率。除此之外，该反应过程可以耦合在同一反应器中进行，可直接改造传统石油化学工业生产烯烃的模式，大幅降低烯烃生产能耗，目前已证实该技术的理论合理性和技术先进性。中国科学院大连化学物理研究所在甲醇制低碳烯烃技术基础上开发的甲醇-石脑油催化裂解制烯烃的技术已完成实验室研究，正在进行中试。

2）甲醇-甲苯耦合制对二甲苯技术

以"三苯"（苯、甲苯、二甲苯）为代表的芳烃是石油化工中非常重要的有机化工原料，其产量和规模仅次于乙烯和丙烯。其中，对二甲苯是芳烃中最受关注的产品。对二甲苯是对苯二甲酸生产的直接原料，也是聚酯产业的龙头原料，在芳烃产业链中扮演着不可或缺的角色。甲醇-甲苯耦合制对二甲苯技术可以实现煤化工和石油化工的有机结合。对现有芳烃联合装置进行技术改进，增设甲醇-甲苯选择性烷基化单元，可增产对二甲苯约20%以上。此外，甲醇-甲苯制对二甲苯联产烯烃技术中甲醇和甲苯原料配比、产品中对二甲苯和低碳烯烃分布灵活可调，应用领域广泛。目前，甲醇-甲苯选择性烷基化制对二甲苯联产烯烃技术已完成中试，正在进行成套技术开发。

3. 需解决的关键科技问题

高性能耦合催化剂设计，突破传质扩散限制和活性调控，同时实现煤化工平台化合物（甲醇等）和石油化工平台化合物（甲苯、石脑油等）高选择性转化为烯烃/芳烃的化学品；配合新型流化反应工艺，充分发挥各反应原位耦合优势，大幅提高原料和能量利用效率，节能降耗减排。

（三）电催化合成氨/尿素技术

1. 技术内涵

电催化合成氨/尿素技术分为电解水制氢-合成氨/尿素耦合技术和电催化氮气直接合成氨/尿素技术。电解水制氢-合成氨/尿素耦合技术是指利用电解水制氢、空分制氮，再经哈伯法合成氨和尿素的方法。电催化氮气直接合成氨/尿素是在常温常压条件下，利用电能驱动氮气加水直接合成氨以及利用氮气、二氧化碳加水直接合成尿素的技术。这两种技术都避免了传统合成氨工艺中制氢过程大量二氧化碳排放（占合成氨过程总排放量的75%），同时，电催化技术具有装置模块化、规模可控的特征，为实现去中心化，就地、按需合成氨/尿素提供了可能。

2. 未来发展方向和趋势

电解水制氢-合成氨/尿素耦合技术中电解水制氢、空分制氮以及哈伯法合成氨均具有较高的技术成熟度。该技术成本与电价及制氢价格密切相关，大规模低成本的制氢技术及可再生电能的普及将极大地推进该技术的商业化。挪威雅苒（Yara）国际集团、德国西门子（Siemens）公司以及日本福岛可再生能源研究所均已开展中试规模（20～30千克/天）的电解水制氢-哈伯法合成氨研发，对该路线的商业化可行性进行了更为深入的评估，在未来20～30年有望取代传统甲烷重整/煤气化制氢-哈伯法合成氨技术。

电催化氮气直接合成氨/尿素技术是通过阴极电极材料对氮气吸附活化后进一步发生质子耦合电子转移/碳氮键偶联过程实现的。其法拉第效率及生产氨/尿素产品的速率主要取决于电极材料和电解液。阴极材料主要包括各种金属/合金/金属簇、金属氧/氮化物、单原子催化剂及非金属材料等；电解液主要为水溶液及离子液体等。该技术目前仍处于实验室研发阶段，法拉第效率约60%，产氨速率较低，其成功研发将对合成氨/尿素产业产生划时代的意义[6]。

3. 需解决的关键科技问题

电解水制氢-合成氨/尿素耦合技术的关键在于电解水制氢过程（详见本章第一节），其商业化需解决的关键科技问题包括电解水制氢与后续高温高压哈伯法合成氨的集成串联技术，以及新型低温低成本合成氨催化剂的研发。电催化氮气直接合成氨/尿素技术是合成氨/尿素的变革性技术，解析氮气的有效吸附活化机理、电催化合成氨/尿素反应路径及机理；开发高效电极材料及电解液，提升效率和产率；催化剂及电解液的量产与放大技术等均是其需要解决的关键科技问题。

（四）电催化二氧化碳还原制合成气/醇/酸技术

1. 技术内涵

电催化二氧化碳还原制合成气/醇/酸技术是采用电能将二氧化碳催化转化为合成气、甲酸、甲醇、多碳醇、草酸等具有高附加值的化学品或燃料。过去二十年，电催化二氧化碳还原技术备受关注的原因在于电能可从太阳能、风能等可再生能源中获得，这不仅可以减少化石燃料的使用，还可以中和大气中的二氧化碳，对二氧化碳减排意义重大。随着未来大范围可再生分布式电能的投入，电力资源成本下降，电催化二氧化碳还原制化学品或燃料被认为是极具潜力的规模化应用技术。在"双碳"背景下，多个行业面临二氧化碳减排的巨大压力，特别是煤化工等行业会产生高浓度二氧化碳，此部分二氧化碳进行高效转化和利用对于实现"双碳"目标具有非常重要的意义。二氧化碳转化和利用作为重要且有效的减排措施，将是未来新能源格局下的发展方向和趋势。

2. 未来发展方向和趋势

电催化二氧化碳还原技术通过电解液体系、电极、催化材料等的设计，实现质子数和电子转移数的调控，从而选择性获得C_1和C_{2+}产物，如合成气、甲酸、甲醇、多碳醇、草酸等产物。电极表面电子云环境的影响和二氧化碳的还原反应路径主要取决于电解液体系、电催化材料及二者的协同催化效应。电解液体系主要包括碱性水溶液体系和离子液体体系，电极材料包括贵金属电极、单原子催化材料、非贵金属杂化材料等。二氧化碳电催化还原放大装置也已成为国内外研究热点，如德国西门子公司与美国Dioxide Materials公司采用纳米银负载的气体扩散电极实现了高一氧化碳含量的合成气产物；加拿大Carbon Electrocatalytic Recycling Toronto

（CERT）研究团队与美国Skyre公司致力于通过电化学技术来制造甲酸、醇类等清洁能源产品，并提出多种电解槽结构设计方案用于二氧化碳电催化还原；我国碳能科技（北京）有限公司与内蒙古伊泰化工有限责任公司联合建立了二氧化碳电催化还原制合成气中试装置，产品合成气碳氢比为0.52∶1，但仍需解决放大和连续稳定性运行等难题。中国科学院过程工程研究所建成了千克级二氧化碳处理量的离子液体电化学还原合成一氧化碳装置，法拉第效率达85%以上。未来将重点开发新型高效电解液与电催化剂，优化电解槽结构及工艺条件，实现低成本运行。

3. 需解决的关键科技问题

通过电解液与催化剂材料结构协同作用对合成气、甲酸、甲醇、多碳醇、草酸等产物的定向调控，满足下游产品生产的需求；解决实验放大效应及工程问题，涉及电解槽结构的选型与设计，低成本电解液与电催化剂材料的筛选，以及电催化还原装置实际运行中的各项参数及工艺条件优化等。

（五）甲烷无氧偶联制烯烃技术

1. 技术内涵

甲烷无氧偶联制烯烃技术是甲烷在无氧条件下直接转化制备烯烃的技术，该技术摒弃高能耗的合成气制备过程，大大缩短了工艺路线，碳原子利用效率达到100%。

2. 未来发展方向和趋势

天然气的蕴藏量非常丰富，是仅次于石油和煤炭的世界第三大能源。其主要成分为甲烷，研究甲烷的活化转化具有重要的理论和战略意义。但是，甲烷的选择活化和定向转化是世界性难题。中国科学院大连化学物理研究所包信和团队[7]提出"纳米限域催化"概念，创造性地构建了硅化物晶格限域的单中心铁催化剂，成功地实现了甲烷在无氧条件下的选择活化，一步高效生产乙烯、芳烃和氢气等高值化学品。在1090摄氏度高温条件下，甲烷的单程转化率为48.1%、乙烯的选择性为48.4%，所有产物（乙烯、苯和萘）的选择性大于99%。目前该技术尚处于实验室研究阶段，主要在碳氢键活化的基础理论研究方面取得了突破，但是走向工业应用还存在化学工艺和工程技术等诸多问题有待解决。

3. 需解决的关键科技问题

甲烷中首个碳氢键活化并避免其过度氧化是无氧偶联制烯烃技术的关键。硅化物晶格限域单中心铁催化剂的适宜反应温度为1090摄氏度，降低反应温度和催化剂的制备难度，使其能够易于工业化生产，均是目前存在的技术难点。

（六）先进低能耗分离技术

分离是化学工业的重要过程，但也往往是高能耗过程，以热能为基础的工业化学分离过程所消耗的能量占全球年均能量消耗的10%～15%。先进低能耗分离技术不但有利于节约能源消耗，而且能够降低污染、减少二氧化碳排放，甚至能够开辟获取关键资源的新途径。离子液体强化分离技术和膜分离技术都是典型的先进低能耗分离技术。

1. 离子液体强化分离技术

1）技术内涵

离子液体强化分离技术是利用离子液体独特的性质，如酸碱极性可调、正负离子协同、氢键-静电-离子簇耦合、结构可设计及宽的电化学窗口等特点，形成的特殊离子微环境强化分离，改变了传统有机溶剂的相分离过程，为新型分离技术研发提供了新途径，在气体分离、液液分离、萃取分离、液相微萃取等诸多领域效果显著。

2）未来发展方向和趋势

化工过程气体分离是大气污染治理和工业气体资源回收的重要手段。这里以工业气体分离为例，简述离子液体强化分离的发展趋势。离子液体已经在二氧化碳捕集、含氨气体分离等领域展现出很好的应用潜力。离子液体高的内聚能赋予其极低的挥发性，可从源头上消除吸收剂挥发而产生的二次污染，显著降低解吸能耗。特定结构的离子液体可与氨气、二氧化碳等气体分子形成氢键和配位化学键等不同作用，实现对目标气体分子的选择性识别，达到高吸收能力和选择性，为变革性气体分离技术创新提供了重大机遇。

但工业气体分离普遍面临成分复杂、分离过程能耗高、产生二次污染等严峻挑战。对于含二氧化碳气体而言，燃气/燃煤烟气中二氧化碳含量较低（体积分数：

4%～15%），而油田伴生气中二氧化碳分压高，并且浓度波动范围大（体积分数：30%～70%），对分离介质和工艺提出了更高的要求。对于含氨气体而言，我国每年总排放量约160亿标准立方米，涉及合成氨、三聚氰胺、钼化工、冶炼等多个行业。合成氨弛放气中氨浓度低（体积分数：约5%），三聚氰胺尾气同时含有氨气和二氧化碳（体积分数：69%氨气，29%二氧化碳），根据氨气-二氧化碳-氨基甲酸铵三元相图分析，氨气和二氧化碳在低于60摄氏度时极易反应生成氨基甲酸盐，无法直接分离；升高吸收温度虽可避开相图结晶区，但要以牺牲溶剂的吸收容量和选择性为代价，导致溶剂循环量和成本增加，单一吸收工艺难以推广应用。因此，为了满足不同气源的高效分离需求，新型离子液体材料设计及其工艺开发仍是该领域的重大需求和难点，需要开展深入的基础和应用研究。

为了进一步提高气体分离性能并拓展离子液体应用空间，将离子液体与新兴功能材料交叉融合衍生的新一代材料如离子液体杂化材料，成为当前国际研究的热点和趋势。离子液体杂化材料不仅能避免离子液体直接吸收导致传质慢的难题，而且离子液体可与多孔固体材料形成不同形貌和纳微结构，兼具离子液体和多孔材料的共同优势，满足不同气体分离的需求，具有更广阔的应用前景和发展空间。

3）需解决的关键科技问题

需解决的关键科技问题：①新型离子液体材料及离子液体杂化材料的优化设计；②低成本规模化制备技术；③关键分离设备强化及放大设计；④工艺集成优化及工业示范装置的建立。

2. 膜分离技术

1）技术内涵

膜分离技术具有绿色无污染、高效节能、占地少和操作维护简单的显著优点，在二氧化碳捕集、天然气提氦、天然气脱碳、空气分离、氢气分离回收等领域都具有广泛的应用前景。气体的膜分离通过压力驱动，无需相变，因此与传统的气体分离技术（如深冷精馏和变压吸附）相比有望节能70%～90%。膜分离颠覆了传统化工气体分离的工艺流程，是未来石油和能源化工分离的重点发展方向。膜分离技术的节能效应可以大大减少化石燃料消费导致的二氧化碳排放，同时膜分离技术还在碳捕集和氢气回收方面发展迅猛，也将大幅度降低二氧化碳的排放。

2）未来发展方向和趋势

气体分离膜的代表性应用是从合成氨弛放气中回收氢气，已取得很好的经济效益。膜分离技术的核心是膜材料，未来气体分离膜的发展一方面是开发更高性能的膜材料，对膜材料的分子结构和孔结构进行更加精准的调控，并开发出具有优异稳定性的大规模膜组件；另一方面是不断扩展其应用范围，随着"双碳"战略的实施，电厂烟道气中的二氧化碳膜捕集技术具有巨大的应用潜力，未来几年将得到大规模推广。气体分离膜在能源气体中的应用也是未来的重要方向，中国科学院过程工程研究所开发的针对天然气脱碳和天然气提氦的气体分离膜成套技术也在加紧推广和产业化。

3）需解决的关键科技问题

需解决的关键科技问题：①利用分子和纳微结构调控来开发高性能、大面积且无缺陷的膜组件（厚度＜0.2微米），并使膜在使用环境中保持稳定；②改善膜组件内的流体力学和质量传输，解析并减轻膜组件在使用条件下的老化和塑化，创建新的膜组件设计；③膜组件与各种预处理、压缩、污染控制和其他辅助设备优化集成，建立经济性膜工艺分离系统。

（七）固废高效再生利用技术

固废高效再生利用技术是资源节约和环境友好型社会建设不可或缺的重要技术。《关于"十四五"大宗固体废弃物综合利用的指导意见》提出，到2025年，煤矸石、粉煤灰、尾矿（共伴生矿）、冶炼渣、工业副产石膏、建筑垃圾、农作物秸秆等大宗固废的综合利用能力显著提升，利用规模不断扩大，新增大宗固废综合利用率达到60%，存量大宗固废有序减少。固废源头减量和资源化利用是降低碳排放量的重要手段。这里以固废中占比较高的废塑料和无机废物循环利用技术为例进行介绍。

1. 废塑料循环利用技术

1）技术内涵

废塑料循环利用技术是指将生产过程中产生的不合格塑料材料和制品，以及失去使用价值的各种塑料制品进行回收利用的技术。2019年全球塑料产量高达3.88亿吨，其中聚对苯二甲酸乙二醇酯（polyethylene terephthalate，PET）材料是占比最大的聚酯塑料。2008年我国已经成为世界PET生产、消费第一大国，产量占全球一半以上，2015年我国PET消费量已达3500万吨，2020年我国PET需求量超过4500万吨。随着PET产业的迅猛发展，废旧PET的产生量与日俱增。另外，PET的原料为石油和天然气，均为不可再生资源，因此，如何实现废弃PET资源的绿色高效循环利用，已成为当前亟待研究的重要课题。

2）未来发展方向和趋势

废弃PET回收利用方法可分为物理法和化学法，我国物理法回收量占90%以上，但是考虑到环境、资源及高值化等情况，化学回收法已成为PET循环利用的首选解决方案。PET化学回收法具有原料适用性广、产品可控的优点，能够从根本上实现PET的永续循环。但目前国内外化学回收技术尚不成熟，一方面是因为废旧PET降解所用催化剂效率较低，降解产物较多，单体收率低；另一方面，为了提高降解效率，需要较高的降解温度，但极易产生有色副产物，增大了分离难度。因此，高效绿色降解催化剂的开发是实现PET化学回收法工业化的关键所在。离子液体催化剂应用于PET化学回收，其阴阳离子协同作用，可以分别活化醇溶剂的羟基和PET的酯键，实现PET的高效降解，反应条件温和，反应时间短，原料转化率和产物收率高，是极具产业化潜力的绿色新技术。

3）需解决的关键科技问题

PET降解普遍存在催化剂效率低、选择性差的难题，需重点研究新型离子液体催化降解PET的溶解-降解微观过程和阴阳离子协同催化作用机制，解决催化剂循环再利用的问题，以及降解产物纯化的难题，从而使化学法具有经济性，实现化学法的工业化应用。

2. 无机废物循环利用技术

1）技术内涵

无机废物是在生产、生活过程中产生的由无机材料组成的废物，其中来自工业生产的废物产生量最大，并且最具潜在利用价值。工业固废主要包括粉煤灰、煤矸石、冶炼废渣、炉渣、赤泥、污泥等，占固废总量的80%。全国工业固废年排放量约33亿吨，总堆存量约600亿吨，占地超200余万公顷。大量工业固废的堆存不仅侵占土地，而且造成严重的生态环境和安全隐患问题。近年来，随着能源结构的转型升级，我国锂电/光伏产业迅速发展，锂电正极材料和光伏行业晶体硅产量分别占全球总产量的70%和50%以上，新能源产业飞速发展过程中产生的锂电/光伏新兴无机固废存量、增量巨大，其再生循环利用需求迫切。无机废物循环利用是未来绿色低碳发展的必然趋势。

2）未来发展方向和趋势

废物循环利用是指通过回收、加工、循环、交换等方式，从固废中提取或者使其转化为可以利用的资源、能源和其他原材料。例如，利用粉煤灰、钢渣等废物制备绿色建材，实现废物的资源循环利用和促进建材行业节能降碳。我国出台了系列政策大力倡导工业固废资源化、规模化的综合利用。根据《中国资源综合利用年度报告（2019）》，我国工业固废综合利用率仍有较大提升空间。例如，我国的粉煤灰产生量约6亿吨，综合利用量4亿吨，综合利用率约为66.7%。由于工业固废组成复杂，目前资源化利用方式相对比较单一，无法实现固废的高效循环利用。例如，粉煤灰被用于制备混凝土等建筑材料。但是粉煤灰中含有多种有价元素（镓、锗、硒等稀散金属），这些金属资源的有效提取对于我国战略资源的开发利用具有非常重要的意义。锂电/光伏新兴无机固废全组分循环利用中能源金属精深分离与尾渣全量化利用是关键，碳酸锂、再生硅、多孔陶粒、微晶玻璃等是锂电/光伏新兴无机固废再生利用的主要目标产品。实现固废的高效梯级利用、精细化利用是我国固废资源循环利用的发展方向和趋势。

3）需解决的关键科技问题

需解决的关键科技问题：①固废的组成复杂，需研发精准分离技术，以实现其高值化、精细化利用；②开发综合利用工艺和设备，实现固废的梯级综合利用；③开发多系统集成技术，降低固废资源化利用的能量消耗。

（八）化工行业技术发展路线预测

基于以上原料/产品结构优化、工艺技术耦合、节能优化和绿色能源替代等方面的分析，对化工行业系列低碳技术发展路线进行预测，如图3.7所示。

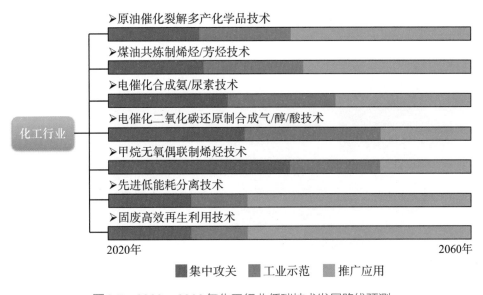

图3.7 2020～2060年化工行业低碳技术发展路线预测

四、 建材行业的低碳技术

建材行业是我国国民经济的基础产业和支柱产业之一,对经济社会的发展发挥着不可或缺的作用。同时建材行业也是二氧化碳排放量较大的行业之一。中国建筑材料联合会初步核算结果显示,2020年我国建筑材料的总产量约25亿吨,二氧化碳排放量约14.8亿吨(不含用电间接排放二氧化碳折算约合1.7亿吨)[①]。

建材行业排放的绝大部分二氧化碳来自水泥生产过程,2020年我国水泥总产量为23.8亿吨,二氧化碳排放量约为12.3亿吨(不含用电间接排放二氧化碳折算约合0.9亿吨),占建材行业总二氧化碳排放量的80%(图3.8左)。我国水泥主要用于房地产建设,同时我国幅员辽阔、江河湖泊较多、地形复杂,修建高速公路、铁路及水利等工程建设都需要大量的水泥。

建材行业的二氧化碳排放主要来自燃料燃烧排放、生产过程(碳酸盐原料分解)排放、用电间接排放三个方面。以水泥生产过程的二氧化碳排放为例,石灰石原料分解约占60%,燃料燃烧约占30%,电力消耗间接二氧化碳排放约占10%(图3.8右)。因此,构建新型绿色低碳的建筑材料生产体系,需要原料低碳、燃料

---

① 中国建筑材料联合会:《中国建筑材料工业碳排放报告(2020年度)》,2021年。

减碳、工艺过程节能等各环节系统的创新技术的支撑，包括替代原料、替代能源、提高能源利用效率等一系列技术的创新突破与推广应用。

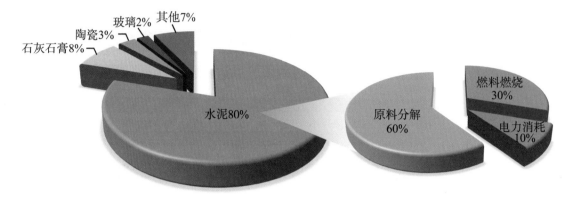

图3.8　中国建材行业二氧化碳排放分布（左）和水泥生产过程二氧化碳排放分布（右）

（一）低碳水泥技术

1. 技术内涵

低碳水泥技术是相对于现有普通硅酸盐水泥（ordinary Portland cement，OPC）体系而言的，通过采用原料替代、新型熟料体系、新型凝胶材料、降低水泥中熟料比例等技术，减少石灰石的使用，从而减少二氧化碳排放。

2. 未来发展方向和趋势

1）原料替代技术

原料替代技术是选用含有较高钙硅元素含量的电石渣、钢渣、粉煤灰、矿渣等工业固废替代石灰石作为水泥生产用原料，以达到减少原料煅烧过程二氧化碳排放的目的。目前，我国大宗固废累计堆存量约600亿吨，年新增堆存量近30亿吨，其中赤泥、磷石膏、钢渣等固废利用率仍较低，占用大量土地资源，存在较大的生态环境安全隐患[①]。同时生产水泥每年需要消耗天然石灰石矿物原料超过20亿吨。因此对工业废渣进行高值化利用，特别是作为天然石灰质原料的替代手段是水泥生产过程协同多行业处置工业废物、降低天然矿物消耗、减少二氧化碳排

---

① 国家发展和改革委员会，科学技术部，工业和信息化部，等：《关于"十四五"大宗固体废弃物综合利用的指导意见》，2021年。

放的一项重要的技术手段。近些年以来，一些发达国家（如德国、瑞士等）通过一系列的研究性实验，以及工程应用的实践，证实了通过预处理及深度加工后的一些工业废渣混合材料（如电石渣、钢渣、粉煤灰、矿渣、火山灰等）胶凝活性明显提高，可以用于替代部分水泥熟料。电石渣等生产水泥熟料的过程二氧化碳排放量明显下降，如常见的湿磨、热料混合干磨、预烘干干磨三种干烧工艺的二氧化碳排放量与常规的OPC熟料生产工艺相比，分别可降低18.8%、21.8%、25.9%。

2）新型熟料体系技术

新型熟料体系技术是指通过采用低碳硅比的硅酸二钙（2CaO·SiO2，简称C2S）、二硅酸三钙（3CaO·2SiO2，简称C3S2）、硅酸钙（CaO·SiO2，简称CS）等作为主要矿相的新型熟料体系，使新型熟料在生产过程中的煅烧温度明显降低，同时过程中二氧化碳排放量也更低。目前世界多国（主要是日本、德国、俄罗斯、中国等）正在研发新型低碳熟料，包括高贝利特低钙熟料、高贝利特硫（铁）铝酸盐熟料、硫铝酸盐熟料等，并创新开发了与其他低硅酸盐矿相性能相似的硫硅酸钙等低钙矿物熟料体系。

3）新型凝胶材料技术

新型凝胶材料技术主要是利用碱性激发剂的激发作用，以工业废渣为主要原料，获得低能耗、低碳排的新型凝胶建筑材料的技术。该技术含义广泛，对应的材料种类众多，主要包括少/无熟料水泥、碱激发凝胶材料、镁质凝胶材料（如硅酸镁制成的气硬性水泥、活性氧化镁支撑的硅酸镁水泥）等。这种二氧化碳排放很少或较少的新型凝胶材料，虽然目前还没有证据表明其可以全面取代OPC，但现在已经有了一些不错的研究成果，预计在不久的将来，其或将被广泛应用，并展现出部分或全部取代OPC的可能性。

4）降低水泥中熟料比例技术

水泥生产过程中熟料直接排放二氧化碳占比约90%，因此降低水泥中熟料比例是最直接的碳减排技术手段[8]。2016年德国水泥工程协会（Verein Deutscher Zementwerke，VDZ）统计资料显示，生产32.5水泥①的碳足迹平均为556千克二

---

① 32.5水泥：水泥强度为32.5的水泥，按照水泥的力学性质分类，表示28天强度达到32.5兆帕。52.5水泥含义与此类同。

氧化碳/吨,而52.5水泥的碳足迹则高达810千克二氧化碳/吨,是32.5水泥的约1.5倍。其主要原因在于32.5水泥的熟料系数低(约0.6);而52.5水泥的熟料系数则高达0.9,是32.5水泥的1.5倍。可见在保证水泥性能和强度等级的基础上,减少熟料用量可显著减少二氧化碳的排放。

3. 需解决的关键科技问题

低碳水泥技术的关键是降低碳酸盐分解产生的二氧化碳排放,研究重点在于突破现有OPC熟料矿物体系,降低高钙矿物含量,从而提高低钙矿物含量或引入其他低钙矿物组分,研究开发新的低碳水泥体系。

(二)燃料替代技术

1. 技术内涵

燃料替代技术是采用各种可燃废物(如废轮胎、废化工溶剂、废机油、动物骨肉、废塑料、废油墨、秸秆等农林木制废物、废棉织物、废家具、生活垃圾、市政污泥、废纸浆纸板等)替代煤等化石能源作为建材生产过程中的燃料。德国水泥工业长期实践经验表明,采用可燃废物每替代1吨标准煤的热量平均可减排0.8~1吨二氧化碳。

2. 未来发展方向和趋势

将可燃废物用作水泥窑的替代燃料技术措施在欧美发达国家从烧废轮胎开始已应用了30年,技术成熟可靠。它们现有的水平是替代燃料(各种废物)对煤的热量替代率(thermal substitution ratio,TSR)已达30%左右。其中,美国和日本的较低,约为15%~20%,德国和荷兰的较高,分别为70%和90%。从TSR来看,这些发达国家正处于扩大覆盖面和最后冲刺达到100%的阶段。然而我国在实现这项技术的路途上经历了十多年的艰辛探索与创新,近年终于成功地攻克了废物(生活垃圾、市政污泥等)水分含量高、热值低、处置难等一系列技术难题,现在正处于进一步大批推广的阶段。目前全国的TSR很低,仅1%~2%左右,发展空间很大。

1)利用高热值危废替代水泥窑燃料综合技术

采用成套水泥窑可替代燃料开发技术工艺,针对形态不同的危废,现有两种不同的处置方案：液态高热值危废通过调配、过滤等手段预处理，打入防静电、泄压储罐再次过滤后，喷入水泥窑内焚烧；固态高热值废物通过增设的回转式固废焚烧炉燃烧，产生的热气、残渣进入分解炉，热量100%用于熟料煅烧，残渣中的无机物作为熟料替代，重金属固化于熟料晶格，可实现废物替代部分燃料，替代率达23%～25%，节能效果好。预计未来五年将节能15万吨标准煤/年，减排二氧化碳约37万吨/年，虽然减排量很少，但该技术是水泥行业与其他行业协同发展，开展碳减排环保工作的必然趋势。

2）新能源（包括绿电、绿氢、光伏、微波、红外等）替代技术

新能源替代技术[①]是采用清洁的绿电、绿氢、光伏、微波、红外等新能源替代煤炭、废物等作为煅烧水泥熟料的能源。这项技术是目前世界各国的研究热点，研究发现水泥熟料煅烧采用绿氢替代燃煤可减少二氧化碳排放30%以上，窑炉烟气中二氧化碳浓度可达到95%，为后续的CCUS提供了便利。目前一些小型试验研究及模拟分析，已经初步证实了绿氢煅烧水泥熟料的可行性，预计新能源替代技术未来将成为建材行业碳中和的重要技术手段。

3. 需解决的关键科技问题

1）利用高热值危废替代水泥窑燃料综合技术

替代燃料技术的关键是对不同形态（含固态、液态、气态、混合态）的可燃废物处理方案的研究、对替代燃料处理设备的研究、对现有窑炉的升级改造。同时需特别注意环境控制和产品品质保障，固废一般会含有一定量的杂质甚至有害组分。因此采用固废作为燃料，其对工艺与产品质量稳定性及环境安全性的影响不可忽视。特别是如放射性废物、爆炸废物、反应性废物、未知特性和未经鉴定等可能存在危险的可燃废物等不能作为替代燃料。

2）新能源（包括绿电、绿氢、光伏、微波、红外等）替代技术

新能源替代技术的关键：①新能源技术自身的研发突破；②稳定的新能源供给系统的建立；③新能源在煅烧过程中应用所需的关键设备的自主研制。

---

① 国务院：《2030年前碳达峰行动方案》，2021年。

（三）提升能源利用效率技术

1. 技术内涵

提升能源利用效率是通过使用节能窑炉等节能设备降低能耗，同时综合应用窑炉尾气余热发电技术、高效冷却技术、高效磨粉技术等多种技术降低建材生产工程中能耗的一种手段。这些技术目前已相对成熟，是未来五年内建材行业碳减排成本最低、最具可操作性的重要技术手段。

2. 未来发展方向和趋势

1）新型水泥熟料冷却技术

采用新型前吹高效篦板、高效急冷斜坡、高温区细分供风、新型高温耐磨材料、智能化"自动驾驶"、新型流量调节阀等技术，通过风冷可实现对高温热熟料的冷却并完成热量的交换和回收，中置辊式破碎机将熟料破碎至小于25毫米的粒度，同时步进式结构的篦床将熟料输送至下一道工序，热回收效率高、输送运转率高、磨损低，可有效降低电耗。预计未来五年将节能120万吨标准煤/年，减排二氧化碳约300万吨/年。

2）外循环生料立磨技术

采用外循环立磨系统工艺，将立磨的研磨和分选功能分开，物料在外循环立磨中经过研磨后全部排到磨机外，经过提升机进入组合式选粉机进行分选，分选后的成品进入旋风收尘器收集，粗颗粒物料回到立磨进行再次研磨。所有的物料均通过机械提升，能源利用效率大幅提升，系统气体阻力降低5000帕，降低了通风能耗和电耗。预计未来五年将节能9.6万吨标准煤/年，减排二氧化碳约24万吨/年。

3）低温余热发电技术

水泥低温余热发电技术是指通过余热回收装置将水泥熟料生产过程中窑炉窑头、窑尾产生的大量低品位废气的热量进行回收，并与水通过热交换产生蒸汽，通过蒸汽推动汽轮机将热能转换成机械能，从而带动发电机进行发电，发动机发出的电能可以为水泥生产过程提供电力供给。水泥熟料生产过程中的窑头冷却机和窑尾预热器排出的废气一般在350~400摄氏度，这部分热能大约占熟料烧成过程总耗热量的35%，若直接排放到大气中，不仅会造成能源的浪费，还不利于大气环境的保护。低温余热发电技术的应用，可以将这部分热能转换成电能并应用于水泥的生产过程，可降低水泥熟料生产过程综合电耗约60%，可降低水泥产品综合能耗约18%，可将水泥企业的能源利用效率提高到95%以上，经济效益非常可观。

3. 需解决的关键科技问题

1）新型水泥熟料冷却技术

新型水泥熟料冷却技术的关键科技问题主要包括：新型前吹高效篦板设计、高效急冷斜坡角度研究、高温区细分供风系统建立、新型高温耐磨材料研发、智能化"自动驾驶"系统建立、新型流量调节阀研制等。

2）外循环生料立磨技术

新型外循环立磨系统工艺的关键技术在于将立磨的研磨和分选功能分开，关键问题主要是从全套系统工艺平衡的角度来进行工艺设计和设备研制。

3）低温余热发电技术

低温余热发电技术的关键科技问题：①面对中、低品位的热源如何提高发电效率；②余热锅炉如何适应低温的、含尘浓度高的废气，因为废气温度低就要增加换热面积，废气的含尘浓度高会带来传热性能降低，并加快设备磨损，尤其是窑头余热锅炉的磨损，甚至恶性堵灰事故造成的系统可靠性降低。

（四）富/全氧燃烧技术

1. 技术内涵

富/全氧燃烧技术是一种高效强化燃烧技术，主要通过增加入窑空气氧气含量（氧浓度大于21%称为富氧燃烧，使用纯氧的称为全氧燃烧），进而提高窑内火焰温度、提高传热效率、提高燃料燃尽率、提高燃烧效率、强化煤粉燃烧、减少燃料使用量、降低出窑废气带走热量等，从而提高烟气中二氧化碳的浓度，为后续碳捕集、纯化和利用提供便利，以降低二氧化碳等温室气体排放，提高熟料品质，实现窑产量大幅度提升，同时降低能源消耗。该技术适用于所有水泥熟料的生产，尤其对于协同处置废物的过程，应用效果更加明显。

2. 未来发展方向和趋势

随着工业技术的发展，一些发达国家早已意识到环境的污染，特别是不可再生资源的日益减少等问题，能源危机迫使它们在能源利用技术领域开始投入，走上研发之路，20世纪80年代初期，多数发达国家都投入巨大人力、物力对膜法富氧燃烧技术进行研究。当时美国通用电气公司（General Electric Company，简称GE）、日本松下公司均已研制出成熟的工业富氧燃烧系统。近年来，国内外加快了富氧燃烧技术在水泥生产中的应用研究，韩国工业案例公司（Industrial Cases）和空气产品公司（Air Products）共同开发了富氧燃烧技术在水泥窑中的应用，通过提高加入分解炉三次风中的氧气含量，以突破回转窑产量瓶颈，增加熟料产量10%～20%，提高了燃料燃烧效率，减少了二氧化碳等温室气体的排放。

国内方面，首台应用于水泥回转窑的富氧燃烧节能装置于2011年4月在烟台海洋水泥有限公司正式投入运行。2012年7月18日，富氧燃烧节能装置在河南天瑞集团汝州水泥有限公司5000吨/天的水泥回转窑上投入试运行。这是目前我国水泥窑炉配备的最大富氧燃烧装置，在不增加燃料的前提下，窑炉火焰温度相对提高200摄氏度，可节约燃煤11.2%，节能率达到10%。此外，北京新北水水泥有限责任公司在国内水泥窑首条利用工业废物环保示范线上应用了富氧燃烧技术，可以降低煤粉消耗，提高水泥窑工业废物处理能力，减少窑尾结皮现象，延长掺烧废物连续作业时间。富氧燃烧技术在回转窑的众多案例中均取得了良好的应用效果，属于近年发展起来的节能环保技术，也在逐渐成为国内外水泥生产节能降耗重大技术的进步方向。同时该技术在玻璃行业的应用已经比较成熟，2018年底，彩虹（合肥）光伏有限公司的光伏玻璃全球最大的日引出量800吨全氧燃烧建设项目已正式投产全线贯通，而在此之前日引出量750吨的"彩虹光伏1号"全氧燃烧光伏玻璃窑炉已于2015年投产运行，较普通窑炉节能30%，窑炉烟气排放指标远低于国家标准，良品率达行业领先水平。但此项技术在陶瓷领域应用较少，尤其是连续性陶瓷窑炉的实验需要开展更多的研究工作。

3. 需解决的关键科技问题

富/全氧燃烧技术是水泥工业在节能降耗、低碳生产道路上迈出的重要的一步。然而水泥窑炉富/全氧燃烧技术仍有一些需要解决的关键科技问题：①要加强对富/全氧燃烧技术在水泥回转窑中的应用研究，进一步进行有关富/全氧燃烧对水泥生产影响机理方面的研究；②在制氧技术和设备、燃烧设备及工艺操作方面做相应调整，如研究高效制氧技术、研制新型燃烧器等；③进行窑炉内用耐高温材料的研究，以满足水泥回转窑生产中所要求的火焰及温度场需求。

（五）陶瓷原料干法制粉技术

1. 技术内涵

陶瓷原料干法制粉技术采用"预破碎机、立磨机"进行的"粗→细、干→干"操作，将原材料干法粉碎和细磨后，细粉料与水混合达到增湿造粒的作用，过湿的粉料再经干燥、筛分和闷料（陈腐）后制备成粉料用于干压成型，建立高效节能的陶瓷原料干法制粉工艺流程，实现陶瓷生产高效节能。

2. 未来发展方向和趋势

国外对建筑陶瓷原料干法制粉技术的研究可追溯到20世纪80年代初期。同喷雾干燥技术相比，干法制粉工艺节水、节能（特别是降低干燥热耗）的优势显著，从而实现了快速的发展。比较典型的、具有代表性的公司包括德国的爱立许（EIRICH）公司、英国的Atritor公司以及意大利的L.B.公司、M.S公司、GMV公司。近年来，意大利L.B.公司在墙地砖装饰技术领域也运用了此项干法工艺，该公司研制开发的大颗粒色斑造粒机可制造出3～15毫米的大颗粒色斑，最终获得的墙地砖与天然的石材所具有的性能和使用效果几乎相同，而且这种美观的装饰使得产品的档次显著提高。意大利GMV公司专门对干法制粉工艺及相关配套装备进行了研发。英国Atritor公司也对干磨设备进行了相关研究。德国爱立许公司研发出了能耗相对较小、制备出的粉料性能较好并且可以得到吸水率低于1%的陶瓷砖的干法工艺，该工艺2012年在陶瓷工业最新节能制备工艺——干法造粒制备瓷砖技术推介会上进行了推广。在国内，山东义科节能科技股份有限公司与佛山市溶洲建筑陶瓷二厂有限公司的干法制粉项目在2013年、2014年相继投产后，2015年广东博晖机电有限公司与意大利L.B.公司达成合作，近年来国内也增加了一个新的干法制粉项目——山东东鹏干法制粉示范生产线。2016年，咸阳陶瓷研究设计院有限公司的"陶瓷砖新型干法短流程工艺关键技术与示范"通过了技术鉴定。可以看出，目前国内对于新型干法制粉技术的研究相对较多，处于进程加快阶段。但与国外相比仍存在一定的差距，缺乏自主创新，在成粒机理的研究上相对匮乏。

3. 需解决的关键科技问题

陶瓷原料干法制粉技术的关键问题：①要加强对干法制粉技术成粒机理的理论研究。目前国内外在干法制粉成粒机理方面的研究相对较少，对干法制粉工艺中成粒过程的描述缺乏理论基础和科学实验的依据。造粒过程中成粒机理的明确将有助于现有干法造粒设备的优化，并且能够推动新的干法造粒设备的研发。②进一步提高干法造粒设备的自动化水平。现有的干法造粒设备仍有许多工序需要人工辅助，并且缺乏成粒过程的在线监测和自动反馈，从而对最终产品的质量和产量存在重要的影响。因此，提高设备的自动化水平可以显著提高造粒效率和产品质量。③要明确各因素对干法制粉技术的影响规律。采用数值模拟与实验研究相结合的方法，探索并揭示粉料造粒过程中各项因素对粉料造粒产量、质量的影响规律，最终实现造粒粉料的"产量有保证、质量能调控"的效果。

（六）陶瓷产品薄型化技术

1. 技术内涵

陶瓷产品的薄型化（包括卫生陶瓷的轻量化）技术是在保证产品性能和满足生产工序、产品运输、施工铺贴、实际使用等各项要求的前提下，采用新技术、新工艺、新方法实现的大规格陶瓷薄板生产的技术。产品的薄型化一直是行业内节能节材发展的一个方向，在保证产品质量的前提下，通过产品的减薄或轻量化，可有效减少原材料的使用，同时也可减少能源的消耗。目前市场上大规格陶瓷砖厚度一般都在10毫米以上，某些特殊产品甚至达到了25毫米。研究表明，陶瓷产品厚度降至传统陶瓷砖的1/3，过程可节约原材料资源超过60%，整体节能超过40%，二氧化硫、二氧化碳等气体排放将减少20%～30%。

2. 未来发展方向和趋势

20世纪80年代初，日本东丽株式会社最早提出陶瓷薄板的概念。与普通陶瓷砖相比，其厚度为3～6毫米，仅为普通陶瓷砖厚度的1/4～1/3。2002年，由意大利的西斯特姆（System）公司首创薄板技术，开始实现陶瓷薄板的工业化生产。2006年，西班牙也成功开发了陶瓷薄板相关的技术。随后，欧美其他国家，如墨西哥等相继推出陶瓷薄板。截至2007年，陶瓷薄板在欧洲占据了70%以上的市场比例，陶瓷薄板与喷墨一起成为国际陶瓷展的两大热点。2004年，我国科技攻关项目"大规格超薄建筑陶瓷砖制造工艺及装备技术的研究与开发"专家论证会在佛山南庄成功举行，标志着我国陶瓷薄板项目研发顺利启动。据统计，2018年我国建筑陶瓷厚度一般在9～12毫米，仿古瓷砖厚度甚至达到15～18毫米。未来厚度小于6毫米的陶瓷板生产线和装备开发与应用仍是我国建筑卫生陶瓷的重点发展方向。

3. 需解决的关键科技问题

陶瓷产品薄型化技术的关键问题：①加强工艺配方、增强增韧、半成品输送、烧成工艺等工艺技术问题的研究；②重点研究自动精确的连续配料、干磨、喷水造粒、流化干燥系统等关键技术，实现工艺系统的全自动功能。

（七）低温玻璃技术

1. 技术内涵

低温玻璃技术是使用非晶二氧化硅纳米复合材料的高通量注射成型工艺，该工艺结合了现有工艺技术和低能量烧结等优势，可在低温（1300摄氏度）下制备玻璃品。

2. 未来发展方向和趋势

2021年4月9日，《科学》（*Science*）以封面文章的形式发表了德国弗莱堡大学弗雷德里克·科茨（Frederik Kotz）教授等撰写的题为"High-throughput injection molding of transparent fused silica glass"（《透明熔融石英玻璃的高通量注射成型》）的研究成果，借鉴聚合物加工技术，使用热塑性二氧化硅纳米复合材料，将低温注塑成型工艺与水基脱脂和低温烧结工艺相结合，开发了一种可以与注塑成型技术兼容的新型玻璃加工工艺，实现了高精密度、表面极其光滑的精美玻璃制品的制备。该工艺结合了现有工艺技术和低能量烧结等优势，可在低温（1300摄氏度）下制备玻璃产品，大幅度降低能源消耗，更为重要的是，复合材料中使用的聚合物可以回收和再利用，而且不需要复杂的专业设备，能耗较传统玻璃加工工艺（＞2000摄氏度）降低40%以上。使用同样的高通量制造方法，使聚合物成为21世纪最重要的材料类别之一。通过利用玻璃相对于聚合物的固有优势，同时依赖现有的商业机器，这项技术在未来很可能会带来玻璃工业的变革，将目前高能耗的玻璃加工升级为更具经济竞争力的聚合物加工。

3. 需解决的关键科技问题

需解决的关键科技问题：①固体热塑性二氧化硅纳米复合材料大规模制备工艺和设备的开发设计；②针对该技术中两步溶剂脱脂流程温差较大的问题，开展工艺过程能量梯级利用的可行性研究；③针对目前生产的工件一般较小（仅为几毫米）问题，开展该工艺在大尺寸平板玻璃生产中应用可能存在的问题及解决方案的研究；④该工艺技术和相关设备的自主化设计、现有工艺设备的升级改造等。

（八）建材行业技术发展路线预测

建材行业绿色低碳的技术途径主要从降低石灰石原料用量和降低化石能源消耗两个方面考虑。基于以上各类主要技术的分析结果，对建材行业系列低碳技术的发展进行预测，如图3.9所示。

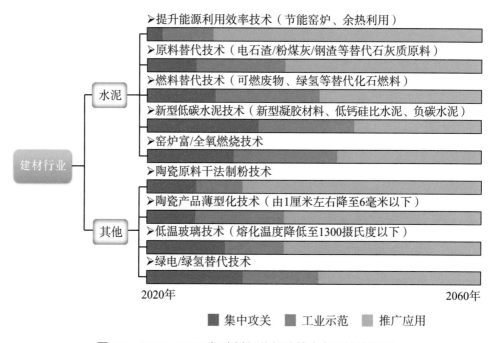

图3.9　2020～2060年建材行业低碳技术发展路线预测

五、　其他行业的低碳技术

节约能源、减少碳排放是未来的发展趋势。除上述行业外，工业部门其他行业如纺织、造纸、化学纤维制造业、医药制造业、食品制造业等行业对低碳化生产及加工技术的渴求也愈发强烈。

根据国家发展和改革委员会公布的换算标准，通过行业能源消费总量可估算各行业的二氧化碳排放量。2020年，我国纺织行业的能源消费总量为6982万吨标准煤，约占全国能源消费总量的1.4%。2020年，造纸行业能源消费总量为3927万吨标准煤，约占全国能源消费总量的0.79%。化学纤维制造业能源消费总量由2016年的2075万吨标准煤增加到2020年的2355万吨标准煤。近年来，医药制造业能源消费总量变化不明显。食品制造业能源消费总量由2016年的1976万吨标准煤增加到2020年的2148万吨标准煤[①]。

上述工业部门其他行业的碳排放主要来源于能源消耗排放和用水消耗排放。在能源消耗方面，对化石燃料作为直接能源的依赖性较大。此外，上述行业在生产、加工制造过程中对工业用水的需求量比较大，所产生的废水在污水处理阶段也会产生大量的碳排放。因此，优化以煤炭为主的能源结构，提高能源利用效率，优化污水处理工艺，对相关行业的低碳化生产有着重要意义。

（一）纺织行业低碳综合利用技术

1. 技术内涵

纺织行业是我国重要的民生产业，同时也是国民经济的重要支柱产业，但高能耗、高水耗及大量的废水排放是整个纺织行业普遍存在的问题。为推动纺织行业的低碳发展，实现碳达峰、碳中和的战略目标，行业进行技术改造和转型升级已迫在眉睫。

2. 未来发展方向和趋势

纺织行业属于高能耗行业，对煤炭、石油、天然气等直接能源的依赖性比较高。优化能源结构，降低纺织企业对煤炭、石油等直接能源的依赖性，充分利用太阳能、风能等可再生能源，加强能源高效清洁利用，提高能源利用效率，是推动企业绿色化发展的必然趋势。

我国纺织行业设备水平、工艺技术水平比较落后，纺织业的染整环节水耗高，污染严重，且污水回用率低，污水处理消耗大量能源，造成碳排放量增加。企业需

---

① 国家统计局分行业能源消费总量多年度数据。

增强绿色发展、低碳发展的主观意识，促进行业环保技术优化，加大科研力度，研发出高效可循环的清洁生产工艺和先进的生产设备，重点推广无水染色技术及无水染色设备，降低废水排放量，争取实现零水耗，从而真正地实现低碳化生产。

我国废旧纺织品以每年超过10%的速度快速增长。目前，废旧纺织品回收主要包括机械法、物理法和化学法。其中，化学法回收废旧纺织品技术是将纤维分子解聚成低聚物、酯单体甚至原料单体后再加以利用，该技术工序复杂、成本高，导致废旧纺织品的回收利用率较低，造成资源浪费和严重污染。为了减少废旧纺织品造成的浪费和污染，一方面需要企业对回收工艺进行优化升级，另一方面需引导大众绿色消费、理性消费，建立绿色消费理念，避免盲目消费，减少浪费及废物排放。

3. 需解决的关键科技问题

高能耗、高水耗是纺织行业亟待解决的技术难题。优化能源结构、提升能源利用效率是关键，其次是加强技术研发，升级生产设备，争取实现零水耗，减少碳排放，促进实现碳达峰、碳中和目标。

（二）造纸行业低碳技术

1. 技术内涵

我国对纸制品的需求量较大，造纸企业数量多，生产量大，碳排放总量也随之增加。造纸行业的碳排放来源主要包括化石燃料燃烧排放二氧化碳、净购入电力或热力产生二氧化碳、石灰石分解反应及造纸废水厌氧处理排放等。其中，化石燃料燃烧所产生的碳排放是造纸行业的主要碳排放类型。此外，造纸行业的废水排放及废纸回收再利用过程的废纸脱墨处理工艺也极易造成环境污染，产生大量碳排放。

2. 未来发展方向和趋势

目前，造纸过程的蒸汽冷凝回收、纸机气罩热能回收、造纸靴型压榨、废纸纤维回收再利用等相关节能减排技术基本已在行业内实现普及。国内一些造纸企业从减少能耗着手，主要采用连续蒸煮、余热回收、废纸再利用、热电联产和能源自给等节能技术改造提高能源利用效率，预计到2030年实现上述节能技术的行业内普及。此外，还可回收厌氧废水处理工艺产生的甲烷，在原料加工时回收树皮及废木料等生物质能源，在制浆过程中回收黑液作为生物质资源，利用生物质精炼技术使生物质能源替代燃煤，降低碳排放量。

造纸行业是一个水耗较高的行业，废水处理也是造成环保问题的主要因素。因此，相关造纸企业可在生产工艺中采取白水封闭、分级回用技术，根据不同造纸工段对水质的不同要求优化加入新鲜水的工艺位置，并提高白水封闭程度，从而提高水的利用效率，减少废水的排放。从废水处理工艺来看，造纸企业常常采用生化、化学氧化和物化相结合的污水处理工艺，结合实际废水产生情况，提供相应造纸废水的综合处理技术，如臭氧高级氧化、膜组合及生化法等工艺对造纸废水进行深度处理，减少废水排放，实现处理后的产水可用于中水回用。

3. 需解决的关键科技问题

造纸行业实现低碳排放的关键是优化行业能源结构，减少化石燃料使用，提高生物质能源使用比例，利用可再生能源替代煤炭，构建以新型能源为主的电力控制系统。同时，采用燃煤清洁利用技术，提高能源利用效率。另外，减少废水排放也是解决造纸行业碳排放量大的问题的关键，可以优化造纸工艺、污水处理工艺，提高废纸回收率及资源利用率，从而降低碳排放量。

（三）生物基化学纤维低碳技术

1. 技术内涵

我国化学纤维制造业是具有国际竞争优势的基础材料产业，是先进制造业和新材料产业的重要组成部分，也是化学纤维制造业产业链稳定发展和持续创新的核心支撑。推动化学纤维制造业绿色低碳循环发展，促进纤维低碳制造技术全面转型，已经成为面对国际纤维制造产业链、供应链格局调整重构和化纤行业发展的新机遇、新挑战。

2. 未来发展方向和趋势

近几年，我国化学纤维年产量超6000万吨，其中涤纶产量占到了80%以上[1]，大力推进化学法再生涤纶规模化、低成本生产的关键技术研发和产业化对于化学纤维行业实现绿色低碳转型尤为重要。锦纶作为第二大产量的化学纤维，推动再生锦纶的规

---

[1]　中国化学纤维工业协会：《2021年中国化纤行业运行分析与2022年展望》，2022年。

模化发展会进一步推进纤维低碳技术的进步。与此同时，推进再生丙纶、再生氨纶、再生腈纶、再生高性能纤维等品种的关键技术研发和产业化发展也有利于促进纤维制造技术的低碳化发展。

生物基化学纤维是指纤维原材料或部分原材料为生物来源的纤维。经过高分子化学、物理技术及纺丝工艺等工序制备，其具备源于可再生资源、部分使用后可自然降解的优点，对缓解资源危机和环境污染、实现可持续发展具有重要意义。生物基化学纤维已被定性为纺织业碳中和的突破口，如图3.10所示。生物基化学纤维主要包括新型纤维素纤维、生物基合成纤维、海洋生物基纤维和生物蛋白纤维四大类，处于产业发展的初期或者研发阶段，其中部分已经实现产业化生产，且产品种类不断增多，在服装、家纺、医疗、卫生等不同领域得到应用。

图3.10　纤维象限图

PBT：聚对苯二甲酸丁二酯。PP：聚丙烯。PTT：聚对苯二甲酸丙二酯。PEF：聚乙烯纤维
依据纺织科学研究微信公众号发布的《一文带你了解生物基化学纤维》中的纤维象限图重绘

与石油基化纤产品相比，生物基化学纤维有两大优势：一方面，生物基纤维原料来源于动植物，具有可再生优势；另一方面，该类材料具有较低的碳足迹，无论是生产环节的低碳化，还是废弃处理环节的可溶解性，生物基纤维在整个周期内基本不产生额外碳排放，因此被称为负碳材料。重点发展生物基化学纤维工程和规模化生产关键技术，开发高品质差别化产品，加强应用技术开发，有望实现生物基纤维及制品的高品质化、功能化、低成本化。再生纤维素纤维是一类重要的生物基化学纤维，原料来自自然界储量巨大的天然纤维素，生产出的再生纤维素纤维融合了天然纤维与化学纤维的特性，源于自然而好于自然，大力推广再生纤维素纤维关键技术的研发及规模化，有助于从纤维制造源头实现低碳绿色转型。

3. 需解决的关键科技问题

受限于国家进口政策和价格压力，再生涤纶原材料短缺现象比较严重，需要拓宽原材料的来源，如聚酯类的废旧纺织品、废旧衣物回收，打包带、膜材、片材等材料的回收。生产工艺方面，需大力发展化学法再生涤纶规模化、低成本生产的关键技术研发，同时完善物理法回收的产业化发展，打造立体多级再生涤纶的回收再利用体系，实现废弃涤纶的完全循环再生利用。

生物基纤维中，溶解性纤维（Lyocell纤维）已经开始走向工业化，但是仍然面临着诸多关键科技问题，其中原纤化（纤维表面分裂出细小的微纤维）就是Lyocell纤维的一个最显著的特征，虽然合适的原纤化效果可以应用在医用纱布、衬垫和过滤等领域，但原纤化的不可控性使其在过度原纤化时不仅影响美观，对纤维的强度也存在一定挑战。因此需要从Lyocell纤维生产工艺，如原料的预处理、干喷湿法纺丝工艺、纺丝设备及纤维的后处理等方面来进行控制。对低原纤化Lyocell纤维的研发不仅有助于应用市场的拓展，还能满足不同用途的需要，实践表明开发成熟的低原纤化Lyocell纤维的工业化生产方案迫在眉睫。与此同时，通过物理和化学手段对Lyocell纤维进行改性处理，可获得多功能的差别化纤维产品如阻燃、抗菌、导电及相变材料等。目前Lyocell纤维普遍存在着力学性能下降明显和持久性差等问题，需要进一步优化改性处理工艺，赋予Lyocell纤维高附加值，使其获得更广阔的发展空间。

类似于Lyocell纤维，离子液体溶剂法再生纤维素纤维也符合未来绿色低碳技术的发展方向，采用环保易得、可回收的新型绿色溶剂——离子液体。离子液体自身的特殊性质避免了再生纤维出现原纤化，制备出的再生纤维也具有良好的特性和应用价值，目前主要集中于离子液体溶解纤维素的机理、溶解参数（温度、时间、溶解度等）优化等研究，缺少对再生纤维的制备与表征、离子液体再生循环利用等的系统研究。离子液体溶剂法再生纤维素纤维的制备过程包括纤维素的溶解、再生、纺丝成型、牵伸水洗[9]，孤立地研究任何一个过程，都难以获得结构与性能均一的再生纤维。因此，需要进一步研究纤维再生机理和调控机制，并进一步优化纺丝工艺参数，设计与之相匹配的纺丝设备，做到全流程绿色低碳升级，真正实现再生纤维的国产制造。

（四）医药制造业节能减排技术

1. 技术内涵

医药制造业的快速发展对国民经济发展发挥着重要的推动作用，但引起的环境问题也日益突出。制药企业机械设备在工作过程中会消耗大量能源，如电能、水、天然气等。废物排放，如制药废气、废水和污泥等，也对周围环境产生恶劣影响。因此，医药制造业迫切需要调整和改进相关技术，完善管理系统，贯彻落实节能减排政策。

2. 未来发展方向和趋势

对于机械设备在工作过程中消耗大量能源的问题，需要建立健全的环境管理系统、深化节能减排的正确实施理念，有效遵循国家相关部门制定的管理政策。引进高节能性、高技术层次设备，如MVR（mechanical vapor recompression，机械蒸汽再压缩）蒸发器（主要应用于医药制造业的新型高效节能蒸发设备）、磁悬浮冷水机、三维热管等，采用节能电机，有效减少机械设备在能源消耗控制及环境污染方面所产生的问题。合理设计制药工艺，尽可能地选择清洁能源，制药企业可结合实际地理位置，引入太阳能发电，同时回收利用设备在工作过程中产生的余热。在制药污泥方面，添加制药污泥基生物炭，降低反应活化能，抑制甲烷和二氧化碳的生成。在污水处理过程中，可引入中水处理设备，有效利用处理后的合格中水进行二次灌溉、清洁等，减少废水处理工段的碳排放量。针对医药制造业废气排放量大、排放节点多、污染物种类复杂等特点，催化燃烧因其经济环保性、应用灵活性，成为处理制药挥发性有机物的合适选择。目前单一的挥发性有机物治理方法，如冷凝法、吸附法、生物法、燃烧法等，难以达到净化要求，可采用多技术耦合工艺处理制药过程排放的废气。

3. 需解决的关键科技问题

制药工业大气污染物排放标准制定较晚，废气组成复杂，导致其治理技术滞后、治理系统不完善。因此，进一步深入探究医药制造业废气特征，研制高效稳定净化废气的催化剂是亟待解决的关键问题。考虑多技术耦合工艺综合治理医药制造业废气，尽可能降低废气治理费用，以达到低污染、低碳排放的目的。

（五）食品制造业的节热、低碳技术

1. 技术内涵

在低碳经济发展背景下，加快发展我国食品产业低碳生产及加工技术刻不容缓。走绿色低碳之路，不仅为我国国民的食品安全和卫生健康提供了保障，也是食品制造业改革的主要前进方向。

2. 未来发展方向和趋势

食品制造业需要把提升食品的卫生健康及质量水平、提高节能环保绿色经济效益、调整产业内部生产结构、提高产业自身环保素养和推动现代化产业低碳发展作为推动食品制造业各项工作的着重点，同时要严格按照卫生标准进行生产，把加强绿色健康经济建设作为推动食品制造业发展的重要内容和前进方向，把强化生产基地建设作为我国食品制造业的重要工作目标。

食品制造业的碳排放主要源于原料生产、加工制造、包装运输等阶段。食品制造业在加工制造过程中消耗的能量主要来自加工工艺、设备消耗、冷却工艺、污水处理等。目前，食品加工采取的节能措施主要包括采用多效蒸发系统和热泵蒸发器、冷凝水自蒸发的利用以及额外蒸汽的引出，上述措施都是从蒸汽利用方面来考虑节能减排的。结合采用清洁能源的大方向，可使用太阳能、地热能、生物质能等来代替食品加工厂以煤炭为主的能源消耗。在食品包装加工工序中，行业必须严格管控包装材料的性能，选择低碳、绿色的材料作为包装材料，尽可能降低包装材料对自然环境的影响。对于食品制造业企业而言，低能耗低排放制造工艺及装备技术、资源循环利用技术、能源回收利用技术、低碳材料的应用等均有利于企业低碳化、绿色化发展，也是未来的技术发展趋势。

3. 需解决的关键科技问题

食品制造业的低碳减排与节能技术密不可分，综合考虑成本效益，将太阳能集热设备、地源热泵设备与工厂原有的蒸汽节能设备整合到一起，形成完整的系统是关键。同时，大大减少煤炭、石油等不可再生能源的使用，有利于我国低碳经济的发展。

（六）其他行业低碳技术发展路线预测

基于以上对有关技术的分析，对工业部门其他行业低碳技术的发展路线进行了预测，如图3.11所示。

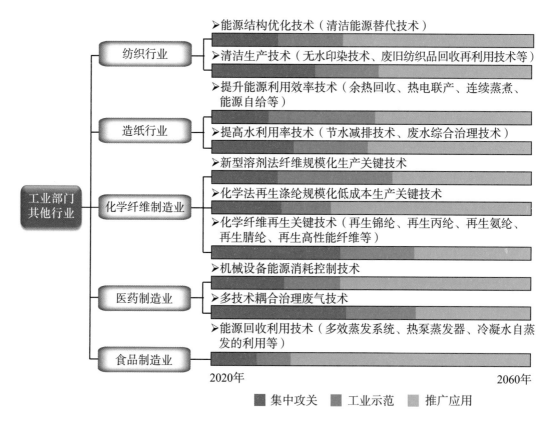

图3.11　2020～2060年工业部门其他行业低碳技术发展路线预测

作　者：张锁江　石春艳　王红岩　王　倩　宋　婷　张国帅　余　敏　聂　毅

审稿人：韩布兴　徐春明　郭占成　郅　晓　叶家元　李建强　方少明　王　珍

编　辑：杨　震　刘　冉　李丽娇

我国的交通运输网络日趋完善，基础设施建设高速发展，整体规模已位居世界前列，随之而来的交通部门能源消费量也在快速增长，交通运输已成为能源消费和碳排放的关键领域。本节通过对我国交通部门的能源消费及碳排放数据的整理分析，阐释了成品油占交通运输终端用能比重高，公路运输碳排放占比最大，航空、水运和铁路运输产生的碳排放占比虽小，却是碳减排难点等基础特征；以电力、氢能、天然气、先进生物液体燃料等新能源、清洁能源在交通运输领域中的应用为重点，对公路、铁路、水运、航空各领域的关键低碳技术进行梳理，分析了相关技术的内涵、未来发展方向和趋势、需解决的关键科技问题；为实现交通运输领域的低碳发展，给出了未来低碳技术的发展主线和需要聚焦的重要举措，并对关键低碳技术的发展路线进行了预测。

一、 交通部门低碳化发展的重要性

交通运输是国民经济中基础性、先导性、战略性的产业和重要的服务性行业，是现代化经济体系的重要组成部分，同时也是能源消费和温室气体排放的重点领域。截至2020年交通部门的二氧化碳排放约占我国二氧化碳排放总量的10%，增速较快，且未来能耗及碳排放仍有较大的上升空间，加快绿色低碳转型是实现我国交通可持续发展的必由之路。

2021年10月，国务院印发《2030年前碳达峰行动方案》，给出了在碳达峰目标下交通运输的具体发展方向，未来要以能源安全战略和交通强国战略为指引，加快建立交通强国所需的科技创新体系，发挥科技创新的支撑引领作用，推动运输工具装备低碳转型，构建绿色高效交通运输体系，加快绿色交通基础设施建设①，发展低碳可持续交通。

1. 交通基础设施发展强劲，规模居世界前列

我国交通基础设施发展迅速，基本形成以"十纵十横"综合运输大通道为主骨架、内畅外通的综合立体交通网络[10]。高速铁路营业里程、高速公路里程、内河航道通航里程、民用运输机场数量等位居世界前列。2021年我国交通基础设施主要规模如图3.12所示。

公路总里程	高速公路里程	铁路营业里程	高速铁路营业里程

528.07 万公里 世界第二	16.91 万公里 世界第一	15 万公里 世界第二	4 万公里 世界第一

城市轨道交通 运营里程	内河航道 通航里程	港口万吨级及 以上泊位数量	民用运输 机场数量

8708 公里 世界第一	12.76 万公里 世界第一	2659 个 世界第一	248 个 世界前列

图3.12　2021年我国交通基础设施主要规模

基于《2021年交通运输行业发展统计公报》《2021年铁道统计公报》
《2021年民航行业发展统计公报》整理

2. 交通是能源消费和碳排放的关键领域

交通部门能源消费量快速增长。根据国家统计局发布的数据，2010～2019年，

---

① 国务院：《2030年前碳达峰行动方案》，2021年。

我国交通部门能源消费量年均增速为5.5%，占国内能源消费总量的比重由2010年的7.5%增至2019年的9.0%。2010～2019年交通部门能源消费量及占国内能源消费总量比重见图3.13。

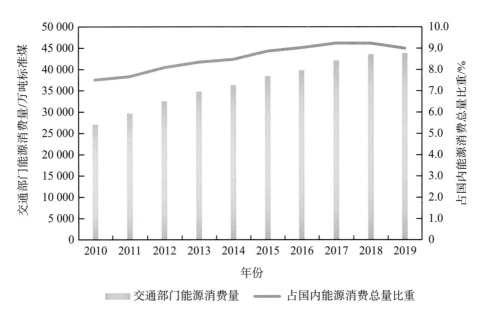

图3.13　2010～2019年交通部门能源消费量及占国内能源消费总量比重

基于《中国统计年鉴2021》整理

成品油占交通终端用能比重高。虽然近年来国内高铁和电动汽车发展迅猛，但汽油、柴油、煤油、燃料油等成品油仍是交通用能的主体。2019年我国交通部门能源消费中成品油约占交通终端用能的90%。

交通碳排放总量增长迅速，公路运输碳排放最多。随着国民经济快速发展，全社会货运量和客运量均大幅增长，交通部门的二氧化碳排放也增长迅速，从2010年的6.3亿吨增长到2019年的近11亿吨，二氧化碳排放量年均增速为6.2%。其中公路运输二氧化碳排放占比最大，占交通部门总碳排放的75%左右，是交通碳减排的重点；航空、水运和铁路运输产生的碳排放占比虽小，却是碳减排的难点。2010～2019年我国交通部门各领域的的二氧化碳排放情况见图3.14。

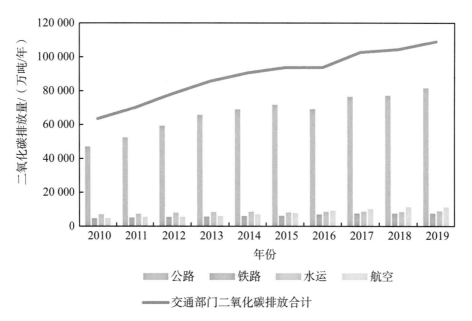

图3.14 2010～2019年交通部门各领域的二氧化碳排放情况

基于绿色创新发展中心发布的2016～2020年"能源数据"整理

二、 交通部门典型低碳技术

基于对公路、铁路、水运、航空各领域能源低碳技术的研究分析，选取典型关键技术，分别对技术的内涵、未来发展方向和趋势、需解决的关键科技问题三个方面进行介绍。

（一）纯电动汽车技术

1. 技术内涵

纯电动汽车（图3.15）是完全由可充电蓄电池提供动力源的汽车。2021年纯电动汽车占新能源汽车保有量的81.63%，是新能源汽车发展的主要方向，具有无直接排放、能量转换效率高等优势，是实现公路交通碳减排的主力。

图3.15　纯电动汽车

2. 未来发展方向和趋势

伴随纯电动汽车产业规模的扩大，其技术在不断地完善成熟。《新能源汽车产业发展规划（2021—2035年）》明确提出：到2025年，纯电动乘用车新车平均电耗降至12千瓦时/百公里，到2035年纯电动汽车成为新销售车辆主流，实现公共领域用车全面电动化。纯电动汽车技术的核心系统包括蓄电池系统、能量管理系统、充换电技术等。其中，蓄电池是关键核心部件，其技术水平和安全性关系到电动汽车的发展进程，需重点研发高安全、长寿命、低成本、规模化的先进蓄电池。能量管理系统、充换电技术逐步趋向完善，充换电技术将向慢充为主、快充为辅、部分场景采用换电模式的方向发展。

3. 需解决的关键科技问题

需解决的关键科技问题：①加快蓄电池的技术创新，提升锂离子电池的能量密度及安全性，开展高功率液流电池关键材料、电堆设计以及系统模块的集成设计等研究，研发固态电池、钠离子电池、钠硫电池等新一代高性能、低成本蓄电池；②通过发展智能充电、V2G等技术，提高充电设施便利性、安全性、经济性，完善充电服务体系；③增强电动汽车电能利用与可再生能源发电的融合协同，持续提升绿色电能的应用比例。

（二）氢燃料电池汽车技术

1. 技术内涵

氢燃料电池汽车（图3.16）是将氢气的化学能转换成电能作为动力的汽车，行驶中排放物只有水，可实现零碳排放，是新能源汽车发展的重要方向，具有能量转

换效率高（50%~60%）、续航里程长（＞500公里）、加注时间短（＜5分钟）等
优点，更适用于长距离、重型运输的场景。

图3.16　应用中国科学院大连化学物理研究所氢燃料电池的燃料电池客车

2. 未来发展方向和趋势

我国氢燃料电池汽车已从技术开发阶段进入商业化导入期，具备整车的研发及
制造能力，并开展了客车、物流车等商用车型的示范推广，目前国内累计保有量
达8000余辆。氢燃料电池汽车技术的核心系统包括燃料电池堆及关键材料、燃料
电池系统、加氢站等。燃料电池堆及关键材料是氢燃料电池汽车的核心部件，其研
发向高性能、低成本、长寿命方向发展，中国科学院大连化学物理研究所研制的薄
金属板电堆功率密度达到4千瓦/升，武汉理工新能源有限公司的膜电极功率密度
已达1.35瓦/厘米^2，性能均已接近国际先进水平，有待实现规模稳定化生产。目前
燃料电池系统的性能已满足车辆使用要求，未来研究重点将集中在智能化、高性能
方面。

3. 需解决的关键科技问题

需解决的关键科技问题：①推进燃料电池堆及关键材料的基础研究和技术转
化，改进质子交换膜、催化剂、双极板等关键材料的性能，提高电堆功率密度，减
少电堆催化剂中铂的用量，降低电堆成本；②加强燃料电池系统的重载集成、结构

设计及智能控制研究，提升系统运行的可靠性和耐久性；③发展高密度、轻质固态氢储运，长寿命、高效率的有机液体氢储运，管道输送等储运技术；④研制高安全性、低能耗的加氢机和加氢站压缩机等关键装备以及核心零部件，建成加氢站示范工程[1]。

（三）氢燃料电池列车技术

1. 技术内涵

氢燃料电池列车（图3.17）以氢燃料电池提供主体电能、以蓄电池或超级电容作为辅助动力源，能量转换效率是传统内燃机组的1.7倍，续航里程更长，具有无直接排放、高效能的优势，可替代所有燃油列车，并对电力列车难以涉及地段的运输起到补充作用。

图3.17 阿尔斯通 Coradia iLint 氢燃料电池列车

2. 未来发展方向和趋势

我国氢燃料电池列车技术处于起步阶段，但已取得了关键性突破，2021年国内首台自主研发的氢燃料电池混合动力机车成功下线，开启了清洁高效能源发展的新阶段。氢燃料电池列车在相对密闭的地铁、隧道、矿山等环境下使用优势更加明显，无需借助架空线等基础设施供电，应用和维护成本更低；列车车厢空间充裕，对燃料电池与储氢罐体积要求低，技术难点相对较少。氢燃料电池列车技术的核心系统包括燃料电池、燃料电池与蓄电池集成系统、能量管理系统等。未来发展需重点提升燃料

---

① 国家能源局，科学技术部：《"十四五"能源领域科技创新规划》，2021年。

电池性能、寿命，降低成本；进一步研发和升级燃料电池与蓄电池高效集成和能量管理系统，提升能量转换效率，保障动力系统处于高效、经济的能量输出状态。

3. 需解决的关键科技问题

需解决的关键科技问题：①加快氢燃料电池技术的迭代升级，开发大功率、高安全、低成本、长寿命的列车燃料电池系统；②优化能量管理控制策略，提升燃料电池和蓄电池的集成系统效率；③研发先进的储氢材料和储氢技术，降低车载氢气和氢气瓶占牵引重量的比重，实现商业运营的最优化；④推动氢能供应及加注基础设施体系的建设，加大绿色氢能的应用比例。

（四）磁悬浮列车技术

1. 技术内涵

磁悬浮列车通过电磁力实现列车与轨道之间的无接触悬浮和导向，利用直线电机产生的电磁力牵引列车运行。因没有轮轨的摩擦，可实现10%～30%的节能，最高时速可达600公里以上，有效填补了轮轨高铁和航空之间的速度空白，具有无废气排放、噪声小、能耗与维护成本低等优点。

2. 未来发展方向和趋势

磁悬浮技术主要有常规导体（常导）、低温超导、高温超导、真空管道四种磁悬浮类型。常导和低温超导技术已经较为成熟，其代表性国家分别是德国和日本，我国主要研发常导和高温超导磁悬浮技术，并已实现了中低速常导磁悬浮的商业运营。未来常导和低温超导的研发主要集中在降低成本、提高效率和安全性方面，将深化研究高速领域线性电机轨道制动技术、非接触供电技术、磁热泵系统功率提升等方面。目前高温超导和真空管道磁悬浮均处于研发和测试阶段，高温超导研究重点集中在超导块材组合在永磁轨道上的动态特性分析、运行试验、中试线建设等方面；真空管道磁悬浮系统研发时间尚短，研究热点集中在真空管道的设计和制造、管道结构特征和优化方法、施工方法方面。

3. 需解决的关键科技问题

需解决的关键科技问题：①针对磁悬浮技术中牵引电机效率、超导材料、储能等关键系统开展深入研究，低温、高温超导磁悬浮分别使用液氦（–269摄氏度）、液氮（−196摄氏度）来保证超导材料的性能，冷却系统的成本高，体积和自重大，需重点研发高效、轻量化的冷却系统和新型高温超导材料；②真空管道磁悬浮需重点研制高效率、高可靠性的大功率同步直线电机，解决高速下牵引动力的难题，同时在低成本和安全的前提下，实现管道的可靠密封与高效抽真空。

（五）电动船舶技术

1. 技术内涵

电动船舶是指以电池动力替代燃油驱动的船舶，主要分为两种：一是以蓄电池提供动力；二是以氢燃料电池提供动力。电动船舶技术具有能耗低、零排放、低噪声、传动效率高等优势，已成为航运业实现绿色转型的重点方向。

2. 未来发展方向和趋势

电动船舶技术在全球范围内仍处于初级发展阶段，但世界各国已纷纷加快电动船舶的研发。蓄电池动力船舶续航里程偏短，适用于内河航道短里程场景，氢燃料电池船舶（图3.18）更适用于重载、长续航里程的场景。电动船舶核心系统包括动力电池系统、充电或储氢/加氢系统等。国内船用蓄电池必须经过中国船级社的认证才能在船舶上使用，当前以磷酸铁锂电池为主，电池续航能力不足，未来需重点提升电池能量密度、使用寿命等；船用充电技术和设施发展较为落后，需通过充电

图3.18 应用中国科学院大连化学物理研究所氢燃料电池电堆的燃料电池游艇"蠡湖"号

方式的革新，缩短充电时间，提高运营效率。氢燃料电池动力系统面临功率密度低、寿命短、成本高等问题，未来需重点提升电池单体功率和研发兆瓦级电池模组，延长使用寿命；船用氢气储存及加注技术存在短板，目前国内尚无船用氢燃料加注先例，未来需重点研发高密度储氢和氢气加注技术，布局氢燃料加注设施。

3. 需解决的关键科技问题

需解决的关键科技问题：①提升蓄电池的能量密度、循环寿命、电池管理系统性能，开发高效、低成本的固态锂电池、金属空气电池等新型船用蓄电池；②研发快速充电、无线充电等先进技术，加大充电、换电设施的建设投入，解决船舶充电及续航问题；③研发高功率、长寿命氢燃料电池技术，突破高安全、高储氢密度的船用储氢技术，建立氢燃料加注基础设施系统。

（六）液化天然气动力船舶技术

1. 技术内涵

液化天然气（LNG）动力船舶采用更清洁的LNG作为驱动燃料，与燃油船舶相比，具有绿色低碳、燃料成本低、推进效率高等优势，是实现航运业碳减排的关键途径。

2. 未来发展方向和趋势

我国LNG动力船舶技术已取得了一定进展，截至2020年，新建和改建LNG动力船舶近300艘。LNG动力船舶技术的核心系统包括燃料发动机、LNG加注技术等。燃料发动机可分为单一燃料发动机（仅使用LNG燃料）和双燃料发动机（LNG和柴油同时或独立使用）两种。单一燃料发动机可减少二氧化碳排放20%～25%，提高燃烧效率30%左右，但建造成本比同规格的柴油船舶高10%～20%，未来需重点开发高性能、低成本的发动机系统；双燃料发动机是在柴油机的基础上，增加燃气供应和控制系统，受柴油机固有结构限制，改型机难以充分发挥天然气的减排优势，未来需重点对配气正时、喷油正时等技术参数进行优化，使用合理的油-气掺烧策略，优化减排效果；LNG加注技术和基础设施发展不足，需进一步完善加注技术体系和设施布局。

3. 需解决的关键科技问题

需解决的关键科技问题：①对于单一燃料发动机，通过对发动机结构、关键零部件、工作参数等进行优化，并降低成本，实现最优的节能和减排效益；②对于双燃料发动机，重点研发支管多点顺序喷射和油-气掺烧等技术，提升燃烧效率，减少氮氧化物（NO_x）排放；③对于LNG加注，重点探索内河船舶以岸基和趸船加注站为主，沿海船舶以移动加注船为主、槽车加注为辅的技术体系。

（七）生物航空煤油技术

1. 技术内涵

生物航空煤油是从动植物油脂、农林废物、藻类等生物质原料中提炼，供航空器使用的可持续航空燃料[1]，其成分与传统航空煤油基本一致，无需更换发动机和燃油系统，温室气体减排幅度为67%～94%，是目前航空领域最现实可行的碳减排途径。

2. 未来发展方向和趋势

生物航空煤油技术发展迅速，中国已成为世界上少数可自主研发和生产生物航空煤油的国家之一。生物航空煤油的生产工艺主要包括加氢法、费-托合成法、生物质热裂解和催化裂解等，其中加氢法和费-托合成法较为常用。加氢法以动植物油、微藻油和餐饮废油为原料生产航空煤油，燃料的芳烃含量偏低，冰点偏高，稳定性较差；费-托合成法以农林废物、城市垃圾为原料生产航空煤油，原料收集成本高，燃料的润滑性较差；未来需重点通过催化剂技术的革新，优化生物航空煤油的性能参数。生物航空煤油的原料成本占总成本的85%，过高的原料成本使生物航空煤油的价格是普通航空煤油的2～3倍，需重点建立稳定的原料供应体系，保证原料持续低成本的供应。

3. 需解决的关键科技问题

需解决的关键科技问题：①加快生物航空煤油新型加氢脱氧催化剂及选择性加氢裂化、异构化等催化剂的突破，提升生物航空煤油的稳定性、润滑性等关键性能；②建设生物质能源林基地，发展原料作物的培育、基因改造技术，完善原料的收集及供应机制，降低原料成本。

---

① 可持续航空燃料是传统石油基燃料的低碳替代品，其来自可再生资源或废物副产品。

（八）氢动力飞机技术

1. 技术内涵

氢动力飞机（图3.19）是以氢作为能量载体的飞机，主要分为两种：一是以氢燃料电池提供动力；二是氢直接燃烧为发动机提供动力。其具有清洁无污染、能量密度高等优势，是航空业实现零排放、可持续发展的关键途径。

图3.19　应用中国科学院大连化学物理研究所燃料电池系统的国内首架有人驾驶氢燃料电池飞机

2. 未来发展方向和趋势

氢动力飞机技术在世界范围内仍处于起步阶段，但已得到航空业的高度重视，2020年英国氢动力飞机开发商ZeroAvia完成了全球首架商业规模的氢燃料电池飞机试飞。氢动力飞机技术的核心系统包括动力推进系统、机载储氢系统、机场加氢系统等。氢燃料电池动力系统面临功率密度低、使用寿命短和单体输出功率低等问题，未来需重点提高电池功率密度、延长寿命（超过25 000小时）；氢直接燃烧动力系统需重点开发高效氢燃烧系统，提升氢燃料发动机的效率；机载储氢系统需在低于−253摄氏度下储存液氢，在同等的能量下，液氢所需储罐的体积是航空煤油的4倍，未来需重点研发高效冷却系统及轻型安全的液氢储罐；机场加氢系统需重点向低成本运氢、安全储氢和高效加氢方向发展。

3. 需解决的关键科技问题

需解决的关键科技问题：①研发大功率、长寿命氢燃料电池系统，扩大电池系统输出功率，满足中、大型客机动力需求；②开发高效氢直接燃烧发动机系统，优化燃烧室、燃料控制系统、热管理系统的设计，提升氢燃烧效率；③研发非圆柱形或球形储氢罐，以及轻型安全的储罐材料，并与翼身融合设计，降低储罐重量与尺寸的负面影响；④探索天然气管道输氢、现场可再生能源电解水制氢、高效液氢加注等技术，降低氢的综合使用成本。

三、　交通部门低碳技术发展路线预测

基于国家实现碳达峰、碳中和目标的战略要求，需积极扩大电力、氢能、天然气、先进生物液体燃料等新能源、清洁能源在交通运输领域的应用[①]。

公路交通以电力、氢能、LNG技术为主线，要提升电动汽车蓄电池的能效及安全性，突破氢燃料电池的性能、成本、寿命等关键瓶颈，推广电力、氢燃料、LNG动力重型货运车辆。

铁路交通以电力、氢能技术为主线，要深入推进电气化技术，积极开展磁悬浮列车、氢动力列车等技术的研究及示范，进一步提高铁路电气化率。

水运交通以电力、LNG、氢/氨能等技术为主线，要加快船舶替代燃料技术的攻关及应用，降低零碳燃料船舶建造和改装成本，完善基础设施服务体系，推进新能源、清洁能源船舶的示范应用。

航空交通以生物质燃料、氢能、电力技术为主线，要培育壮大生物燃料产业，进一步降低成本，扩大商业化应用；积极推进氢动力、电力新能源航空器技术的研发和示范。

基于以上分析，对2020~2060年交通部门低碳技术发展路线进行预测，如图3.20所示。

---

① 国务院：《2030年前碳达峰行动方案》，2021年。

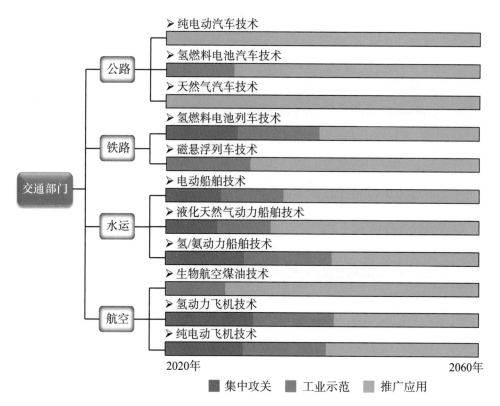

图 3.20 2020~2060 年交通部门低碳技术发展路线预测

作　者：靳国忠　邵志刚　李婉君　肖　宇　蔡　睿　刘中民

审稿人：韩布兴　徐春明　郭占成

编　辑：周　炜　李丽娇

　　实现建筑运行低碳需要从建筑本体和建筑附属的机电系统上进行改造和创新。本节主要针对上述两个方面对建筑部门的低碳技术进行了介绍。对于建筑本体，通过光伏建筑一体化（building integrated photovoltaic，BIPV）技术，使建筑从单纯的能源消费者转换为能源的产消者，通过优化建筑围护结构和建筑设计，营造室内温度、湿度、照度和空气质量环境，减少对采暖、空调、照明和通风系统的需求。对于建筑附属的机电系统，全面实现电气化，以避免建筑运行使用化石能源造成的直接二氧化碳排放；提高机电系统效率，以降低建筑运行电力消耗；发展柔性用电技术和方式，以有效消纳自身光伏发电和外界的风电光电。充分开发利用各类低品位余热作为零碳热源，形成零碳的余热供热系统，以避免建筑用热所造成的间接二氧化碳排放。

一、建筑部门的碳排放现状

　　2020年，我国建筑运行的化石能源消耗相关的二氧化碳排放量约21.8亿吨，占全国化石能源消耗相关二氧化碳排放总量的约22%，是我国碳排放总量的重要组成部分。建筑运行排放中，直接二氧化碳排放约占27%，电力相关的间接二氧化碳排放约占52%，热力相关的间接二氧化碳排放约占21%（图3.21）。

　　因此，实现建筑部门的低碳化，一方面要继续强调建筑节能，另一方面要从上述三类排放入手，通过建筑用能的全面电气化来减少直接碳排放，通过发展柔性用电技术有效消纳可再生电力，减少电力相关的间接碳排放，通过充分开发利用低品位余热，减少热力相关的间接碳排放。为实现上述目标，需要以下技术支撑。

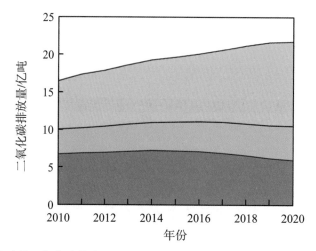

图3.21　2010～2020年建筑运行相关二氧化碳排放量[11]

二、 优化建筑本体性能的技术

1. 技术内涵

建筑可理解为由建筑本体及其所附属的机电系统组成。建筑本体是实现建筑节能和低碳的基础。低碳建筑需要尽可能多地利用其表面接收太阳能，为建筑提供运行所需要的能量；同时在满足室内温度、湿度、照度、空气质量等环境要求的前提下，尽可能减少对机电系统提供采暖、空调、通风和照明的需求，从而实现低能耗、低碳甚至零能耗和零碳。

2. 未来发展方向和趋势

通过优化建筑造型，使其具备更多的可接收太阳辐射的外表面，通过安装表面光伏电池或采用光伏电池与装饰材料一体化的建筑外饰面，实现BIPV。由此使建筑由以前单纯的能源消费者变为集产能和用能于一身的能源产消者。

通过采用保温隔热的外墙和屋顶、选择性透光和保温隔热的外窗和透光幕墙，以及使用各种改善房间气密性的工艺措施，使通过外围护结构的传热量最小，从而大幅度降低采暖所需热量，实现寒冷地区的被动式零能耗采暖；也使得炎热地区夏季通过外围护结构进入室内的热量降至最低。通过外表面采用对不同辐射波长具有不同的吸收率和反射率的涂料，使建筑外表面在夏季能有效反射太阳辐射并向天空背景通过长波辐射释放热量，实现建筑的零能耗冷却。

通过可调节自然通风的建筑设计和通风装置，可根据室内外环境状况改变自然通风风量，既满足室内通风换气和过渡季排热需求，也避免严寒和炎热季节过量的通风换气带来的冷热负荷。通过全热或显热回收装置又可以有效回收排风中的冷热量，降低由通风换气导致的热量或冷量损失。

通过特殊的围护结构材料与建筑设计提高建筑围护结构的蓄热能力，通过建筑内表面的吸湿蓄湿材料调节并维持室内相对湿度，从而满足室内热舒适要求，同时大幅度降低对采暖空调系统的依赖。

通过合理的建筑设计和遮阳与反射装置的设计，使室内得到均匀的自然采光效果，减少对人工照明的需要。

3. 需解决的关键科技问题

需解决的关键科技问题：①研发 BIPV 要求的光伏与建筑外装饰材料一体化的新型功能材料。②研发新型保温围护结构材料，如真空墙体、真空玻璃，传热系数可以随外温变化的围护结构材料（高温下极大的传热系数，低温下极小的传热系数）。③研发具有对短波辐射高反射率、对长波辐射高发射率的表面材料，如短波辐射反射率、长波辐射发射率可根据温度变化的智能表面材料。④研发具有大含水容量且表面平衡湿度在60%左右的可用于建筑内表面装饰的吸湿调湿材料。⑤研制低阻力、可调控排风全热回收装置。⑥开发提高大型公共建筑围护结构气密性的技术。

三、 减少建筑运行直接碳排放的技术

（一）炊事设备电气化

1. 技术内涵

炊事设备的电气化替代，核心是用电磁炉替代燃气灶具。

2. 未来发展方向和趋势

为了保证替代后的设备能够满足中国特色的炊事要求，需要对两个主要方面进行评价：加热温度评价和有效加热量评价。从加热温度来看，目前炊事用食用油的燃点在220～250摄氏度；电磁炉的加热温度可以达到350摄氏度以上，可以满足需求。但需要通过相关技术来改善电磁炉加热时温度不均匀的情况。目前，我国家用煤气灶的热功率为5千瓦，热效率为57%（二级能效）；电磁炉（220伏）的电功率可达3.5千瓦，有效热效率在85%以上。因此，家用电磁炉的有效加热量完全可以满足替代家用煤气灶的需求。对于公共建筑的餐饮业，通常采用380伏电压，目前商用电磁炉的加热功率也可以满足炒菜灶的需求。

3. 需解决的关键科技问题

目前炊事设备电气化技术已经可以满足民用和商用的使用需求，实现炊事设备电气化的关键是通过市场推广和低碳宣传改变居民的生活习惯和烹调文化。

（二）生活热水电气化

1. 技术内涵

生活热水的电气化替代，需要发展空气源热泵热水器，从空气中提取低温热量，满足热水加热的需求。

2. 未来发展方向和趋势

除严寒地区[①] 宜采用带蓄热装置的电热水锅炉，其他气候区应以空气源热泵热水器作为供应生活热水的主要热源装置。无论家庭用热水器还是宾馆、饭店、医院用热水器，都应改为电动热泵制备方式。采用二氧化碳作为工质的热泵热水器更适合将常温水直接加热至生活热水这一工作方式，可获得较高的电-热转换效率，是未来的重点推广方向。

3. 需解决的关键科技问题

需解决的关键科技问题：①热泵用二氧化碳压缩机的国产化；②可以把动量转换为分离功的涡旋管的国产化和性能提高。

---

① 定义见 GB 50176—2016《民用建筑热工设计规范》。

（三）蒸汽设备电气化

1. 技术内涵

利用电蒸汽发生器替代原有的化石燃料蒸汽锅炉，实现民用建筑尤其是医院、洗衣房等场所蒸汽制备的电气化；并通过热泵的利用实现较高的电-热转换效率。

2. 未来发展方向和趋势

蒸汽发生器在民用建筑中的主要用途是制备医用蒸汽和洗衣房用蒸汽，我国民用建筑2020年的蒸汽设备消耗总能源约为340 000万千瓦时（折算标准煤约1100万吨），其中95%采用的是化石燃料得到的热能。医用消毒蒸汽饱和压力一般要求为0.3～0.6兆帕，洗衣机、烫平机蒸汽饱和压力一般要求为0.5～0.9兆帕[①]。这些蒸汽都可以通过电蒸汽发生器制备，其工作原理是利用空气源或水源热泵制备热水，再使热水在低压下闪蒸，成为低压蒸汽，进一步通过蒸汽压缩机加压，制备成所要求压力的饱和蒸汽。热泵式蒸汽发生器的性能系数（coefficient of performance，COP）为1.1～1.3，比直接电热方式节电10%～30%。

3. 需解决的关键科技问题

需解决的关键科技问题是研制可实现湿蒸汽压缩的蒸汽压缩机，解决压缩腔内液滴可能导致的压缩机损坏问题，以获得较高的蒸汽产生效率。

（四）分散采暖电气化

1. 技术内涵

利用各类热泵（包括热泵式冷热水机组、热泵热风机等）满足我国南方地区的分散采暖需求。

2. 未来发展方向和趋势

随着人们生活水平的提高，除了我国北方集中供暖地区之外，南方许多地区对冬季供暖的需求也越来越高。但因为南方地区的供暖时间比北方地区短得多，供暖负荷强度也较低，从经济性和运行能耗上看，南方地区不应建设城市集中供暖管网，而应以分散式供暖（包括户式供暖和小区域集中供暖）为主要形式。与无城

---

① 来自《全国民用建筑工程设计技术措施——暖通空调·动力》。

市供暖管网的区域一样，南方小区域集中供暖的热源设备应采用热泵式冷热水机组，以空气源、中水水源、通过地埋管地下换热的土壤源以及能源塔（夏季为冷却塔、冬季为盐水喷淋塔）作为高温冷源和低温热源；南方地区的户用供暖设备则宜采用热泵热风机方式或风-风式热泵机组。

农村建筑的供暖是未来应该特别重视的问题。除严寒及寒冷地区外的其他气候区，农村建筑采用电能供暖时，应以户式热泵方式为主，严寒及寒冷地区则宜采用"热泵+辅助电热"的供暖方式（电热只在热泵无法运行的低温时段使用）。

3. 需解决的关键科技问题

需解决的关键科技问题：①研制高效的大范围变压比变排量、可在大压比下实现大排量的压缩机；②研制具有良好的气流组织、可实现纵向温度梯度小于1开尔文的热泵式热风机。

四、 高效的建筑机电系统

1. 技术内涵

建筑运行的电力消耗都是通过机电系统发生的。优化建筑机电系统，提高其用能效率，可降低运行用电；发展灵活的建筑机电系统形式，适应末端的不同需求，可避免过量供给，实现节能；使建筑用电设备和系统具有一定的蓄能能力，能够响应电力系统需要，根据电力供需关系调节用电功率，从而适应电网大比例风电光电电源的特点。以上三点是未来建筑机电系统低碳发展的需求。

2. 未来发展方向和趋势

建筑机电系统形式由集中走向分散，以更好地适应建筑各个末端需求的个性化和特殊性要求，避免统一供给"就高不就低"导致的过量供给浪费现象。

各种驱动电机由目前的异步电机转为永磁性同步电机，并且根据驱动设备的特性配备专门的变频器，使负载在大范围变化下都能实现高效。

（1）通过先进的空气动力学技术，使风机水泵在工况大范围变化下都高效工作。

（2）新型末端装置和调控技术，可以满足建筑中每个个体的温度、湿度、照度、空气流动等的不同需求，且不存在冷热抵消、空气无效掺混等现象。

（3）不同容量的热泵机组在提升温差大范围变化和提升热量大范围变化下都具有高能效。这需要创新的压缩机技术、新的系统流程和热泵系统的关键部件。

（4）非常规制冷和除湿技术，如在干燥地区的间接蒸发冷却技术、在潮湿地区的溶液调湿技术等。

（5）带有蓄能能力、可实现需求侧响应的建筑用电设备。由这些设备构成柔性建筑负载，从而有效消纳建筑光伏和外界的风电光电，适应以风电光电为主要电源的新型电力系统的建设。

3. 需解决的关键科技问题

需解决的关键科技问题：①符合分散地提供服务、集中地管理控制的系统形式和调控方式；②电子换向（electronic commutation，EC）电机驱动的风机水泵，实现风机水泵在大范围内都可以获得高效率的技术；③二氧化碳作为工质的高效热泵系统，包括二氧化碳压缩机、服务于二氧化碳热泵的膨胀机、新的二氧化碳热泵流程等；④可在温升范围变化下高效工作，可使制冷/制热量大范围变化的热泵机组；⑤建筑用电设备需求侧响应工作模式和功率调节策略，提高装置和系统蓄能性能的策略。

五、 建筑柔性用电系统技术

（一）光储直柔建筑新型配电系统

1. 技术内涵

光储直柔建筑新型配电系统的基本原理见图3.22。此处，"光"是指建筑外表安装的光伏电池，通过直流/直流（direct current/direct current，DC/DC）变换器直接接入建筑内的直流配电网；"储"是指建筑内布置的分布式储能蓄电池，以及通过直流配电系统连接的邻近停车场的有序充电桩；"直"是指建筑内采用直流配电，通过交流/直流（alternating current/direct current，AC/DC）整流变换器与外电网连接。这些蓄电装置的充/放电状态和充/放电功率都通过由DC/DC变换器构成的电池管理系统根据直流母线电压的变化来决定。各类建筑用电设备也均改为直流供电，并且其用电功率可以根据直流母线电压的高低自行调节。这样依靠建筑内的分布式蓄电池、与其连接的停车场内的电动汽车以及可自行调节用电功率的终端设备，一起构成柔性用电系统，不仅可有效消纳自身的光伏电力，还可以根据电网的要求，对建筑接入电网的功率进行大范围调节，使建筑成为电网的柔性负载。

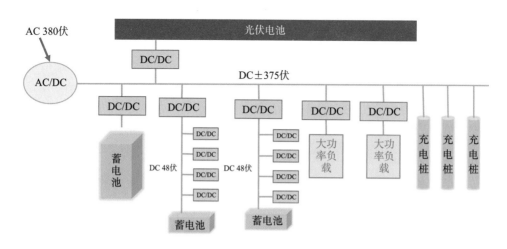

图3.22　光储直柔建筑新型配电系统示意图[12]

当所连接的电动汽车足够多，并且自身也配置了足够的蓄电池时，任何一个瞬间从外接交流网取电的功率都有可能根据要求实现零到最大功率之间的任意调节，而与当时建筑内实际的用电量无直接关系。这样各个采用了光储直柔配电方式的建筑就可以直接接受风电光电基地的统一调度，每个瞬间根据风电光电基地当时的风电光电功率分配各座建筑从外网的取电功率，调度各光储直柔建筑的AC/DC变换器，按照这一要求的功率从外电网取电。如果光储直柔建筑具有足够的蓄能能力及可调节能力，完全按照风电光电基地调度分配的瞬态功率来从外电网取电，则可以认为这座建筑消耗的电力完全来自风电光电，而与外电网电力中风电光电的占比无关。

2. 未来发展方向和趋势

未来我国将至少拥有3亿辆的电动乘用车（不包括出租车）①。按照目前的配置，

---

①　中国汽车工程学会：《节能与新能源汽车技术路线图2.0》，2020年。

这些车辆每辆配置50～70千瓦时蓄电池。按照研究分析和统计，任何时刻这些车辆的85%以上都停放在停车场，处在行驶状态的车辆不超过15%。如果停止状态的车辆中70%都与这一系统的有序充电桩连接，而这些充电桩又接入邻近建筑的光储直柔配电系统，则就拥有每天100亿千瓦时的可调用蓄电能力。如果我国未来拥有450亿平方米光储直柔建筑，每100平方米设置10千瓦时蓄电池，则又具有每天45亿千瓦时的蓄电能力。这些建筑和充电桩配合，具有30亿千瓦的最大消纳功率，满足约2亿辆车辆（约3亿辆的70%）和450亿平方米建筑的用电需要。2亿辆车辆全年用电约4000亿千瓦时，450亿平方米建筑全年用电2万亿千瓦时，合计全年约2.4万亿千瓦时电力，约为未来风电光电总量的35%～40%。如果未来风电光电的30%安排在我国西北戈壁，除满足当地用电需求外，通过那里的水电资源协调，西电东送供电；70%的风电光电为中东部负荷密集区内的分布式发电，则光储直柔建筑和停车场的电动汽车就可以消纳中东部地区50%以上的分布式风电光电，基本解决了大比例风电光电的消纳问题。我国未来城乡将有750亿平方米左右的建筑，其中城镇住宅建筑350亿平方米，农村住宅建筑200亿平方米，办公和学校建筑120亿平方米，其他商业、交通、文化体育建筑80亿平方米。城镇住宅建筑、农村住宅建筑及办公和学校建筑都适宜采用光储直柔方式。如果这些建筑的2/3改造成光储直柔方式，则总量为450亿平方米[13]。

3. 需解决的关键科技问题

需解决的关键科技问题：①建筑光储直柔配电系统仿真平台软件、系统调控算法的开发；②光储直柔系统关键电气设备的研究开发，如各类AC/DC变换器，用于光伏、电池、充电桩的DC/DC变换器，过流、短路、漏电保护器等；③各类建筑电气设备的直流化，以及各类电气设备和系统的需求侧响应调控方式。

（二）以分布式光伏为基础的农村新型能源系统

1. 技术内涵

农村新型能源系统是指通过以分布式光伏为基础的农村直流微网系统，以及对生物质资源的充分利用，最终实现农村用能的清洁化和零碳化以及电力、生物质能源的外输。

2. 未来发展方向和趋势

我国发展太阳能光伏的主要制约已经从安装成本和接入成本转为安装空间和消纳方式,而农村屋顶是发展可再生能源的重要空间资源。卫星图像识别分析结果表明,当前我国农村地区屋顶面积达273亿平方米(包括农村生产性建筑),可安装光伏19.7亿千瓦,预计年发电量2.95万亿千瓦时,是农村生产生活用电量的3倍以上。因此,农村应该全面建立以分布式光伏为基础的新型能源系统,彻底取消散煤炭、石油、天然气等化石燃料的使用,使用光伏发电全面满足农村地区的生活用能(包括炊事、采暖)、生产用能和交通用能需求[14]。

以分布式光伏为基础的农村新型能源系统主要包括:分户的直流微网,每户约20千瓦的光伏装机,再加上3~5千瓦时蓄电池,每户年总发电量可达3万千瓦时;通过光伏发电满足包括炊事、热水在内的生活用能需求,北方还能满足20~40平方米居室建筑冬季采暖的需求,以及各类电动车辆和电动农机具的充电需求。同时,农村公用建筑及设施和空地也可安装部分光伏,并配置部分蓄电池,通过村级直流微网与各户的户内直流微网连接,协调各户的用电量,并接收各户富余电量,统一逆变升压上网为电网送电。各类农业生产和农产品加工设备(水泵、磨面机等),以及所有蓄电池和电动农机具、电动车都采用需求侧响应模式,根据光伏发电状况决定其运行状态。这样农村用能可实现完全自给,且每年约有1万亿千瓦时电力可选择一天中的合适时间段售电上网,协助城市电力削峰。这样就能实现农村用能的全部电气化,且全部自给,彻底消除了燃煤、燃油、燃气及生物质材料燃烧造成的空气污染和用能负担。

同时,节省下来的生物质材料(农作物秸秆、林业枝条、畜牧业粪便、农副产品加工业的剩余物等)可根据其种类加工成颗粒状、压块状固体燃料或生物质燃气、燃油。这些固体、气体和液体燃料直接进入能源商品市场,将成为我国未来能源领域重要的零碳燃料,也可作为农、林、牧区重要的经济收入来源。

3. 需解决的关键科技问题

需解决的关键科技问题:①农村分布式直流微网技术开发;②家电设备直流化;③农机装备电气化;④生物质燃气制备技术开发;⑤生物质燃油制备技术开发;⑥生物质固体燃料制备技术开发。

六、　为建筑提供热力的零碳热源关键技术

（一）基于核电余热的水热联产技术

1. 技术内涵

利用核电、火电发电后排放的余热通过热法进行海水淡化，制备温度在100摄氏度左右的热淡水，再用单管水热同送将其输送至城市，经水热分离得到10～15摄氏度的淡水供城市生活用水，而热量作为冬季建筑供暖热源。这一方式可以实现零能耗海水淡化、高效率余热供暖和低成本长距离热量输送，从而为我国北方沿海地区提供淡水资源和冬季供暖的零碳热源。

2. 未来发展方向和趋势

核电是未来零碳电力系统中的重要电源，利用核电余热为我国北方城镇地区实现零碳供热具有巨大的开发利用潜力。目前我国已在沿海建成并运行0.5亿千瓦核电厂，按照规划未来将在东部沿海建设2亿千瓦的核电，其中至少有1亿千瓦建于从连云港至丹东的北方沿海，在冬季可得到12.5亿吉焦的发电余热，同时为城镇提供40亿吨优质淡水。如果采用跨季节蓄热，使核电全年都按照热电联产运行，而在非供暖季将热量储存，则每年可获得32亿吉焦的余热，可满足北方沿海岸线法线方向150公里以内约1亿人口地区的供热需求以及这一地区轻工业生产过程中的用热需求，替代目前每年约5亿吨燃煤。同时，每年还可提供100亿吨优质淡水，为北方沿海约1亿人口区域淡水需求量的1/3。

3. 需解决的关键科技问题

需解决的关键科技问题：①利用余热制备热淡水的最优流程和相应装置；②长距离热淡水输送技术；③高效水热分离技术；④大规模跨季节蓄热技术。

（二）跨季节蓄热技术

1. 技术内涵

在城市附近利用湖泊或池塘等自然条件建设大规模的跨季节蓄热系统，全面收集各类热源全年运行排出的余热，为北方地区冬季供热和工业需要的中低品位热量提供热源。

2. 未来发展方向和趋势

零碳能源系统中为建筑和轻工业生产提供中低温热量（40～120摄氏度）将依靠各类余热资源，主要是调峰火电厂的余热，核电余热，冶金、有色、化工、建材等流程工业排放的低品位余热，以及大型数据中心、垃圾焚烧厂等设施排放的余热。这些余热是在其自身的生产需要的时间段排放，与建筑和轻工业生产所需热量在时间上完全不匹配，因此需要由大规模跨季节蓄热系统解决供需之间时间上不匹配的问题。这种蓄热设施的规模单体蓄热量在100万～1000万吉焦，中国北方地区需要建设的总规模为30亿吉焦左右。在各类大规模蓄热技术中，目前经济可行的是储存90摄氏度左右热水的大规模热水库方式。在城市附近利用湖泊或池塘等自然条件或者通过沿海地区围海等方式都可建设热水库，通过漂浮方式设置的避免热量泄漏的上盖还可以用于太阳能光伏发电。

3. 需解决的关键科技问题

需解决的关键科技问题：①大规模跨季节热水蓄存系统的生态环境影响评估，以及选址方法；②低成本建造大规模跨季节热水蓄存系统的关键技术；③大型跨季节热水蓄存系统避免冷热掺混和减少漏热损失的关键技术；④大规模跨季节热水蓄存系统的连接工艺和运行调控方法。

（三）余热供热管网供回水温度调节技术

1. 技术内涵

未来建筑和轻工业生产需要的热量将来自电力、冶金、有色、化工、数据中心等生产过程排放的余热，通过统一的输送余热的热水循环管网实现供给侧与使用侧的互联互通。然而，这样的热水循环管网必须统一供回水温度，而不同热源、不同热用户产生和需要的热量所处温度都不相同，余热热源侧必须用其热量将引入的回水升温至统一要求的供水温度，才可以接入供水管网；热用户侧则从供水取出热量后，将其冷却到统一要求的回水温度，才能够送入回水管网。同时，在热源侧，可提供的余热温度水平各不相同，怎样把统一的回水温度加热到统一的供水温度？在热用户侧，所需要热量的温度水平也不相同，如何在对低温热汇进行加热时不导致热量的品位损失，对较高温度的热汇进行加热时，又可以实现有效加热？这些都需要通过热量的温度变换技术来解决。

2. 未来发展方向和趋势

未来我国北方地区城镇供暖建筑为200亿平方米[15]，而北方的调峰火电厂余热的75%和仍将保存的部分规模以上冶金、有色、化工、建材工厂所排出的低品位余热的60%以及未来位于北方沿海地区的核电厂的余热将可以提供160亿平方米以上的北方供暖建筑的基础负荷。通过降低回水温度的技术，可以深度开发利用余热，这是集中供热实现低碳和零碳热源的基础，也是我国北方地区目前的集中供热系统面对的重大技术改造任务。

3. 需解决的关键科技问题

主要包括如下四种工况下的关键技术与装备。

（1）余热热源侧，余热热源平均温度略高于集中管网的供回水平均温度，但其温度变化范围远小于管网供回水温度之差时，有效的加热方法。例如，泳池式低温核反应堆的输出温度为60～90摄氏度，而热网的供回水温度为20～110摄氏度。

（2）余热热源侧，余热热源平均温度远高于或远低于（温差在20摄氏度以上）集中管网的供回水平均温度时，实现有效加热且不损失余热热源品位的加热方式。例如，数据中心的排热温度为20～35摄氏度，如何利用这一热量把集中热网的20摄氏度回水加热到110摄氏度。

（3）热汇侧，当热汇要求的平均温度低于集中管网的供回水平均温度，而热汇的温度变化范围远小于集中管网供回水温差时，从热网获取热量的方法。例如，建筑供暖系统需要热源把循环水从35摄氏度加热到50摄氏度，如何通过把集中热网的110摄氏度热水冷却到20摄氏度所释放出的热量实现建筑供暖对循环水的加热要求。

（4）热汇侧，当热汇要求的平均温度远低于或远高于供回水平均温度时（温差在20摄氏度以上），从热网有效获取热量，并且不造成过大的热量品位损失的方法。例如，某生产过程需要把60摄氏度的循环水加热到80摄氏度，如何利用上述110/20摄氏度的集中热网热源进行加热。

（四）通过地下换热器提取中深层地热技术

1. 技术内涵

在地下2000～3000米深处设置换热管道，使循环水与地下土壤岩石换热，提取这一深度范围的地热热量用于建筑供热。这种地热资源开采方式不涉及地下水状况，是没有生态环境影响的地热开发利用方式。所获取的热量可直接用于建筑供暖，或经过热泵进一步提升其热量的温度水平，以满足供热需求。

2. 未来发展方向和趋势

我国北方地区各地都普遍具备这类地热资源，除某些不易钻孔的地下岩石结构，只要可钻孔就可以利用这种方式取热。因此在一些难以找到零碳余热资源的地区，这一方式为最终保底的零碳热源方式。

目前在我国陕西等地已经广泛采用2000～3000米深的套管竖井方式，取得了较好的效果。但在地下获取的50%以上的热量在返程中被下降管的循环水冷却，导致效率不高。如果开发出新的钻井技术，实现两个竖井在地下2000～3000米深处的水平连接，则其换热效率可大幅度提高，系统经济性也可以大幅度改善。

3. 需解决的关键科技问题

需解决的关键科技问题：①地下深处水平钻井技术和地下水平管与两侧竖井的连接技术，这是大幅度提高中深层地下换热器系统效率并改善其经济性的关键；②地下长周期大尺度传热状况的研究，包括长期实测和仿真。

七、 建筑部门低碳技术发展路线预测

总结上述各类建筑部门低碳技术，并选取其中较为关键的建筑柔性用电系统及零碳热源技术提出未来的技术发展路线预测，如图3.23所示。

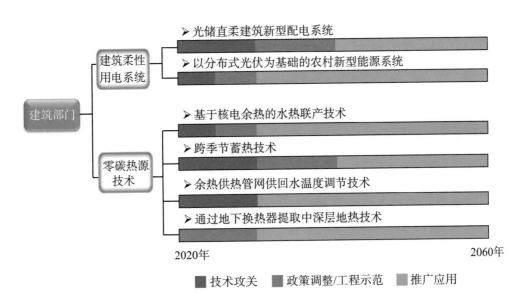

图3.23 2020～2060年建筑部门低碳技术发展路线预测

作 者：江 亿 胡 姗 张 洋

审稿人：韩布兴 徐春明 郭占成

编 辑：周 炜 李丽娇

第五节　农业部门的低碳技术

　　本节从农田土壤、畜禽养殖、农作物、农业机械四个方面分别介绍了农业部门碳排放问题，结合各个技术的内涵、固碳或减排潜力，凝练出需解决的关键科技问题，总结了相关技术发展路径。我国是世界上最大的水稻生产国和氮肥生产、消费国，可通过农作物秸秆还田、动物有机肥还田、免耕固碳三个技术手段实现土壤固碳，通过稻田甲烷减排、土壤氧化亚氮减排实现土壤减排。畜禽养殖业碳减排技术主要包括饲料营养调控、家畜品种选育和添加甲烷生成抑制剂等。光合作用是自然界高效固碳的典范，可通过作物光能高效吸收转换、作物二氧化碳高效固定、智能植物工厂三个技术手段提升作物光合固碳能力。柴油农业机械可从动力系统清洁化、绿色化实现减排，通过智能化与精准化作业提升作业效率，减少能源消耗。

一、土壤固碳减排技术

　　我国农田生态系统在碳中和行动中占有不可替代的重要位置。我国是世界最大的水稻生产国，水稻种植的淹水条件促进了温室气体甲烷的大量排放。据估算，我国每年因水稻种植所排放的甲烷高达1.87亿吨二氧化碳当量。我国还是世界上最大的氮肥生产国和消费国。化学氮肥大量施用促进了农田土壤（特别是旱地土壤）另一种温室气体氧化亚氮的排放。我国每年农田土壤氧化亚氮总排放量约为2.88亿吨二氧化碳当量。与此同时，作为固碳端，我国农田土壤碳库固碳潜力巨大。采取合理的田间管理措施有效减少农田土壤甲烷和氧化亚氮的排放并提高碳库储量（简称固碳减排），对于缓解全球气候变化、确保粮食安全以及实现碳中和至关重要。下面系统分析了我国农田土壤碳库的时空变化特征、驱动因素及土壤温室气体排放的影响因素，总结了农田土壤固碳减排的有效措施及技术难点，并对未来固碳减排的前景及政策需求进行了展望。

（一）土壤固碳及温室气体排放影响因素

第二次全国土壤普查结果显示，我国农田土壤0～1米有机碳库储量大约为122亿吨。近年来，我国农田土壤碳库呈现了明显增加的趋势。Zhao等[16]发现我国农田表层土壤（0～20厘米）有机碳储量从1980年的28.6吨碳/公顷增加到2011年的32.9吨碳/公顷，平均增长速率约为140千克碳/（公顷·年）。秸秆还田量增加是土壤碳库增加的主要原因。

我国是世界上最大的水稻生产国，稻田面积约为2678万公顷，约占世界稻田总面积的30%[①]。我国每年稻田甲烷总排放量约为740万吨，占我国农业源温室气体总排放量的14.7%[17]。稻田甲烷排放是土壤中产生的甲烷经过氧化及传输后的结果（图3.24）。稻田甲烷主要是指在淹水形成的严格厌氧条件下，土壤中产甲烷菌作用于土壤腐殖质、水稻根系分泌物、土壤微生物残体以及施入的有机物料等产甲烷基质的产物。土壤中产生的甲烷可以进一步被甲烷氧化菌氧化为二氧化碳和水。未被氧化的甲烷则会通过水稻通气组织传输、冒泡及液相扩散等形式向大气排放，其中以水稻通气组织传输为主。有机物料（作物秸秆和动物有机肥等）施用是影响稻田甲烷排放最主要的人为因素之一。有机物料施用能为产甲烷菌提供丰富的作用底物，显著促进稻田甲烷排放。水分管理制度会通过影响土壤氧化还原电位来影响稻田甲烷的产生和排放。

氧化亚氮气体是农田土壤，特别是旱地土壤所排放的一种重要的温室气体[17]。土壤产生氧化亚氮主要来源于微生物对氮素的硝化作用和反硝化作用。硝化作用是指在土壤好氧区域中微生物将铵氧化为亚硝酸根、硝酸根或氧化态氮的过程（图3.24）。土壤（生物）反硝化作用是指在厌氧条件下异养反硝化微生物逐步将硝酸根还原为氮气的过程。氧化亚氮是反硝化过程的中间产物，可以进一步被还原为氮气。化学氮肥和有机物料（动物有机肥和作物秸秆等）的施用是影响土壤氧化亚

---

① 联合国粮食及农业组织数据库。

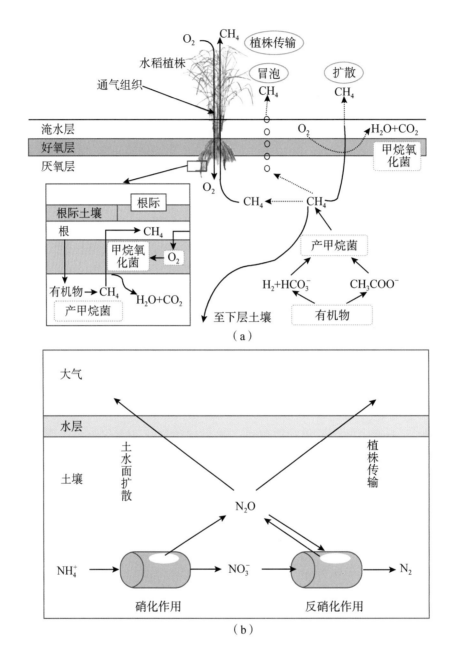

图3.24　稻田甲烷产生、氧化与传输（a）及氧化亚氮的产生和排放（b）

氮排放最重要的因素，因为其可以直接为土壤硝化和反硝化微生物提供底物。土壤氧化亚氮排放量通常随氮肥施用量增加呈线性或者指数式的增加。

（二）土壤固碳技术

1. 农作物秸秆还田技术

1）技术内涵

土壤固碳技术的核心是增加外源有机碳投入并减少土壤原有碳库的分解。我国农作物秸秆资源丰富，大面积推广秸秆还田是有效增加土壤碳库储量的重点技术。

2）固碳潜力分析

大量田间试验发现，秸秆还田能够显著提高农田土壤有机碳含量15%～20%，而且有机碳增量与秸秆施用量呈显著正相关。在国家尺度上，2018年我国农作物秸秆还田比例约为40%，每年因此带来的农田表层土壤（0～20厘米）固碳量为1300万吨。如果将农作物秸秆全部还田，土壤固碳量则会增加到3440万吨。

3）需解决的关键科技问题

优化秸秆还田方式是提高土壤固碳效果的关键，特别是针对稻田土壤。为减少对于稻田甲烷排放的促进作用，秸秆还田技术应当优选在旱地作物季推广，或者将秸秆好氧发酵后还田，或者制成生物炭后还田。

2. 动物有机肥还田技术

1）技术内涵

我国动物有机肥产量大，有效还田率显著低于欧美国家。推广动物有机肥还田对于增加土壤碳库、保持土壤肥力和提高作物产量至关重要。

2）固碳潜力分析

平均而言，动物有机肥还田能够显著提高我国稻田和旱地表层土壤固碳速率[439千克碳/（公顷·年）和675千克碳/（公顷·年）]，且同时提高作物产量。

3）需解决的关键科技问题

推广动物有机肥还田替代化学氮肥技术是提高固碳减排效果的关键。为避免对稻田甲烷排放的促进效应，应将有机肥发酵后还田，提高固碳减排效果。此外，未来研究需要全面评估有机肥还田对于土壤重金属含量和粮食安全的影响。

3. 免耕固碳技术

1）技术内涵

免耕措施是有效减少农田土壤有机碳库分解的关键固碳技术，对于抑制东北黑土退化，扭转其土壤有机碳损失至关重要。

2）固碳潜力分析

据估算[18]，2017年我国土壤免耕面积约为724万公顷，因此带来的农田表层土壤（0～20厘米）固碳量为141万吨。如果进一步推广免耕技术到2040万公顷，土壤固碳量将会增加到460万吨。

3）需解决的关键科技问题

免耕措施可能会导致农作物减产，不利于粮食安全。因此，未来大面积推广该措施的关键是开发配套作物保产技术，如秸秆还田、种植绿肥作为覆盖作物以及加强氮肥优化管理等。

（三）稻田甲烷减排技术

1. 间歇灌溉水分管理技术

1）技术内涵

稻田甲烷减排的关键是破坏甲烷产生所需的还原条件，有效减少产甲烷菌作用底物以及促进甲烷氧化。相对于持续淹水，推广间歇灌溉的水分管理模式能够有效提高土壤氧化还原电位，减少甲烷的产生并促进其氧化，减少稻田甲烷排放。而且，间歇灌溉能够抑制水稻无效分蘖，提高根系活力，从而提高水稻产量。

2）减排潜力分析

据估算[19]，我国常年淹水稻田的面积为270万～400万公顷，其甲烷排放量占全国稻田甲烷总排放量的32%。如果将这部分淹水稻田采取间歇灌溉的水分管理模式，其甲烷排放量将减少120万吨。

3）需解决的关键科技问题

推广间歇灌溉水分管理技术的同时需要配套土壤固碳和氧化亚氮减排技术，因为该技术能够促进土壤有机碳分解和氧化亚氮排放。此外，未来还需要研发自动化控灌系统，减少人力资源成本，促进该技术的全面推广。

2. 覆膜栽培技术

1）技术内涵

推广覆膜栽培技术是长期淹水稻田甲烷减排的有效技术，特别是对于我国西南部丘陵水稻种植区。该技术的关键是在稻田开沟并垄厢，塑料膜覆盖在厢面上，然后在塑料膜上打孔方便水稻移栽。在水稻生育期确保沟内有水而厢面无水，使土壤保持湿润状态（图3.25）。

图3.25 水稻覆膜栽培技术

2）减排潜力分析

研究表明，覆膜栽培技术能在提高水稻产量和农民净经济收益的同时，大幅度降低稻田甲烷排放量86%。

3）需解决的关键科技问题

目前的覆膜栽培技术要点繁多，需要前期技术指导，其目前的推广面积大约只有10万公顷。从推广角度分析，该技术尚需进一步开发轻简化、机械化的操作方法。

3. 优化秸秆还田技术

1）技术内涵

避免秸秆直接还田是稻田甲烷减排的关键。具体措施包括将秸秆变为生物炭还田，或好氧发酵以后还田，或施入旱地土壤。其中，制成生物炭还田的固碳减排效果最好。

2）减排潜力分析

据中国科学院南京土壤研究所颜晓元研究员课题组有关中国主粮作物生产的碳中和实现路径的估算，如果将我国所有水稻秸秆制成生物炭以后还田，能够显著降低我国稻田甲烷总排放量58.8%（470万吨），同时提高稻田土壤碳库储量275%（1552万吨）。

3）需解决的关键科技问题

目前，生物炭过高的市场价格（2000元/吨）限制了它的大面积推广应用。为打破这一限制瓶颈，未来需要建立生态补偿机制和生物炭减排增产效果示范基地。此外，需要建立定位试验明确长期施用生物炭对土壤肥力是否存在负面效应。

（四）土壤氧化亚氮减排技术

1. 施用高效肥料

1）技术内涵

氮肥的不合理施用是导致我国氮肥利用率过低、氧化亚氮及其他氮损失过高的主要原因。施用高效氮肥（控释氮肥、硝化抑制剂和脲酶抑制剂）可以更好地协调土壤与作物氮素供需关系，提高氮素吸收率，减少土壤氧化亚氮排放。

2）减排潜力分析

通过对大量田间试验结果进行分析，Xia等[20]发现控释氮肥施用显著提高我国主粮作物产量8%，提高氮肥利用率34.4%，降低土壤氧化亚氮排放38.3%，提高净经济收益7.8%；硝化抑制剂施用显著提高我国主粮作物产量10%，提高氮肥利用率26.5%，降低土壤氧化亚氮排放39.8%，提高净经济收益12.6%；脲酶抑制剂施用显著提高我国主粮作物产量7.1%，提高氮肥利用率31.3%，降低土壤氧化亚氮排放27.8%，提高净经济收益5.9%。

3）需解决的关键科技问题

高效肥料的增产减排效果受到土壤类型和气候条件的影响，其对于土壤固碳和稻田甲烷排放的影响尚不清楚，未来需要进一步研究明确。此外，硝化抑制剂施用会大幅增加土壤氨挥发损失，需要配套采取氨减排技术，如配施脲酶抑制剂等。

2. 测土配方施肥技术

1）技术内涵

我国氮肥施用量普遍高于作物生长对氮素的需要量。测土配方施肥技术能够根据土壤供氮能力与作物氮素需求量来确定化学氮肥用量，对于提高氮肥利用率、减少氮损失有良好的效果。

2）减排潜力分析

通过对大量田间试验结果的分析发现测土配方施肥法确定的氮肥用量比农民传统用量低28%，其能够在保证作物产量的同时提高氮肥利用率48%，减少土壤氧化亚氮排放31%，减少其他活性氮（氨挥发以及淋溶和径流）损失31%～35%[20]。

3）需解决的关键科技问题

进一步完善测土配方施肥技术服务体系是未来加大其推广应用的关键。

3. 氮肥深施技术

1）技术内涵

传统撒施的施肥方式会导致大量化肥中的氮以氨的形式挥发损失。相比之下，氮肥深施技术能够有效增加作物根系对土壤氮素的吸收能力，提高氮肥利用率，减少氮损失。

2）减排潜力分析

通过对大量田间试验结果的分析发现，与传统氮肥表施相比较，氮肥深施技术能够显著提高我国主粮作物产量6.9%，提高氮肥利用率28.5%，降低土壤氧化亚氮排放14.6%，降低土壤氨挥发34.6%[20]。

3）需解决的关键科技问题

氮肥深施技术适用于大面积田块机械化操作。我国小面积田块居多的情况限制了这一技术的大范围推广。研发轻简化的机械设备是未来进一步推广氮肥深施技术的关键。

（五）土壤固碳减排技术发展路径与展望

我国农田生态系统碳中和实现的关键在于克服固碳减排措施对土壤固碳与温室气体减排，或者对于不同温室气体减排之间的此消彼长效应（表3.1）。例如，秸秆或者有机肥替代还田在促进土壤固碳的同时大幅度增加了稻田甲烷排放；间歇灌溉和覆膜栽培技术在减少稻田甲烷排放的同时促进了土壤氧化亚氮的排放。针对这种此消彼长效应，需要采用固碳减排集成技术，也就是同时采用多种固碳减排措施。对于稻田而言，采用间歇灌溉、秸秆还田（或者秸秆在旱地作物季还田）以及氮肥合理减量等技术集成能够有效提高固碳减排效果。对于旱地土壤而言，采用秸秆还田（或者生物炭还田）结合氮肥优化管理措施（氮肥合理减量、氮肥深施或者硝化抑制剂施用）能更大程度地增加土壤碳库储量并减少温室气体排放。

表3.1 各种固碳减排措施的效果汇总

固碳减排措施	土壤有机碳含量		甲烷排放		氧化亚氮排放		净温室效应		产量	
	稻田	旱地	稻田	旱地	稻田	旱地	稻田	旱地	稻田	旱地
免耕	+	+	−	na	+	+	−	−	−	−
秸秆还田	+	+	+	na	−	+	+	−	+	+
有机肥替代还田	+	+	+	na	−	−	+	−	+	+
生物炭还田	+	+	−	na	−	−	−	−	+	+
间歇灌溉	−	na	−	na	+	na	−	na	+	na
覆膜栽培	na	na	−	na	+	+	na	na	+	na
水稻生态种养	na	na	−	na	+	+	na	na	+	na
控释肥	na	na	na	na	−	−	−	−	+	+
硝化抑制剂施用	na	na	na	na	−	−	−	−	+	+
脲酶抑制剂施用	na	na	na	na	−	−	−	−	+	+
氮肥深施	na	na	na	na	−	−	−	−	+	+
配方施肥	na	na	na	na	−	−	−	−	+	+
氮肥后移	na	na	na	na	−	−	−	−	+	+

注："+"、"−"和"na"分别代表效果提升、效果下降和效果不确定。

此外，未来研究仍需要开展大量田间试验，在全国范围内构建固碳减排监测网络和数据库，结合农业生态模型全面评估不同农田生态系统实现碳中和的具体途径，因地制宜地筛选出区域化优选的固碳减排集成技术。对于固碳减排效果的评估需要建立生命周期（碳足迹）的评价体系，全面考虑对于粮食安全及活性氮排放的影响，力求在实现碳中和的同时推动农业环境的可持续发展。完善和规范碳交易市场，建立生态补偿机制，鼓励农民推行和采用有效的固碳减排措施。在全国主要农业产区，如三江平原、华北平原、太湖平原及两湖平原等，建立减排效果示范基地，进一步大面积推广固碳减排措施的应用。

二、 畜禽养殖业碳减排技术

畜禽养殖业碳排放是农业活动温室气体排放的重要组成部分，主要是指畜禽胃肠道碳排放（甲烷）和粪污碳排放（甲烷和氧化亚氮）。畜禽养殖业温室气体减排是实现"双碳"目标的重要内容，也是提升饲料利用效率和养殖效益的重要途径。畜禽胃肠道碳减排技术主要包括饲料营养调控、家畜品种选育和添加甲烷生成抑制剂等，粪污碳减排技术主要包括干清粪工艺和粪便储存管理等相关技术。未来需要加大在畜禽养殖业碳减排方面的科技投入，并制定相关政策法规从宏观层面来助力畜禽养殖业碳减排。

（一）畜禽养殖业碳排放现状与影响因素

畜禽养殖业碳排放在人类活动引起的碳排放中占据重要地位（约占14.5%）。胃肠道甲烷排放是畜禽养殖业的主要碳排放源（约占40%），也会造成畜禽养殖过程中的饲料能量损失（约占采食总能的2%～12%）。每年全世界畜禽养殖业甲烷排放量约为1.15亿吨，主要来自牛、羊等反刍家畜胃肠道甲烷排放（96%）[1]。粪污碳排放，包括甲烷和氧化亚氮，也是畜禽养殖业主要碳排放源（约占12%）。因此，畜禽养殖业碳减排对于缓解全球温室效应和提高养殖效益至关重要。

影响畜禽养殖业碳排放的因素主要包括养殖结构、饲料因素、粪污管理、政策法规等。养殖结构对碳排放的影响主要体现在不同畜种的碳排放差异上，牛、羊

---

[1] 联合国粮食及农业组织数据库。

等反刍家畜是主要碳排放来源，猪次之，禽最少。饲料组成和品质是影响畜禽养殖业碳排放的重要因素，饲喂谷物类精饲料的反刍家畜甲烷排放（占饲料总能的3%～4%）远低于纤维类粗饲料（超过饲料总能的10%）；饲喂低质量饲料的反刍家畜贡献了全球反刍家畜胃肠道甲烷排放总量的75%。粪污管理过程的碳排放与清粪工艺和粪便储存等因素密切相关，粪污以液体形式储存和处理时要比固体形式处理时的碳排放量高。另外，畜禽养殖业污染防治相关政策法规的实施可以对碳排放提供制度约束，有利于减少碳排放。

（二）畜禽养殖业典型碳减排技术

当前，畜禽养殖业的碳减排技术主要集中在牛、羊等反刍家畜胃肠道甲烷减排和粪污碳减排（甲烷和氧化亚氮减排）等方面。

1. 牛、羊等反刍家畜胃肠道碳减排技术

1）饲料营养调控技术

Ⅰ. 技术内涵

通过改善饲料的结构组成、供给品质优良的饲料原料等途径来实现碳减排。改善饲料结构包括调节不同类型碳水化合物的比例、调节碳水化合物与粗蛋白的比例等途径，从而减少产甲烷菌生成甲烷所需关键底物——氢的供给量，进而减少甲烷的生成。当增加饲料中非纤维碳水化合物的比例时，甲烷的排放量可降低10%～30%。改善低质饲料（主要是粗饲料）的品质可以提高营养物质的吸收转化效率，降低生产每单位动物产品的甲烷排放量。可以通过采取合适的加工和储存方式（如青贮等）、选用较高消化率的高品质饲草种类等途径改善粗饲料品质。饲喂青贮粗饲料比干粗饲料产生的甲烷要少，饲喂青贮玉米的奶牛甲烷排放量比饲喂干草的要低20%[21]。

Ⅱ. 未来发展方向和趋势

加深对饲料营养成分利用效率和胃肠道微生物功能之间相互关联的理解，制定调控瘤胃发酵和减少甲烷排放的有效饲料营养调控措施。同时，加强牧草新品种培育研究，培育高产优质牧草新品种。另外，需要根据不同区域的畜禽养殖和饲草料资源特征，有针对性地研发减少畜禽胃肠道温室气体排放量的饲草加工提质技术。

Ⅲ.需解决的关键科技问题

需解决的关键科技问题：①饲料组成、胃肠道微生物功能和甲烷减排之间的关联机制不清晰，需要针对不同家畜品种、生命阶段和生产需求，利用饲料原料成分特征构建能够实现甲烷减排和提升生产效益的相应饲料营养调控技术体系；②牧草储存加工中干物质损失机制、关键养分及元素转化路径、效应因子对家畜机体营养的调控机理不清晰，需要建立有效减损、提质、增效、安全及节能的牧草加工技术体系；③针对我国优质高产牧草品种严重短缺和新品种培育中面临的重要瓶颈等问题，发掘牧草重要性状相关的基因资源及调控元件，利用牧草分子遗传转化技术平台，推进牧草新品种的培育。

2）低碳排放家畜品种选育技术

Ⅰ.技术内涵

通过育种技术，提高畜禽生产性能，可以有效降低畜禽养殖业的相对碳排放量。例如，通过选育高产奶牛，可以提高机体能量利用效率，减少单位产奶量的甲烷排放。另外，针对碳排放遗传潜力，选育低碳排放的畜禽品种，可以直接减少碳排放。以泌乳奶牛为例，泌乳量增加100千克可以使每单位产奶量的甲烷排放量降低3.1%~7.3%。近半个世纪以来，通过育种技术使奶牛的产奶量增加了400%，每单位产奶量的甲烷排放减少了57%。

Ⅱ.未来发展方向和趋势

推进种业创新，充分发挥畜禽生产性能的遗传潜力，减少碳排放。建立畜禽育种数据平台，提高遗传评估效率，应用全基因组选择等技术，组建参考畜禽群体，建设核心育种场，增强良种自主供应能力，是未来发展方向和趋势。

Ⅲ.需解决的关键科技问题

目前尚不清楚甲烷排放这一性状的遗传潜力是否比生产性状（如生长和产奶量）的遗传潜力更有优势，选育低甲烷排放的家畜可能会降低饲料效率。需要深入认识影响碳排放、饲料效率和产奶量等重要生产性状的分子网络机理，构建畜禽碳减排遗传改良调控技术体系。

3）甲烷生成抑制剂技术

Ⅰ.技术内涵

甲烷生成抑制剂通过抑制牛、羊瘤胃内产甲烷菌增殖或活性等途径来减少甲烷生成。在饲料中添加化学抑制剂、油脂、莫能菌素和植物次生代谢物等抑制剂是较为通用的甲烷减排方法。饲料中添加3-硝基酯-1-丙醇（3-NOP）可使甲烷减排20%～40%，是截至目前最为有效的甲烷生成抑制剂[21]，肉牛饲料中添加3-NOP后的甲烷排放日动态变化如图3.26所示。

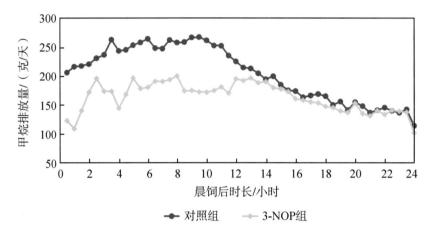

图3.26　肉牛饲料中添加3-NOP后的甲烷排放日动态变化图[22]

Ⅱ. 未来发展方向和趋势

目前的研究多集中在添加单一甲烷生成抑制剂的减排调控方面，但已有研究表明多种抑制剂（如3-NOP和油脂）组合使用可以实现减排的叠加效果。未来可以开展不同甲烷生成抑制剂的组合效应研究，寻求减排效果最大化。另外，针对产甲烷菌甲烷合成路径关键酶的分子结构特征，通过合成化学、合成生物学等技术设计新型甲烷生成抑制剂，实现甲烷减排的靶向调控，可在未来畜禽养殖业碳减排领域发挥重要作用。

Ⅲ. 需解决的关键科技问题

目前的甲烷生成抑制剂都不具备长期减排的效果，并且甲烷排放的减少通常并没有改善家畜的生产性能。需要深入认识甲烷生成抑制剂与瘤胃发酵、甲烷生成通路调控和营养物质吸收转化等方面的关联机制，研发具有长效甲烷减排功能并可有效改善家畜生产性能的甲烷生成抑制剂产品和相应的调控技术。

2. 畜禽粪污碳减排技术

1）技术内涵

畜禽养殖业粪污处理过程引起的碳排放可通过优化粪污处理技术来实现。例如，通过干清粪和固液分离改变传统清粪方式（水冲粪—固液分离），可以提高粪便收集率、减少进入厌氧环境的有机物总量，进而减少碳排放。在固体粪便储存方面，通过合理的管理措施也可以有效减少储存过程中的碳排放。例如，在猪粪储存过程中添加生物炭和膨润土可使氧化亚氮累积排放量分别降低19.8%和37.6%。

2）未来发展方向和趋势

在技术方面，加强创新技术的研发与应用，如粪污沼气化技术、有机肥智能发酵技术、黑水虻养殖等，在减少碳排放的同时，生产沼气、生物有机肥和动物蛋白饲料，实现粪污资源化利用。在政策方面，需要制定实施相关政策法规，支持标准化规模养殖和污染防治，国家投入专门资金进行碳减排生态补偿；出台畜禽养殖业碳减排标准，在一定程度上保障制度约束；针对不同区域的畜禽养殖业和种植业特征，制定种养结合操作指南，推动种养结合循环发展。

3）需解决的关键科技问题

目前缺乏成熟的畜禽粪污碳减排和资源化利用协同控制技术。需要加大对畜禽干清粪工艺技术的研发，解决畜禽粪污源头碳排放问题；突破粪污厌氧发酵创新工艺和快速好氧堆肥技术难点，提高沼气能源化和生物有机肥转化生产效率。对这些技术进行整合研究，实现畜禽粪污碳减排和资源化利用协同控制。

（三）畜禽养殖业碳减排技术发展路径与展望

近半个世纪以来，畜禽养殖业碳减排技术（尤其是牛、羊等反刍家畜胃肠道甲烷减排技术）在世界范围内得到了持续研究和快速发展。甲烷生成抑制剂具备长期高效减少胃肠道甲烷排放并实现商业化应用的潜力，在畜禽养殖业碳减排发展进程中扮演着重要角色。研发新型甲烷生成抑制剂并进行规模化推广应用是畜禽养殖业碳减排的重要发展方向。畜禽养殖粪污低碳化处理和资源化利用相关技术的发展也是畜禽养殖业碳减排工作的重要组成部分。

三、 作物光合固碳技术

光合作用是自然界最大规模利用太阳能固定二氧化碳的反应，是地球上生物固碳的引擎。布局光合固碳前沿创新研究，破解制约植物光合固碳效率的瓶颈，挖掘生物固碳的关键元件和技术途径，创制高光效高固碳的新型作物，提高光能利用和固碳效率，发展智能植物工厂技术，提升农业领域的生物固碳能力，是实现碳中和目标的一条重要路径。

（一）植物光合固碳的重要性与必要性

光合作用被诺贝尔奖委员会称为地球上最重要的化学反应，它是自然界最大规模利用太阳能将二氧化碳和水转化为有机化合物并放出氧气的过程，为几乎所有生命体系直接或间接地提供物质和能量。光合作用过程由光反应和暗反应组成。光反应发生在叶绿体内具有严格空间排布的多个超大色素膜蛋白复合体上，将光能转变为活跃的化学能，同时在常温常压下将水裂解释放出氧气，供动植物及微生物进行有氧呼吸，也为臭氧层的形成提供了氧气来源。暗反应由一系列酶催化反应完成，利用光反应形成的活跃化学能固定二氧化碳，生成富含稳定化学能的有机物，这是植物生物量和农作物产量形成的物质基础。当今人类使用的煤炭、石油、天然气等化石能源也是古代光合生物在千万年甚至上亿年地质作用下形成的。

光合作用是自然界高效固碳的典范。陆地生态系统通过光合作用每年固定约1230亿吨碳，如果全球陆地光合作用二氧化碳固定效率提高10%，并有效将其储存于生物质中，那么理论上每年可多固定123亿吨碳，超过全世界人类活动所释放碳的总和[23]。从美国夏威夷冒纳罗亚观测站（Mauna Loa Observatory）获得的数据可以明确看出一年中光合作用变化对大气二氧化碳浓度巨大的周期性影响，表明植物光合作用可以增加地球生态系统的固碳潜力。因此，提高植物光合固碳效率进而提高碳汇能力，是未来实现碳中和目标的必由之路。同时，光合作用与当今人类面临的粮食、能源、环境等问题都密切相关。

（二）作物光合固碳的技术路径

1. 作物光能高效吸收转换技术

1）技术内涵

光能的吸收、传递和转换发生在植物叶绿体的类囊体膜上，为固碳反应提供能量和动力，提高光合作用效率是提高作物产量的前提。理论研究表明，C_3植物最大光能转换效率（ε_c）约为4.6%，而C_4植物的ε_c可达6%[24]。在大田粮食作物中，玉米的ε_c最高，大概在2.4%左右；非豆科C_3植物如水稻、小麦等的ε_c一般在1.8%～2%，而豆科C_3作物的ε_c则更低，大概在1.4%左右[25]。能源作物一般利用C_4光合作用，如芒草，其年生物量可以达到每公顷22吨干物质[26]。光能转换效率不仅在物种间差异巨大，在品种间也存在差异，体现在叶片光合效率相关性状上。这表明，利用遗传改良提高植物光能利用效率空间巨大。迄今，已有多种用于提高光能利用效率的改造手段被提出。

2）未来发展方向和趋势

光能利用效率的提升将为作物固碳和产量提供动力基础，改造植物色素和捕光蛋白复合体大小、优化环式电子传递以及增强光系统反应中心的周转能力，都可能对未来的高光效作物育种具有潜在价值。同时，提高作物的光保护能力以及变光条件下的快速响应能力是提高作物产量的有效途径。当前栽培品种的光能利用效率还有较大的优化和提升空间，将是作物改良的重点方向之一。

3）需解决的关键科技问题

解析光能高效转换机制并发掘高光效基因和元件，培育光能高效吸收转换的作物新种质和新品种需解决的关键科技问题：①系统研究作物光反应的色素膜蛋白复合体的结构、功能及其调控机制，筛选光能高效转换的优良变异材料。②阐明不同光合色素的合成途径与调控方式，从丰富的藻类和植物资源中挖掘新型捕光色素，通过合成生物学等手段扩展作物吸收光谱范围，设计全新的作物高效光反应系统。③阐明高低光、高低温、干旱、盐碱、高二氧化碳浓度等不同逆境条件下的高光效维持机制，发掘作物光保护的调控新途径，创制适应逆境的高光效新型作物。

2. 作物二氧化碳高效固定技术

1）技术内涵

植物利用光反应储存的能量在叶绿体内驱动由一系列酶组成的固碳机器，将二氧化碳分子转变成葡萄糖，进而合成其他碳水化合物。植物的碳同化方式包括C_3途径（即卡尔文循环）、C_4途径、景天酸代谢途径，而C_3途径是固定二氧化碳的核心。C_4植物叶片存在两类不同的细胞，可以提高叶片内二氧化碳浓度，C_4植物往往比C_3植物具有更高的固碳效率。景天酸代谢途径有助于水分的保持，使植物能适应干旱环境生长。植物遗传因素以及光照、温度、二氧化碳浓度等都影响固碳酶的效能，进而影响固碳效率。

2）未来发展方向和趋势

通过基因编辑和合成生物学等现代生物技术、人工优化和改造固碳过程的重要调控靶点、优化生物质的库流分配、实现各系统在时间和空间上的有效适配是提高作物个体和群体固碳效率的关键。同时，二氧化碳是光合作用的原料，有研究表明二氧化碳浓度上升会对作物的光合效率、水分利用效率和营养品质产生影响，但其影响程度和内在机理有待进一步研究和评估。

3）需解决的关键科技问题

发展作物高效固碳改造平台，创制高效固碳新型作物需解决的关键科技问题：①系统研究作物固碳代谢途径核心酶的结构、功能及调控机制，构建可有效利用光呼吸中间产物的新代谢通路，研究C_3和C_4植物的固碳机制与调控规律以及固碳与固氮的偶联，在C_3作物中建立二氧化碳浓缩机制；②研究基于蓝藻羧体、真核藻类蛋白核以及其他藻类和角苔的二氧化碳浓缩的调控机制，设计全新的植物界不存在的高效二氧化碳固定通路，大幅提升作物固碳效率；③构建代谢、细胞、叶片、冠层、个体、群体等不同尺度的作物固碳体系，发展高效固碳全景式表型组平台和二氧化碳浓度升高模拟技术平台。

3. 智能植物工厂技术

1）技术内涵

智能植物工厂是对光照、温度、湿度、二氧化碳浓度、养分等生长环境全智能控制的植物高效生产系统，它不依赖阳光和土壤，是颠覆传统农业的高级生产方式，被世界各国列为农业高技术战略新兴产业和未来农业的发展方向，是解决人口与资源矛盾、破解食品安全难题的国家战略需求的全新途径，其应用状况已成为反映一个国家农业高技术水平的重要标志。

2）未来发展方向和趋势

智能植物工厂是实现农业工业化和现代化的重要途径，未来10年有望快速发展。第一，植物工厂具有在特殊环境条件下进行农业生产的独特优势，为在航空航天、远洋舰船、边防海岛、极地高寒等特殊地理条件下工作、生活的人群提供新鲜蔬菜水果等食材。第二，植物工厂可实现水资源循环利用，产品零农药、品质好、产量高、不占耕地，能有效缓解人口增长、土地资源短缺和气候变化之间的矛盾。第三，植物工厂可以模拟中药材的道地生长环境，通过人工环境调控显著提高甚至超越道地药材的活性物质含量，促进中药材的规模化稳定生产。第四，植物工厂可成为育种加速器，大大缩短育种进程，助力生物种业发展。

3）需解决的关键科技问题

需解决的关键科技问题：①以节能低耗为目标，解析植物光能高效吸收转换机制，发掘高光效低能耗适配光谱，构建基于发育特征的智能化光谱配方；以降本增效为目标，解析全生命周期养分需求动态，打造生产原料循环高效利用的技术体系。②培育具有自主知识产权的、耐弱光、高光效、高固碳、耐低溶氧、高附加值、适宜立体栽培的植物工厂专用新品种，解决植物工厂种业自主权问题。③根据不同环境和条件需求差异，研发模块化、可快速拆装和运输的专用植物工厂生产系统，保障特殊环境（如边疆、高原、海岛、舰船、沙漠、太空）和特定人群的长期驻守对新鲜果蔬的刚性需求。④当前智能植物工厂投资成本高、能源消耗大，是制约产业发展的主要因素。需要提升LED电光转换效率，研发新型栽培模式，促进能源循环利用，实现单位体积能源利用最大化。

（三）作物光合固碳技术发展路径与展望

总体来说，利用植物光合作用固碳是生物固碳技术的核心。针对农业领域，需要围绕作物对太阳能吸收和固碳的两个过程，建立大田条件下不同作物高通量稳定的光合监测体系，深入挖掘提升光能利用和固碳效率的潜力，从丰富的种质资源中筛选和培育高效光合固碳的作物新材料与新品种。此外，在作物中引入藻类和其他植物的光能吸收模式和固碳机制，实现作物的精准设计与改良，从而大幅度提升作物的固碳能力、生物量和产量[27]。

我国有利用潜力的盐碱地资源约5.5亿亩①，培育高固碳并耐盐碱的植物，可以有效发挥盐碱地的碳汇潜能。此外，可利用上述植物固碳技术，在边际土地建立高固碳、耐干旱的人工林和人工草地，进一步扩大生物固碳能力。例如，甜高粱生

---

① 1亩≈666.7平方米。

物量大、耐旱、耐盐碱，亩产可达8～10吨，每公顷每年约固碳54.6吨，适合边际土地的开发与利用。同时，利用难以用于植物生长的盐碱地（甚至戈壁滩等边际土地），发展光伏农业与智能植物工厂的联合系统，为蔬菜和高附加值中药供给提供新范式，实现清洁能源与未来农业的双重效益。

四、 农业机械绿色能源应用及减排技术

农业机械（农机）碳排放是农业生产活动碳排放的重要组成部分，其中柴油农业机械的排放是农机碳排放的主体。柴油农机的排放污染物不仅会引起温室效应，还会污染环境，危害人体健康。影响农业机械碳排放的因素主要包括农机自身排放、操作管理不当造成漏油污染、维修保养产生废物污染等。农业机械碳减排的主要途径包括两方面：①对现存柴油动力农业机械进行升级，实现节能减排、作业效率提升；②采用清洁能源作为新动力源，是农业机械发展的未来趋势。未来需要加大对农业机械清洁化和智能化的科技投入，并制定相关政策法规引导农业机械的转型升级。

（一）农业机械清洁化的必要性

农业机械是现代农业的重要生产工具，但机械化所需的能源消耗带来的碳排放问题日益凸显，成为影响中国农业整体碳达峰的重要因素。金书秦等[28]提出，自1979年有统计以来，能源消耗的碳排放量一直呈上升趋势，从1979年的3002.32万吨二氧化碳持续上升至2018年的2.37亿吨二氧化碳当量，增长了近7倍；同时，农业柴油使用量从1993年的938.30万吨（此前数据未统计）增加到2019年的1934万吨。2019年我国农业综合机械化率为69%，机耕率、机播率和机收率分别为84%、56%和61%[①]，农业机械还有较大的发展空间，由此产生的能源消耗带来的碳排放还将进一步上升。因此，农业机械的清洁化对我国未来农业农村固碳减排具有重要意义。

当前我国传统农业机械的排放污染主要包括农机自身排放、操作管理不当造成的漏油污染、维修保养产生的废物污染等，其中农机自身排放对环境的影响不容

---

① 《我国农业机械化发展情况》（2020-01-09），http://www.caamm.org.cn/hygz/2422.htm[2021-12-20]。

忽视。2020年，机动车氮氧化物排放量达626.3万吨，而非道路移动源氮氧化物排放量与机动车接近，其中农机排放量占非道路移动源排放量的34.9%[①]。此外，农机手操作管理不当造成的漏油、柴油机维修保养产生的废物渗入土壤，将严重污染农田，导致农作物品质和产量下降，影响粮食安全。农业机械化的绿色转型升级迫在眉睫。

造成柴油农机整体碳排放高、油耗高的原因较多，如发动机燃油不充分、喷油策略自适应性差等。在技术层面主要从以下两个方面降低排放：一是开发针对发动机的新技术、新产品，重点是改进燃油喷射系统、完善电子控制单元（electronic control unit，ECU）控制策略，进而减少油耗，提高燃油效率；二是针对尾气排放，开发新型吸附材料，完善尾气处理系统，有效降低尾气排放。但目前燃油喷射系统的核心零部件、ECU的关键芯片均被国外技术封锁，减排空间受到限制；尾气处理虽然可降低氮氧化物含量，但却以增加少量二氧化碳为代价。柴油农机降低碳排放量空间有限。因此，农业机械能源清洁化才是农机低碳技术的未来发展方向。

（二）农业机械能源清洁化技术

孙凝晖等[29]提出，以拖拉机为代表的农机工业发展可分为三个阶段，即三代体系：第一代体系为苏联技术体系，以差速转向技术、动力系统、湿式主离合器等技术为核心；第二代体系为欧美技术体系，以电动燃油喷射、高压共轨燃油机、动力换挡等技术为核心；第三代体系为信息化技术体系，以清洁能源、无人化和智能化作业为主要特征。目前农业生产活动以第二代农机即柴油内燃机为主，但对应的碳减排手段存在技术限制，第三代农机则是农机节能减排的发展趋势。

1. 技术内涵

直接使用氢气等清洁能源是农业机械节能减排的终极手段。农业机械的动力清洁化、绿色化可以实现碳减排；农业机械的智能化与精准化作业则可以提高作业效率，节省能源消耗等成本。

孙凝晖等[29]提出的第三代农机创新体系融合了清洁能源、无人化和智能作业的优点，在传统柴油动力农机架构的动力系、传动系、行走系、悬挂系、液压系等物理系统基础上，以信息技术为血液构建新型整体架构，包括：分布式电机动力系

---

① 生态环境部：《中国移动源环境管理年报（2021）》，2021年。

统、集中式高密度能源系统、电子控制减速系统、模块化收获系统、智能网联系统等。第三代农机体系的构建与智能农机装备的创制将会给农机节能减排以及未来农业生产方式带来重要影响。

2. 未来发展方向和趋势

清洁能源农业机械除了具有节能减排的优势外，在整机电控控制、农机农艺结合的联合控制等智能化方面更具优势，更符合农业生产模式的转变。基于信息技术构建"数据决策+农机自动执行"的完整闭环，已经成为农业生产的发展趋势。农机不仅具备自主作业能力，可实现农业全自动生产作业；还能在作业过程中，通过车载传感器系统实现对农业生产全过程的实时数据采集，并回传给决策系统。通过该闭环，农业生产过程不仅能够实现效率、成本约束的最优化决策，还可以将生产过程中的碳排放指标纳入体系实现农业生产全过程碳排放监控，并得到最佳的农业生产解决方案。

目前国家对清洁能源从各个方面持续进行大力推广，将使清洁能源技术逐步走向成熟，并进一步具备全球推广的基础，同时也意味着清洁能源智能农业机械大规模应用具备无限可能性。未来清洁能源智能农业机械大规模应用在促进传统农业生产模式向农业、制造业、服务业相结合的新兴农业生产模式变革的同时，在能源方面也将由"高污染、自动化、独立化"向"低污染、智能化、共享化"方向转变。基于清洁能源智能农机，未来将出现大量互联网化农机服务模式，各类经营主体将以农机为切入口，为耕地用户提供农机租赁、农业生产方案定制等服务。目前我国已经提高了对柴油农机的排放标准要求，同时，农机行业针对清洁能源智能农业机械的标准体系研究已经展开了布局。在清洁能源汽车方面，相关部门已经在部分城市出台"限行、减量"政策引导传统汽车行业向"低碳、零碳"发展。可以预见，针对清洁能源智能农机产业的政策推出只是时间问题，配套的农事服务政策也将向其倾斜。

3. 需解决的关键科技问题

清洁能源农业机械是一个系统工程，除了在电机、电池、电控等领域进行布局之外，还需要针对智能作业所需的无人驾驶装备系统、整机电子系统、作业机具精准控制等方向进行深入研究。其中，以下两个关键技术的突破，可快速促进清洁能源农机大规模推广应用：①动力电池方面，电池要求体积小、长续航、长寿命；电池管理系统主要解决电池充放电管理、电芯状态精准监测等技术，对电池性能充分发挥具有关键作用；完善的电池充/换电系统才能保证不耽误农时。②动力驱动方面，分布式电机动力系统可满足不同农机类型需求；由于农机作业环境的复杂性，动力系统与作业机具的协同控制可降低电能消耗，提升作业效率。

（三）农业机械技术发展路径与展望

采用清洁能源的纯电动智能农业机械将是农机的未来发展方向。以第三代农机创新体系为代表的清洁能源农业机械涉及电子、信息、生物、环境、材料、现代制造等技术领域，需要融合制造业、信息产业和农业进行全产业链的协同，需要在国家层面集中优势力量，以类似高铁、4G/5G的方式展开顶层设计，并在适当的时机，结合农业产业政策的方式进行适当引导，实现攻关突破。未来，智能化、无人化作业将成为清洁能源农机的标准配置，不仅可以规划最优作业路径、提升作业效率、降低能源消耗，还可以解决农村"空心化"带来的劳动力短缺问题。

作　者：张佳宝　夏龙龙　颜晓元　谭支良　张秀敏
　　　　韩　斌　林荣呈　孙凝晖　张玉成　王竑晟
审稿人：韩布兴　徐春明　郭占成　熊正琴
　　　　王　敏　田利金　刘子辰　杨文强
编　辑：王海光　李丽娇

本章参考文献 ▮▮▮

[1] Carmo M，Fritz D L，Mergel J，et al. A comprehensive review on PEM water electrolysis. International Journal of Hydrogen Energy，2013，38（12）：4901-4934.

[2] Sakintuna B，Lamari-Darkrim F，Hirscher M. Metal hydride materials for solid hydrogen storage：a review. International Journal of Hydrogen Energy，2007，32（9）：1121-1140.

[3] Crabtree R H. Hydrogen storage in liquid organic heterocycles. Energy & Environmental Science，2008，1（1）：134-138.

[4] Huan S X，Wang Y W，Liu K J，et al. Impurity behavior in aluminum extraction by low-temperature molten salt electrolysis. Journal of the Electrochemical Society，2020，167（10）：103503-103510.

[5] 叶茂，朱文良，徐庶亮，等. 关于煤化工与石油化工的协调发展. 中国科学院院刊，2019，34（4）：417-425.

[6] MacFarlane D R，Cherepanov P V，Choi J，et al. A roadmap to the ammonia economy. Joule，2020，4（6）：1186-1205.

[7] Guo X G，Fang G Z，Li G，et al. Direct，nonoxidative conversion of methane to ethylene，aromatics，and hydrogen. Science，2014，344（6184）：616-619.

[8] 高长明. 我国水泥工业低碳转型的技术途径：兼评联合国新发布的《水泥工业低碳转型技术路线图》. 水泥，2019，（1）：4-8.

[9] 王均凤，聂毅，王斌琦，等. 离子液体法再生纤维素纤维制造技术及发展趋势. 化工学报，2019，70（10）：3836-3846.

[10] 交通运输部科学研究院. 中国可持续交通发展报告（中文版）. https://xxgk.mot.gov.cn/2020/jigou/gjhzs/202112/t20211214_3631113.html[2022-06-17].

[11] 清华大学建筑节能研究中心. 中国建筑节能年度发展研究报告2022. 北京：中国建筑工业出版社，2022.

[12] 江亿. "光储直柔"——助力实现零碳电力的新型建筑配电系统. 暖通空调，2021，51（10）：1-12.

[13] 江亿，胡姗. 中国建筑部门实现碳中和的路径. 暖通空调，2021，51（5）：1-13.

[14] 江亿. 农村新能源系统：分布式革命第一步. 农村·农业·农民（A版），2020，（4）：41-43.

[15] 清华大学建筑节能研究中心. 中国建筑节能年度发展研究报告2019. 北京：中国建筑工业出版社，2019.

[16] Zhao Y C，Wang M Y，Hu S J，et al. Economics- and policy-driven organic carbon input

enhancement dominates soil organic carbon accumulation in Chinese croplands. Proceedings of the National Academy of Sciences of the United States of America，2018，115（16）：4045-4050.

[17] 蔡祖聪，徐华，马静. 稻田生态系统CH_4和N_2O排放. 合肥：中国科学技术大学出版社，2009.

[18] Du Z L，Angers D A，Ren T S，et al. The effect of no-till on organic C storage in Chinese soils should not be overemphasized：a meta-analysis. Agriculture，Ecosystems & Environment，2017，236：1-11.

[19] Yan X Y，Akiyama H，Yagi K，et al. Global estimations of the inventory and mitigation potential of methane emissions from rice cultivation conducted using the 2006 Intergovernmental Panel on Climate Change Guidelines. Global Biogeochemical Cycles，2009，23（2）：GB2002（1-15）.

[20] Xia L L，Lam S K，Chen D L，et al. Can knowledge-based N management produce more staple grain with lower greenhouse gas emission and reactive nitrogen pollution? A meta-analysis. Global Change Biology，2017，23（5）：1917-1925.

[21] 张秀敏，王荣，马志远，等. 反刍家畜胃肠道甲烷排放与减排策略. 农业环境科学学报，2020，39（4）：732-742.

[22] Zhang X M，Smith M L，Gruninger R J，et al. Combined effects of 3-nitrooxypropanol and canola oil supplementation on methane emissions，rumen fermentation and biohydrogenation，and total-tract digestibility in beef cattle. Journal of Animal Science，2021，99（4）：1-10.

[23] Jansson C，Faiola C，Wingler A，et al. Crops for carbon farming. Frontiers in Plant Science，2021，12：636709.

[24] Zhu X G，Long S P，Ort D R. What is the maximum efficiency with which photosynthesis can convert solar energy into biomass?. Current Opinion in Biotechnology，2008，19（2）：153-159.

[25] Slattery R A，Ort D R. Photosynthetic energy conversion efficiency：setting a baseline for gauging future improvements in important food and biofuel crops. Plant Physiology，2015，168（2）：383-392.

[26] Heaton E，Voigt T，Long S P. A quantitative review comparing the yields of two candidate C_4 perennial biomass crops in relation to nitrogen，temperature and water. Biomass & Bioenergy，2004，27：21-30.

[27] 林荣呈，杨文强，王柏臣，等. 光合作用研究若干前沿进展与展望. 中国科学：生命科学，2021，51（10）：1376-1384.

[28] 金书秦，林煜，牛坤玉. 以低碳带动农业绿色转型：中国农业碳排放特征及其减排路径. 改革，2021，（5）：29-37.

[29] 孙凝晖，张玉成，石晶林. 构建我国第三代农机的创新体系. 中国科学院院刊，2020，35（2）：154-165.

生态系统固碳及碳捕集利用封存技术

摘　要

  碳达峰、碳中和目标的实现依赖于能源结构转型脱碳、产业结构调整减排、生态环境治理增汇技术变革三个方面的综合。第一个方面是发电端的替代脱碳、清洁化转型，需要尽可能地用太阳能、风能、水能等非碳能源替代化石能源发电、制氢，构建以清洁能源为主的新型电力/能源供应系统。第二个方面是能源消费端的节能减排，力争在工业生产、交通运输、建筑、农业、居民生活等主要碳排放领域中，实现以清洁电力、氢能、地热能、太阳能等非碳能源替代传统化石能源消费。第三个方面是固碳端的生态环境治理，即通过生态建设增强生态系统的碳吸收能力，以及通过CCUS等工程技术封存发电厂等排放的CO_2。在关键性、颠覆性能源技术取得突破之前，通过人为的生态建设，巩固和提升生态系统的碳汇功能，是最为行之有效的实现碳中和目标的技术途径，正发挥着越来越重要的作用。

  "减排、增汇、封存"是被广泛认可的实现"双碳"目标的有效途径。减排是指推动能源供给和工业消费技术进步，走发展脱碳和减排经济之路，直接减少人为碳排放。增汇是指利用自然生态系统及生态工程和土地管理等人为措施增强陆地和海洋生态系统的碳汇功能。封存是指采用地质工程、生物技术和生态措施进行大气CO_2的捕集、利用及封存。

  本章主要介绍我国生态系统的固碳现状及潜力、碳捕集技术、CO_2生物利用技术、CO_2化工利用技术、CO_2地质利用与封存技术，探讨增汇与封存技术在我国碳中和进程中所能发挥的作用。

　　我国地域辽阔，分布着森林、草地、农田、湿地、内陆水体、海岸带等多种生态系统类型，它们具有强大的二氧化碳吸收能力，对实现碳中和目标发挥着重要作用。本节主要基于中国科学院战略性先导科技专项"应对气候变化的碳收支认证及相关问题"（简称碳专项）的调查数据和文献收集数据库中21 000个样地调查数据，以及近20年中国通量观测研究网络（Chinese Flux Observation and Research Network，ChinaFLUX）915个站点年的涡度通量观测数据，采用多种技术途径综合评估了中国陆地生态系统的碳储量和碳汇功能。结果显示，2004～2014年，我国陆地生态系统的碳储量为3652.7亿吨二氧化碳，主要分布在森林（包括灌丛）（1520.2亿吨二氧化碳）、草地（包括荒漠）（1424.2亿吨二氧化碳）、农田（576.0亿吨二氧化碳）及湿地（132.3亿吨二氧化碳）。1980～2018年的近40年间，采用不同方法评估的我国陆地生态系统的碳汇为每年9亿～25亿吨二氧化碳，并有逐渐增加的趋势。特别是，2010～2020年，我国陆地生态系统的碳汇为每年10亿～15亿吨二氧化碳，最有可能的估计范围为每年11亿～13亿吨二氧化碳。这表明我国陆地生态系统具有强大的碳汇功能，主要得益于国家大规模推进植树造林、退耕还林还草、天然林保护等生态工程。

一、 全球碳收支和生态系统碳循环基本概念

（一）全球碳收支

在自然和人为因素的共同影响下，陆地、海洋与大气之间不断地发生二氧化碳交换，维持着地球系统各碳库之间碳素的动态平衡。全球碳收支是指地表与大气之间的二氧化碳吸收和排放的动态平衡，在年际尺度上基于物质守恒定律建立的全球碳收支方程为

$$G_{ATM} = (E_{FF} + E_{LUE}) - (S_{OCEAN} + S_{LAND})$$

其中，G_{ATM} 为全球大气中的碳储量增量（表征大气中二氧化碳浓度的增加量，大气中二氧化碳浓度每增加 1 ppm，相当于大气中碳储量增加了约 77.82 亿吨二氧化碳）；E_{FF} 为化石燃料（包括煤炭、石油、天然气等）燃烧和水泥工业生产引起的碳排放量；E_{LUE} 为土地利用变化引起的碳排放量；S_{OCEAN} 为海洋生态系统的净碳吸收量；S_{LAND} 为陆地生态系统的净碳吸收量；$E_{FF} + E_{LUE}$ 为人类活动导致的碳排放量，$S_{OCEAN} + S_{LAND}$ 为自然生态系统的净碳吸收量，两者的差值就是储存在大气层中的碳储量增量（G_{ATM}）。

基于上面的平衡方程，如果能够准确地估算全球大气中的碳储量增量、化石燃料燃烧和水泥工业生产引起的碳排放量、土地利用变化引起的碳排放量，以及海洋生态系统的净碳吸收量，则可以利用平衡方程的残差估算得到陆地生态系统的净碳吸收量（S_{LAND}）：

$$S_{LAND} = (E_{FF} + E_{LUE}) - (G_{ATM} + S_{OCEAN})$$

当前，化石燃料燃烧和水泥工业生产引起的碳排放量、土地利用变化引起的碳排放量、全球大气中的碳储量增量，以及海洋生态系统的净碳吸收量都可以基于各种数据直接估算。虽然不同研究之间存在一定的差异，但其估计差值仍在可以接受的范围内。

（二）陆地生态系统碳循环

陆地生态系统碳循环是地球上最主要的生物地球化学循环，它支配着地球表层

系统中其他的能量和物质循环。陆地生态系统碳循环是指植物通过光合作用吸收大气中的二氧化碳，将碳储存在植物体内，固定为有机物质，形成总初级生产力（gross primary productivity，GPP），同时，通过在不同时间尺度上的各种呼吸途径或扰动将二氧化碳返回到大气。其中，一部分有机碳通过植物自身的呼吸作用（自养呼吸）和土壤及枯枝落叶层中有机质的腐烂（异养呼吸）返回大气，未完全腐烂的有机质经过漫长的地质过程形成化石燃料储藏在地下；另一部分则通过各种（包括人为的和自然的）扰动释放二氧化碳，形成大气—植被—土壤—大气整个陆地生态系统碳循环过程（图4.1）。

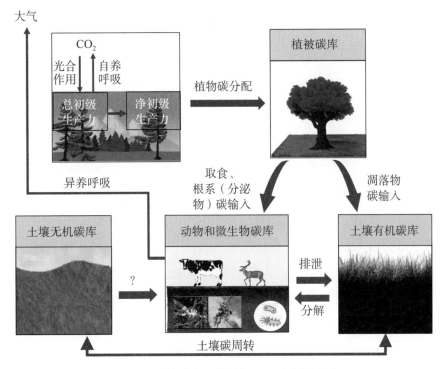

图4.1　陆地生态系统碳循环及主要的碳库

箭头表示各个碳库间的主要交换过程，问号表示该过程尚需研究

植物通过光合作用形成的总初级生产力，除去用于自身自养呼吸的碳损耗，剩余的有机碳称为净初级生产力（net primary productivity，NPP）。净初级生产力被分配和蓄积在植被碳库中，一部分被动物和微生物取食，一部分以凋落物形式进入土壤，被土壤动物和微生物分解，剩余部分碳最终储存于动物和微生物碳库及土壤有机碳库中。植被碳库通常包括植被的地上生物量（如叶、枝、干）碳库和地下生物

量（根系）碳库，主要是以可移动的非结构性碳水化合物（如淀粉、可溶性糖）和不可移动的结构性碳水化合物（如木质素、纤维素、果胶等）等有机碳形态存在。凋落物碳输入主要指植被的枯枝落叶凋落到地表的过程，为土壤生物提供营养物质，是生态系统中腐食食物链的重要物质基础。土壤有机碳库是由环境中的动植物和微生物残体，以及根系分泌物等有机物质进入土壤被微生物分解后形成的含碳有机物的总称。相比于土壤有机碳库，主要以碳酸盐形式存在的土壤无机碳库目前还缺乏足够的定量研究，土壤有机碳库与无机碳库间的周转机制也尚不清楚。动物和微生物是陆地生态系统中重要的消费者和分解者，其储存的碳与植被和土壤碳储量相比，虽然量很小，但作用不可忽视。

（三）海洋生态系统碳循环

海洋生态系统中，生物驱动的有机碳循环是指通过生态系统食物链中各种生物的生产、消费、传递和分解等一系列活动实现碳的垂直迁移的过程[1]。海洋生态系统是一个复杂的系统，其生物过程驱动的碳循环主要发生在上层的真光层，浮游植物吸收溶解在海水中的二氧化碳进行光合作用，将溶解态的无机碳转化为生物体内的有机碳，并通过生态系统食物链转移至各级浮游动物（生物泵）。其中浮游动物生长过程中的排泄物、死亡后的浮游动植物，以及被细菌等微生物分解产生的大量碎屑等都会以颗粒有机碳（particulate organic carbon，POC）的形式向下传输，同时浮游动植物在生物代谢过程中还会产生大量的溶解有机碳（dissolved organic carbon，DOC），一部分溶解有机碳通过异养细菌的作用重新进入食物链转化为颗粒有机碳，另一部分难分解溶解有机碳（recalcitrant dissolved organic carbon，RDOC）通过海水的垂直混合作用被转移到海底（微型生物碳泵）（图4.2）。

此外，海洋生态系统还存在物理泵和碳酸钙泵驱动的碳循环。物理泵碳循环发生在海洋-大气界面的气体交换过程和海洋内水平和垂直方向的迁移过程，与海洋环流密切相关。碳酸钙泵的碳循环属于生物泵，是由钙化浮游植物（如颗石藻）驱动的。钙化浮游植物不仅可以通过光合作用进行碳循环，还可以通过钙化作用将海水中的溶解无机碳转化为颗粒无机碳（如碳酸钙），沉积到深海。

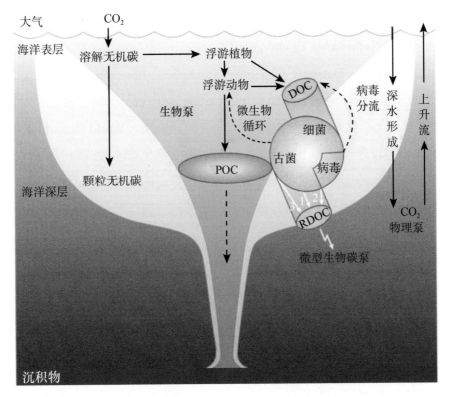

图4.2 海洋生态系统碳循环（改编自文献[1]）

微型生物碳泵中已经确定的三个主要途径：1表示微生物细胞在生产和增殖过程中直接渗出；2表示病毒裂解微生物细胞，释放微生物细胞壁和细胞表面大分子；3表示颗粒有机碳的降解过程

二、全球碳收支分量的评估方法

全球碳收支分量分为碳排放（源）和碳吸收（汇）两个组成部分，碳源主要包括化石燃料燃烧、水泥工业生产和土地利用变化，碳汇则主要包括大气、海洋和陆地三个分量。

（一）人为碳排放量的评估方法

对于化石燃料燃烧和水泥工业生产引起的二氧化碳排放的评估，将世界各国的化石燃料消耗量、水泥生产量乘以各种消耗过程的二氧化碳排放因子，即可估算出二氧化碳排放量。目前，世界范围内有近10个对各国碳排放量进行深入研究的单位（机构或数据库等）。其中，美国橡树岭国家实验室二氧化碳信息分析中心、欧盟委员会联合研究中心（European Commission's Joint Research Centre，JRC）和荷兰环境评估机构（Netherlands Environmental Assessment Agency）的全球大气研究排放数据库（Emissions Database for Global Atmospheric Research，EDGAR）、国际能源署、美国能源信息管理局（Energy Information Administration，EIA）、世界银行、《联合国气候变化框架公约》数据库和世界资源研究所（World Resources Institute，WRI）等的研究较为权威。土地利用变化引起的二氧化碳排放或吸收的评估，主要根据土地利用变化的历史数据和排放常数进行估算，即确定每种生态系统类型的面积和干扰类型作用时间，将各部分累加得到植被和土壤碳储量的年际变化值。

（二）大气碳储量增量的评估方法

全球大气碳储量增量的评估主要基于大气中二氧化碳体积分数的观测数据。美国国家海洋和大气管理局在全球构建了大气二氧化碳及其他温室气体观测网络，积累了数十年的大气二氧化碳体积分数数据。目前，IPCC对大气二氧化碳增加量的估计主要依据美国冒纳罗亚观测站和阿蒙森-斯科特南极站（Amundsen-Scott South Pole Station）两个监测站的数据，并且认为这两个监测站对二氧化碳体积分数的观测精度高且具有全球代表性。

（三）海洋生态系统净碳吸收量的评估方法

海洋生态系统的净碳吸收主要通过物理泵、生物泵、微型生物碳泵在不同时间尺度实现储碳（图4.2），包括以红树林、盐沼、海草床为主体的滨海湿地生态系统和远海海洋生态系统。滨海湿地生态系统受到营养化、填海造陆、沿海开发等人类活动的强烈影响，可以通过人为努力推进滨海湿地生态系统的生态恢复工作，恢复并增强其碳汇功能。远海海洋生态系统受到的干扰相对较小，是全人类共有的公共资源。尽管目前认为海洋是大气二氧化碳的巨大碳汇，但海洋生态系统净碳吸收量（或称碳汇强度）及其未来变化趋势仍存在较大争议。与陆地生态系统的碳储量和固碳速率评估相比，我们对海洋生态系统的碳储量、固碳速率、过程机制和功能缺乏足够的了解，尚未建立起专门的观测和评估体系，还难以做到可计量、可报告及可核查。当前，评估海洋生态系统净碳吸收量的方法可以分为基于海洋二氧化碳分压观测数据和基于海洋生物地球化学模型两种评估方法。

1. 基于海洋二氧化碳分压观测数据的评估方法

基于海洋二氧化碳分压观测数据的评估方法是根据海洋与大气间的气体交换系数、二氧化碳在海水中的溶解度，以及海洋与大气间二氧化碳分压差的关系方程，得到二氧化碳交换量。因而，观测数据（如二氧化碳在海水中的溶解度和海洋与大气间二氧化碳分压差等）资料的准确性和时空代表性制约着评估结果的可靠性，海洋与大气间二氧化碳交换速率计算方案的合理性也会影响海洋碳汇功能的评估结果。

2. 基于海洋生物地球化学模型的评估方法

基于海洋生物地球化学模型的评估方法以海洋碳循环模式为核心，包括简单描述海洋混合和水流的箱模式、基于海洋动力学的环流模式等。目前能够在区域尺度上成功模拟海洋碳化学过程的模型还不多，各种模式间也存在较大差别，主要体现在模型使用不同的大气强迫资料，采用不同的水平层和垂直层分辨率，模拟分析达到平衡态的技术策略不同等。在2020年"全球碳计划"评估中，对于海洋碳吸收的评估，使用了9个全球海洋生物地球化学模型的模拟结果，然而大部分模型均未考虑由人为因素变化导致的海洋养分供应，以及河流有机碳输送过程等对海洋碳汇功能的影响。

（四）陆地生态系统碳储量和固碳速率评估方法

通常所述的陆地生态系统碳储量是指植被生物量碳及储存在1米深土壤中的有机碳总量，即包括植被生物量碳储量和土壤碳储量两部分。陆地生态系统固碳速率是指单位时间内单位土地面积净固定并被长期储存在生态系统中的二氧化碳通量，也称为生态系统碳汇强度，单位时间内区域生态系统的净碳吸收总量则简称碳汇。陆地生态系统碳储量和固碳速率的测算方法包括地面调查法、涡度相关碳通量观测法、遥感反演法及生态系统过程模型模拟法等。因不同测算方法的生物学和物理学基础不同，其对陆地生态系统碳汇的评估结果存在较大差异。

1. 地面调查法

植被生物量调查法和土壤碳储量样地调查法是评估区域生态系统碳储量的重要手段。植被生物量调查法主要采用生物量收获法、平均生物量法及相对生长法测算地上和地下生物量，进而利用植物器官碳含量或经验系数，统计测算样方尺度的植被碳储量。土壤碳储量样地调查法通过测定垂直剖面的土壤碳含量，测算样方尺度的土层碳储量。国家林业和草原局每五年对森林生态系统进行一次森林资源清查，根据清查数据计算木材蓄积量变化，再通过生物量转换方程推导出森林生物量碳储量的变化。地面调查法的生态学意义明确，简单直接，估算精度较高，适合典型生态系统或小区域尺度的陆地碳储量研究。在此基础上，进而采用植被或土壤类型法、生态系统类型或生命地带法，以及地理信息系统技术，便可以统计获得区域尺度的植被和土壤碳储量。

基于地面调查数据评估固碳速率的技术原理是利用两个时间节点的区域尺度植被生物量和土壤碳库的变化量来计算区域生态系统碳收支速率。该方法的关键在于准确获取对象区域连续两个时间节点的植被生物量和土壤碳库数据，虽然方法原理明确、技术简单，但也存在观测周期长、时间序列不连续、从样点到区域尺度转换存在较大不确定性等缺点。

2. 涡度相关碳通量观测法

涡度相关碳通量观测法通过测定大气边界层的垂直风速与大气中二氧化碳浓度脉动量的协方差来确定生态系统与大气间的二氧化碳交换通量。通过生态系统碳通量观测，可以长期、实时连续及网络化地采集生态系统的碳通量动态变化数据，弥补了传统的生物量清查等方法在时间尺度难以连续观测、数据积累周期长等方面的局限性。但是在应用该方法的过程中，观测数据的空间代表性十分重要，因为该方法适合于中小尺度生态系统碳通量的精细观测，需要结合特定的时空尺度拓展方法，才能够用于区域碳收支评估[2]。

3. 遥感反演法

遥感反演法分为基于遥感模型和基于大气二氧化碳浓度卫星观测遥感反演的区域碳收支评估两种手段。基于遥感模型的区域碳收支评估以遥感数据产品[如归一化植被指数（normalized difference vegetation index，NDVI）、光合有效辐射分量（fraction of photosynthetically active radiation，FPAR）等]为驱动变量，建立生物量碳密度或碳通量的遥感模型来对区域碳收支进行评估。

基于大气二氧化碳浓度卫星观测遥感反演法是将观测数据与大气传输模型相结合，根据大气中二氧化碳浓度的空间分布特征及二氧化碳传输机制，并结合人为源二氧化碳排放清单来反演区域碳收支状况，能够独立地提供陆地碳源汇估算结果。该方法的空间分辨率较低，忽略了许多重要的陆地碳循环过程，不能解释碳收支过程机理，其评估结果的不确定性很大，评估结果取决于大气传输模型和二氧化碳排放清单的准确性，以及大气二氧化碳浓度观测数据的空间代表性。

4. 生态系统过程模型模拟法

生态系统过程模型模拟法是以生态系统物质循环和物质的质量守恒理论为基本框架，既能够反映区域碳收支现实状况，又可以模拟未来气候变化条件下的碳收支状况。在精细的空间尺度参数化方案和空间化的植被环境数据支撑下，该方法能够模拟生态系统碳循环的空间格局和动态变化。当前的大多数碳循环模型在对生态系统碳循环过程的定量表达、多种物质循环的耦合关系、人为因素影响及模型尺度转换等方面还存在很多问题，对大尺度碳汇功能的空间变异、动态变化及环境相应过程的模拟分析能力还有待提高。

三、 全球碳收支及中国陆地生态系统固碳现状

（一）全球碳收支状况

在全球碳收支评估中，采用的是年际尺度全球碳收支方程，将化石燃料燃烧和土地利用变化（如森林砍伐、开垦农田）作为两个最主要的人为碳排放来源，将陆地和海洋作为两个自然碳汇来进行统计分析。

根据"全球碳计划"2020年的评估报告，2010～2019年，年均全球人为碳排放量为401亿吨二氧化碳，其中化石燃料燃烧引起的碳排放量为344亿吨二氧化碳，土地利用变化引起的碳排放量为57亿吨二氧化碳；其中，约31%被陆地吸收，约23%被海洋吸收，约46%留在大气中，其方程为

全球人为碳排放量（401）= 化石燃料燃烧碳排放量（344）

+ 土地利用变化碳排放量（57）

= 陆地碳汇（125）+ 海洋碳汇（92）

+ 大气碳储量增量（186）– 收支不平衡（2）

其中，各个数字的单位均为亿吨二氧化碳，收支不平衡项来自评估的不确定性。

（二）中国陆地生态系统碳储量现状及时空变化

基于碳专项调查数据和文献数据整合分析发现，2004～2014年中国陆地生态系统碳储量为3652.7亿吨二氧化碳，其中植被碳储量为555.1亿吨二氧化碳，土壤碳储量为3097.6亿吨二氧化碳。森林（包括灌丛）和草地（包括荒漠）是碳储量最大的生态系统类型，其碳储量分别为1520.2亿吨二氧化碳和1424.2亿吨二氧化碳（表4.1）。

表4.1　1979～1985年和2004～2014年中国陆地生态系统的碳储量

及1980～2010年年均碳汇　　　　（单位：亿吨二氧化碳）

类型	碳储量（1979～1985年）			碳储量（2004～2014年）			1980～2010年年均碳汇		
	植被[a]	土壤[b]	生态系统	植被[c]	土壤	生态系统	植被	土壤	生态系统
森林（包括灌丛）	196.8	1055.6	1252.4	437.1	1083.1	1520.2	8.01	0.92	8.93
草地（包括荒漠）	42.1	1283.9	1326.0	90.5	1333.7	1424.2	1.61	1.66	3.27
农田	20.2[d]	553.3	573.5	20.2	555.8	576.0	0	0.08	0.08
湿地	7.3[d]	165.3	172.6	7.3	125.0	132.3	0	−1.34	−1.34
合计	266.4	3058.1	3324.5	555.1	3097.6	3652.7	9.62	1.32	10.94

　　a 1979～1985年的植被碳储量主要通过文献获取，其中森林（包括灌丛）、草地（包括荒漠）的植被碳储量数据来源于文献[1]和[3]。

　　b 土壤碳储量均指1米深土壤中的有机碳储量。

　　c 2004～2014年的主体数据来源于碳专项和文献历史数据（12 000个植被样地、9000个土壤样地），农田植被碳储量数据来源于文献[4]。

　　d 考虑到农田植被定期收割，早期湿地生态系统植被的部分数据缺失，本部分研究中按1979～1985年的农田和湿地植被碳储量近似等于2004～2014年的农田和湿地植被碳储量处理。

从行政区域看，中国陆地生态系统碳储量主要分布在东北和西南地区，西北地区的碳储量相对较低。从生态气候区来看，碳储量主要分布在寒温带、中温带湿润地区和热带、南亚热带湿润地区，而暖温带干旱地区的碳储量相对较低。植被和土壤碳储量的空间分布格局不同，植被碳储量随纬度增加整体呈下降趋势，高值区主要分布在东南和西南地区，而土壤碳储量高值区主要分布在东北和西南地区，但从东南到西北，植被和土壤碳储量整体均呈下降趋势。

中国陆地生态系统碳储量主要受土地利用变化、生态系统管理，以及自然植被变化与气候变化的影响。近40年来，中国的植被恢复对陆地生态系统碳储量及其增加做出了重要贡献。2000～2017年，全球绿地面积增加了5%，中国贡献了增量的25%；其中，中国人工造林7954万公顷，森林蓄积量达到175.6亿立方米，森林覆盖率提高到23.04%，草原综合植被盖度为56.1%，自然保护区面积占比增加到15%。相比1979～1985年，2004～2014年的中国陆地生态系统碳储量呈现显著增加趋势，碳储量净增加了328.2亿吨二氧化碳，其中植被和土壤碳储量分别增加了288.7亿吨二氧化碳和39.5亿吨二氧化碳（表4.1）。

此外，陆地生态系统碳储量及碳汇功能的动态变化受森林的林龄结构、土壤有机碳特性、大气氮沉降、火灾及气候波动等因素的影响。初步的研究结果表明，中国陆地生态系统的现存碳储量远远低于理论上的饱和容量，依然具有巨大的增汇空间，通过人为的生态建设及生态系统自然演替可以进一步巩固和提升生态系统的碳储存功能，为未来的碳中和做出新的贡献。

（三）中国陆地生态系统碳汇现状及变化

联合国粮食及农业组织的数据表明，大规模植树造林、退耕还林还草等生态工程使得我国由土地利用变化导致的碳排放量是负值，即呈现碳吸收状态，2019年的碳吸收量达到6.5亿吨二氧化碳，这是国际官方机构对我国生态建设固碳贡献的认可。这与全球其他地区由森林砍伐、开垦农田活动所导致的土地利用变化引起的碳排放截然不同，体现了我国生态建设对应对全球气候变化的重要贡献。

基于碳专项和文献数据的整合结果发现，与1979～1985年相比，2004～2014年的中国陆地生态系统碳储量显著增加，增加了328.2亿吨二氧化碳，1980～2010年平均每年的碳汇为10.94亿吨二氧化碳；森林（包括灌丛）是碳汇的主体，农田和湿地的碳汇能力较弱（表4.1）。2001～2010年中国六项重大生态工程实施区域的年均碳汇约为4.8亿吨二氧化碳，占全国碳汇总量的47%，这证实了我国生态建设对减缓全球气候变化的重要贡献。

基于ChinaFLUX的观测数据，通过构建智慧型机器学习模型的固碳速率评估方法来进行统计分析，结果发现，2000～2018年中国陆地生态系统的净生态系统生产力（net ecosystem productivity，NEP）约为53.9亿吨二氧化碳/年。当仅考虑农林草产品收获利用的碳移除（约33.6亿吨二氧化碳/年）时，则中国陆地自然生态系统净固碳量约为20.3亿吨二氧化碳/年。在此基础上，如果考虑中国区域的动物取食、挥发性有机物排放、火灾，以及土壤水蚀和风蚀等自然干扰的碳泄漏量，合计约为7.4亿吨二氧化碳/年，则最终得到蓄积在陆地生态系统的碳汇约为12.9亿吨二氧化碳/年。

利用生态系统过程模型及遥感反演分析评估中国陆地生态系统固碳速率是一种重要的技术途径。采用多种生态系统过程模型对1980～2018年陆地生态系统的固碳速率进行评估，结果发现，中国陆地生态系统固碳速率呈现从东南到西北递减的格局，不同模型模拟结果的空间分布及全国统计值间存在较大差异。多模型平均获得的中国陆地生态系统年均碳汇约为8.8亿吨二氧化碳，且从1980年到2018年，碳汇呈现增加的趋势，增长速率约为0.3亿吨二氧化碳/年。

由于不同类型模型所考虑的生态过程存在差异，遥感反演及模型模拟的结果差异较大。其中，中国科学院大气物理研究所利用中国气象局温室气体观测本底站碳监测数据、国家林业和草原局森林普查数据、美国与日本碳监测卫星遥感数据，以及生态系统全球遥感数据，结合爱丁堡大学的碳同化模型（GEOS-Chem）评估的2011～2016年中国陆地生态系统每年的碳汇可达到40.7亿吨二氧化碳[5]。

针对该研究结果，学界展开了广泛的讨论。讨论的焦点问题主要为以下三个方面：其一是不同大气传输及反演模式模拟结果之间的差异；其二是地面观测数据质量、空间代表性及模拟分析的空间分辨率对二氧化碳通量反演结果的影响（特别是香格里拉站观测数据的代表性）；其三是模型反演的地气二氧化碳交换通量与传统陆地生态系统碳汇概念之间的关系[6, 7]。

Schuh等[6]使用TM5模型评估得到的2015～2018年中国陆地年均碳汇为14.6亿～18.3亿吨二氧化碳。Wang等[7]在不考虑香格里拉站的条件下，使用哥白尼大气监测服务（Copernicus Atmosphere Monitoring Service，CAMS）反演系统评估得到2010～2016年中国陆地年均碳汇仅为9.2亿吨二氧化碳。随后，中国科学院大气物理研究所将模型空间分辨率的精度细化到2°×2.5°，再使用最新的轨道碳观测2号（Orbiting Carbon Observatory-2，OCO-2）卫星数据集，模拟得到的2015年中国区域的碳汇约为24.9亿吨二氧化碳。

由此可见，不同研究团队采用不同的方法模拟得到的中国区域近年来的年均碳汇在9亿～25亿吨二氧化碳的变异范围内。这说明通过卫星对地观测的大气遥感反演方法对中国区域碳汇功能的评估，会因为使用不同的大气化学传输模式、先验通量及同化数据产生巨大的系统误差，其相关理论和方法还有待发展和完善。同时这里需要指出的是，通过大气遥感反演的结果往往未扣除农林草产品收获、国际贸易碳排放转移、非二氧化碳形式碳排放及各种干扰因素导致的碳消耗（或称碳泄漏），其中还可能包括了传统研究中没有被包含的无机和有机碳汇过程。虽然其评估结果的不确定性极大，但是仍可为我们理解中国区域的陆地生态系统碳汇形成机制提供有价值的信息。

综合上述的地面调查法、通量观测、过程模拟及大气遥感反演方法等各种方法的评估结果，可以认为，中国区域1980～2018年的陆地生态系统碳汇为每年9亿～25亿吨二氧化碳，2010～2020年的陆地生态系统碳汇为每年10亿～15亿吨二氧化碳，最有可能的估计范围为每年11亿～13亿吨二氧化碳。这个估计数值可以作为2010～2020年中国陆地生态系统有机碳循环过程的年净固碳量基数值参考使用。

这里还需要说明的是，在过去的几十年中，学者们利用资源清查数据（或专项调查数据）、ChinaFLUX动态观测及卫星遥感数据对我国陆地生态系统碳储量和固碳速率开展了大量研究，显著提升了对陆地生态系统碳循环的认识。然而，受人力、物力及观测技术的限制，目前还缺乏覆盖全国各类生态系统及其全组分碳属性的基础科学数据，更缺乏网络化的长期动态监测数据，这导致了对中国区域固碳现状评估的较大不确定性。现在迫切需要整合定位观测、样带调查、区域清查、卫星遥感、社会统计的多源耦合数据，发展多学科融合的碳收支评估方法学体系和数值模拟分析技术，为中国的碳收支计量提供有力的科技支撑。

作　者：于贵瑞　朱剑兴

审稿人：牛书丽

编　辑：王　静　孙　曼

生态系统碳循环是碳减排和碳管理的理论基础。温度、降水、大气二氧化碳浓度、大气氮沉降和植物自身生长等自然因素，以及植树造林、草地保护、湿地修复、农业管理措施等人为管理活动，是影响陆地生态系统碳汇的核心因素。客观认识影响我国陆地生态系统碳汇大小的因素和驱动机制，发挥其碳汇功能，提高其固碳能力，是减缓大气二氧化碳浓度增加的有效途径，也是自然气候解决方案（natural climate solution，NCS，或nature-based climate solution，NbCS）的重要内容，是决定我国碳中和目标实现进程的关键之一。

本节以地面观测数据为基础，结合遥感资料和生态模型，对我国陆地生态系统的固碳潜力进行了全面测算。2020～2060年，我国陆地生态系统的固碳潜力为每年10.93亿～13.18亿吨二氧化碳，自然固碳和优化管理的生态建设固碳分别为每年8.41亿～10.72亿吨二氧化碳和2.00亿～2.52亿吨二氧化碳，分别占我国陆地生态系统总碳汇的77%～84%和16%～23%。我国陆地生态系统的碳汇主要来自森林，占总碳汇的56%～62%，农田和湿地合计占16%～20%。草地、灌丛和荒漠的碳汇相对较弱。

未来应从充分发挥森林的碳汇功能、加强其他自然生态系统类型（灌丛、草地、湿地等）的管理与修复、优化农田管理措施、发展新兴陆地生态系统碳汇、研发生物和生态碳捕集新技术等五个方面加强工作，以充分发挥陆地生态系统的碳汇功能。同时建议加强生态系统的调查与监测，解析增汇关键技术，综合评估多种措施协同的固碳潜力。

一、 生态系统固碳的重要性

（一）生态系统固碳与碳平衡

二氧化碳在大气圈—生物圈—土壤圈—大气圈的循环流动过程中形成了地球上规模最大的生物地球化学过程——全球碳循环。全球碳循环的相关规律是在全球尺度进行碳减排活动和碳管理实践所要遵循的基本原理，也是开展以碳减排为主要目的的气候变化谈判的科学基础。

如前所述，陆地生态系统通过光合作用吸收和固定大气中的二氧化碳，并通过植物呼吸、土壤呼吸等过程又返回到大气中，形成了陆地生态系统碳循环。同时，在大气与海洋表层之间以及水圈内部也进行着较强的碳交换，形成了海洋生态系统碳循环。在气候系统处于动态平衡状态的自然系统中，碳循环也处于动态平衡之中，即生物圈从大气圈中吸收了多少二氧化碳，最后又几乎等量地释放到大气中。其中那些固定碳量大于排放碳量的生态系统，就成为大气二氧化碳的汇，简称碳汇，反之则称为碳源。

全球碳循环造就了五彩缤纷的生命世界，光合产物为地球上的几乎所有生命体提供了赖以生存的物质和能量来源，与人类生活息息相关——人类每日所食食物、所穿衣物都与碳循环有关，人类建造居所和出行的过程也会排放大量碳。可以说，人类的衣食住行皆直接或间接地来源于碳循环过程的中间产物。碳循环是地球上最重要的生物地球化学循环过程，支配着地表系统中其他的元素循环，也是地球系统健康与否的重要标志。

从过程的主导因素上看，碳循环包括自然过程和人为过程。人类虽然仅参与碳循环中的少数过程，却对全球碳循环有着重要的影响。进入工业化时代以后，人类在消耗化石燃料的过程中向大气释放了大量的二氧化碳，热带雨林的破坏等土地利用变化也导致二氧化碳的大量排放。20世纪80～90年代，人们逐渐认识到，包括森林、草地、灌丛等在内的全球陆地生态系统是一个重要的碳汇，在维持全球碳收支平衡中发挥着显著作用。为减缓大气二氧化碳浓度日益增加和全球温度上升的趋势，在控制和减少化石燃料使用所排放的二氧化碳的同时，利用生态系统固定二氧化碳已成为实现间接减排的重要举措。增加生态系统对二氧化碳的吸收是应对全球气候变化的有效途径，也已成为国际社会的基本共识。

因此，无论是从碳循环与人类关系的密切性、碳循环本身的重要性，还是改变碳循环的后果严重性方面来讲，陆地生态系统都成为碳循环研究的焦点。植树造林、森林恢复、生态系统管理等，都可以通过促进生态系统生物量及土壤碳汇的增加来减缓大气二氧化碳浓度的增加，进而减缓全球变暖的进程。

（二）自然气候解决方案的原理及其重要性

面对全球气候变化的日益加剧，世界各国纷纷将应对气候变化提上日程。然而，由于涉及社会经济发展的诸多因素，控制化石燃料燃烧引起的排放难以一蹴而就。以CCUS技术为代表的工业固碳技术尚未发展成熟，在吸收大气二氧化碳方面的作用依然有限。因此，发挥生态系统碳汇功能的自然气候解决方案受到了许多国家、组织和科学界的高度关注。

自然气候解决方案于2008年由世界银行首次提出。与依赖于传统工程手段的举措不同，自然气候解决方案主要依靠发挥生态系统功能，来缓解气候变化对人类社会的不利影响。具体而言，就是要在减少土地利用变化碳排放的基础上，进一步采取措施，通过对生态系统的保护、修复及可持续管理，确保其固碳能力得到充分的发挥，进而实现降低大气二氧化碳浓度、缓解气候变化的目的。简言之，自然气候解决方案就是充分利用生态系统的碳汇功能，将大气中的二氧化碳固定到生态系统中，其主要措施包括植树造林与森林重建、草地保护与恢复、湿地重建、农田优化管理等。

从碳平衡的角度来看，实施自然气候解决方案、发挥生态系统碳汇功能对于碳中和目标的实现具有决定性意义。在碳中和情景下，由化石燃料使用及土地利用变化（如森林砍伐、开垦农田等）导致的人为碳排放量，与陆海生态系统吸收及通过CCUS等技术方式封存的碳量之间应当达到平衡，即二氧化碳净排放量为零。这种关系可以表达为

$$碳中和 \Leftrightarrow 人为碳排放量 - （陆海生态系统固碳量 + CCUS固碳量）= 0$$

考虑到CCUS等工业固碳技术在短时间内还难以得到大范围的应用，在碳中和目标实现时，生态系统碳汇的大小就直接决定了人为碳排放的空间。如前所述，

"全球碳计划"评估显示，在2010～2019年，全球陆地生态系统共吸收了约31%的人为碳排放量（125亿吨二氧化碳/年），海洋生态系统则吸收了约23%（92亿吨二氧化碳/年），这使得人为碳排放量只有约46%留存在大气中。而对于陆地生态系统而言，在抵消掉土地利用变化导致的人为碳排放量（57亿吨二氧化碳/年）后，还可以抵消约20%的化石燃料燃烧引起的碳排放量（68亿吨二氧化碳/年）。这是十分可观的数字，说明充分发挥陆地生态系统的碳汇功能可大大降低人类社会的减排压力。

另外，生态系统碳汇可以有效减缓大气二氧化碳浓度的上升，为能源与工业部门的转型升级及工业固碳技术的发展成熟争取时间。因此，尽管有少数非专业人士认为生态系统碳汇在缓解气候变化或实现碳中和目标中的作用可能不大，但大量数据说明实施自然气候解决方案、发掘生态系统固碳潜力对于人类社会应对气候变化不可或缺。

值得一提的是，自然气候解决方案具有突出的优势。首先，相比于清洁能源或工业固碳等新兴技术，自然气候解决方案主要依赖于对生态系统的保护、修复和管理，绝大多数措施已经基本成熟，不存在明显的技术门槛。其次，自然气候解决方案成本低廉。研究表明，通过实施自然气候解决方案，可以在成本不超过100美元/吨二氧化碳的水平下，使陆地生态系统碳汇增加113亿吨二氧化碳/年，预计能够抵消2030年37%的化石燃料燃烧引起的碳排放[8]。最后，自然气候解决方案的本质是对生态系统的保护、修复和可持续管理，因此在提升生态系统碳汇功能的同时，还会提供防风固沙、水土保持、涵养水源、净化空气、维持生物多样性、稳定区域气候等诸多重要的生态系统服务功能，能够对人类社会的可持续发展提供重要助力。

正因为上述重要性和优势，推动自然气候解决方案的实施、充分发挥生态系统的碳汇功能，已成为世界上很多国家应对气候变化的重要抓手。2019年9月，联合国气候行动峰会将自然气候解决方案列为全球九项重要行动之一，我国和新西兰共同作为此项行动的牵头国家。我国生态系统类型多样，不少类型具有独特性，科学地开展生态保护、建设和管理，有效地增强我国生态系统的固碳能力，不仅能够有力推动我国碳中和目标的实现，也将为我国生态文明建设和实现"美丽中国"奠定坚实的基础。

二、 陆地生态系统固碳的影响因素

（一）影响陆地生态系统碳汇的自然因素

1. 大气二氧化碳浓度

在自然因素中，大气二氧化碳浓度变化对陆地生态系统碳汇具有极其重要的作用。由于二氧化碳是植物光合作用的基本物质，大气二氧化碳浓度增加会显著促进陆地植被的活动，加速植物生长，使陆地生态系统呈现碳汇功能[9]。研究表明，当前全球陆地生态系统碳汇中有高达60%的贡献源于大气二氧化碳浓度上升的效应；在1995～2014年，大气二氧化碳浓度每上升1 ppm，全球陆地生态系统碳汇就增加1.1亿～3.0亿吨二氧化碳/年。北美、欧洲、日本等地区的研究也证实了大气二氧化碳浓度升高对陆地生态系统碳汇的促进作用。这种作用也因此被形象地称为"二氧化碳施肥效应"。

2. 气候因子

除了二氧化碳施肥效应外，气温和降水量等气候因子也会对陆地生态系统碳汇产生重要的影响，这涉及对植被生产、生态系统呼吸等多个碳循环过程的综合作用。从全球尺度上看，陆地生态系统碳汇对气温和降水量的波动非常敏感，年平均气温每上升1摄氏度可导致全球陆地生态系统碳汇减少110亿吨二氧化碳/年，而年降水量每增加100毫米可使碳汇增加84亿吨二氧化碳/年。当然，由于不同区域气候变化的程度不同，且不同生态系统对气候变化的响应存在差异，气候波动在不同地区陆地生态系统碳汇中的贡献并不一致[9]。例如，对美国陆地生态系统而言，降水和空气湿度增加促进了植被生长，使陆地生态系统碳汇在1950～1993年增加了44%；在欧洲，气候变化对其森林碳汇增长的贡献约为26%，对草地碳汇增长的贡献则为27%～31%；而在巴西亚马孙河流域，由气候变化导致的干旱和火灾频发使得当地热带森林生物量碳汇从20世纪90年代的20亿吨二氧化碳/年降低至2001～2010年的14亿吨二氧化碳/年，部分地区甚至转变为碳源。值得注意的是，极端气候事件也会显著影响陆地生态系统的碳汇水平。例如，2003年欧洲地区的极端高温事件使其植被生产力下降了30%，导致其生态系统比常年向大气多释放了18亿吨二氧化碳。

3. 氮沉降

大气氮沉降是影响陆地生态系统碳汇的另一个重要因素。从全球来看，氮沉降能够显著促进植被的生产力提升，但同时也会促进生态系统的呼吸，两者抵消后可能导致碳汇的变化并不显著。但从区域尺度或特定的生态系统类型来看，氮沉降可能会对碳汇有着较大的影响[9]。例如，在1895～2007年，氮沉降对美国南部陆地生态系统碳汇的贡献仅次于大气二氧化碳浓度上升的作用；再如，氮沉降对全球草地生态系统的碳汇贡献可达24%，略高于气候因子的影响。

4. 植物生物学生长

除大气二氧化碳浓度上升、气候因子、氮沉降等因素外，植物自身的生物学生长也是碳汇形成的重要因素。随着植物的生长，大气二氧化碳不断转变为其自身积累的有机物，同时也会增加枯枝落叶等有机组分进入土壤并储存的数量，这就自然形成了碳汇。例如，日本和韩国的森林碳汇主要来自森林生长的贡献。森林再生长也是调控美国东部森林碳汇的主导因素，而二氧化碳施肥效应、氮沉降和气候变化引起的森林生长增加对该区域碳汇的相对贡献仅有2%。

（二）影响陆地生态系统碳汇的人为因素

除自然因素外，人类活动对陆地生态系统碳汇功能也有着深刻的影响。如前所述，自工业革命以来，人类活动深刻地改变了全球碳循环，由人为因素导致的大量碳排放打破了生物圈和大气圈之间原有的碳平衡，引发了全球变暖等诸多的环境问题。

然而，人类活动对陆地生态系统碳汇也可以产生非常积极的作用。人类可以通过科学合理的生态系统建设和管理，使其发生从碳源到碳汇的转变。从全球范围来看，由于热带地区的毁林现象得到缓解，以及北方温带地区植树造林活动的增强，1998～2012年全球陆地生态系统碳汇以每年增加6.2亿吨二氧化碳的速率在上升。可以说，人类近年来的积极活动是全球陆地生态系统碳汇增加的重要原因之一[9]。

在我国，陆地生态系统碳汇也经历了类似的历程。以森林生态系统为例，自

1949年至20世纪70年代末,我国森林因砍伐和毁林表现为碳源,其间森林植被共计损失了约7亿吨碳,相当于向大气释放了约26亿吨二氧化碳。而从80年代初至90年代末,大规模的植树造林使我国的森林由碳源转变为碳汇,且其中有2/3的碳汇来自南方地区森林的贡献。从90年代后期至今,大规模林业重点工程的广泛实施使我国森林碳库进一步增加,森林碳汇量比80年代初到90年代末的碳汇量增加了一倍以上。分析显示,与东亚地区日本、韩国的森林碳汇主要来自森林生长的贡献不同,我国森林碳汇的增长更多地来源于森林面积的扩大,而森林生长的贡献约占40%。根据碳专项研究结果,在2001～2010年,我国六项重大生态工程实施区域内,56%的陆地生态系统碳汇得益于生态工程的实施。

综上所述,陆地生态系统碳汇是在全球变化、人类活动等要素共同影响下的产物,其大小受到环境变化、植物生物学生长、植被面积变化,以及包括生态工程在内的各项人为管理举措等诸多因素的共同影响。在我国,陆地生态系统碳汇一方面与大气二氧化碳浓度上升、气候变暖、夏季降水增加、氮沉降增加等环境变化引起的植被生长增强密切相关;另一方面,植树造林和生态修复工程的广泛实施也是导致我国陆地生态系统碳汇的重要原因[10]。近年来,我国在落实应对气候变化行动目标方面的效果显著,并确立了"努力争取2060年前实现碳中和"的宏伟目标。因此,应当更好地理解和把握上述我国陆地生态系统碳汇的驱动因素,并据此预测我国未来生态系统固碳潜力的大小和趋势,在此基础上科学地制定生态保护、建设和管理方案,合理地推动自然气候解决方案的实施,有效地增强我国生态系统的固碳能力,助力碳中和目标的实现。

(三)未来气候变化对生态系统碳汇的影响

1. 未来气候变化情景

自1990年发布第一次气候变化评估报告起,IPCC就基于对不同人类活动情景下温室气体、气溶胶及其他气候因子排放趋势的预估,对全球未来气候变化情况进行预测。在第五次气候变化评估报告中,IPCC定义了一套情景,该情景被称为典型浓度路径(representative concentration pathway,RCP),包括一个低浓度情景(RCP2.6)、两个中等浓度情景(RCP4.5和RCP6.0),以及一个高浓度情景

（RCP8.5），分别代表不同的温室气体排放情况。RCP2.6是一个比较理想的情景，在这个情景下，温室气体排放得到很好的控制，排放量很低，到2100年全球温度较工业化时代前上升不超过2摄氏度；这也是当前世界各国努力应对气候变化所希望达到的目标，但实现起来难度比较大。RCP8.5则是一个极端的情景，是不采取任何气候政策、不对温室气体排放做任何控制时所发生的情况，到2100年全球气温上升将超过5摄氏度；这一情景在世界各国纷纷采取气候政策的情况下不太可能出现，但大致表征了未来气候变化的上限情况。RCP4.5和RCP6.0是两种采取一系列气候政策、通过各种措施减少温室气体排放的情景；从目前各国应对气候变化的举措来看，未来气候变化情况可能与之比较接近。

根据IPCC的预测，我国未来的气候总体上会出现气温上升、降水量增加的情况。在RCP4.5情景下，2060年的气温可能比21世纪初增加2.2摄氏度，年降水量平均增加43.2毫米；至21世纪末将累计增温2.7摄氏度，年降水量平均增加59.4毫米。在RCP8.5情景下，2060年的气温比21世纪初增加3.5摄氏度，年降水量平均增加57.5毫米；到21世纪末将累计增温5.8摄氏度，年降水量增加90.8毫米。

2. 不同情景下我国陆地生态系统碳汇可能受到的影响

如前所述，全球变化，如大气二氧化碳浓度升高、气候变暖、极端气候事件等都会影响植被生长，进而影响陆地生态系统碳汇。随着未来大气二氧化碳浓度的上升，我国陆地植被活动会显著增强，固碳能力也随之增强。气候变暖也会导致植物的生长季延长、加速植物的生长，有利于我国陆地生态系统碳汇的增加。同时，降水量增加和降水格局的改变对我国陆地生态系统碳汇的影响较为强烈。降水量增加能够显著促进碳汇，而降水量减少则会降低碳汇。特别是，如果气候暖干化发生在西北等水资源缺乏的地区，会严重影响当地的水分平衡，若再实施大规模的植树造林，将进一步导致地下水的过量使用，甚至引发生态系统崩溃，显著削弱生态系统的固碳能力。

总之，在不同的人类活动和排放浓度情景下，未来我国的陆地生态系统碳汇可能存在很大的不确定性，并且因地区和生态系统的不同而异。

三、 中国陆地生态系统的固碳潜力估测

（一）自然状态下的固碳潜力估测

1. 森林生态系统

森林生态系统中储存着大量的有机碳，是陆地生态系统碳汇的主体。在1990～2007年，全球森林生态系统年均净吸收二氧化碳约41亿吨，削减了同期全球化石燃料碳排放的16%，是全球陆地生态系统碳汇的最主要贡献者[11]。发挥森林的碳汇功能是抵消化石燃料碳排放、实现碳中和目标的重要途径。通过遥感影像获得的土地覆盖信息显示，我国当前森林面积约为190.3万平方千米，约占国土面积的20%。碳专项研究结果显示，在2001～2010年，我国森林年均碳汇约为6亿吨二氧化碳，占同期陆地生态系统碳汇的80%[10]。可以预计，在未来相当长的一段时期内，森林仍将是我国陆地生态系统碳汇的主体，发挥森林的碳汇功能对于碳中和目标的实现具有十分重要的意义。

如前所述，森林生态系统的固碳能力主要来源于两个方面：一是森林生长，包括树木自身的生物学生长和在气候变化下的加速生长；二是森林面积扩大，特别是大规模植树造林带来的人工林面积增加（图4.3）。因此，在对我国未来森林生态系统的固碳潜力进行测算时，要对这两方面因素同时加以考虑。

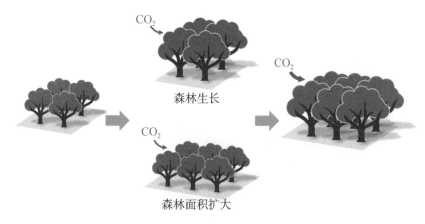

图4.3　森林碳汇主要来源于森林生长和森林面积扩大

森林植被的自然生长情况可由林龄来反映。林龄与森林单位面积的植被碳储量（或称植被碳密度）密切相关，通常表现为林龄越大，单位面积树木的碳储量越高。根据这一规律，采用林龄-面积转移矩阵法和林龄-生物量密度函数法这两种方法，可以实现对森林植被碳密度在未来变化的预测。我国森林可以划分为幼龄林、中龄林、近熟林、成熟林和过熟林共五个生长阶段。而林龄-面积转移矩阵法，就是基于一定时间内不同林龄阶段的森林生长至下一阶段的比例，来推算未来森林的年龄构成，进而预测森林植被碳密度变化的方法。林龄-生物量密度函数法则是依据森林生长的一般规律，对各类森林的单位面积生物量（即生物量密度）与林龄的关系进行拟合，由拟合函数推算未来各时间点上的森林生物量密度，以实现对碳密度的预测。我国有连续多年的森林清查资料，通过对这些资料的分析，就可以获得上述两种方法所必需的关键参数，进而推断未来森林植被碳密度的变化。

在森林面积上，我国提出了较为明确的林业发展规划目标。《中国可持续发展林业战略研究总论》指出，我国在2020年、2030年、2050年的阶段性森林覆盖率发展目标分别为国土面积的23.461%、25.517%和28.353%。若以我国森林覆盖率的极大值30%为2060年的目标，假设未来目标均能够如期实现，同时，假定森林面积均匀增加，面积增加量即为新增森林面积，并且新增森林中各类森林面积的比例与现状相同，根据该情景，就可以运用上述两种方法对我国森林未来碳储量变化及固碳潜力进行预测。

不过，上述两种方法的预测结果仅涵盖了森林植被的碳汇。森林生态系统固定的二氧化碳不仅会储藏于植被中，也会储藏于枯枝落叶等凋落物、枯死的木质残体及土壤中，因此植被碳汇必然小于森林生态系统整体的碳汇。对中国森林的研究表明，森林生态系统整体的碳汇与植被碳汇的平均比值为2.04，据此可以由植被碳汇推算整个森林生态系统的固碳潜力。

综合两种方法的测算结果显示，在2020～2060年，我国森林的植被碳储量将由87.8亿吨增长至126.3亿吨，所形成的植被碳汇为3亿～4亿吨二氧化碳/年。相应地，我国森林生态系统的碳汇可达到6.16亿～8.23亿吨二氧化碳/年。

需要说明的是，我国森林清查资料中的"森林"，除涵盖一般意义上的森林外，还包括果树等经济林、竹林，以及国家规定的特殊灌木林。由于经济林、竹林受人为的干扰比较频繁，波动很大，历来不是我国森林固碳的主体，在测算时暂不予考虑。灌木林在生态系统类型上属于灌丛生态系统，因此也不纳入森林进行估测。根据2004～2008年、2009～2013年和2014～2018年三期森林清查资料，这几类林地占总森林面积的19.8%，在估测时按这一比例进行了扣除。此外，村旁、路旁（包括行道树）、池旁和散生在耕地中树木等"四旁绿化"树木也未纳入预测中。据估算，1977～2008年我国"四旁绿化"树木的平均碳汇仅有0.32亿吨二氧化碳/年，并且有逐年减小的趋势，因此在测算时也可忽略不计。

2. 灌丛、草地和荒漠生态系统

灌丛、草地和荒漠是重要的自然生态系统类型，共占全球陆地总面积的50%左右。它们所处的气候条件较为恶劣，对气候变化较为敏感，在陆地生态系统碳循环中扮演着重要角色。当前我国灌丛、草地和荒漠生态系统的总面积达426万平方千米，占国土总面积的44%。其中，灌丛生态系统总体上发挥着碳汇功能，在2001～2010年平均每年净吸收二氧化碳约0.6亿吨[10]。而对于我国草地和荒漠生态系统的碳汇功能，由于其受降水等气候因子波动的影响较大，目前结论尚不明确。但考虑到我国草地和荒漠的广阔面积及可观的碳储量，二者在实现碳中和目标中的作用也不可小觑。

灌丛、草地和荒漠植被的碳汇大小主要受大气二氧化碳浓度及气候因子等全球变化因素的影响。然而，与森林不同，我国灌丛、草地和荒漠缺乏详细的连续调查资料，这为了解全球变化因素如何影响其植被碳汇带来了困难。卫星遥感影像能够提供地表大范围植被覆盖的关键信息，为解决这一问题提供了技术手段。利用遥感数据产品提供的NDVI等植被指数，结合大规模野外调查获得的植被生物量资料，可以通过遥感反演法建立植被碳储量观测值和遥感植被指数之间的经验统计关系，获得过去30余年我国灌丛、草地、荒漠植被碳汇的变化情况。在此基础上，就可以分析得到全球变化因素对我国灌丛、草地、荒漠植被碳汇的影响，进而根据未来气候变化情景，以及各类生态系统的总碳汇与植被碳汇的经验比值，实现对2020～2060年三类生态系统固碳潜力的估测。

测算结果表明，2020～2060年我国灌丛、草地和荒漠生态系统整体表现为碳汇且相对稳定，在RCP4.5和RCP8.5两种气候情景下的平均水平大致在1.03亿～1.46亿吨二氧化碳/年。然而，在不同情景下，其碳汇大小存在明显差异，总体表现为RCP8.5情景下的碳汇估测结果要高于RCP4.5情景。具体来看，RCP4.5情景下，灌丛、草地和荒漠生态系统的碳汇大小共计为0.61亿～1.33亿吨二氧化碳/

年；而在RCP8.5情景下，三者合计为1.38亿～1.84亿吨二氧化碳/年。在2060年，我国灌丛、草地和荒漠生态系统所能形成的自然固碳潜力分别为0.81亿吨二氧化碳/年（基于RCP4.5情景）和1.84亿吨二氧化碳/年（基于RCP8.5情景）。

3. 农田生态系统

与森林、灌丛等自然生态系统不同，农田生态系统的碳汇功能主要体现为土壤碳汇。这是因为农作物种植的主要目的是满足人畜食用及其他生产生活需求，地上部分收获后的副产品也会以秸秆等形式加以利用或再次还田。这使得农作物植株所固定的碳元素会在短期内重新以二氧化碳的形式返回到大气中，不能形成稳定的碳固持。所以农田生态系统在吸收大气二氧化碳上的净贡献，最终取决于其土壤碳库的变化（图4.4）。另外，农田土壤碳库与土壤肥力之间也有着紧密关联：较高的碳含量往往意味着土壤更为肥沃，能更好地支持作物的稳产和高产。因此发挥农田土壤碳汇功能，对于缓解气候变化和保障粮食安全具有双重意义。

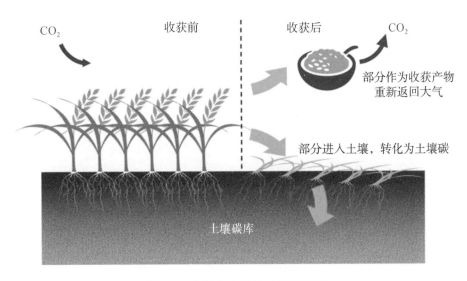

图4.4　农田生态系统的固碳原理

农田土壤碳库的变化与管理措施有着密切关系。在管理措施长期保持不变的条件下，农田土壤碳库经过不断累积，最终会达到平衡状态，也就是碳元素的输入量和通过土壤呼吸作用的释放量相当，土壤碳库既不增加也不减少，表现为碳中性。随着优化管理措施的实施，农田土壤碳的输入量大于释放量，土壤会充当碳汇的角色。而随着土壤碳库的增加，土壤的呼吸作用也在增强，直至达到新的平衡。不过土壤对碳的储存不会无限制地增加，当土壤碳含量达到饱和时，便不会再增加对大气二氧化碳的固定，即达到土壤固碳能力的极限。

我国是农业大国，农耕历史悠久。但由于长期耕作，我国农田土壤的碳损失较为严重，当前土壤碳密度低于全球平均水平，且比欧洲、北美等地区低1/3以上。在20世纪80年代以前，我国农田土壤碳库长期呈下降趋势，表现为弱的碳源。80年代之后，随着农田少耕/免耕、秸秆还田、有机肥投入增加等保护性农业措施的实施，我国农田土壤碳库总体呈增加趋势，表现为明显的碳汇。2001～2010年，我国农田年均吸收0.9亿吨二氧化碳，占陆地生态系统总碳汇的12%[10]。从当前情况分析，我国农田土壤还可再吸收73亿～108亿吨二氧化碳，固碳潜力非常可观。

由于农田土壤固碳涉及诸多管理措施，其预测往往采用生态模型进行。利用经过大量实测数据验证的Agro-C模型进行估测，结果显示，如果当前的农业管理措施保持不变，在未来40年中，我国农田土壤碳库将不断增加，但固碳能力会有所下降。至2060年碳中和目标实现时，我国农田土壤还可以提供相当于每年0.82亿吨二氧化碳的碳汇。

4. 湿地生态系统

湿地生态系统是一类介于陆地生态系统和水生生态系统之间的过渡类型。由于湿地处于长期或季节性淹水的厌氧环境中，微生物活动较弱，这使得分解过程十分缓慢，植物残体中的大部分碳都能得以有效固定。因此尽管湿地面积仅占全球陆地面积的5%～8%，但却储藏了全球陆地生态系统中20%～35%的碳，在碳循环中扮演着重要的角色。

我国湿地类型复杂多样，包括沼泽湿地、湖泊湿地、河流湿地、滨海湿地等自然湿地，以及人工构筑的水库、水塘、运河等人工湿地。湿地面积占国土总面积的比例低于2%，但其碳储量十分可观。据估计，仅内陆湿地的碳储量就相当于197.6亿～265.8亿吨二氧化碳，约等于我国森林30～45年的固碳总量。

自然状态下，湿地的固碳能力可使用NEP来表示。湿地NEP大小因其所处的地理位置、气候状况、植被类型、土壤环境等不同而存在着很大的差异，特别是气温和降水对湿地NEP有显著的影响。以往研究证实，利用气候数据可以构建统计模型，实现对湿地NEP的估算[12]。因此利用该统计模型，结合以气候模式预测的未来气温和降水数据，可以估算我国湿地未来的碳汇变化。

测算结果表明，我国湿地生态系统未来将表现为碳汇，且吸收二氧化碳的能力较为稳定，在RCP4.5和RCP8.5两种气候情景下的碳汇大小基本相当。在2020～2060年，我国湿地生态系统的碳汇为0.31亿～0.34亿吨二氧化碳/年，年均吸收二氧化碳约0.33亿吨。可见，我国湿地生态系统能够在遏制大气二氧化碳浓度升高和减缓气候变化中发挥一定的作用。

（二）人为管理措施下的固碳潜力估测

1. 重大生态工程

生态工程是人类依据生态学原理进行设计，并通过人为干预等手段开展生态系统的建设、恢复和管理，以实现保护和改善生态环境的工程技术措施。合理地实施生态工程，可以显著提升生态系统的质量和功能，充分发挥生态系统的固碳潜力，是自然气候解决方案的重要组成部分。20世纪80年代以来，我国实施了一系列重大生态工程，在恢复与提升生态系统质量和服务方面起到了重要作用，并显著增强了我国陆地生态系统的固碳能力。科学预测我国重大生态工程所能形成的固碳潜力，可以为碳中和行动方案的制定提供重要支撑。

我国重大生态工程在未来的固碳潜力可分为两部分。一是当前已完成的各项生态工程在2020～2060年所贡献的碳汇，具体包括长江防护林、珠江防护林、太行山绿化、全国沿海防护林、平原绿化、退耕还林、石漠化治理、京津风沙源治理、天然林资源保护等林业重大工程及退牧还草工程。二是未来要明确实施的若干工程在2020～2060年所能形成的碳汇，包括有明确延续规划或建设规划的4项工程——三北防护林体系、太行山绿化工程、沿海防护林工程、国家储备林工程，以及尚未公布详细实施面积的《全国重要生态系统保护和修复重大工程总体规划（2021—2035年）》（简称"双重"规划）。这两部分的情况不同，在碳汇形成机制上也有所差异，在预测时应充分考虑。

对此，可以根据各项生态工程的具体情况，采用分别处理的思路进行固碳潜力的预测。具体而言，对于已完成的生态工程，其碳汇可以根据其实施面积和相应措施所能带来的单位面积固碳速率计算得到。对于有明确未来规划面积的工程，依据当前进度情况能够合理判定均在2035年前完成；根据其面积变化情况，可采用与已完成工程相似的方法计算固碳潜力。而对于尚未制定明确面积规划的"双重"规划,则需要根据我国生态文明建设的总体目标,设置一定的实现情景。按照我国生态文明建设的中长期战略,可以预测到2035年该工程能使现有森林、灌丛和草地生态系统质量为"优"的区域(碳密度在当前同区域同类生态系统中的前10%水平)分别新增7.4%、12.4%和9.5%,到2060年进一步新增10%。据此即可结合全国各类生态系统碳密度水平的调查结果,实现对该工程固碳潜力的预测。

根据上述方法和设定情景,预计2020～2060年我国重大生态工程所形成的碳汇为5.1亿～9.2亿吨二氧化碳/年,平均为7.8亿吨二氧化碳/年,其最大值出现于2035年。

2. 新增造林

如前所述,造林及森林恢复是生态工程中的常用措施,也是自然气候解决方案中最为重要的举措之一。我国历来十分重视植树造林工作,对2020～2050年的森林覆盖率也提出了总体目标,这将在我国碳中和目标的实现中发挥重要作用。然而,造林需要大量的土地和水,可能会对粮食安全、水资源安全等带来负面的影响。如果在生境条件不合适的地方进行造林,不仅不能形成自我维持的森林生态系统,发挥碳汇功能,还有可能引起地下水资源耗竭,甚至导致生态灾难。因此,应当在考虑生境条件、农业生产等因素的前提下评估我国新增造林的合理分布,并据此预测新增造林所能提供的固碳潜力。

新增造林的合理分布可以根据我国潜在植被和现实土地覆盖情况分析得到。潜在植被是指在没有人类干扰的前提下,当前气候条件所能形成的稳定的植被类型。因此,潜在森林分布反映了在自然条件下可以生长森林的地域,在这一地域造林可以保证森林的自我维持。依据潜在森林的分布情况,排除现有森林、农用地、城镇和建设用地,以及其他不适于造林的地域,即可获得我国新增造林的合理分布。在此基础上,结合前述对森林碳汇的评估方法,就能够实现对我国新增造林固碳潜力的预测。

测算表明,我国潜在的新增造林面积为47.2万平方千米。2020～2060年,新增造林所能形成的生态系统碳汇为0.02亿～2.91亿吨二氧化碳/年,平均为1.32亿吨二氧化碳/年。

3. 草地恢复

草地退化是造成其碳储量下降的重要原因。反之，通过改善管理措施、恢复退化草地，则可以发挥该生态系统的碳汇功能，形成碳汇。在管理措施优化、草地逐渐恢复的情况下，全球平均每公顷草地可吸收0.8吨二氧化碳/年。考虑到草地的广阔面积，草地恢复对于缓解气候变化能够起到重要作用。

我国的草地主要包括温带草地、高寒草原和高寒草甸三大类型，其分布面积广阔，但普遍存在退化现象。据遥感监测，2010年前后我国约3/4的可利用天然草地存在不同程度的退化。如果这些草地能够得到恢复，必然能发挥显著的固碳潜力。

由于草地退化程度与其碳密度密切相关，因此利用不同退化程度的草地与未退化的同类草地在植被碳密度、土壤碳密度上的经验比值，就可以预测退化草地恢复前后的碳储量变化情况。我国三大类草地的相关数据在以往文献中已有报道。根据这些参数可以预测，如果能实施天然草地恢复工程，使我国的退化草地在2060年全部得以恢复，则可实现1.51亿吨二氧化碳/年的增汇。

4. 湿地恢复

由于人口的急剧增长及经济的快速发展，自20世纪50年代至今，全球约一半的湿地被开垦成农田或者转变为其他用途。无独有偶，自新中国成立以来，我国湿地的面积也减少了一半左右。近年来，湿地重要的生态价值、固碳能力，以及湿地破坏所带来的对环境生态的损害得到重视，湿地保护和恢复工作也随之得到加强和推动。1971年，全球18个国家发起《关于特别是作为水禽栖息地的国际重要湿地公约》(简称《湿地公约》)，旨在推动湿地保护及其合理利用。截至2022年6月，公约共有170多个缔约方，维护着2400多个国际重要湿地的生态特征，总面积超过2.5亿公顷，占全球湿地的13%～18%。我国于1992年加入《湿地公约》，并开展了大量的湿地保护和恢复工作，特别在"十二五"和"十三五"期间均制定了湿地保护的实施规划等。长期的湿地恢复无疑对增加湿地生态系统的植被和土壤碳储量具有积极的意义。

尽管目前鲜有基于生态系统过程的生态模型能够描述湿地恢复过程对植被和土壤碳动态的影响，但通过建立湿地恢复前后植被碳库和土壤碳库与恢复年限之间的统计关系，可以实现对湿地恢复固碳潜力的经验预测。根据《全国湿地保护工程规划（2004—2030年）》及截至"十三五"时期的湿地恢复规划，可以预测，2020～2030年我国将恢复湿地84.6万公顷。在2020～2060年，这些湿地将每年在植被生物量中固定0.01亿吨二氧化碳，在土壤中固定0.06亿吨二氧化碳，合计每年的碳汇为0.07亿吨二氧化碳，为自然湿地固碳能力的约1/5。

5. 农田优化管理

在最理想的情况下，全球农田土壤可以实现33亿～68亿吨二氧化碳/年的固碳潜力。如前所述，我国农田土壤碳含量偏低，固碳潜力可观。通过优化农业管理措施，增加土壤外源碳的投入数量并提升其质量，未来我国农田土壤碳汇水平能够进一步提高，更好地发挥其碳汇功能。

在未来40年，我国农田管理措施可以在以下几个方面进行优化。首先，随着作物产量的增加，秸秆的产量也随之增加，如果能提高秸秆还田的比例，则进入土壤的秸秆量相比之前将有大幅提高。其次，随着畜禽养殖量的增加，即使畜禽废物的还田比例不变，以有机肥形式进入农田的碳元素量也会增加。此外，近年来我国加大了对黑土区的保护力度。黑土区主要分布在我国黑龙江、吉林、辽宁和内蒙古地区，粮食产量占全国的约1/5，同时黑土区也是土壤有机碳最为丰富的地区之一，但由于以往的不合理利用，其发生了严重的表土及有机碳大量丢失的问题。根据《东北黑土地保护性耕作行动计划（2020—2025年）》，至2025年东北地区农田的保护性耕作实施面积力争达到1.4亿亩（约933万公顷），这将会增加黑土区的农田土壤固碳量。

模型测算表明，在上述优化管理措施下，未来我国农田土壤依然扮演碳汇的角色，其固碳能力将于2040年达到峰值，随后逐步下降，但在2060年仍可达到0.87亿吨二氧化碳的碳汇水平。其中，随着黑土地保护计划的实施，黑土区农田土壤碳汇增量明显，对2060年我国农田固碳能力的贡献约占1/6。

另外，充足的灌溉也是提高作物产量，保持土壤肥力的重要方式。随着我国南水北调工程的实施，山东、河南和河北三个重要的农业省份的农田将得到较为充足的灌溉。这三个省份的农田占工程东线和中线地区总农田面积的96.5%。模型预测显示，在2020～2060年，南水北调工程可为农田土壤增加0.014亿吨二氧化碳/年的碳汇。

综合上述测算结果，与2020～2060年管理措施保持不变的基准情景相比，采取优化的农田管理措施并配合南水北调工程的实施，可使同期我国农田土壤碳汇平均提升0.792亿吨二氧化碳/年，提升水平达78%。

（三）固碳潜力总体估测结果

根据上述测算结果，综合不同的人为管理措施（由于森林碳汇的估算已包含重大生态工程和新增造林，为避免重复计量不再加入），预测我国陆地生态系统2020～2060年的固碳潜力为每年10.93亿～13.18亿吨二氧化碳（表4.2）。

表4.2　2020～2060年我国陆地生态系统固碳潜力预测结果　（单位：亿吨二氧化碳）

来源	措施/植被类型	不同年份陆地生态系统固碳潜力				
		2020年	2030年	2040年	2050年	2060年
自然固碳	森林	7.78	7.79	6.65	6.16	8.23
	灌丛*	1.10	1.27	0.98	0.83	1.14
	草地*	0.22	0.13	0.09	0.10	0.07
	农田	1.24	1.14	0.98	0.88	0.82
	湿地	0.32	0.31	0.33	0.34	0.34
	荒漠*	0.05	0.06	0.09	0.10	0.12
	全国小计	10.71	10.70	9.12	8.41	10.72
生态建设固碳	退化草地恢复	1.51	1.51	1.51	1.51	1.51
	农田优化管理（其中黑土地保护）	0.40（0）	0.77（0.08）	0.93（0.14）	0.92（0.16）	0.87（0.15）
	南水北调工程	0.02	0.01	0.01	0.02	0.01
	湿地恢复	0.07	0.07	0.07	0.07	0.07
	全国小计	2.00	2.36	2.52	2.52	2.46
总计		12.71	13.06	11.64	10.93	13.18

*此处数据为RCP4.5和RCP8.5情景下的均值。

四、 增汇途径及未来科技方向和任务

（一）基于"三优"生态建设和管理原则的增汇途径

从估算结果可以看出，我国陆地生态系统在实现碳中和目标中起着十分重要的作用。不过，由于我国生态系统的增汇技术和可能实施途径还没有得到充分的解析和阐明，上述结果只涉及在生态系统当前状况和已有管理规划下所能形成的固碳潜力，尚无法全面探讨所有可能的生态系统管理举措的效果。因此，若能加快生态系统建设、恢复与管理，加大自然气候解决方案的实施力度，我国陆地生态系统的固碳能力有望得到进一步的提升。目前我国尚处于新型工业化、城镇化的发展转型阶段，对化石能源的依赖仍然很大，清洁能源的大量使用尚需时日。如果能充分发挥陆地生态系统的碳汇功能，将为我国能源结构转型升级争取宝贵时间，从而更好地服务于碳中和目标的实现（图4.5）。

图4.5　碳中和畅想图

根据生态学的相关原理，建议我国在今后的生态建设中实行"三优"生态建设和管理原则（增汇原则），即"最优的生态系统布局、最优的物种配置、最优的生态系统管理"，以实现"宜林（草）则林（草）、适地适种、最优管理"的碳汇最大化目的。也就是说，为实现碳汇最大化，我国可系统性地开展三个层面的工作：首先，对全国生态系统进行生态地理区划，确定各个区域适宜建设的潜在生态系统类型（森林、灌丛或草地等）；然后，在此基础上，确定各地适宜种植的植物种类（适地适种），建设最适宜的生态系统类型；最后，对这些生态系统类型进行科学合理的管理。具体而言，应当在坚持"三优"原则的前提下，从以下几个方面加强工作。

一是充分发挥森林的碳汇功能。森林是我国陆地生态系统碳汇的主体。对此，建议加强森林发展规划的制定，加快科学造林的实施，提高森林碳汇；通过加强养护和更替，促进森林的自然更新和植被恢复，提高森林生态系统的碳密度水平，提升其固碳潜能。

二是加强灌丛、草地、湿地等自然生态系统的管理与修复。灌丛、草地、湿地等生态系统占我国国土面积的一半以上，但其碳汇功能未得到很好的发挥。建议通过加快恢复已退化或被破坏的生态系统，充分发挥其碳储存作用；通过减少人为干扰和破坏，降低生态系统的碳释放量，进一步提高此类生态系统的固碳能力。

三是优化农田管理措施。与世界上相似气候条件的区域相比，当前我国农田土壤的碳含量仍处于较低水平。建议通过科学合理地推广秸秆还田、有机肥投入等保护性管理措施，增加农田土壤有机碳含量；通过施用生物质碳，增加土壤碳储量；通过在合理使用水资源的条件下加强灌溉，进一步提高土壤的固碳能力。

四是发展新兴陆地生态系统碳汇。城市生态系统的面积相对较小，但由于密集的人类活动，其碳汇功能近年来逐渐受到关注。城市绿地的植被和土壤中都储存着大量的有机碳，其碳密度和单位面积的固碳能力一般要高于同类的自然生态系统；此外，垃圾填埋场等还能形成人为碳汇。建议重视此类新兴陆地生态系统碳汇的建设，变废为宝，在改善城市人居环境的同时，也能发挥其固碳减排的功能。另外，我国海岸线长，近海面积广阔，挖掘近海生态系统的固碳潜力可能也是增强我国生态系统碳汇功能的重要途径。

五是研发生物和生态碳捕集新技术。例如，利用生态学和分子生物学原理，潜在的技术突破包括：改良光合生物的捕光、固碳和代谢途径，提升光合生物的光合固碳效率；改良并筛选出更高效的固碳、抗盐碱或抗干旱的林草品种；培育出高效固碳且减污的微生物；合成人工固碳淀粉；等等。

需要说明的是，采取基于陆地生态系统碳汇功能的管理措施来提升生态系统的碳汇功能需要一定的时间。如果不能及时采取行动，其达到有效固碳强度的时间将大大延长，对碳中和目标的贡献也将降低。因此，应尽快采取行动，对各类生态系统的固碳途径进行研究、规划和管理，科学评估这些增汇技术的碳汇效应、时间可持续性、空间适用性、经济可行性，降低由行动迟缓导致的对碳中和目标实现的延宕。

（二）未来碳汇研究的方向和任务

目前，科研人员对于我国陆地生态系统碳汇已经开展了许多研究，其大小、格局及主要驱动机制已得到初步阐明。但从服务于"努力争取2060年前实现碳中和"的宏伟目标来看，当前研究还存在一些薄弱之处。因此，为了更好地发挥我国陆地生态系统的碳汇功能，在未来的科研工作中，应从以下两个方面加强工作。

一是增强生态系统调查与监测，完善研究手段，降低陆地生态系统碳汇功能评估中的不确定性。目前，对于我国生态系统过程及其对气候变化与人类活动的响应在认识上仍然有很多不到位的情况，在碳汇功能的评估和预测上缺乏足够的数据验证。为此，在未来需要扩大生态系统调查与观测的时空范围，加强对特定生态系统的观测，以全面评估各类生态系统的碳汇功能。同时，还需推动新的观测技术和手段的应用，多尺度深入揭示陆地生态系统碳汇的形成机制，进而准确评估我国陆地生态系统碳汇及其时空变化规律，为评价生态系统碳汇功能在碳中和目标中的贡献夯实基础。

二是系统预测未来陆地生态系统碳汇，解析增汇关键技术，量化各类措施共同作用带来的固碳潜力。对于我国陆地生态系统碳汇在碳中和目标中的贡献，当前研究较为有限。因此应开展对未来各种可能情景下的陆地生态系统碳汇预测，准确评价其在碳中和目标实现中的贡献。同时，需要系统研发陆地生态系统碳汇提升技术，解析实现陆地生态系统增汇的技术途径，明确提升生态系统固碳能力的具体措施。在此基础上，准确评估未来气候变化情景及不同管理措施下我国陆地生态系统的固碳能力和增汇潜力，最终服务于碳中和目标的实现。

作　者：方精云　朱江玲　石　岳　孙文娟

审稿人：牛书丽

编　辑：王　静　孙　曼

CCUS是指将CO_2从工业排放源或大气中分离出来，加以利用或注入地层以实现减排的过程。其中，碳捕集是指从工业排放源或大气中将CO_2进行分离的过程，包括燃烧后捕集、燃烧前捕集、富氧燃烧、化学链燃烧、生物质能碳捕集和直接空气捕集CO_2等技术方向。本节对上述六种碳捕集技术的技术内涵、现状及发展趋势，以及需要解决的关键科技问题及解决措施进行简要介绍。燃烧后捕集技术适合对现有排放源进行低碳改造，CO_2捕集成本目前为$250 \sim 350$元/吨。燃烧前捕集技术处理的燃料气流量小、CO_2浓度高、杂质少，其捕集能耗相对较低，具有低成本潜力。富氧燃烧技术具有燃烧充分、锅炉排烟损失小、硫氮污染物少等特点。化学链燃烧技术则具有零能耗CO_2捕集的突出优点。生物质能碳捕集技术和直接空气捕集CO_2技术是实现负排放的重要手段。

我国正在开发适合不同应用场景的多种碳捕集技术，化学链燃烧、生物质能碳捕集和直接空气捕集CO_2技术处于基础研究和技术研发阶段，燃烧前捕集与富氧燃烧技术处于中试和小规模示范阶段，燃烧后捕集技术已经接近工业化应用，但缺乏大规模系统集成优化的工程经验。

当前碳捕集技术面临的共性挑战是进一步降低能耗、成本及系统集成。未来突破口包括燃料源头低能耗捕集CO_2技术、绿色高效CO_2吸收/吸附技术、高性能CO_2分离膜的制备技术、可再生能源与化石能源互补的CO_2捕集技术。

一、 燃烧后捕集技术

（一）技术内涵

燃烧后捕集技术是从燃烧生产的烟气中分离CO_2，主要应用于火力发电、钢铁、水泥等行业（图4.6）。燃烧后捕集技术主要包括化学吸收、吸附、膜分离等。燃烧后捕集技术成熟、原理简单、固定投资相对较少、捕集系统独立灵活，可以在不改变原有燃烧方式的基础上进行改造，是目前燃煤电厂采用的主要碳捕集技术。

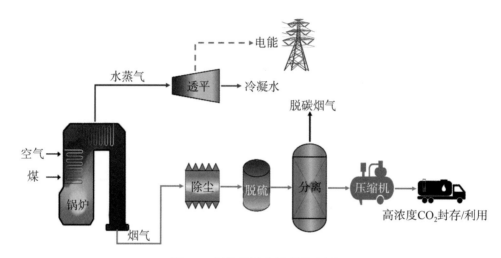

图4.6 燃烧后捕集技术示意图

化学吸收法是目前技术最为成熟、应用最为广泛的燃烧后捕集分离工艺。化学吸收剂与烟气接触并与CO_2发生化学反应，形成不稳定的盐类，盐类在加热或减压的条件下逆向分解释放CO_2并再生吸收剂，将CO_2从烟气中分离。目前应用于化学吸收法的吸收剂主要包括传统吸收剂和新型吸收剂，其中传统吸收剂主要包括有机胺类吸收剂、氨基酸类吸收剂和无机溶液类吸收剂；新型吸收剂主要包括混合吸收剂、两相吸收剂、非水吸收剂和离子液体等。

吸附法包括化学吸附和物理吸附，吸附工艺过程中无溶剂参与，工艺过程简单，无设备腐蚀，节能降耗明显。化学吸附技术中CO_2分子与固体材料表面某些原子或基团形成化学键合而产生吸附作用，常用的吸附剂包括固体胺、碱金属碳酸盐类低温吸附材料，以及氧化钙、正硅酸锂等高温吸附材料。物理吸附技术是指基于气体与吸附剂表面活性位点之间的分子引力对CO_2进行吸附，常见的吸附剂有活性炭、沸石、硅胶、活性碳纤维等。吸附法的主要工艺包括变压吸附法、变温吸附法及变压与变温相结合的吸附方法等。

膜分离法利用CO_2与待分离气体组分的尺寸、冷凝性及反应性不同导致气体分子在膜内透过速率的差异实现分离。此方法具有能耗低、无溶剂挥发、占地面积小、放大效应不显著、适用于各种处理规模等优点。

(二)现状及发展趋势

基于化学吸收法的燃烧后捕集系统在国际上已处于商业化应用阶段，其中加拿大的边界坝（Boundary Dam）项目和美国的佩特拉诺瓦（Petra Nova）项目均采用氨化学法对电厂进行燃烧后捕集，其CO_2捕集量分别为100万吨/年和160万吨/年。阿拉伯联合酋长国阿布扎比（Abu Dhabi）碳捕集项目是全球首例钢铁行业的碳捕集项目，CO_2捕集量为80万吨/年。据《中国二氧化碳捕集利用与封存（CCUS）年度报告（2021）——中国CCUS路径研究》报道，中国现有13个电厂和水泥厂的纯捕集示范项目，总体CO_2捕集规模达85.65万吨/年。2021年，国家能源集团锦界电厂CO_2捕集与封存示范项目顺利通过168小时试运行，年CO_2捕集规模为15万吨，是我国目前规模最大的CCUS示范项目。截至2021年底，华能正宁电厂150万吨/年CCUS示范工程与国家能源集团泰州电厂50万吨/年示范工程均稳步推进。总的来说，我国在燃烧后捕集技术方向处于商业化部署前期。

化学吸收法已通过示范项目论证了其工业上的可行性，但高捕集能耗和成本阻碍了其进一步应用推广。现有燃烧后CO_2捕集成本为250～350元/吨，随着包括相变吸收剂、生物酶添加吸收剂及物理吸附剂等新型捕集材料和捕集工艺的开发，预计到2060年，CO_2捕集成本可降低至70～120元/吨。为降低燃烧后捕集成本，需开展新型吸收剂和吸收工艺的研发，降低捕集能耗，并进一步开展大规模示范项目，降低额外投资及运行成本，为商业化部署奠定基础。

(三)关键科技问题及解决措施

（1）燃烧后捕集能耗高。目前燃烧后捕集工业示范采用的化学吸收剂的再生热耗均高于2.8吉焦/吨二氧化碳，导致安装碳捕集装置后燃煤电厂的发电效率下降9～15个百分点，燃气电厂的发电效率下降8～10个百分点。因此，需要进一步开展高效低能耗吸收剂的研究并优化分离工艺，降低吸收剂的再生热耗；同时优化碳捕集单元与发电单元的集成效果，预计系统捕集能耗的效率损失可降低3～5个百分点。

（2）燃烧后捕集成本高。以燃煤电厂为例，安装碳捕集装置将导致发电成本增加0.26～0.4元/千瓦时，CO_2捕集成本为250～350元/吨。通过加快大规模CCUS全产业链示范工程的建设并推进CCUS产业集群建设，预计燃烧后捕集成本可降低至70～120元/吨。

（3）有机胺降解及污染物排放问题。现有燃烧后化学吸收法主要以有机胺为吸收剂，该吸收剂在运行过程中容易发生降解，造成环境污染。因此，需进一步开发无毒无害的绿色环保吸收剂。

二、 燃烧前捕集技术

（一）技术内涵

燃烧前捕集技术是在燃烧前将CO_2从燃料或者燃料变换气中进行分离，如天然气、煤气、合成气和氢气中的CO_2捕集（图4.7）。该技术主要适用于以煤气化为核心的整体煤气化联合循环（integrated gasification combined cycle，IGCC）电站、天然气联合循环电站、煤化工过程及化工-动力多联产系统。由于分离前CO_2的浓度

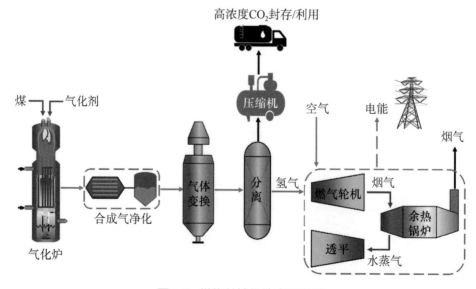

图4.7 燃烧前捕集技术示意图

较高，且分压较大，燃烧前捕集技术的主要分离工艺包括溶液吸收法、固体吸附法、膜分离法、低温分离法，以及上述方法的组合应用。

其中，溶液吸收法、固体吸附法和膜分离法的分离原理与燃烧后捕集技术类似，但也有所不同。由于分离前 CO_2 的浓度较高，且分压较大，燃烧前捕集技术中的溶液吸收法、固体吸附法多采用减压的方式释放 CO_2，而燃烧后捕集技术多采用升温的方式释放 CO_2。此外，燃烧前捕集技术中的膜分离法主要应用于合成气中 CO_2 和 H_2 的分离，而燃烧后捕集中的膜分离主要是分离烟气中的 CO_2 和 N_2。

低温分离法是根据原料气中各组分相对挥发度的不同，在低温下将气体中的各组分按照工艺要求冷凝下来，然后采用蒸馏法将其中各类物质依照沸点的不同逐一加以分离，从而从混合气体中分离 CO_2。此方法适合沸点差异较大的混合气体的分离。

（二）现状及发展趋势

燃烧前捕集技术的研究在全球及我国开展较早，技术成熟度较高，目前处于商业化运行阶段，多集中在石化、化工及电力等行业。与用于低浓度排放源的碳捕集技术相比，此技术具有捕集能耗低、投资与运行维护成本低等优势。预计到2060年，燃烧前捕集技术的成本有望降低到40～80元/吨。

石化和化工行业多为高浓度 CO_2 排放源（包括天然气加工厂、煤化工厂等），通过分离化工弛放气中的 CO_2 进行碳捕集。我国石化和化工行业典型的燃烧前碳捕集项目包括神华鄂尔多斯10万吨/年 CO_2 捕集与封存项目、齐鲁石化-胜利油田100万吨/年CCUS项目等。其中，齐鲁石化-胜利油田CCUS项目是我国首个每年百万吨级CCUS项目。

电力行业的燃烧前捕集技术主要通过对以CO和 H_2 为主的燃料气进行变换后，进而从变换后的气体中捕集 CO_2，捕集 CO_2 后的燃料气通过联合循环的方式发电。我国电力行业的碳捕集项目包括华能天津IGCC项目和连云港清洁能源动力系统IGCC电厂碳捕集项目。其中，华能天津IGCC项目于2012年11月投产， CO_2 捕集设施于2018年投运， CO_2 捕集量为6万吨/年，运行至今，华能天津IGCC机组是世界范围内连续运行时间最长的IGCC机组。

燃烧前捕集技术的发展，一方面在于新型分离技术的研发，另一方面在于系统集成创新。通过与化工生产流程的结合，燃烧前捕集技术能够为基于煤气化的化工-动力多联产系统所采用，从而大幅降低捕集能耗与成本，甚至某些系统集成案例表明，捕集 CO_2 的多联产系统能够实现接近零能耗捕集的目标。

（三）关键科技问题及解决措施

（1）分离能耗高。今后需开发先进的物理吸收剂及工艺，开展新型固体吸收或吸附剂的研发及中试试验，开发中高温 CO_2 分离膜材料。

（2）系统集成程度不高，有待优化。未来要开发新型煤气化脱碳一体化系统集成优化技术，开展化工-动力多联产系统集成技术研发，以及开展新一代低能耗捕集技术的工业示范。

三、富氧燃烧技术

（一）技术内涵

富氧燃烧（或称氧/烟气循环燃烧）技术是在现有电站锅炉系统的基础上，用 O_2 代替空气与煤燃烧，同时通过烟气循环（烟气中循环部分的分流比例约为70%）调节炉膛内的燃烧和传热特性，直接获得高浓度 CO_2 烟气（图4.8）。富氧燃烧技术中烟气的 CO_2 浓度范围为70%～90%（取决于所采用的燃料、锅炉空气泄漏量、O_2 纯度），但烟气中仍有部分 O_2、N_2、H_2O 及燃烧产生的典型污染物（如 SO_2、NO_x、Hg 等）。为了满足大规模的 CO_2 输送和封存要求，一般采用深冷分离法对烟气进行多次压缩和冷凝以除去杂质。富氧燃烧技术可分为常压富氧燃烧（atmospheric oxy-fuel combustion，AOC）和增压富氧燃烧（pressurized oxy-fuel combustion，POC）两类。增压富氧燃烧是在常压富氧燃烧基础上将燃烧系统的压力提升到10～15巴[①]，与常压富氧燃烧相比，系统的压力损失减小，热效率提高，污染物减少。

富氧燃烧技术的主要特点是通过空分单元分离出纯氧与燃料进行燃烧，避免了空气中 N_2 的引入导致 CO_2 浓度的稀释，产生的烟气中主要成分为 CO_2 和 H_2O，通过冷凝、除杂和压缩即可满足 CO_2 的封存要求。同时富氧燃烧具有燃烧速度快、燃烧效率高及污染物少等优点。通过减少空分能耗、改进压缩净化和提高系统热集成性能等方式，富氧燃烧将是具有较大潜力的低碳利用化石能源的方式之一。

---

① 1 巴 $=10^5$ 帕。

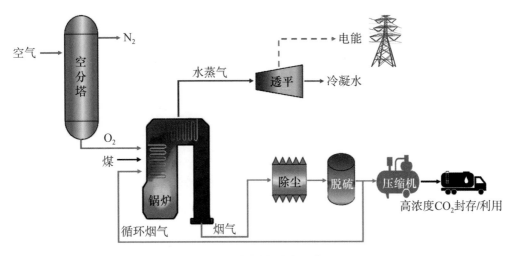

图 4.8 富氧燃烧技术示意图

（二）现状及发展趋势

常压富氧燃烧技术目前在国内外均处于中试阶段。我国华中科技大学2015年完成了亚洲规模最大的35兆瓦富氧燃烧碳捕集示范工程，并完成了200兆瓦富氧燃烧碳捕集示范工程可行性研究。加压富氧燃烧技术目前在国内外均处于实验室研究阶段。目前我国富氧燃烧碳捕集装置的单体规模为10万吨/年，成本为380元/吨，预计到2060年，装置规模可达500万吨/年，成本将降至80～130元/吨。

富氧燃烧技术发展的一个重要方向在于对已建成火电机组的改造，通过富氧改造，有可能在实现低碳减排的同时，提升火电机组的灵活性，这对未来火电机组发挥调峰能力，提升电网对可再生能源的消纳能力至关重要。

（三）关键科技问题及解决措施

（1）制氧成本及能耗过高。富氧燃烧技术由于空分制氧的能耗较大，捕获90% CO_2同样会使系统效率下降9～13个百分点。低能耗空分制氧技术、低氧压三塔深冷空分工艺、化学链制氧和膜分离制氧是目前降低制氧成本的主要研发方向。

（2）富氧燃烧器放大后的稳定性下降。大型燃煤发电机组的单支旋流煤粉燃烧器的热功率为30～40兆瓦，需进一步进行稳定放大并探索分级富氧、无焰富氧等新型低NO_x排放富氧燃烧系统。

（3）酸性气体共压缩困难。受燃烧条件的限制，燃烧后的高浓度CO_2烟气中含有NO_x、Hg、SO_2等污染物，需要进一步在压缩纯化过程中实现污染物的协同氧化脱除。

（4）空分系统-锅炉系统-压缩纯化系统的耦合程度不高。通过对空分系统-锅炉系统-压缩纯化系统进行热量集成及压力匹配，降低富氧燃烧碳捕集能耗和成本。

（5）富氧燃烧技术的成熟度不高。通过提升富氧燃烧系统的运行压力，或者与新型的热力循环系统结合，有望显著提高富氧燃烧系统的经济性。例如，采用加压富氧燃烧、富氧燃气轮机及结合超临界CO_2循环等，均可有效提升系统性能。

四、 化学链燃烧技术

（一）技术内涵

化学链燃烧系统应用于捕集CO_2的思路由日本学者石田愈（Masaru Ishida）和中国学者金红光于1994年率先提出[13]。该系统利用固体载氧体（金属氧化物等）将空气中的氧传递给燃料进行燃烧，避免燃料与空气直接接触（图4.9），不需要空分制氧即可在燃烧过程中分离CO_2，直接产生不含N_2的高浓度CO_2烟气。不同于第一代碳捕集技术（燃烧后捕集、燃烧前捕集和富氧燃烧），化学链燃烧的主要特点是在燃烧过程中就能够实现CO_2的富集，理论上具有较高的热效率，也是最具潜力的碳减排途径之一。

化学链燃烧可分为原位气化燃烧和氧解耦燃烧。原位气化燃烧采用H_2O或CO_2将燃料首先转化为H_2、CO及其他可燃挥发分，然后与铁矿石等载氧体发生气固氧化反应，生成以CO_2和H_2O为主要成分的烟气。氧解耦燃烧采用能够释放气态O_2的载氧体（如CuO），有利于强化固体燃料和半焦的燃烧，提高碳转化率和CO_2捕集率。

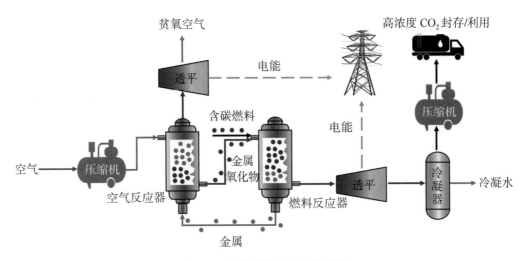

图4.9　化学链燃烧技术示意图

（二）现状及发展趋势

目前国外已完成了半工业化化学链燃烧试验，部分气体的化学链燃烧规模达到了兆瓦级，国内的发展还处于实验室研究阶段。近年来，煤直接化学链燃烧取得了较大的进展，已逐渐从实验室研究过渡到了试点规模。2021年俄亥俄州立大学连续运行250千瓦煤直接化学链燃烧装置288小时，结果表明，煤的转化率达到96%以上，气体产物中二氧化碳纯度为96.2%～97.7%。以上小试和中试试验的成功运行证实了化学链燃烧技术的可靠性及载氧体在长期试验中的耐久性。预计到2050年，我国化学链燃烧技术单体装置规模将达到100万吨/年，成本可降到65元/吨二氧化碳。如何进一步降低载氧体的制备成本，以及扩大化学链燃烧技术的燃料适用性，是该技术未来发展面临的主要挑战。

（三）关键科技问题及解决措施

（1）反应装置的规模放大有难度。目前国内缺乏产业化的化学链燃烧示范工程，因此在反应器放大方面仍然缺乏技术积累，同时反应器放大涉及载氧体与燃料的接触、燃料的高效转化及载氧体的失活等问题，需要进一步攻关。

（2）高活性、高强度、可在复杂气氛下长时间稳定工作的低成本载氧体的制备困难。载氧体在长期运行之后，容易由于碳沉积、碰撞等造成失活，从而增加了系统的运行成本，因此开发低成本、高活性、高强度的载氧体可进一步降低捕集成本。

（3）载氧体性能与系统过程集成度不高。需要基于载氧体的热力学性能和动力学性能进行高效的化学链燃烧系统集成，进一步将化学链燃烧与可再生能源、清洁燃料的生产过程等结合。

五、 生物质能碳捕集技术

（一）技术内涵

生物质能碳捕集是将生物质燃烧或转化过程中产生的CO_2进行捕集、利用或封存的过程。由于生物质通常被认为是碳中性能源，即生物质燃烧或转化产生的CO_2与其在生长过程吸收的CO_2相当，因此如果将其利用过程中的CO_2进行捕集、封存，再扣除相关过程中的额外排放之后，就成为负排放的CO_2（图4.10）[14]。

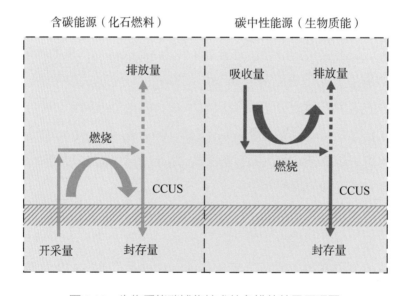

图4.10　生物质能碳捕集技术的负排放效果原理图

生物质能碳捕集技术主要包括基于生物质燃烧发电的碳捕集技术、基于燃煤耦合生物质发电的碳捕集技术和基于生物燃料的碳捕集技术。基于生物质燃烧发电的碳捕集技术的原理与燃煤发电碳捕集技术基本一致，但生物质的热值相对于煤炭较低，需要专用的燃烧设备及预处理工艺；基于燃煤耦合生物质发电的碳捕集技术包括生物质直接混燃发电、生物质气化耦合发电和生物质热解混燃发电等方式；基于生物燃料的碳捕集技术以农作物秸秆、畜禽粪污、餐厨垃圾、农副产品加工废水等各类城乡有机废物为原料，经厌氧发酵和净化提纯产生绿色低碳、清洁可再生的生物燃料，其中在净化提纯步骤中将CO_2捕集并封存。

（二）现状及发展趋势

相比于其他CCUS技术，生物质能碳捕集技术项目示范部署较为滞后。截至2021年底，全球共有8项生物质能碳捕集项目，已在运营的有5项，包括1个大规模示范项目（美国伊利诺伊州工业碳捕集项目）及4个示范和试点规模项目[阿尔卡隆（Arkalon）CO_2压缩设施、Bonanza碳捕集项目、Husky CO_2注入项目、法恩斯沃思（Farnsworth）注入项目]，CO_2捕集量约为150万吨/年。其中，美国伊利诺伊州工业碳捕集项目是目前规模最大的生物质能碳捕集项目，该项目从玉米生产乙醇的过程中捕集高纯度的CO_2并用于咸水层（充满咸水的多孔地层）的地质封存，捕集规模达到100万吨/年。其余4个正在运营中的生物质能碳捕集项目的捕集源是小型乙醇生产工厂，捕集的CO_2全部用于提高石油采收率。此外，还有3个生物质能碳捕集地质封存项目仍在规划之中，其CO_2捕集源来自电厂和水泥厂。我国在该领域发展滞后，尽管目前在生物质利用及CCUS两方面均已有工业示范，但尚无两者结合进行碳捕集的研究示范。

生物质能碳捕集技术总体上包括生物质利用和CCUS两个主要环节，各环节技术的成熟程度将影响生物质能碳捕集技术的商业化水平。其中，生物质利用技术可按照加工过程或产品转化划分为不同成熟阶段的技术类型；对于生物质加工过程，燃烧、厌氧消化和致密化技术都比较成熟，已达到商业化阶段，而发酵和提取则处于中试阶段，此外，生物质热解和气化则分别处于工业示范阶段和概念设计阶段；对于不同生物质最终产品（乙醇、生物柴油、甲烷、液态烃等），液态烃生产尚处于概念设计阶段，其他产品生产技术的成熟度均已经达到商业化应用水平。

（三）关键科技问题及解决措施

（1）高比例生物质掺混燃烧造成的碱金属腐蚀现象严重。生物质燃烧利用过程中，高的碱金属含量是引起锅炉受热面积灰、结渣和腐蚀的重要因素，会直接造成锅炉寿命和热效率降低等。需要研究锅炉受热面耐腐蚀材料，以及采用预处理工艺降低燃料中的碱金属比例，提高燃料灰熔点，抑制碱金属的挥发。

（2）生物质气化产生的焦油脱除难度大。生物质气化过程中产生的焦油会造成产气率降低，还会堵塞和腐蚀设备。需要研发高效的除尘除焦油工艺，制备高质纯净的生物质燃气，并且研发一步生物质合成气定向调质技术。

（3）生物质资源-电厂-碳封存地点空间分布的匹配存在难度。生物质资源、电厂和碳封存地点的空间分布不匹配，导致生物质收集和CO_2运输的成本高，需要开展CCUS及生物质收集集群化研究，降低收集和运输成本。

六、 直接空气捕集CO_2技术

（一）技术内涵

直接空气捕集CO_2是直接从大气中捕集CO_2，并将其利用或封存的过程。它的优势在于可以对小型化石燃料燃烧装置和交通工具等移动式排放源排放的CO_2进行捕集处理。此外，与其他主要针对固定排放源捕集的技术相比，直接空气捕集CO_2装置的布置地点具有更大的灵活性，且直接空气捕集CO_2技术可与CCUS技术结合使用，对CCUS技术储存中泄漏的CO_2进行捕集。相比于常规的碳捕集技术，直接空气捕集CO_2的主要技术难点在于空气中的CO_2分压远低于燃烧后烟气，约为40帕。为保证一定的捕集率，一般先通过引风机等设备提高CO_2分压，再通过固体吸附或液体吸收材料吸附吸收CO_2，因此，在进行直接空气捕集CO_2技术的研发时需要特别关注捕集系统的压降问题，通过开发高效的气固接触器降低风机功耗。

直接空气捕集CO_2工艺流程如图4.11所示。空气中部分CO_2与吸收剂或吸附剂结合，结合CO_2后的吸收剂或吸附剂通过改变温度或压力进行再生并释放CO_2，再生后的吸收剂或吸附剂再次用于吸收或吸附过程，而纯的CO_2则被压缩储存。

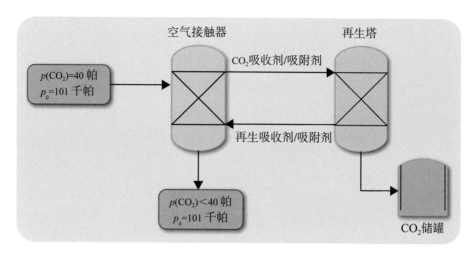

空气接触器　　　　　　　再生塔

$p(CO_2)$=40 帕
p_0=101 千帕

CO_2吸收剂/吸附剂

再生吸收剂/吸附剂

$p(CO_2)$<40 帕
p_0=101 千帕

CO_2储罐

图4.11　直接空气捕集CO_2工艺流程示意图

目前，直接空气捕集CO_2主要分为高温溶液吸收和低温吸附两种方式，其中高温溶液吸收法利用一定浓度的强碱性溶液，如$Ca(OH)_2$、NaOH或KOH溶液，吸收CO_2并生成稳定的碳酸盐，并且使用高温热源进行再生。低温吸附法在常温常压条件下吸附空气中的CO_2，并在较低的温度（80～100摄氏度）下进行吸附剂的再生。

（二）现状及发展趋势

直接空气捕集CO_2技术在工业领域的发展还处于初步阶段，目前只进行了小规模的工业示范。现有的直接空气捕集CO_2中试示范项目均在国外，分别是加拿大碳工程（Carbon Engineering）公司、瑞士气候工厂（Climeworks）公司和美国Global Thermostat公司的示范项目，其中瑞士气候工厂公司的示范项目已达到每年千吨级规模。目前国内尚无直接空气捕集CO_2示范装置。

直接空气捕集CO_2技术面临的关键挑战为能耗和成本。捕集CO_2即提高CO_2浓度的过程，该过程能耗随着捕集对象中CO_2浓度的降低而上升。对于直接空气捕集CO_2技术而言，空气中CO_2浓度（0.04%左右）远低于电厂烟气（10%左右），这导致该技术的热力学理论分离能耗是烟气分离的数倍。同时，直接空气捕集CO_2需要利用风机使空气流动以通过捕集装置，风机功耗也不能忽视。目前共识度较高的解决方案是利用分布式可再生能源直接驱动技术，进一步降低能耗和成本将是该技术面临的主要挑战。

（三）关键科技问题及解决措施

（1）吸收/吸附材料成本高，吸收/吸附能力有待提高。开发兼具高吸附容量和高选择性的吸附材料是直接空气捕集 CO_2 技术未来商业化应用的关键。探索有机胺类等新型吸附剂对低浓度 CO_2 的吸附能力，开展直接空气捕集 CO_2 吸收/吸附材料稳定性、寿命及循环性能的长周期测试，为后续直接空气捕集 CO_2 技术的规模化应用奠定基础。

（2）高效设备的成本较高。对直接空气捕集 CO_2 技术进行过程强化及对工艺系统进行整合优化是降低成本的关键。研发能够快速装载和卸载吸附剂的直接空气捕集 CO_2 相关设备，提出适用于直接空气捕集 CO_2 工艺的过程强化技术，并开发基于不同吸附剂的高效工艺，对工艺系统进行整合和优化，并构建出成本低廉、装置简易的直接空气捕集 CO_2 工艺系统。直接空气捕集 CO_2 的技术研发需要特别关注捕集系统的压降问题，通过使用结构性吸附剂的新型气固接触器，可以有效降低风机功耗。

（3）捕集成本较高。可以利用可再生能源或工业废热提供吸附剂的再生能耗，例如，通过在负压条件下的蒸汽吹扫降低直接空气捕集 CO_2 的再生温度，从而更好地耦合可再生能源或工业废热进行吸附剂再生。

作　者：高　林　何　松　李　胜

审稿人：马新宾

编　辑：王　静　孙　曼

CO$_2$生物利用技术是指以生物转化为主要特征,结合下游技术实现CO$_2$资源化、高值化利用并兼具减排效应的技术。根据CO$_2$生物转化过程中承载主体及转化路径的差异,CO$_2$生物利用技术可以分为CO$_2$微藻生物利用技术、CO$_2$气肥利用技术、微生物化能驱动固定CO$_2$合成有机酸技术、人工淀粉合成技术四大类。本节主要聚焦上述四种技术的技术内涵、现状及发展趋势,以及需要解决的关键科技问题及解决措施。

我国的CO$_2$微藻生物利用技术依托微藻固碳过程,并结合下游技术获取生物燃料、化学品、化妆品、医药和生物肥料等产品,目前该技术已完成工业示范,后续需解决藻种选育、低成本培养、全产业链优化等问题。CO$_2$气肥利用技术通过增加温室中CO$_2$的浓度来达到提升作物产量的目的,已经具备了一定的成熟度,但目前强化机制和施用管理技术不足。微生物化能驱动固定CO$_2$合成有机酸技术利用微生物发酵过程中底物代谢产生的额外能量固定CO$_2$,并实现有机酸的合成,目前处于中试阶段,需进一步提高整体效率。人工淀粉合成技术以CO$_2$为碳源实现淀粉的人工从头合成,其效率远高于自然过程,该技术由我国提出,尚处于基础研究阶段,若进行产业化应用,需要进一步提高人工合成淀粉的能量转换效率并开发连续转化工艺。

一、 CO₂ 微藻生物利用技术

（一）技术内涵

CO₂ 微藻生物利用技术是微藻通过光合作用将 CO₂ 转化为生物质，经下游利用最终实现 CO₂ 的资源化。例如，微藻固定 CO₂ 转化为生物燃料和化学品技术、微藻固定 CO₂ 转化为食品和饲料添加剂技术、微藻固定 CO₂ 转化为生物肥料技术等（图 4.12）[15]。

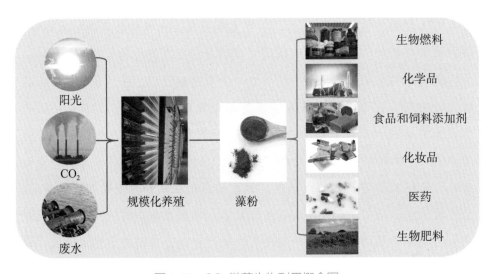

阳光

CO₂

废水

规模化养殖　　藻粉

生物燃料

化学品

食品和饲料添加剂

化妆品

医药

生物肥料

图 4.12　CO₂ 微藻生物利用概念图

微藻的繁殖速度快，光合固碳效率高，为森林的 10～50 倍，每年由微藻经光合作用固定的 CO₂ 占全球 CO₂ 固定量的 40% 以上，因此微藻固碳在全球碳元素循环中起到举足轻重的作用。此外，微藻的生长范围广、适应性强，可在极端条件下生存，因此其培养过程有望直接与烟气 CO₂ 捕集、废水处理、土壤改良等环境问题相结合，在降低碳排放的同时，具备额外的环境效益。最后，CO₂ 微藻生物利用技术还有望产生显著的经济效益，这是因为过程产出的微藻生物质经下游加工后可获取一系列产品，在生物燃料、化学品、食品和饲料添加剂、化妆品、医药和生物肥料等领域具有广泛的应用。

（二）现状及发展趋势

CO$_2$微藻生物利用技术的开发与应用链已经打通，但不同场景下的下游应用发展并不同步。微藻固定CO$_2$转化为生物燃料和化学品技术在国内外都处于中试阶段，近年来在工业化藻种选育、高效光生物反应器设计和加工、高密度培养等技术研究方面都取得了显著进步，但微藻生产及加工过程的成本较高，限制了该技术的广泛应用。微藻固定CO$_2$转化为食品和饲料添加剂技术中，其下游加工过程的简易性和产品的高附加值性有利于降低技术推广门槛，具有可观的市场空间。近年来，微藻生物质内藻胆蛋白、多糖、类胡萝卜素和脂肪酸等活性成分的提取加工技术逐渐成熟，由此衍生出了一系列医药和化妆品原料等高附加值产品，这进一步拓展了该类技术的边界，使其受到广泛关注。微藻固定CO$_2$转化为生物肥料技术仍处于中试阶段，微藻生物肥可替代化肥使用，并具备土壤内二次固碳的作用，从而实现碳减排和碳增汇、土壤改良、作物绿色增产等多重效应，具有极佳的应用潜力和市场推广前景。未来发展CO$_2$微藻生物利用技术，需兼顾碳减排社会价值与微藻产品经济价值，为实现"双碳"目标提供新方案。

（三）关键科技问题及解决措施

（1）工业化藻种的选育及构建不足。对比工业应用所需的性能要求，现有藻种对工况条件的耐受性较差、生物质累积速率偏低，因此，需进一步加强高性能藻种的发掘与选育，并结合先进生物技术的强化来实现减排、废气废水治理、下游应用等多环节集成一体化的藻种定向构建与改良。

（2）低成本规模化培养技术及系统欠缺。目前微藻的规模化生产成本过高，这极大地限制了技术的大规模示范和推广应用，因此，亟待开发光能利用率高、制造成本低的新型高效光生物反应器，降低固定资产投资成本。同时，建立低成本、高密度、低能耗、低水耗的微藻创新培养方法，构建基于工农业废水和CO$_2$废气等资源化利用的低成本微藻培养技术体系。

（3）全产业链集成优化不完善。终端产品高值化程度不足，制约CO$_2$微藻生物利用新兴产业的形成，因此，亟待开展CO$_2$高效固碳后的下游深加工、精加工技术研发和示范，推动全产业链集成和优化，提升整体经济性，在减排效益之外，催生产业发展新动能。

二、 CO₂气肥利用技术

（一）技术内涵

CO$_2$气肥利用技术是指将CO$_2$注入温室，人为增加温室中CO$_2$的浓度以提升作物光合作用的速率，从而提高作物产量的技术（图4.13）。此外，棚室内CO$_2$浓度的提升还可增强作物的抗病能力，提高作物品质，在农业生产上具有重要的意义。受限于CO$_2$捕集技术尚不成熟，传统的气肥利用技术大多采用现场生成CO$_2$的方式进行，如使用CO$_2$发生装置（稀硫酸与碳酸氢铵发生化学反应）、CO$_2$气肥棒、CO$_2$气肥颗粒等。因此，传统气肥利用技术并不具备减排效益，未来的气肥利用技术必须与CO$_2$捕集技术衔接，将工业排放源或大气中富集的CO$_2$注入温室用于强化作物生长。

工业CO$_2$捕集　　　CO$_2$压缩提纯　　　温室作物种植

图4.13　CO$_2$气肥利用概念图

（二）现状及发展趋势

我国对CO$_2$气肥利用技术的研究起步相对较晚，20世纪80年代以来，随着国家对农业生产的重视，我国的设施农业技术得到了充分关注，CO$_2$气肥利用技术随之开始快速发展。近年来，我国针对CO$_2$气肥利用技术开展了系统研究，在作物施肥算法与模型、生理变化与需求等方面取得了若干突破。总体而言，CO$_2$气肥利用技术的有效性已经得到了广泛认可，综合考虑我国丰富的农业温室资源可知，CO$_2$气肥利用技术在我国具有广阔的发展前景。面向未来，必须积极发展

以各类碳捕集技术为上游的CO_2气肥利用技术，以确保其减排效应的实现，同时需要加强CO_2运输方面的基础设施建设，探索并建立相应的运营规则和商业推广模式。

（三）关键科技问题及解决措施

（1）CO_2气肥强化机制和调控途径不明。CO_2强化作物生长的生物化学机制是CO_2气肥利用技术提质增效的关键科学基础，但目前对这一问题的认知不够深入，相应的调控手段较为欠缺，因此，亟待加强相关领域的基础研究和试验验证，进一步阐明提升CO_2浓度对植物生长发育过程和细胞功能的影响原理及其内在分子机制，揭示CO_2与其他环境因子协同调控作物生长及其响应机制。

（2）CO_2气肥施用的管理与智能化水平低。CO_2气肥利用技术的大规模推广利用面临使用管理缺乏科学指导、智能化水平低的关键瓶颈，因此需要在系统考量CO_2泄漏和高浓度CO_2对作物产生伤害等实际问题的情况下，发展配套的施用高效管理技术，并结合大数据、云计算等工业智能化技术，构建标准化、自动化、可视化水平高的成套技术。

三、微生物化能驱动固定CO_2合成有机酸技术

（一）技术内涵

微生物化能驱动固定CO_2合成有机酸技术是指利用微生物发酵过程中底物代谢产生的多余还原力及能量固定CO_2合成有机酸（图4.14）。在生物制造过程中，主要以葡萄糖、脂肪酸等生物质原料为有机酸合成提供前体，同时产生大量的额外能量与还原力，受细胞代谢、目标合成途径的限制，这些能量、还原力往往通过代谢旁路或呼吸作用消耗掉，从而降低了底物的利用效率。微生物化能驱动固定CO_2合成有机酸技术则通过代谢途径的人工重构，在微生物中人工强化或导入CO_2固定途径，将发酵原料产生的能量用于CO_2的固定并将其高效转化为有机酸。

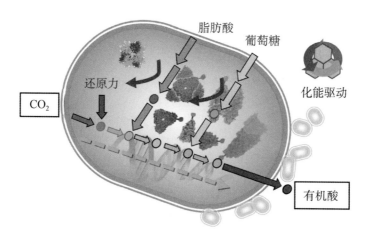

图 4.14　微生物化能驱动固定 CO_2 合成有机酸概念图

（二）现状及发展趋势

微生物化能驱动固定 CO_2 合成有机酸具有重大的科学意义。以糖或可再生生物质等化能形式驱动 CO_2 的固定，是一条崭新的 CO_2 生物转化及有机酸生物制造路线。在发酵原料的同时提供 CO_2 固定所需的能量和前体，有效降低了成本。2018年，中国科学院天津工业生物技术研究所通过提高羧化酶的活性，显著提高了丁二酸及苹果酸的合成效率，相关技术已分别在山东及安徽进行产业示范。尽管如此，该技术目前仍面临 CO_2 固定模块改造难、异养发酵菌株固碳效率低、所需碳源仍主要来源于发酵底物等问题[16]。另外，目前发酵底物主要为淀粉糖，存在与民争粮的问题。因此，亟须开发以生物质等可再生廉价碳源为原料的路线，促进技术革新。我国每年的发酵产品产量超过2400万吨，CO_2 排放量超过1500万吨，实现化能驱动的 CO_2 固定生物制造，不但有利于 CO_2 减排和生态文明建设，而且可以有效拓展工业发酵的原料来源，促进发酵成本进一步降低，提升产品国际竞争力，具有重大的经济利益和社会效益。

（三）关键科技问题及解决措施

（1）化能物质利用和 CO_2 吸收效率低。为了使化能物质能够被细胞有效利用到固碳途径中，需要解决细胞对能量、还原力的利用效率不高，对 CO_2 的吸收能力低等问题，同时针对目标菌株的生长性状，提高其对 CO_2 的吸收能力和在高碳酸氢盐环境下的生长能力，实现细胞对化能物质和 CO_2 的有效利用。

（2）固碳模块效率不足。固碳酶在自然界中主要承担了自养利用、同化反应、回补反应等生理功能，是将CO_2导向有机酸合成的关键。在建立化能驱动固定CO_2合成有机酸路线的过程中，需利用天然资源挖掘及人工改造等手段，获得固碳能力明显提升的元件和模块，解决整个途径中的固碳效率问题。

（3）固碳和合成模块衔接不足。实现固碳模块和产物合成有效衔接是实现有机酸高效合成的另一关键点，采用代谢网络解析等手段对化能驱动方式下的CO_2固定模式进行优化和改造，实现细胞中物质转化及能量代谢的利益最大化。

四、人工淀粉合成技术

（一）技术内涵

人工淀粉合成技术利用合成生物学理念，完成能量转化、CO_2固定、多碳聚合等关键过程的耦合，以CO_2为源头实现淀粉的人工合成，并突破自然淀粉合成的速率极限（图4.15）[17]。相比自然淀粉合成，人工淀粉合成的特点是可以利用高能量密度的电能/氢能、高浓度CO_2，且只需要11步反应，使得通过不依赖耕地的工业化方式生产淀粉成为可能。围绕碳减排重大需求，将人工淀粉合成技术与可再生能源技术进行集成，将推动建立以CO_2为原料生产淀粉和其他化学品的碳中性工业制造路线。

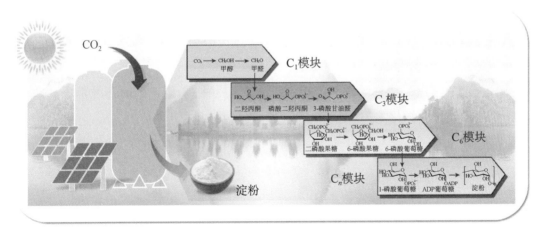

图4.15 人工淀粉合成概念图

ADP指腺苷二磷酸（adenosine diphosphate）

（二）现状及发展趋势

2021年，中国科学院天津工业生物技术研究所团队在 *Science* 杂志上发表文章，在国际上首次报道了不依赖植物的光合作用从头合成淀粉[17]，完成了人工合成淀粉从0到1的概念验证。目前，国际上尚无同类的技术，我国在人工淀粉合成方面具有一定的先发优势，如果能自上而下进行整体布局，先发优势将被固化成技术优势和市场竞争力。淀粉是除燃料外规模最大的一类含碳化合物，全球谷物粮食产量近30亿吨，其中有20亿吨是淀粉分子。除此之外，淀粉是生物制造产业最主要的原料，其背后是潜在的数十亿吨碳基化合物的市场。在碳中和愿景的重大驱动力作用下，人工合成淀粉背后的市场规模可能使其成为 CO_2 转化的重要方向。人工淀粉合成技术的初期应用目标为市场规模小但附加值高的特种淀粉，随着该技术成本的下降，应用目标逐步转变为市场规模大的普通淀粉，并逐步替代工业和饲料等行业消耗的粮食淀粉。

（三）关键科技问题及解决措施

（1）能量转换效率待提升。CO_2 是一种化学性质稳定的惰性分子，其转化利用通常需要外界额外输入能量。额外输入能量的多少和系统能量转换效率成反比。其难点就是如何在保障足够驱动力的前提下，更少地输入能量。需要改进途径中关键的催化剂，降低对温度、压力等耗能条件的依赖，同时重新设计旁路系统，回收途径损失的能量。

（2）酶蛋白催化性能待优化。目前，酶蛋白成本是人工淀粉合成的主要成本构成。酶蛋白活性越高，使用的周期越长，则单位产品中酶蛋白的成本占比越小。科学问题是蛋白序列和高级结构与催化性能、稳定性间的构效关系。需要深度挖掘、设计、改造酶蛋白，将其活性和稳定性提高2～3个数量级，同时开发基于高效酶固定化技术的连续转化工艺。

作　者：唐　涛　蔡　韬　朱之光　李金根　田朝光　马延和

审稿人：马新宾

编　辑：王海光　孙　曼

第五节　　CO₂化工利用技术清单

CO₂化工利用技术是指以化学转化过程为核心特征，以CO₂为碳氧资源，将其转变为其他产物，并具备一定减排效益的工业技术。CO₂化工利用技术将CO₂作为碳氧资源，能够有效实现对化石能源的替代，具备显著的间接减排效益，是碳中和情景下碳基化学品零碳制造的重要途径。

根据CO₂分子在转化过程中的化学反应本质，CO₂化工利用技术可分为CO₂还原利用技术、CO₂非还原利用技术和CO₂矿化利用技术三类。本节对上述三类技术的内涵、现状及发展趋势，以及需要解决的关键科技问题及解决措施进行简要介绍。CO₂还原利用多与能源化学品相关，对碳中和情景下含能分子的低碳循环至关重要；CO₂非还原利用主要产出各类精细化学品和材料化学品，产品的经济附加值较高；CO₂矿化利用基于各类矿物、工业固废的碱性实现CO₂的固定，同时产出建筑材料等产品。

近年来，部分CO₂化工利用技术已经进入了规模示范阶段，同时一些前沿性技术也完成了小规模验证。面向未来，CO₂化工利用技术应进一步布局系统的基础研究，夯实相关理论基础。同时，要加强关键核心技术的示范应用，并积极通过政策、市场、金融等手段构筑有利于技术推广的软环境，加快技术的大规模、商业化应用。

一、 CO$_2$还原利用技术

（一）技术内涵

CO$_2$是含碳物质燃烧并释放能量后的最终产物，其分子中的碳原子处于最高氧化态，因此CO$_2$在各类含碳化合物中处于能量低位。CO$_2$还原利用技术则是指通过还原剂在外部供能的条件下将CO$_2$还原成为甲烷、甲醇、烯烃和油品等含有较高能量的碳基能源化学品，最终实现碳元素循环利用的过程。CO$_2$还原利用技术的产品市场需求显著，因此相关技术的推广潜力巨大。在碳中和情景下，CO$_2$还原利用过程的能耗将主要通过可再生能源供给，并由此形成能源化学品的变革性碳中和生产新体系。需要指出的是，当前大多数能源化学品的生产技术都是以煤炭、石油等化石资源为原料的，而其消费后最终都将以CO$_2$的形式释放。因此，以CO$_2$为原料替代化石资源进行能源化学品的生产，具备巨大的间接减排效应。

目前，研究较多的CO$_2$还原利用技术包括CO$_2$重整甲烷制备合成气技术、CO$_2$加氢合成甲醇技术、CO$_2$加氢制烯烃技术、CO$_2$加氢合成油品技术和CO$_2$光电催化还原转化技术等[18, 19]。下面对这些技术分别展开介绍。

CO$_2$重整甲烷制备合成气技术指在催化剂作用下使CO$_2$被甲烷还原，二者转化成合成气（一氧化碳和氢气为主要组分）的技术。催化剂是实现高效CO$_2$重整甲烷过程的关键，目前镍基金属催化剂的研究和应用最为广泛，其主要原因是相比贵金属，镍的价格更为低廉，且通过催化剂结构的合理设计和构筑，镍基催化剂的性能能够达到与贵金属催化剂相当的水平。由于CO$_2$和甲烷都是化学惰性较高的分子，二者的协同转化需要较高的温度（600～900摄氏度），因此CO$_2$重整甲烷过程往往与甲烷的燃烧、甲烷部分氧化等放热化学反应相集成，构成甲烷自热重整、甲烷多重整等耦合体系。CO$_2$重整甲烷制备合成气技术的一个突出特点是能够同时实现两种温室气体的转化，并获取重要的平台化学品合成气，因此兼具环境效益和经济效益。

CO$_2$加氢合成甲醇技术指以氢气为还原剂，将CO$_2$转化为甲醇的技术。由于甲醇是一种典型的低碳燃料，同时是一种下游转化路径极为丰富的平台化学品，因此

CO_2加氢合成甲醇技术受到了广泛的关注。CO_2加氢合成甲醇反应往往在$200\sim300$摄氏度、$0.1\sim5$兆帕的条件下进行，常用催化剂为铜基金属催化剂，但为进一步提升反应活性和选择性，往往还需要加入锌、锆、铟等元素构成的助剂。

CO_2加氢制烯烃技术是使CO_2和氢气反应，产出低碳烯烃的技术。由于烯烃是化工行业重要的基础原料，经济价值显著，因此该技术成熟后具有显著的市场需求。实际上，CO_2加氢合成烯烃过程是包含两个反应的串联过程，首先是由CO_2加氢还原为一氧化碳或甲醇，后两者再与氢气反应转化为烯烃。因此，CO_2加氢合成烯烃的催化剂体系往往是CO_2加氢活性位和一氧化碳/甲醇转化活性位在不同尺度上的集成，而具体的活性位组分、组成、集成关系就决定了CO_2加氢合成烯烃的具体路线（经一氧化碳或甲醇）、产物、性能等特征。

CO_2加氢合成油品技术是使CO_2和氢气反应，产出含有五个碳原子以上的混合液态烃类化合物的技术。由于各种馏分油品（包括汽油、航空煤油、柴油等）是重要的运输燃料，应用广泛，消费量巨大，因此该技术成熟后具有显著的市场需求。与CO_2加氢制烯烃技术类似，CO_2加氢合成油品过程也包括多个反应的耦合，主要有两条路径：一种是由CO_2加氢还原为甲醇，后者再转化为异构烃、环烷烃与芳烃等油品主要组分；另一种是CO_2加氢先还原成CO，然后两者与氢气反应转化为不同长度的饱和链烃或烯烃，再经过进一步的转化得到高辛烷值的油品。因此，CO_2加氢合成油品的催化剂体系通常是CO_2加氢活化、一氧化碳/甲醇转化及聚合、异构化与芳构化反应在不同尺度上的耦合。

CO_2光电催化还原转化技术指在光、电或光电协同的条件下，将电子作为还原剂，实现CO_2还原制取一氧化碳、甲酸、甲烷、烯烃、醇类等多种产物的技术。CO_2光电催化还原转化技术在热力学推动力上与传统的热催化过程具有显著差异，因此能够显著降低CO_2分子活化转化的温度、压力等外部反应条件需求，且能够通过电压、电流、光照射等外界条件的改变，较为容易地实现产物种类及其活性、选择性的调控。同时，CO_2的光电催化还原转化还能够与可再生能源深入耦合，作为一种有效手段将低品位可再生能源转变、储存为高稳定性、高能量密度的化学能，有效解决可再生能源的大规模消纳瓶颈问题。

（二）现状及发展趋势

由于CO_2还原利用技术的产物以碳基能源化学品为主，因此该类技术与当前的能源化工体系具有天然的融合集成优势，由此受到了各界的关注。总体而言，目前 CO_2 还原利用技术从基础研究到工业示范均有相关布局。在基础研究方面，国内外的诸多高校和科研院所围绕 CO_2 活化转化的高性能催化剂设计和构筑、过程强化的微观和介观新途径、CO_2 活化过程的多尺度表界面理化行为等开展了系统工作，高水平研究论文和专利数量逐年增长，为该类技术的应用推广奠定了良好的基础。在示范验证方面，我国处于较为领先的状态，已开展了若干具有较高显示度的规模化示范。例如，中国科学院上海高等研究院先后完成了世界上首套每小时万方级 CO_2 重整甲烷制备合成气过程示范（图4.16）和全球规模最大的5000吨/年 CO_2 加氢合成甲醇中试示范；中国石油大学（北京）和中国石化集团南京工程有限公司则以焦炉气为原料，完成了 CO_2 重整技术的示范，并将该过程与我国首套气基还原铁生产示范线进行了集成；中国科学院大连化学物理研究所完成了国内首套千吨级/年可再生能源制氢耦合 CO_2 加氢合成甲醇的全流程技术示范（图4.17）和千吨级/年 CO_2 加氢制汽油中试；天津大学完成了年处理30吨的 CO_2 电催化还原样机建设和小试验证。

图4.16　每小时万方级 CO_2 重整甲烷制备合成气工业示范装置

CO_2 还原利用技术主要面临煤化工、石油化工领域中若干传统技术的竞争。现阶段，CO_2 还原利用技术的竞争力较弱，原因主要包括碳捕集成本过高、技术的规模化验证不足、技术的经济性较差等。但在社会经济深度脱碳的重大需求和政策倾斜刺激下，未来能源、化工等行业在碳约束方面的压力越来越大，减排收益日益显著，同时可再生能源及相应的绿氢制备等技术体系不断成熟，成本不断下降。上述利好因素必然会大大加速 CO_2 还原利用技术的研发和推广，并在2030年我国实现碳达峰后快速形成全面竞争力，从而成为碳基能源化学品制造的主流技术，助力化工行业的低碳转型升级和流程再造。

图4.17 千吨级/年可再生能源制氢耦合CO$_2$加氢合成甲醇示范装置

近年来，CO$_2$还原利用领域中相关科学问题和技术瓶颈的新突破不断涌现，但面向碳中和目标，现有的研发支持、政策激励等方面还有所欠缺，若保持现状，预计将无法满足相关技术的研发和推广需求。除此之外，还需要进一步夯实相关科学基础，并结合碳中和背景下全新的应用场景，开展与可再生能源、化工等行业的深度融合集成示范研究，同时强化与钢铁、水泥、有色等难减行业的联动，把握早期机会，加快其低成本、高值化减排解决方案的推出，推动新兴业态的形成。

（三）关键科技问题及解决措施

（1）催化剂性能需进一步提升。催化剂是CO$_2$还原利用过程的关键技术之一，是决定技术适用性、经济性、减排能力等性能的核心，因此需要紧密结合技术应用的真实工况条件，并借助材料科学和催化科学领域的最新进展，不断推动高性能催化剂的开发工作，为CO$_2$还原利用技术的提质增效奠定基础。

（2）工业过程强化手段不足。CO$_2$还原利用过程在热力学上大多需要含能分子和外部能量的输入，相关过程能效的提升是决定技术可行性和减排效益的关键，而过程强化则是能效提升的核心。因此，有必要加强CO$_2$还原利用技术的多尺度机理研究，明确过程强化的微观机制，并由此发展有效的宏观途径。

（3）产业链集成技术缺位。CO_2还原利用技术经济性和减排效益的充分释放在很大程度上依赖于在具体应用场景中的上下游集成优化。一方面，与排放源的物质流、能量流集成，以充分降低CO_2处置的整体成本；另一方面，与可再生能源供能、绿氢制备等技术跨领域耦合，以全面发挥低碳技术联动的规模化减排优势。

二、 CO_2非还原利用技术

（一）技术内涵

CO_2非还原利用过程中，碳原子的化合价不发生变化，CO_2分子作为一个整体进入产物中，因此相关过程的原子经济性较高。根据共反应物的不同，通过CO_2非还原利用过程可制备有机碳酸酯、羧酸、羧酸酯等，这些产品在环保溶剂、汽油添加剂、锂离子电池电解液等领域有广泛的应用，具有较好的经济效益[20]。总体上，CO_2非还原利用技术的产物需求总量相对有限，因此该类技术的总体减排容量不大，但需要指出的是，相比甲醇等CO_2还原利用技术的产物，CO_2非还原利用技术的产物大多具有更长的生命周期，这意味着该类技术的固碳周期更长，其长效减排效应较为明显。

CO_2非还原利用技术主要包括CO_2合成尿素技术、CO_2合成水杨酸技术、CO_2合成有机碳酸酯技术、CO_2合成可降解聚合物材料技术、CO_2合成异氰酸酯/聚氨酯技术和CO_2合成聚碳酸酯/聚酯技术等。下面对这些技术分别展开介绍。

CO_2合成尿素技术是使CO_2和氨在一定温度和压力下先生成氨基甲酸铵，然后氨基甲酸铵脱水生成尿素的技术。该技术具有原料获得方便、原子利用率高、产品浓度高、反应条件可控和工艺流程简单等优点，因而目前世界上广泛采用氨和CO_2直接制备尿素法。

CO_2合成水杨酸技术是使CO_2和苯酚在催化剂作用下直接合成水杨酸的技术。该技术无论是在化学合成，还是在碳资源的利用和环境保护方面都具有重要的意义。同时，这种方法具有操作简单、反应条件温和、反应步骤少、产物单一、原料价廉易得、无毒无污染等诸多优点。

CO_2合成有机碳酸酯技术中最具代表性的是CO_2合成碳酸二甲酯。该过程以CO_2为原料，在催化剂的作用下，CO_2直接与甲醇反应生成碳酸二甲酯（直接法）或先合成尿素后再醇解获取碳酸二甲酯（尿素醇解法）。从CO_2出发合成有机碳酸酯能够替代传统的光气路线或石油路线，且不产生其他的污染物，清洁化程度较高。

CO_2合成可降解聚合物材料技术是使CO_2与环氧化合物通过共聚反应获取脂肪族聚碳酸酯的技术。该技术能够大大降低高分子材料对石油的依赖，同时获取的产品具有生物可降解特性，环保和经济效益均较好。

CO_2合成异氰酸酯/聚氨酯技术是指以CO_2为羰基化试剂，替代光气，与不同有机胺底物反应，生成各类异氰酸酯，并进一步转化为各类聚氨酯的技术。

CO_2合成聚碳酸酯/聚酯技术是使CO_2与环氧乙烷合成碳酸乙烯酯后，再和有机二元羧酸酯反应合成乙烯基聚酯、聚丁二酸乙二酯，并联产碳酸二甲酯等下游聚碳酸酯材料化学品的技术。

（二）现状及发展趋势

目前，CO_2非还原利用技术总体处于中试验证到工业示范的阶段，部分技术已经实现了商业化应用，成熟度较高。例如，中国科学院山西煤炭化学研究所完成了CO_2经尿素醇解法制备碳酸二甲酯技术的千吨级/年全流程中试，正在进行万吨级/年工业示范；中国科学院过程工程研究所首次开创了离子液体催化CO_2，经碳酸乙烯酯醇解，间接制备碳酸二甲酯绿色生产新路线，成功建立了世界首套万吨级/年工业示范装置，产品质量达到国标电池级要求；中国科学院长春应用化学研究所成功开发出了具有我国自主知识产权的CO_2合成生物可降解塑料工业化技术和相应的稀土掺杂锌基催化剂，并与博大东方新型化工（吉林）有限公司合作在吉林省吉林市完成了5万吨/年生产示范装置的建设；中国科学院过程工程研究所完成了百吨级/年CO_2间接合成二苯基甲烷二异氰酸酯新工艺技术的连续化扩大试验，以及核心单元千吨级/年验证试验，目前正在开展万吨级/年示范工程建设和运行（图4.18）。

图4.18 万吨级/年非光气绿色制备二苯基甲烷二异氰酸酯示范工程

目前，CO_2非还原利用技术主要面临碳酸酯类化学品的传统生产技术光气法的竞争，这主要与催化剂性能低、技术经济性差等相关。但需要指出的是，光气是一种毒性和碳排放量均较大的化学品，且以光气为原料生产碳酸酯类产品的过程能耗高、污染重、安全风险较大。因此，在未来绿色化、低碳化将成为化工行业必然发展方向的趋势下，光气法技术必将逐渐被CO_2路线所替代。另外，碳酸酯类化学品涉及的产业门类多，相关产业链长，因此价格往往存在一定的波动性，这对CO_2非还原利用技术的发展造成了一定的不确定影响。

如上所述，CO_2非还原利用技术的整体成熟度相对较高，其推广和应用也受到了产业界的广泛关注。未来，CO_2非还原利用技术应进一步瞄准其绿色化和高值化特征，加快形成低碳、环保的碳酸酯材料化学品产品体系，实现对传统工艺路线的大面积替代，构建CO_2高值化利用的典型案例。

（三）关键科技问题及解决措施

（1）催化剂规模化生产技术不成熟。催化剂性能的强化是目前进一步提升CO_2非还原利用技术经济性的关键途径之一，需要完善催化剂的批量化生产方法，降低成本，同时着力加强催化剂活性，降低其用量和循环使用过程中的消耗。

（2）传统反应器制约过程效率的提升。CO_2非还原利用的反应网络往往更为复杂，涉及多种有机组分，过程中存在多种路径的选择性竞争关系，因此需要在构建多组分平衡数据库的基础上，研发高效反应、分离的专属装置及配套的填料、塔板等相关组件，完成其设计和制造，从而提高过程效率，提升技术竞争力。

（3）产品体系高质化和高值化程度低。CO_2 非还原利用技术的具体路径相对较多，路线较长，且产品价值对质量的敏感性极强，因此强化相关过程的质量可靠性对于技术具备较强的竞争力至关重要。另外，需要积极探索 CO_2 非还原利用技术的新路线、新产品及下游的新应用，推动产品的高值化，不断拓展新的技术增长点。

三、 CO_2 矿化利用技术

（一）技术内涵

CO_2 矿化利用技术是指基于 CO_2 与碱性金属氧化物之间的化学反应，将 CO_2 以碳酸盐的形式固定，同时获取建筑材料等产品的技术。由于碳酸盐分子的能量比 CO_2 分子更低，因此 CO_2 矿化利用过程在热力学上是放热过程，能够在无需外部能量输入的情况下自发进行，这相比于其他 CO_2 的转化技术而言，具有显著优势。然而，在实际操作中为达到工业生产所需的效率要求，往往需要输入能量以提供一定的温度和压力环境。需要特别指出的是，钢渣、磷石膏等大宗固废中往往富含钙离子、镁离子，因此，CO_2 矿化利用技术还能够与上述固废的处置有机结合，有望构成环境效益较为显著的固废治理和碳减排协同技术。

CO_2 矿化利用技术主要包括钢渣矿化利用 CO_2 技术、磷石膏矿化利用 CO_2 技术、钾长石加工联合 CO_2 矿化技术、CO_2 矿化养护混凝土技术等。下面对这些技术分别展开介绍[21]。

钢渣矿化利用 CO_2 技术主要基于钢铁生产过程产生的大量钢渣，利用其中富含的钙、镁等碱性组分，通过其与 CO_2 发生碳酸化反应转化为稳定的碳酸盐产品，从而同时实现 CO_2 的固定与钢渣固废协同处置。所得产品可用作建筑材料，或进一步精制获取纳米碳酸钙等高端产品。

磷石膏矿化利用 CO_2 技术主要以湿法磷酸工艺中产生的固废磷石膏为固碳介质，以其中富含的硫酸钙为主要活性组分，使其与 CO_2 发生碳酸化反应生成碳酸钙。该过程往往能够与化肥行业排放的 CO_2 废气进行耦合，对化肥行业的节能环保与发展循环经济具有重要意义。

钾长石加工联合CO_2矿化技术在钾长石加工制取钾肥过程中，利用提钾废渣中的二价钙离子与CO_2反应，起到矿化固定CO_2的效果，同时减少废物排放。

CO_2矿化养护混凝土技术利用早期水化成型后的混凝土中的碱性钙、镁组分，以及水化产物氢氧化钙和CO_2作用加速碳酸化反应，来替代传统水化养护或蒸压养护过程，在实现混凝土产品力学强度等性能提升的同时，将CO_2以碳酸盐的形式固定在水泥产品中。

（二）现状及发展趋势

CO_2矿化利用技术目前整体处于应用示范阶段。中国科学院过程工程研究所在前期充分的实验室工作基础上，开展了5万吨/年的钢渣矿化CO_2工业示范验证；四川大学则针对磷石膏矿化利用CO_2技术和钾长石加工联合CO_2矿化技术开展了中试验证；浙江大学、河南理工大学等以各类固废为原料，开展了CO_2矿化养护混凝土技术的示范，其中浙江大学完成了万吨级/年CO_2矿化养护混凝土大规模示范，是全球第一个工业规模CO_2矿化养护混凝土示范工程（图4.19）。需要指出的是，尽管CO_2矿化利用技术总体已经进入了工业示范阶段，但相关科学问题的阐述仍然有待加强，尤其是快速碳酸化反应通道的构筑和工艺条件的优化等，这也是该领域目前基础研究的热点问题之一。

图4.19 万吨级/年CO_2矿化养护混凝土制备建材示范

由于CO_2矿化利用技术所使用的原料主要为工业固废，而目前相关固废的处置技术并不成熟，仍然以无害化堆放为主，因此CO_2矿化利用技术所面临的横向技术竞争不大，其未来的推广和应用主要取决于自身关键技术瓶颈的突破和工程问题的解决。

CO_2矿化利用技术能够实现CO_2的长周期固定，相关产品也有望被归属为典型的低碳建筑材料，因此，预计其减排潜力巨大，整体环境效益显著。面向碳中和，CO_2矿化利用技术应聚焦过程效率的提升，同时不断拓宽产品的应用场景，在充分构建CO_2减排与固废处置协同技术体系的同时，充分依托碳交易等手段，将其显著的减排效益切实转化为经济利益。

（三）关键科技问题及解决措施

（1）过程增效所需能耗过高。通常条件下碳酸化反应的速率非常缓慢，无法达到工业化生产的要求，而目前主要通过加温加压和使用强酸性介质的方式实现其过程强化，这显著增加了过程能耗，同时对环境也会产生不利影响。因此，如何实现低能耗条件下的过程强化对CO_2矿化利用技术的经济性和可推广性至关重要。

（2）产品可用性有待提升。CO_2矿化利用技术多以各种工业固废为原材料，而工业固废中往往含有重金属、放射性元素等有害物质。一方面，需要通过技术优化，降低有害物质进入最终产品的比例；另一方面，应加强对产品应用场景的识别，尽快打通技术研发—产品应用的全流程创新价值链。

作　者：孙楠楠　张莉娜　王利国

审稿人：马新宾

编　辑：刘　冉　孙　曼

CO$_2$地质利用与封存技术是指将从工业排放源或大气中分离出来的CO$_2$注入条件适宜的地层，生产有价值的产品，并使之与大气长期隔离的技术。根据所生产的资源或能源品种的不同，CO$_2$地质利用与封存技术主要包括CO$_2$强化深部咸水开采与封存、CO$_2$强化采油、CO$_2$强化常规天然气开采、CO$_2$驱煤层气、CO$_2$强化页岩气开采、CO$_2$置换天然气水合物中的甲烷、CO$_2$铀矿浸出增采、CO$_2$原位矿化封存、CO$_2$采热等九大类技术。本节对上述九类技术的内涵、现状及发展趋势，以及需要解决的关键科技问题及解决措施进行简要介绍。

我国CO$_2$地质利用与封存技术体系中，CO$_2$铀矿浸出增采技术已实现初步的商业应用，CO$_2$强化采油技术和CO$_2$强化深部咸水开采与封存技术处于工业示范阶段，CO$_2$驱煤层气技术处于中试阶段，其他技术均处于基础研究阶段。

当前的技术发展需解决三大共性问题，包括：①地质封存的效率与安全性，具体为潜力评估、经济性与可行性评估、场地表征与筛选方法、CO$_2$腐蚀与结垢问题、经济有效的深部安全监测技术，以及规模化封存的安全与风险评估；②大规模工程示范与国产化技术、装置及设施；③CCUS集成与集群，具体为源汇匹配动态优化方法、CCUS集群的系统风险分析、集群的调度理论、集群的减排量化与核查，以及CCUS的跨区域监管体系。

一、CO₂强化深部咸水开采与封存技术

（一）技术内涵

CO₂强化深部咸水开采与封存（简称CO₂驱水）技术是指将CO₂注入深部咸水含水层或卤水层，强化深部地下水及地层内高附加值的溶解态矿产资源（如锂盐、钾盐、溴素等）的开采，同时实现CO₂在地层内长期隔离（图4.20）[22]。该技术是在CO₂咸水层封存工程实施过程中，为优化调控CO₂注入过程中的地层压力，提高封存的安全性，从单一封存逐步发展起来的。

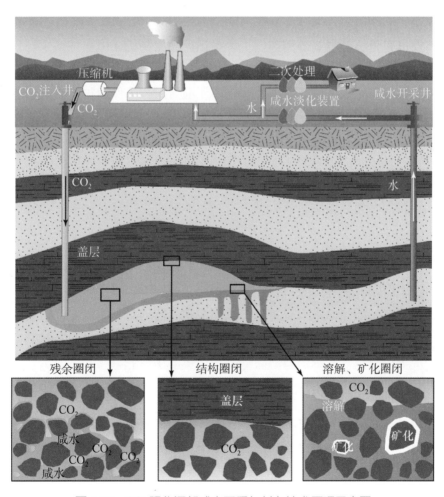

图4.20　CO₂强化深部咸水开采与封存技术原理示意图

CO_2注入地层后，通过一系列的物理和化学圈闭过程被永久封存于地层中。主要有五种圈闭过程：结构圈闭、残余圈闭、吸附圈闭（仅针对下文的CO_2驱煤层气技术）、溶解圈闭和矿化圈闭[23]。

（二）现状及发展趋势

CO_2强化深部咸水开采与封存技术在部分发达国家已经接近成熟，美国、挪威、澳大利亚等已经达到规模化应用水平。我国尚处于工业示范阶段，已经完成10万吨/年规模咸水层封存示范（无咸水开采），以及累计注入千吨级CO_2驱水与封存先导试验[24]。

在我国，CO_2强化深部咸水开采与封存的适宜场地与CO_2排放源的源汇匹配条件较好。东部、北部沉积盆地与碳源分布的空间匹配相对较好，如渤海湾盆地、鄂尔多斯盆地和松辽盆地等；西北地区的封存地质条件相对较好，塔里木盆地、准噶尔盆地等的地质封存潜力巨大，但现状碳源分布相对较少。南方及沿海的碳源集中地区，能开展封存的沉积盆地面积小、分布零散，地质条件相对较差，陆上封存潜力非常有限；但在毗邻海域沉积盆地实施离岸地质封存可作为重要的备选。在当前CO_2强化深部咸水开采与封存技术成本较高的背景下，我国北部与西北的富煤乏水区域具有较好的CO_2驱水早期实施条件，特别是煤化工和石油化工密集的内蒙古、宁夏、陕西、新疆等区域。

预计我国CO_2强化深部咸水开采与封存技术在2030年可能发展到工业应用或初步商业化水平；2050年能够实现商业化应用，CO_2减排潜力将达到10亿吨/年量级[24]。

（三）关键科技问题及解决措施

（1）缺乏精细化的场地表征与筛选方法。合适的场地是项目顺利开展的重要保障，由于地下空间条件复杂，目前尚缺乏精细化的场地表征与筛选方法，应以大规模项目为依托，开发验证精细化场地表征与筛选方法。

（2）缺乏大规模CO_2注入工艺。我国已有的地质利用与封存项目以小规模示范项目为主，尚缺乏大规模CO_2注入工艺的开发与验证，应积极部署大规模项目，进行工艺开发与验证。

（3）缺乏经济性、灵敏性高的深部CO_2运移监测技术。深部CO_2运移监测是项目性能评估与风险管控的重要对象，包括CO_2在储层的运移，CO_2突破盖层向上覆地层运移，以及CO_2沿着井、断层等泄漏通道的运移等。由于地下条件的不确定性较大，当前尚缺乏经济性、灵敏度高的监测体系与技术，应依托大规模工程项目，开发相应的技术与体系。

（4）尚未形成系统的规模化封存的安全与风险评估体系。我国已有地质利用与封存项目以小规模示范项目为主，规模化封存的安全与风险评估仅略有涉及，尚缺乏系统的评估方法与工程验证，需进一步开发系统的评估方法，并通过大规模工程进行验证。

（5）已有咸水处理技术的效率不足，成本较高。咸水淡化处理后需要进一步处理浓缩盐水及盐分固废，增加了咸水处理的成本，额外增加了项目的运行成本。应开发高效低成本的咸水处理技术，进一步提高CO_2强化深部咸水开采与封存技术的经济性。

二、 CO_2强化采油技术

（一）技术内涵

CO_2强化采油（简称CO_2驱油）技术是将CO_2注入油藏作为驱油介质，通过保持地层压力，驱使原油流向采油井，并借助CO_2自身的物理化学特性等多种机制实现原油采收率的提高（图4.21）。与水介质相比，CO_2具有黏度小、萃取能力强、注入能力强等诸多优势。原油溶解CO_2可增加原油的膨胀能力，降低原油黏度和增加地层水黏度，改善地层流体流动性。当压力足够高时，CO_2可萃取原油中的轻质组分，逐步达到油气互溶（混相），降低界面张力，减少地层中剩余油。注入的CO_2部分通过驱替，或溶于地层水，或与岩石反应成矿固化，或在盖层阻挡下形成构造圈闭，最终永久滞留并封存于地下，部分CO_2作为伴生气采出并通过回收处理循环再注入，实现全过程零排放。

图4.21　CO₂强化采油技术原理示意图

（二）现状及发展趋势

CO₂强化采油技术在全球范围内总体处于商业应用阶段，在我国处于工业示范阶段，与国外相比，我国在各方面仍存在较大差距。2020年，全球运行中的19个大型一体化CO₂强化采油项目，有10个项目位于美国。美国在运行CO₂强化采油项目的年产油量约为1500万吨。20世纪60年代中期，我国曾在大庆油田和胜利油田开展了CO₂强化采油室内实验研究，并于90年代中期在大庆油田、江苏油田、中原油田和胜利油田开展了现场先导试验。2005年以来，随着我国对低渗透油藏提高采收率需求的提升，CO₂强化采油技术快速发展。截至2020年底，我国在吉林油田、大庆油田、胜利油田、中原油田和延长石油共开展了7个规模化的CO₂强化采油与封存项目，累计CO₂封存量近500万吨。

我国现有探明储量中有190亿吨石油地质储量适于CO₂强化采油，主要分布在东北松辽盆地、华北渤海湾盆地、中部鄂尔多斯盆地，以及西北准噶尔盆地和塔里木盆地。其中54%为低渗透储量，采用CO₂强化采油技术，可提高石油采收率

10.7%，增加石油可采储量20.3亿吨。在我国地质条件和当前技术水平下，CO_2强化采油成本为3040～4140元/吨，在较高油价下才具有经济效益。预计到2030年，我国能够建成多个不同类型油藏的年百万吨级CO_2强化采油工程；到2050年，年减排贡献将达亿吨级[24]。

（三）关键科技问题及解决措施

（1）气窜规律认识不足，缺乏有效的防控工艺。相对于国外，我国开展CO_2强化采油以低/特低/超低渗透陆相沉积油藏为主，且许多油藏具有较发育的天然裂缝，油藏非均质性强，CO_2气窜严重，波及体积小。需进一步加强对CO_2强化采油气窜规律的认识，开发新型防控工艺，提高CO_2波及范围。

（2）已有助混技术压力较高。CO_2与原油的最小混相压力决定采收率提高的程度。最小混相压力不仅取决于CO_2的纯度和油藏的温度，也取决于原油组分。原油中重质组分（如C_5以上组分）含量越高，最小混相压力越高。我国原油的突出特点是"三高"（黏度高、蜡和胶质含量高、凝固点高），多数油藏与CO_2的最小混相压力过高。为了降低混相压力，需突破助混新材料和新工艺的研发，降低助混成本。

（3）CO_2腐蚀与结垢问题。CO_2与水反应产生的碳酸对管线、设备、井筒有较大的腐蚀性，腐蚀产物被注入流体带入地层还会堵塞储层孔隙。目前，CO_2强化采油采用防腐材料+缓蚀剂防腐技术，防腐效果好，但缓蚀剂成本较高。压力降低与温度升高时，注入CO_2会导致结垢（主要是碳酸盐垢），对储层造成伤害，导致注采能力下降，需进一步加强对CO_2储层结垢机理的认识，研发不同油藏的防垢技术。

（4）长期安全性保障技术有待升级与验证。地表浅层CO_2泄漏监测技术已成熟应用，为保障CO_2在地下长期安全有效埋存，需加快封井工艺和CO_2封存监测手段的技术升级。

三、 CO_2强化常规天然气开采技术

（一）技术内涵

CO_2强化常规天然气开采技术是将超临界态的CO_2[CO_2超过临界温度（31.1摄

氏度）和临界压力（7.38兆帕），变成类似于液体的黏稠状流体]注入枯竭气藏底部作为驱替介质，借助CO_2与甲烷的物性差异，通过驱替和解吸提高天然气采收率并实现CO_2的地质封存（图4.22）。

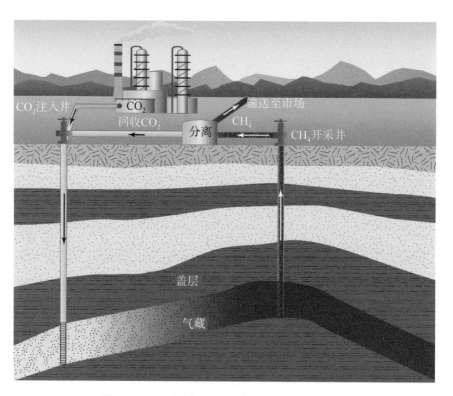

图4.22　CO_2强化常规天然气开采技术原理图

因重力差异，较轻的天然气被超临界CO_2驱赶至气藏圈闭的上部，经生产井采出，超临界CO_2由于密度较大，沉降在气藏圈闭下部被封存起来。水驱气藏的天然气平均采收率约为60%，CO_2强化常规天然气开采既能提高产量，注入的CO_2又可保持地层压力，防止底水进入气藏，避免发生水侵。CO_2通过置换纳米孔隙中的游离态甲烷，从而有效降低残余气饱和度并提高驱气效率。衰竭气藏可通过CO_2驱替和解吸作用将剩余天然气开采出来。

（二）现状及发展趋势

CO_2强化常规天然气开采技术在国外处于初期或中期工业示范水平，项目少、规模小，以试验为主，如荷兰K12-B海上油田、德国阿尔特马克（Altmark）气田等都开展了CO_2强化常规天然气开采项目。我国在该领域处于实验及机理模拟阶段，尚未开展大规模的现场试验。目前我国的四川盆地有一批中小气田已经枯竭，具备开展多个现场试验的条件。

据国际能源署估计，世界范围内衰竭气藏大约可埋存1400亿吨CO_2，比油藏具有更显著的埋存CO_2的优势。预计2030年前后，CO_2强化常规天然气开采潜力较大的鄂尔多斯盆地、准噶尔盆地、塔里木盆地、柴达木盆地也会逐步出现枯竭气田。此外，南海部分离岸气田已经进入枯竭期，除进行CO_2强化常规天然气开采，也应结合气田枯竭时间，充分利用已有离岸设备，考虑对离岸气田的CO_2进行直接封存。预计2050年，该技术在我国开始实现商业化应用，并在多个含气盆地广泛实施，CO_2减排潜力将达约16亿吨/年[24]。

（三）关键科技问题及解决措施

（1）对CO_2与甲烷的混合机理、混合控制方法认知不足。CO_2驱甲烷过程中，两者不可避免的混合将制约CO_2对甲烷的驱替作用，从而影响天然气采收率，如何控制混合的时机、部位，获得最优的经济性是该技术的关键问题。需要研究水相参与下两者的混合机理、预测方法，开发混合控制工艺。

（2）缺乏系统的气藏密封性评价方法。经历过采气降压的气藏又将承受注气增压，相应地，气藏岩体和井筒的应力及温度都发生过显著的变化，可能导致盖层或井筒的破裂，使其失去对CO_2的密封性，因此需要研究抽注扰动下气藏与井筒密封性的评价和监测技术。

四、　CO_2驱煤层气技术

（一）技术内涵

CO_2驱煤层气技术是指将CO_2或者含CO_2的混合流体注入深部不可采煤层中，以强化煤层气开采，同时实现CO_2的长期封存的技术（图4.23）。

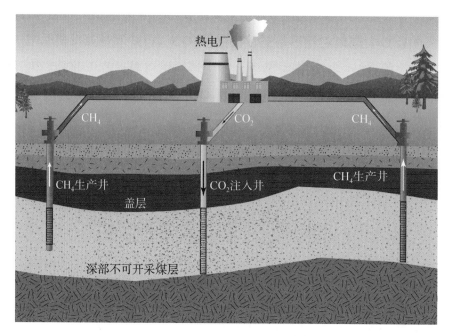

图4.23 CO_2驱煤层气技术原理示意图

由于煤对CO_2比对甲烷具有更强的吸附性，注入的CO_2可以促进甲烷脱附并置换吸附的甲烷，利用煤层裂隙、孔隙对CO_2的吸附作用实现CO_2的长期封存；同时注入的CO_2可维持煤层压力及压力梯度，促使煤层气渗流、弥散并扩散到生产井，强化煤层气开采，并减缓煤层气开采导致煤层被压缩与渗透系数降低的问题，同时可有效降低煤层自燃和高含甲烷煤田发生爆炸的可能性[25]。

（二）现状及发展趋势

CO_2驱煤层气技术在全球范围的总体研究水平处于示范阶段，美国是世界上研究该技术最早、研究投入最多的国家，加拿大、欧盟、日本等国家或地区也在积极开展CO_2驱煤层气示范项目。该技术在我国处于现场试验和技术示范阶段，主要由中联煤层气有限责任公司联合中国科学院武汉岩土力学研究所、中国矿业大学（北京）、西南石油大学、煤炭科学技术研究院有限公司等在沁水盆地和鄂尔多斯盆地开展注入试验。通过现场试验，我国在基础理论与测试技术、模拟方法、评价体系和工程示范方面都取得了显著进步，在CO_2注入泵、CO_2注入控制及监测等方面取得了丰硕的成果。但是现场试验效果差异较大，对技术的可行性、风险管理等方面的认识尚不充分。

我国各煤层气盆地CO_2源汇匹配条件较好，其中鄂尔多斯盆地、准噶尔盆地、吐哈盆地、海拉尔盆地的CO_2驱煤层气碳封存潜力最大，吐哈盆地、三塘湖盆地、阴山盆地和依兰-伊通盆地单位面积CO_2的减排潜力最大，技术经济性相对较好。由于技术发展水平低，关键技术尚未突破，未来发展趋势尚不明朗。

（三）关键科技问题及解决措施

（1）煤层渗透系数低，CO_2难以注入。我国绝大多数煤层的渗透系数低于1毫达西[①]，CO_2难以注入，单井封存能力和煤层气增产率不高，是该技术发展的瓶颈问题。应开发具有更好适用性和经济性的混合气体驱煤层气技术。

（2）缺乏经济性、灵敏性高的监测气体在煤层中运移的技术。煤层孔隙度比一般砂岩低，气体进入煤层引起的物理特性变化小，从而导致气体运移监测难度比咸水层封存更大，需要开发适合CO_2驱煤层气技术的新监测方法，以支撑驱替过程的优化调控和安全保障。

（3）缺乏大规模示范工程技术体系。目前CO_2驱煤层气技术超过1000米的深部试验较少，大规模示范工程经验不足，对于该技术的适用条件、系统优化、过程控制等方面的认识存在局限性。需要通过深部大规模示范，掌握相关选址-设计优化和调控工艺，形成工程技术体系。

五、CO_2强化页岩气开采技术

（一）技术内涵

CO_2强化页岩气开采技术是利用超临界CO_2作为驱替溶剂，有效解吸处于吸附状态的页岩气，同时驱替游离状态的页岩气，提高页岩气采收率，并实现CO_2页岩储层的地质封存（图4.24），其驱替效率最高可超过80%。

---

① 1毫达西 = 0.9869×10^{-9} 平方米。

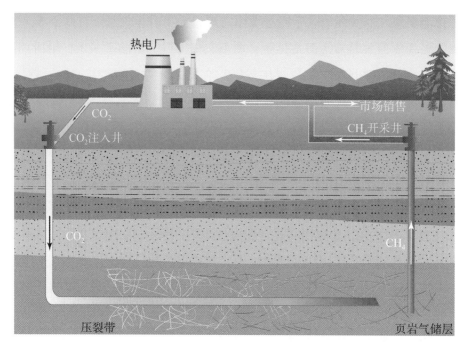

图4.24　CO$_2$强化页岩气开采技术原理图

页岩气的主要成分为甲烷，赋存形式以吸附和游离为主，存在于页岩储层孔隙、微孔和裂隙之中。页岩储层具有特低孔隙度和特低渗透率等非常规气藏特征，对CO$_2$的吸附能力远高于对甲烷的吸附能力。

90%以上的页岩气在开发时，需要对储层进行压裂改造。超临界CO$_2$压裂利用超临界CO$_2$流体摩擦阻力低、渗透性强、增压效果明显的特点，渗透进入地层孔隙和微裂缝，压裂后可以产生大量细微裂缝网格。超临界CO$_2$压裂属于无水压裂，超临界CO$_2$的脱水性可避免储层黏土的膨胀，缓解裂隙堵塞，减小对储层的伤害，同时节省大量的水资源。

（二）现状及发展趋势

全球页岩气资源量巨大，但目前只有美国、加拿大等少数国家实现了页岩气的商业化开采。我国页岩气储量也非常丰富，页岩气地质储量为134 420亿立方米，其中可采地质储量达25 080亿立方米，与美国相当，开发潜力巨大。我国页岩气资源主要分布在四川盆地、松辽盆地、鄂尔多斯盆地、吐哈盆地、塔里木盆地和渤海湾盆地等，且具有较好的CO$_2$源汇匹配条件[26]。经过多年的勘探开发实践，苏里格、长宁及松辽等CO$_2$强化页岩气先导试验示范区取得了理论和技术上的多方面突破，但页岩储层结构复杂，地层非均质性强，开发难度大，我国在页岩气开采方式、开发技术及风险管控等方面与美国等发达国家仍具有明显的差距。预计2030年我国可能实现10万吨级/年工业示范，2050年可实现商业化应用，CO_2减排潜力约为每年千万吨级[24]。

（三）关键科技问题及解决措施

（1）页岩储层赋存机理尚不明晰，资源潜力有待评估。CO_2/甲烷吸附解吸、置换驱替理论和渗流动力学过程尚不清晰，需要发展页岩气藏CO_2封存潜力评估方法。

（2）CO_2无水压裂成本高。已有的多次现场试验结果显示了CO_2无水压裂的积极效果，但存在压裂成本高、压裂效果不稳定等问题，因此需要开发扩大CO_2渗流体积、提高储层裂缝复杂程度及重复利用CO_2等工艺，以提升其费效比和可靠性。

（3）缺乏适合我国地质环境的开采技术。我国的钻完井能力和防腐技术与美国存在明显差距，尚需形成适合我国地质环境和储层物性的CO_2强化页岩气开采技术，实现规模开发。

六、　CO_2置换天然气水合物中的甲烷

（一）技术内涵

CO_2置换天然气水合物中的甲烷（简称CO_2置换水合物）是指将CO_2注入天然气水合物储层，利用CO_2水合物形成时放出的热量使天然气水合物分解，从而开采甲烷的过程（图4.25）。天然气水合物是天然气和水在高压低温条件下形成的类冰状结晶物质，外观像冰，遇火即燃，因此又被称为"可燃冰"、"固体瓦斯"和"气冰"。天然气水合物分布于深海或陆域永久冻土中，其燃烧后仅生成少量的CO_2和水，对环境的污染远小于煤炭、石油等。相比于目前常用的加热法、降压法等天然气水合物开采技术，该技术具有能耗低、效率高、对地层影响小、可同时封存CO_2等特点。

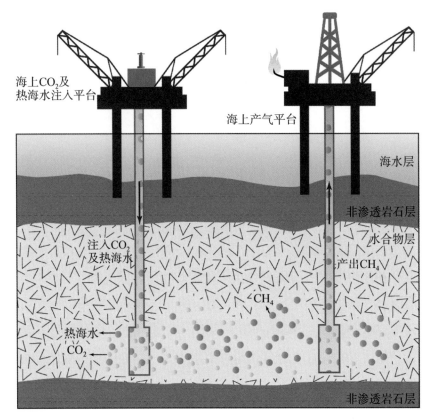

图4.25 深海海底地层采用CO_2置换天然气水合物中的甲烷技术原理示意图

（二）现状及发展趋势

该技术最初由日本提出，目前仅在日本有工业化试点，经济可行性尚不明确。我国南海珠江口盆地东部海域、南海神狐海域均发现了超千亿立方米级的天然气水合物矿藏，南海重点海域新区也有矿藏被发现。我国分别于2017年和2020年在南海神狐海域开展了两次天然气水合物试采，但是并未采用该技术。目前该技术在我国尚处于实验室研究阶段，其机理、可行性、风险等方面均有系统研究，但实施方法、工艺流程、装置要求等仍无定论。我国的南海北坡天然气水合物矿区邻近珠江三角洲地区，两地CO_2排放量大，能够为CO_2置换天然气水合物提供充足的CO_2气源。预计在2050年前，该技术仍将处于基础研究状态，难以发挥显著的减排贡献[24]。

（三）关键科技问题及解决措施

（1）缺乏潜力评估。我国天然气水合物资源储量尚不明确，已探明资源储量下的理论封存容量也缺少相关评估，未来的减排贡献尚不明朗，应进一步探明我国水合物资源储量，开展潜力评估，明确减排贡献。

（2）实施方法、工艺流程、装置要求尚不明确。当前缺乏相关研究，存在认知空白，需要开展相关研究，形成系统的工艺流程，有条件时可进行小规模场地验证。

（3）经济性、可行性认知不足。经济性、可行性是影响技术发展的重要因素，当前尚未对该技术进行相关的方法开发与应用研究，在经济性与可行性认知方面存在不足，需在了解实施方法、工艺流程、装置要求等基础上，进行经济性、可行性评估方法的开发与应用。

七、　CO_2 铀矿浸出增采技术

（一）技术内涵

CO_2 铀矿浸出增采（简称 CO_2 地浸采铀）技术是指将 CO_2 与溶浸液注入砂岩型铀矿层，通过抽注平衡维持溶浸液在铀矿床中运移，促使含铀矿物发生选择性溶解，在浸采铀资源的同时实现 CO_2 的地质封存（图4.26）。

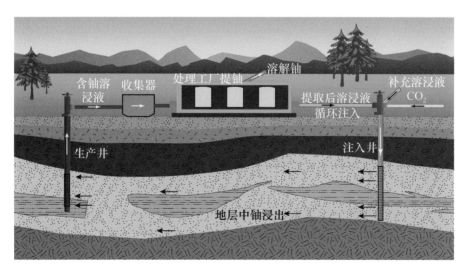

图4.26　CO_2 铀矿浸出增采技术原理示意图

CO_2铀矿浸出增采技术的原理主要有两方面：一是常规的碳酸盐浸出原理，即通过加入CO_2调整和控制浸出剂的碳酸盐浓度和酸度，促进砂岩铀矿床中铀矿物的配位溶解，提高铀的浸出率；二是CO_2促进浸出的原理，即CO_2的加入可控制地层内碳酸盐矿物的影响，避免以碳酸钙为主的化学沉淀物堵塞矿层，同时能够有效地溶解铀矿床中的碳酸盐矿物，提高矿床的渗透性，由此提高铀矿开采的经济性。

（二）现状及发展趋势

CO_2铀矿浸出增采技术在全球已经成熟。我国已实现了对该技术的初步商业应用，形成了完整的CO_2铀矿浸出增采技术体系，是继美国之后第二个成功掌握该技术的国家。常规的铀矿通常采用露天开采、地下开采和原地浸出采铀技术。相对于将矿石采出后的搅拌浸出和堆浸采铀技术，CO_2铀矿浸出增采属于原地浸出采铀，不需要将地下矿石输送至地面，没有尾矿、废渣和粉尘污染问题。原地浸出采铀技术的常规操作注入的是化学反应剂，与此相比，利用CO_2进行原地浸出采铀可大幅度降低水土污染，有利于开采结束后的地下水环境修复。CO_2铀矿浸出增采技术在吐哈盆地、松辽盆地、鄂尔多斯盆地、伊犁盆地等区域的实施条件良好。预计2030年该技术将实现广泛的商业化，CO_2减排潜力达到6750万～13 500万吨，2050年达到13 500万～27 000万吨[24]。

（三）关键科技问题及解决措施

对于该技术，强非均质性铀矿床开采工艺有待优化。CO_2铀矿浸出增采技术适合于高碳酸盐砂岩型矿床开采，对于非均质性强的铀矿床，CO_2溶浸液容易沿高渗透性的孔隙或裂隙运移扩散，低渗透区铀矿石无法与CO_2充分接触，造成铀采出率较低。因此，需要在实际工程应用过程中，通过合理布设注入井和采出井，以及优化压力控制等提高铀采出率，未来针对非均质性强的铀矿床，需要进一步优化CO_2铀矿浸出增采技术的工艺。

八、 CO₂原位矿化封存技术

（一）技术内涵

CO₂原位矿化封存技术是指直接将CO₂注入到富含硅酸盐的地质构造中，在地层原位完成CO₂与含有碱金属氧化物或碱土金属氧化物的天然矿石反应，生成永久的、更为稳定的碳酸盐的一系列过程，从而实现CO₂的大规模永久封存（图4.27）。与非原位矿化技术相比，原位矿化技术具有封存量大和成本低的优点。

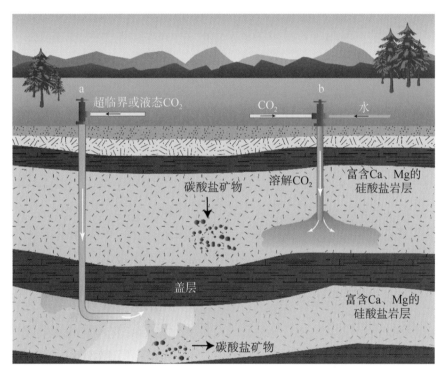

图4.27　CO₂原位矿化封存技术原理示意图

a. 美国瓦卢拉（Wallula）玄武岩试点项目将超临界或液态CO₂注入玄武岩；
b. 冰岛Carbfix试点项目将CO₂溶解于水后注入玄武岩

（二）现状及发展趋势

目前，CO₂原位矿化封存技术在全球范围内的总体研究水平处于现场先导试验阶段，典型试点项目为冰岛、美国、英国、法国、荷兰、澳大利亚及丹麦共同合作的冰岛 Carbfix 试点项目。该项目将地热发电厂捕集的 CO_2 溶于水后注入玄武岩层进行矿化封存，其中 95% 的 CO_2 在两年的时间里便转化成稳定的碳酸盐。

该技术在我国目前仍处于基础研究阶段，我国适用 CO_2 原位矿化封存技术的地区主要集中在新疆西南部，其封存潜力有待进一步评估。根据技术的难度与发展趋势预测，在 2030 年前，全球仍将处于小规模现场试验阶段，难以发挥显著的减排贡献[24]。

（三）关键科技问题及解决措施

（1）封存潜力与可行性尚不明确。已探明资源储量下的理论封存容量缺少相关评估，未来的减排贡献尚不明朗；缺乏大规模试验，经济性、可靠性尚不明确，尚需进行评估方法的开发与工业试点验证。需要进一步开展封存机理研究，探索加速矿化的新工艺，进行封存潜力调查评估，开展可行性分析。

（2）工艺流程尚不成熟。目前现场经验几乎为空白，存在诸多工程技术问题尚未解决，可选择新疆西部、吉林等条件良好的地点开展先导性试验，验证现有工艺的可行性和局限性，为后期的工程示范或大规模应用奠定基础。

九、 CO_2 采热技术

（一）技术内涵

CO_2 采热技术是以 CO_2 为工作介质进行地热开采的同时，将部分 CO_2 封存于地层中。该技术包括 CO_2 羽流地热系统和 CO_2 增强地热系统（图 4.28）。CO_2 羽流地热系统以 CO_2 作为传热工质（实现热转换的工作物质），开采高渗透性天然孔隙储层中的地热能，这类储层通常含咸水、碳氢化合物及其他物质。CO_2 驱替储层中的已有流体，注入的 CO_2 在深部地层内部高温环境中被加热，其中一部分被加热的 CO_2 运移到生产井，将热量输送到地表，释放热能后 CO_2 再次返回地下。CO_2 增强地热系统以超临界 CO_2 作为传热流体，开采深层增强型地热系统中的地热能。超临界 CO_2 进入干热岩中人工产生的、张开的连通裂隙带，与岩体接触被加热，然后通过生产井返回地面。一般干热岩温度大于180摄氏度，埋深数千米，内部不存在流体或仅有少量地下流体（致密不透水），存量巨大。两者均能达到地热能获取和CO_2地质封存的双重效果。

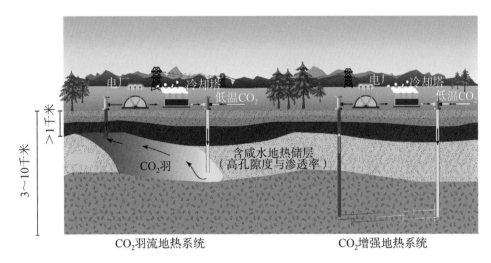

图4.28 CO_2采热技术原理示意图

我国地热资源丰富，据中国地质调查局2015年调查评价结果，埋深在3～10千米的干热岩资源量折合达856万亿吨标准煤。2016年全国一次能源（自然界中以原有形式存在的、未经加工转换的能量资源，又称天然能源，如煤炭、石油、天然气、水能等）表观消费总量（当年产量加上净进口量，其中净进口量为当年进口量减去出口量）约为41.8亿吨标准煤，开发利用地热能能够缓解我国的能源压力和减少环境污染，改善我国能源结构。

（二）现状及发展趋势

美国、澳大利亚等国在近10年投入大量资金用于CO_2采热实践和开展示范工程，发展了较完备的干热岩开发技术体系。但在我国，CO_2采热技术尚处于基础研究阶段，没有大规模的工程。

传统的增强型地热系统使用水从干热岩中开采地热资源，水在储层中的流动换热存在一定的滤失，从而造成水资源的大量消耗。另外，岩层中的矿物和水在高温环境下发生化学作用，造成水中掺杂矿物，使水的纯度降低，对地面利用设备造成一定损害。相对于水，超临界CO_2具有以下优势：①对岩石矿物的溶解度低，对地面设备的损害小；②可压缩性和膨胀性强，使得工作介质在系统内产生流动自驱动力；③黏度和密度较低，系统流动阻力小；④可直接对透平（将流体介质中蕴有的能量转换成机械功的机器，又称涡轮）做功，从而减小与二次流体（其他透平流体，如水、蒸汽、燃气、压缩空气等）的换热损失；⑤CO_2增强地热系统工程中流体损失的同时实现了CO_2地质封存的目的。

目前，增强型地热系统技术的成本普遍高于传统的地热发电成本，短期内尚不会改变。中期来看，随着钻井技术的进步、热电转换效率的提高、CO_2价格的下降，以及其他关键技术的发展，整个增强型地热系统的综合成本会逐渐下降。预计在未来的一段时间内该技术不会有较大突破，尚不具备显著的减排效益[24]。

（三）关键科技问题及解决措施

（1）缺乏系统的避免诱发地震风险的管理措施。CO_2增强地热系统技术无法避免干热岩常规热储建造和开发过程中可能诱发地震的风险，需要在实际现场试验或工业应用中予以重点研发攻关。

（2）系统运行与热能提取稳定性不足。运行中低温超临界CO_2由井筒注入深部储层后，伴随着对深部地热的提取，将在储层和井筒中发生复杂流态下的多相流流动、热传热和地球化学作用，使系统的运行和热能提取过程产生不稳定性。

（3）理论和模型预测尚不完善。目前的理论和模型预测尚未完善，需要通过大量的现场试验和室内实验进一步测试和改进。

（4）缺乏配套设施和技术。现阶段该技术的研究还停留在起步阶段，需要经过很长的技术完善期才能投入应用，可借鉴油气田压裂技术、防腐技术、钻井技术、储层改善技术等。

作　者：李小春　邹才能　汪　芳　刘桂臻

审稿人：马新宾

编　辑：焦　健　孙　曼

本章参考文献

[1] Jiao N，Herndl G J，Hansell D A，et al. Microbial production of recalcitrant dissolved organic matter：long-term carbon storage in the global ocean. Nature Reviews Microbiology，2010，8：593-599.

[2] 于贵瑞，何念鹏，王秋凤，等. 中国生态系统碳收支及碳汇功能：理论基础与综合评估. 北京：科学出版社，2013.

[3] 方精云，郭兆迪，朴世龙，等. 1981～2000年中国陆地植被碳汇的估算. 中国科学（D辑），2007，37（6）：804-812.

[4] Tang X L，Zhao X，Bai Y F，et al. Carbon pools in China's terrestrial ecosystems：new estimates based on an intensive field survey. Proceedings of the National Academy of Sciences，2018，115：4021-4026.

[5] Wang J，Feng L，Palmer P I，et al. Large Chinese land carbon sink estimated from atmospheric carbon dioxide data. Nature，2020，586：720-723.

[6] Schuh A E，Byrne B，Jacobson A R，et al. On the role of atmospheric model transport uncertainty in estimating the Chinese land carbon sink. Nature，2022，603：E13-E14.

[7] Wang Y L，Wang X H，Wang K，et al. The size of the land carbon sink in China. Nature，2022，603：E7-E9.

[8] Griscom B W，Adams J，Ellis P W，et al. Natural climate solutions. Proceedings of the National Academy of Sciences，2017，114（44）：11645-11650.

[9] 杨元合，石岳，孙文娟，等. 中国及全球陆地生态系统碳源汇特征及其对碳中和的贡献. 中国科学：生命科学，2022，52：1-41.

[10] Fang J Y，Yu G R，Liu L L，et al. Climate change，human impacts，and carbon sequestration in China. Proceedings of the National Academy of Sciences，2018，115（16）：4015-4020.

[11] Pan Y D，Birdsey R A，Fang J Y，et al. A large and persistent carbon sink in the world's forests. Science，2011，333（6045）：988-993.

[12] Lu W Z，Xiao J F，Liu F，et al. Contrasting ecosystem CO_2 fluxes of inland and coastal wetlands：a meta-analysis of eddy covariance data. Global Change Biology，2017，23（3）：1180-1198.

[13] Ishida M，Jin H G. A new advanced power-generation system using chemical-looping combustion. Energy，1994，19（4）：415-422.

[14] 高林，郑雅文，杨东泰，等. 构建碳中和电力系统——碳中和公式. 科学通报，2021，66

（31）：3932-3936.

[15] 中国21世纪议程管理中心. 中国二氧化碳利用技术评估报告：《第三次气候变化国家评估报告》特别报告. 北京：科学出版社，2014.

[16] Zahed M A，Movahed E，Khodayari A，et al. Biotechnology for carbon capture and fixation：critical review and future directions. Journal of Environmental Management，2021，293：112830.

[17] Cai T，Sun H B，Qiao J，et al. Cell-free chemoenzymatic starch synthesis from carbon dioxide. Science，2021，373（6562）：1523-1527.

[18] Song Y D，Ozdemir E，Ramesh S，et al. Dry reforming of methane by stable Ni-Mo nanocatalysts on single-crystalline MgO. Science，2020，367（6479）：777-781.

[19] Zhong J W，Yang X F，Wu Z L，et al. State of the art and perspectives in heterogeneous catalysis of CO_2 hydrogenation to methanol. Chemical Society Reviews，2020，49：1385-1413.

[20] 储华新. 利用二氧化碳和甲醇资源生产碳酸二甲酯. 化肥工业，2019，46（6）：52-54，58.

[21] Pan S Y，Chen Y H，Fan L S，et al. CO_2 mineralization and utilization by alkaline solid wastes for potential carbon reduction. Nature Sustainability，2020，3：399-405.

[22] Li Q，Wei Y N，Liu G Z，et al. CO_2-EWR：a cleaner solution for coal chemical industry in China. Journal of Cleaner Production，2015，103：330-337.

[23] Benson S，Cook P. Underground geological storage//Metz B，Davidson O，de Coninck H，et al. IPCC Special Report on Carbon Dioxide Capture and Storage. Prepared by Working Group Ⅲ of the Intergovernmental Panel on Climate Change. Cambridge：Cambridge University Press，2005：195-276.

[24] 黄晶. 中国碳捕集利用与封存技术评估报告. 北京：科学出版社，2021.

[25] Xie H P，Li X C，Fang Z M，et al. Carbon geological utilization and storage in China：current status and perspectives. Acta Geotechnica，2014，9（1）：7-27.

[26] Wei N，Li X C，Fang Z M，et al. Regional resource distribution of onshore carbon geological utilization in China. Journal of CO_2 Utilization，2015，11：20-30.

第五章

碳排放与碳固定核查评估技术

5

摘 要

《巴黎协定》旨在大幅减少全球温室气体排放，将全球地表平均温度升幅控制在工业化前水平以上2摄氏度之内，并寻求进一步将温度升幅限制在1.5摄氏度之内。《巴黎协定》为推动减排和构建气候适应能力提供了路线图，其核心任务是建立可监测、可报告、可核查的碳排放与碳固定管理机制。国际社会已经确定从2023年起，每5年定期开展《巴黎协定》履约情况的全球盘点，独立核查各国碳排放。

过去对人为活动温室气体排放的评估主要基于"自下而上"的方法，即清单法或通量法。2019年IPCC增加了基于大气浓度观测数据的"自上而下"的核查方法，即直接利用大气浓度观测数据独立验证碳排放清单的可靠性。为此，欧美等发达国家和地区已经开展了基于大气观测与反演的监测、验证与支撑方法体系研究，预计2023年实现业务化运行。目前，中国已承诺两年一次的清单自报，并将建立人为碳排放和碳固定的核查评估技术体系列为当前紧迫的科技任务之一。

本章围绕碳排放与碳固定核查评估的相关技术问题，简要介绍区域碳源/汇立体观测技术体系，生产与消费端的碳足迹、碳足迹转移等概念和评估方法，以及甲烷排放相关问题。

碳源/汇立体观测技术体系

碳源/汇立体观测技术体系是通过对大气温室气体浓度和通量的实时高频观测，快速估计人为碳排放与自然碳汇。根据观测平台高度，碳源/汇立体观测可以分为塔基地面观测、空基探空气球及遥感飞机观测、天基卫星观测。塔基地面观测包括了近地面二氧化碳浓度高塔观测和生态系统二氧化碳交换的涡度相关通量塔观测。通常情况下，二氧化碳浓度高塔的观测足迹，即所表达的通量贡献区域，约为100～1000平方千米，涡度相关通量塔的观测足迹约为1～3平方千米。空基观测平台的探测高度能达到20千米，可用于观测点/面源、城市等人为二氧化碳的排放，支持对碳卫星载荷技术和二氧化碳柱浓度反演算法的验证，实现利用碳同位素（^{13}C、^{14}C）对人为和自然碳排放的溯源，刻画研究区域大气二氧化碳动态变化特征及大气二氧化碳浓度垂直廓线。天基卫星温室气体观测可实现全球范围高频温室气体探测，在全球碳盘点中具有独特优势。当前，世界各国竞相发展天基卫星温室气体观测体系。各发达国家的工作重点主要包括两方面：如何发挥各种观测方法技术优势，构建天空地一体化的协同观测研究体系；研制全球碳排放观测方法和技术标准。本节简要介绍碳源/汇立体观测方法体系，以及地基、空基和天基的观测研究现状。

一、温室气体碳源/汇立体观测与计算方法体系

陆地、海洋与大气圈的二氧化碳、甲烷、氧化亚氮等温室气体交换和源汇关系

是理解气候变化受自然生态过程及人为活动影响的科学基础。定量观测和测算温室气体交换通量的技术途径主要包括"自下而上"的升尺度和"自上而下"的降尺度。2019年IPCC会议明确提出了利用大气温室气体浓度观测，基于"自上而下"的方法体系，校核国别排放清单，以支撑全球碳盘点。为此，国际卫星对地观测委员会提出到2025年形成温室气体星座组网业务化运行能力的计划，以支撑2028年开始的全球业务化碳盘点。

"自下而上"技术途径是基于样地或站点尺度的精细观测，采用升尺度算法，评估区域或全球温室气体源汇通量现状。主要的观测研究方法包括地面调查法、涡度相关碳通量观测法、生态系统过程模型模拟法等（见本书第四章第一节）。"自下而上"技术途径依赖对自然生态过程的理解、物质通量观测和升尺度模型的构建。但该方法体系受观测样地及站点数量、过程模型关键参数赋值等影响，会导致对区域及全球碳收支评估的不确定性。

"自上而下"技术途径是基于大气温室气体浓度观测计算交换通量及源汇关系的反演方法，即基于卫星、飞机、高塔、地面和航船等对大气温室气体浓度的观测数据，结合大气化学传输模式，反演区域及全球的温室气体交换通量[1]。"自上而下"技术途径可以充分利用全球各种卫星遥感和地面直接观测数据资源，在对全球及不同国家或区域的温室气体人为排放源和自然碳汇开展核算或盘点方面，具有透明度高、全球一致性好的优势[2]。

"自下而上"和"自上而下"两种技术各有优势和缺陷，两者可以互相校验、相互融合，应用于测算全球及不同国家、区域的碳排放和固定状况，评估区域间的输送和多圈层相互影响。"自上而下"技术途径在长期的全球碳收支盘点评估和科学研究中，不断地发展；集成各种观测技术优势，构建地基-空基-天基的协同观测研究体系，研发全球碳源汇监测方法和技术标准一直是各主要发达国家的工作重点。

化学寿命长的二氧化碳气体会随着大气运动在较大范围内进行输送和混合，其浓度变化携带了多种过程的综合信息。从排放与吸收的角度，二氧化碳浓度变化包括人为化石燃料的排放、陆地生态系统和海洋碳吸收以及地表无机碳交换等多种过程。从大气物理学角度，局地二氧化碳浓度或其柱浓度变化携带着大气在水平与垂直两个方向扩散运动的特征信息，受到局地源汇变化和大气平流输送过程的综合影响。因此，充分利用大气浓度信息和碳排放与吸收的先验信息，即能分离出多过程的影响和贡献。

基于大气浓度观测的源汇同化反演系统包括大气观测数据、传输模式和同化方法三个组成部分。目前广泛使用的全球三维大气化学传输模式有示踪模型TM5和GEOS-Chem等，其同化方法主要是基于贝叶斯理论的四维变分同化算法①和卡尔曼滤波算法②等。国际上已经建立的碳同化反演系统主要包括：①将四维变分同化算法和GEOS-Chem模式结合的美国宇航局碳通量监测系统——CMS-Flux（Carbon Monitoring System Flux）；②将四维变分同化算法和TM5相结合的俄克拉荷马大学反演系统；③将变分同化算法和动力气象实验室（Laboratoire de Météorologie Dynamique Zoom，LMDZ）化学传输模式结合的哥白尼大气监测服务系统；④将卡尔曼滤波算法和TM5结合的美国国家海洋和大气管理局Carbon Tracker（碳跟踪）系统。

利用不同类型的源汇同化反演系统得出的结果被认为是陆地与大气间二氧化碳净通量。目前采用"自上而下"方法反演陆地生态系统碳通量的普遍做法是从地表与大气的净交换通量中减去人为化石燃料二氧化碳排放和水泥生产二氧化碳排放，但更为准确的计算方法是：陆地生态系统碳通量还需扣除非二氧化碳的碳化合物排放通量、粮食与木材贸易和河流输送等横向碳传输部分。此外，在反演过程中，还需对人为排放通量进行优化，同步计算和优化人为二氧化碳排放通量，这对于提升陆地生态系统碳汇评估精度至关重要。

二、　地基的涡度相关通量观测

基于微气象学理论的涡度相关通量观测实现了对生态系统尺度的生产力、

---

①　四维变分同化算法属于连续数据同化算法，定义一个同化的时间窗口 T，利用该同化窗口内的所有观测数据和模型状态值进行最优估计，通过迭代不断调整模型初始场，最终将模型轨迹拟合在同化窗口周期内获取的所有观测数据上。利用变分方法将表征数值模式预测与关联观测之间差异的目标函数最小化。

②　卡尔曼滤波算法是顺序数据同化的一种，是由卡尔曼针对随机过程状态估计提出的。基本思想是利用前一时刻的状态估计值和当前时刻的观测值来计算获得动态系统当前时刻状态变量的最优估计，包括预报和分析两个步骤。

能量平衡和温室气体交换等功能和过程的直接观测，特别是全球通量观测网络（FLUXNET）实现了从生态要素跨越到生态系统功能状态变化观测的重大突破[3]。近几年来，诸多区域及全球的网络化监测研究计划都以生态系统碳通量观测作为核心技术体系，如全球关键带研究网络（Critical Zone Exploration Network，CZEN）、欧洲集成碳观测系统（Integrated Carbon Observation System，ICOS）、美国国家生态观测网络（National Ecological Observatory Network，NEON）、澳大利亚陆地生态系统研究网络（Terrestrial Ecosystem Research Network，TERN）、ChinaFLUX[3]。

ChinaFLUX参照了国际通量观测标准，是2001年创建的国家尺度观测研究网络[4]。到2021年ChinaFLUX已经组织了100余个站点开展联合观测研究，为中国陆地生态系统碳氮水循环特征及过程机制研究提供了野外平台和数据储备[5]。

全球范围的涡度相关通量观测已经积累了长时间、不同类型的生态系统观测数据，在全球碳收支研究中发挥了重要作用。其一，基于长期、高频连续观测数据，在多尺度方面，揭示了典型生态系统碳交换规律与生态过程及其环境响应机制。其二，汇集生产了标准化全球碳水通量数据产品（如FLUXNET 2015），为生态遥感产品地面验证、生态过程模型参数优化、模型结构完善、多模型比较提供了重要参考。其三，利用标准化的碳通量数据，揭示了区域和全球尺度生态系统碳源汇及其时空动态变化特征。例如，基于ChinaFLUX首次定量了我国54个典型生态系统和东亚季风区碳汇能力，确认了我国碳汇功能区的地理分布[6]。其四，集成机器学习方法，生成了全球时空连续的FLUXCOM数据产品，为评估全球/区域尺度生态系统固碳速率提供了新方法和基准数据。

三、 地基和空基的大气浓度观测

世界气象组织组建的全球大气观测（Global Atmosphere Watch，GAW）计划负责协调全球大气成分观测，包括温室气体和其他痕量气体的系统观测与分析。各个参与方将观测资料提交到GAW机构，由世界温室气体数据中心（World Data Centre for Greenhouse Gases，WDCGG）负责存储和分发公布。目前WDCGG数据库中的大部分数据是由美国国家海洋和大气管理局地球系统研究实验室提供的。该网络的观测系统主要包括地面连续观测、离散的瓶采样观测、高塔观测、长管大气成分采样系统（AirCore）廓线观测、飞机观测等（图5.1）。我国自20世纪90年代开始就在青海瓦里关建设温室气体全球本底站（GAW全球31个大气本底站之一），截至2021年，全国已经发展为拥有1个全球本底站、6个区城本底站及52个省级观测站的网络体系。

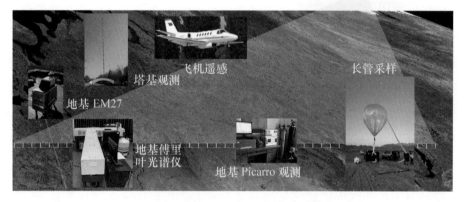

图5.1　地基-空基-天基的协同观测一体化体系

总碳柱观测网络（Total Carbon Column Observing Network，TCCON）是一个以地基高分辨率傅里叶变换光谱仪为标志设备的地基观测网络，用于获取二氧化碳、甲烷、氧化亚氮等气体柱浓度观测数据，应用于全球卫星定标。截至2021年，全球共有30个观测站点，包括中国的合肥观测站点（已连续观测了6年）和华北地区香河观测站点（已累积了3年数据），被用于遥感观测二氧化碳、甲烷、氧化亚氮、一氧化碳和水汽等温室气体的大气柱总量。

空基的大气浓度观测包括探空气球、遥感飞机观测等。球载飞行试验和长管下投试验可以提供局地的二氧化碳垂直分布信息。中国科学院战略性先导科技专项"临近空间科学实验系统"（鸿鹄专项）在青藏高原进行了球载探测和AirCore长管下投试验，用于探测青藏高原温室气体垂直分布。日本客机示踪气体综合观测网络（Comprehensive Observation Network for Trace Gases by Airliner，CONTRAIL）开始于1993年，利用客机定期观测大气成分。欧盟的"空中巴士空气污染和气候研究观测计划"（Civil Aircraft for Regular Investigation of the Atmosphere Based on An

Instrument Container，CARIBIC）开始于2004年12月，主要是在飞机起降以及巡航阶段进行观测。"HIAPER从极点至极点（温室气体）观测计划"（HIAPER Pole-to-Pole Observations，HIPPO）完成了五次二氧化碳廓线观测任务，为绘制地球不同高度和不同季节的二氧化碳分布全景图提供了数据资源。

四、 天基的碳卫星观测

温室气体专用卫星观测技术与系统是近年来致力发展的新技术。该类技术是利用气体的光谱吸收特征，结合基于辐射传输模型的正演和反演模型，反演大气中的温室气体浓度。目前采用的主要技术是基于最优估计方法的全物理反演算法，即利用前向辐射传输模型模拟卫星接收到的辐射光谱，再通过优化调整大气状态参数，即将模拟光谱向真实观测光谱逼近，进而同步获得大气二氧化碳廓线、甲烷廓线、水汽尺度因子、温度漂移因子、气溶胶光学厚度、地表参数和仪器参数等。理论上，卫星观测数据可以弥补地基观测站点空间分布稀疏的劣势，尤其是可为缺少地面观测站的偏远地区提供遥感观测信息，从而更好地约束大气反演模式。根据卫星遥感技术和碳监测的应用需求，可以将卫星碳监测技术发展划分为3个阶段：技术探索阶段（1999～2008年）、快速发展阶段（2009～2018年）以及监测应用阶段（2019年至今）[7]。

在技术探索阶段研发的卫星被称为第一代卫星，各种参数见表5.1。主要包括：2009年1月日本多个机构联合研制发射的全球第一颗专门用于温室气体观测的卫星——GOSAT（Greenhouse gases Observing SATellite），后又于2018年10月发射了GOSAT-2；美国宇航局于2014年7月发射了OCO-2，于2019年5月发射了至国际空间站的OCO-3探测器；由法国航天局领导联合研制的欧洲第一颗测量高精度大气二氧化碳含量的卫星MicroCarb预计2022年发射。

表 5.1　第一代碳监测卫星参数

参数	SCIAMACHY	GOSAT	OCO-2	TanSat	Feng Yun-3D	GaoFen5	GOSAT-2	OCO-3	MicroCarb
发射时间	2002 年 3 月	2009 年 1 月	2014 年 7 月	2016 年 12 月	2017 年 11 月	2018 年 5 月	2018 年 10 月	2019 年 5 月	2022 年（预计）
当地时间	10:00	13:00±15 分	13:30±15 分	13:30	14:00	13:30	13:00±15 分	—	10:30
轨道高度 / 千米	790	666	705	708	836	705	613	400	649
倾角 / 度	98.5	98	98.2	98.07	98.75	98.2	97.8	51.6	98
星下点分辨率（d 为直径）	30 千米 ×60 千米	10.5 千米（d）	1.29 千米 ×2.25 千米	2 千米 ×2 千米	10 千米（d）	10.3 千米（d）	9.7 千米（d）	4 平方千米	4.5 千米 ×9 千米
幅宽 / 千米	960	790	10.6	18	2250	1850	903	11	13.5
回访周期 / 天	35	3	16	16	6	2	3	—	21
搭载探测器	8 通道光栅光谱仪	TANSO-FTS、TANSO-CAI	3 通道光栅光谱仪	ACGS、CAPI	GAS、FTS	GMI	TANSO-FTS2、TANSO-CAI2	3 通道光栅光谱仪	小型光栅光谱仪
波长带宽 / 微米	0.24～0.44; 0.4～1.0; 1.0～1.7; 1.94～2.04; 2.265～2.38	0.76～0.78; 1.56～1.72; 1.92～2.08; 5.56～14.30	0.76～0.77; 1.59～1.62; 2.04～2.08	0.76～0.77; 1.59～1.62; 2.04～2.08	0.75～0.77; 1.56～1.72; 1.92～2.08; 2.20～2.38	0.76～0.77; 1.57～1.58; 1.64～1.66; 2.04～2.06	0.75～0.77; 1.56～1.69; 1.92～2.38; 5.6～14.30	0.76～0.77; 1.59～1.60; 2.04～2.08	0.76～0.77; 1.26～1.28; 1.60～1.62; 2.04～2.08
信噪比 @ 参考波段 / 微米	<100@1.57	300@0.75～0.77; 300@1.56～1.72; 300@1.92～2.08; 300@5.5～14.3	>300@1.60; >240@2.06	360@0.76; 250@1.60; 180@2.06	320@0.76; 260～300@1.61; 160～300@2.0; 140～300@2.3	300@0.76; 300@1.58; 250@1.65; 250@2.05	400@0.75～0.77; 300@1.56～1.69; 300@1.92～2.33; 300@5.5～8.4; 300@8.4～14.3	—	—
观测方式	临边、天底	天底、耀斑、目标	天底、耀斑、目标	天底、耀斑、目标	天底、耀斑、目标	天底、耀斑、掩星	天底、耀斑、目标	天底、耀斑、目标	天底、耀斑、目标
气体观测目标	O_3、O_4、N_2O、NO_2、CH_4、CO、CO_2、H_2O、SO_2、$HCHO$	CO_2、CH_4、O_3、H_2O	CO_2	CO_2	CO_2、CH_4、CO、N_2O	CO_2、CH_4、NO_2、SO_2、大气气溶胶	CO_2、CH_4、O_2、O_3、H_2O、CO、黑碳、$PM_{2.5}$	CO_2	CO_2

注：TANSO-FTS 为热红外和近红外碳监测传感器 - 傅里叶变换光谱仪；TANSO-CAI 为热红外和气溶胶监测传感器 - 云和气溶胶成像仪；ACGS 为高光谱温室气体探测仪；GAS 为大气成分探测仪；FTS 为傅里叶变换光谱仪；GMI 为大气温室气体探测仪；CAPI 为云和气溶胶偏振成像仪；GMI 为大气痕量气体探测仪。一代表数据未知。

TanSat是中国研制的首颗温室气体探测科学实验卫星，发射于2016年12月22日，TanSat以高光谱温室气体探测仪、云和气溶胶偏振成像仪为主要载荷。中国科学院大气物理研究所研发了全物理高精度反演算法——IAPCAS（The Institute of Atmospheric Physics Carbon Dioxide Retrieval Algorithm for Satellite Remote Sensing），该算法对TanSat 二级产品XCO_2的反演精度优于1.5 ppm，并进一步推出了TanSat的全球二氧化碳通量产品，通过科学技术部与欧洲空间局的温室气体合作计划进入了全球共享平台。

快速发展阶段研发的卫星被称为第二代卫星（表5.2）。其探测目标是获取高空间分辨率（2千米×2千米）、高精度（～0.1%）和高准确性（误差小于0.1%）的宽幅（＞200千米）X_{CO_2}（X为干空气柱体积混合比）和X_{CH_4}连续观测信息。目前研发中的第二代碳监测卫星包括欧洲哥白尼计划哨兵5号先驱者（The Copernicus Sentinel 5 Precursor，S5P）卫星、美国静止轨道高轨"地球静止碳循环观测站"（Geostationary Carbon Cycle Observatory，GeoCarb）卫星、德国航天局和法国航天局联合研制的甲烷激光雷达主动遥感探测（Methane Remote Sensing LIDAR Mission，MERLIN）卫星等。

我国也已开始了星载主动激光雷达的研制。大气环境监测卫星（Atmospheric Environment Monitoring Satellite，AEMS）于2022年4月16日发射，二氧化碳探测载荷为积分路径差分吸收激光雷达；主要任务是全天候获得全球大气二氧化碳分布信息，探测精度达1 ppm。高精度温室气体探测卫星（High-precision Greenhouse Gases Monitoring Satellite，HGMS）计划于2023年发射，采用的是主被动结合方式，可获取高光谱分辨率、高时间分辨率的温室气体、气溶胶及其他污染气体等大气环境要素遥感监测信息。

利用碳卫星监测局地的碳源汇信息，对卫星观测准确度、精度和分辨率以及覆盖范围有严格要求。迄今发射的任何单颗卫星都无法全方位满足二氧化碳和甲烷监测系统的要求。这就需要根据科学需求，将在轨运行的多颗卫星组合为一个虚拟卫星星座，以弥补单颗卫星观测能力的不足。开展二氧化碳和甲烷的组网观测，生产全球观测质量一致、连续的温室气体数据产品，捕捉温室气体浓度和源汇时空变化特征。虚拟星座主要包括低地球轨道卫星组网、静止轨道卫星组网以及高地球轨道卫星组网。

表5.2　第二代碳监测卫星参数

参数	S5P	GeoCarb	AEMS	HGMS	MERLIN
发射时间	2017 年	2022 年	2022 年	2023 年	2024 年
主 / 被动	被动	被动	主被动结合	主被动结合	主动
轨道种类	极轨	静止	极轨	极轨	极轨
当地时间	13:30	13:00	13:30	10:30	06:00/18:00
轨道高度 / 千米	824	35 768	705	705	500
倾角 / 度	98.74	—	98.2	98.2	97.4
星下点分辨率	7 千米 ×7 千米（SWIR 波段）；7 千米 ×28 千米（UV 1 波段）；7 千米 ×3.5 千米（其他波段）	2.7 千米 ×5.4 千米	0.35 千米	0.35 千米	0.15 千米 ×0.15 千米
幅宽 / 千米	2 600	2 800	0.07	0.07	0.1
轨道重复周期 / 天	16	—	51	51	28
搭载探测器	TROPOMI	4 通道狭缝成像光栅光谱仪	IPDA 雷达	ACDL	IPDA 雷达
波长带宽 / 微米	0.27 ～ 0.30；0.30 ～ 0.32；0.31 ～ 0.41；0.41 ～ 0.50；0.68 ～ 0.73；0.73 ～ 0.78；2.31 ～ 2.39	0.65 ～ 0.77；1.59 ～ 1.62；2.04 ～ 2.08；2.20 ～ 2.38	1.572；1.064；0.532	1.572；1.064；0.532	1.645 55；1.645 85
观测方式	天底	天底，目标	天底	天底	天底
观测目标	NO_2，O_3，SO_2，HCHO，CH_4，CO	CO_2，CO，CH_4	CO_2，气溶胶，云	CO_2，气溶胶，云	CH_4

注：SWIR 为短波红外；UV 为紫外；TROPOMI 为对流层观测仪；IPDA 雷达为积分路径差分吸收激光雷达；ACDL 为气溶胶和碳监测雷达。一代表数据未知。

作　者：于贵瑞　刘　毅

审稿人：朴世龙　周广胜　黄　耀

编　辑：王海光　江　研

第二节　　　碳足迹核算概述

　　碳足迹核算相对于碳排放量核算而言，不仅可解答碳排放量问题，同时也可解答排放来自哪里的问题。碳足迹核算对象包括个人、企业、项目、行业、园区、城市（群）、区域和国家等多个尺度。碳足迹核算方法主要包括生命周期评价（life cycle assessment，LCA）方法和投入产出分析（input-output analysis，IOA）法。生命周期评价方法核算结果精度高，在研究微系统上具有优势，适合于小微企业、产品、技术等碳足迹评估。投入产出分析法具有系统性强、计算简便的优势，是中宏观层面碳足迹核算的主要方法，适合国家、区域和部门等碳足迹评估，还可揭示贸易过程中的隐含碳转移问题。随着全球和中国的碳中和行动的推进与深化，碳足迹的量化与应用将在促进绿色消费、基于生命周期排放的碳减排与碳中和、国际贸易间的碳排放转移等重要议题上发挥日益重要的作用。

一、碳足迹的定义

　　目前关于碳足迹仍没有统一的定义，主流观点有三种：第一，碳足迹是人类活动过程中化石燃料的燃烧所产生的二氧化碳排放量；第二，碳足迹是衡量产品在原料获取、生产、分销、使用和回收等全生命周期中所排放的二氧化碳及其他温室气体（二氧化碳当量）；第三，碳足迹是以直接和间接二氧化碳转化量为标准计量人类活动对气候变化的影响程度。

这里我们定义的碳足迹为：衡量和描述人类活动中释放二氧化碳和其他温室气体的总量，包括直接排放和间接排放。其中，人类活动可以包括国家、区域、产品层面的能源和资源消费等。

二、 碳足迹核算的作用及系统边界

碳足迹概念经过学术界的介入和讨论日渐规范，但仍在衡量温室气体种类、度量基本单位和界定系统边界等方面存在争议。对同一对象，碳足迹核算难度大、过程复杂且涉及范围广，而碳排放只需将边界界定清晰即可，易操作且范围小。实际上，碳足迹核算已经包括了碳排放。因此，碳足迹所呈现的信息比碳排放核算更加丰富，作用更大。量化碳足迹的积极作用主要体现在以下几个方面。

（1）评价碳中和程度：碳足迹不仅可以量化一个区域的碳排放，也可以用于评价区域和城市的碳中和程度。碳足迹作为对碳排放的具体刻画，可以将原先孤立的、静态的碳排放表达成相互关联、动态发展的碳流向结果，充分反映经济社会系统性变革下的碳传递及转移逻辑，是精准刻画经济社会系统性变革的量化碳指标，也是未来科学、公平评价区域及城市碳中和程度的量化指标，在实现碳达峰、碳中和目标背景下更具意义和作用。

（2）引导低碳理念：碳足迹有助于引导全社会形成低碳生产与低碳消费的理念。通过对企业、产品或者服务的碳足迹进行核算，可以深入了解整个生命周期各个环节碳排放情况，有助于企业更好地了解价值链上游供应商的行为影响、制造过程、消费过程以及最终处理阶段对碳排放的贡献，从而发现高排放的生产环节，挖掘低碳生产的改善机会，指导企业的碳减排方向。此外，碳足迹能让消费者对产品生产过程的碳排放有一个量化认识，继而引导其消费决策。通过对企业、产品及服务等微观层面的碳足迹进行核算，由点到线、由线到面，最终立体化地构建整个社会体系运行下的碳足迹分布，从利用低碳技术和先进适用技术、升级传统生产方式和工艺、打造全新的工业生产链等方面入手，支撑全社会全面形成低碳理念的生产和消费格局。

（3）厘清国际碳转移：碳足迹可以厘清国际贸易产生的国家之间的碳转移问

题。发达国家大量消费发展中国家的商品，而造成发展中国家碳排放量增加，形成发达国家对发展中国家的碳转移。中国领土内排放的二氧化碳有相当一部分是隐含在出口商品中并由西方发达国家所消费，这部分隐含于出口贸易中的碳排放等价于发达国家通过全球贸易将碳减排义务转移到了中国，造成中国承担着国际舆论压力和高额的环境治理成本。针对隐含于国际贸易中的潜在碳泄漏（即碳足迹净进口的量）与碳转移问题，碳足迹核算可实现对产品及服务的整个产业链所产生的碳排放进行追踪与量化。因此，碳足迹可以精确量化国家间贸易所造成的隐含碳排放[8]，真实反映各国的二氧化碳排放情况，有助于科学、公平、合理地厘清碳排放现状。

（4）应对绿色贸易壁垒：碳足迹核算是应对国际绿色贸易壁垒的重要手段。2009年美国众议院通过的《美国清洁能源与安全法案2009》，2019年欧盟的"碳边境税"都要求出口产品提供碳足迹，针对因减排不彻底而获得竞争优势的产品征收额外的"碳关税"。这意味着，中国大量原材料生产企业、制造商、物流商、零售商必须进行碳足迹验证，承担碳减排责任，否则将在国际贸易中处于被动地位。反过来说，面对欧美发达国家日趋严格的碳排放标准，中国外向型企业需通过碳足迹盘查，来加快高耗能产品的低碳转型，从而打造低资源能耗、低环境污染、高科技含量、高生产效率的节约资源和保护环境的绿色产业体系，提前实现对出口产品"隐含碳"的瘦身，进而有效规避新的绿色贸易壁垒带来的风险。

界定系统边界是准确核算碳足迹的关键环节。碳足迹的研究范围涵盖微观、中观和宏观，研究对象涉及不同的层级和尺度。目前国内外关于碳足迹的研究，包括个人、家庭、企业、团体、项目、行业、园区、城市（群）、区域、国家等多个尺度。确定碳足迹评价对象后，需要进一步明晰系统边界。系统边界的差异会导致同一研究对象出现不同的碳足迹结果。确定系统边界，可采用多层分析法（图5.2），核心层为由人类行为引起的直接环节的直接碳排放，第二层为直接环节产生的间接碳排放，第三层为全生命周期的直接碳排放，第四层为全生命周期的间接碳排放。

图5.2　多层分析法的碳足迹核算

三、 碳足迹核算方法学

国内外常用的碳足迹核算方法主要包括生命周期评价方法和投入产出分析法。

（一）生命周期评价方法

生命周期评价方法是一种"自下而上"的碳足迹核算方法，是一项自20世纪60年代开始应用的重要环境管理工具，是为了分析产品和服务而提出的，旨在跟踪产品或服务"从摇篮到坟墓"全过程中（原材料开采、生产加工、储运、使用、废弃物处理等过程）所有的输入及输出数据得出各个环节的碳排放情况，如图5.3所示。

原材料开采　生产加工　储运　使用　废弃物处理

图5.3　生命周期评价方法的碳足迹核算

生命周期评价方法的碳足迹评价分为目标与范围定义、数据清单收集、生命周期碳足迹核算和结果解释四个步骤。

首先，建立评价对象的过程流程图和严格界定评价对象碳足迹的核算边界。接着，收集两类清单数据，一类是评价对象生命周期涵盖的所有物质和活动，另一类是排放因子，即单位物质或能量所排放的二氧化碳等价物。这两类数据的来源可为原始数据或次级数据，优先使用原始数据。然后，开展碳足迹核算。通过建立质量平衡方程，以确保物质的输入、累积和输出达到平衡。根据质量平衡方程，核算产品生命周期各阶段的碳排放，即评价对象的碳足迹为所有物质或活动的碳排放总和，而单个产品或者活动的碳排放遵循活动数据乘以排放因子公式。最后，对碳排放核算的结果进行深入分析和原因解释。

生命周期评价方法的优势在于具有详细、准确的计算过程，基于生命周期评价的碳足迹核算同时考虑了系统在生命周期内的直接和间接碳排放，精度较高，对于研究微系统具有明显的优势。一个单独过程、单个产品或相对较小的单个产品组或一个服务，适合于利用生命周期评价方法核算碳足迹。但由于受困于复杂的系统边界及生命周期范围的确定工作，生命周期评价方法也表现出了一定的局限性，结果存在截断误差。另外，生命周期评价方法在无法取得原始数据时可以用次级数据来代替，这会造成计算结果出现误差，难以深度分析原材料获取环节以及产品供应链中非重要环节的碳排放。

（二）投入产出分析法

投入产出分析法是一种经济分析方法，最早由美国经济学家瓦西里·里昂惕夫（Wassily Leontief）提出。该方法以投入产出表为基础，使用平衡方程来反映生产活动中初始投入量、中间投入量、总投入量以及中间产品、最终产品、总产出之间的数量关系（表5.3）。投入产出分析法作为一种"自上而下"的碳足迹核算方法，旨在通过投入产出表所反映的各经济部门投入与产出之间的依存关系估算国家/区域或部门层面的二氧化碳排放。

表5.3　投入产出表结构

投入		产出									
		中间使用						最终使用		出口	总产出
		区域 1		⋯	区域 m			区域 1	⋯ 区域 m		
		部门 1	⋯	部门 n	⋯ 部门 1	⋯	部门 n				
区域 1	部门 1										
	⋮										
	部门 n										
⋮	⋮				z_{ij}^{rs}				y_i^{rs}	e_i^r	x_i^r
区域 m	部门 1										
	⋮										
	部门 n										
进口					m_j^s						
增加值					v_j^s						
总投入					w_j^s						

注：x_i^r 代表 r 区域 i 行业的总产出；z_{ij}^{rs} 代表 r 区域 i 行业供给到 s 区域 j 行业的中间产品；y_i^{rs} 代表 s 区域对 r 区域 i 行业的最终需求；e_i^r 代表 r 区域 i 行业的出口值；m_j^s 代表 s 区域 j 行业的进口值；v_j^s 代表 s 区域 j 行业的增加值；w_j^s 代表 s 区域 j 行业的总投入。

　　基于投入产出分析法的碳足迹核算可以概括为投入产出表的选取与处理、碳足迹模型构建、碳足迹核算和结果分析四个步骤。需要根据核算对象选取适当尺度和时间的投入产出表，并对其进行部门聚集等预处理，同时减少部门间生产技术和规模差异等因素导致的误差。模型的构建核心为二氧化碳排放强度系数矩阵、里昂惕夫逆矩阵和最终需求矩阵等，其中二氧化碳排放强度系数矩阵可以通过统计年鉴中各部门的能源消费量、能源的排放因子和部门产值计算得到，里昂惕夫逆矩阵和最终需求矩阵数据通常均由投入产出表计算得到。

投入产出分析法用简单、易懂的数学表达式来代替复杂的经济活动，相比于其他方法，具有原理明确、中间过程清晰、结构完整性强等优点，能够综合反映经济系统内各部门直接和间接的碳排放关系，能克服由部门间生产关系复杂导致的重复或遗漏计算问题，减少了系统边界划定带来的不确定性，已成为中宏观层面碳足迹核算的主要方法，比较适合政府、工业部门以及规模企业等碳足迹的评估。

该方法系统性较强，计算简便，但计算模型所需数据量较大。然而，投入产出分析法也存在着局限性，主要表现为：①投入产出分析法只能对行业数据进行核算，无法获取某一具体产品情况，因此不适用于单一产品的碳足迹核算情况；②只考虑总量，假定价格、产出及不同部门的碳排放具有同质性，忽视了多种类分类核算下的排放差异，无法实现对过程或产品等微观系统的评估。

总之，生命周期评价方法较为适用于微系统及单一体系，投入产出分析法更适用于中宏观及复杂体系。前者得出的结果精确程度较高，后者会产生一定的误差。

作　者：魏　伟　刘　竹
审稿人：朴世龙　周广胜　黄　耀
编　辑：王海光　江　研

企业、产品和区域作为碳足迹核算典型的研究对象，评价过程采用的方法和标准不尽相同。微观层面的企业与产品碳足迹研究主要采用生命周期评价方法，而中观层面的区域碳足迹研究主要基于IPCC方法。对于企业、产品和区域的碳足迹核算，主要依据的标准体系是温室气体核算体系（Green House Gas Protocol，GHGP）、国际标准化组织（International Organization for Standardization，ISO）的标准体系、英国标准协会（British Standards Institution，BSI）的标准体系，以及我国国家发展和改革委员会发布的一系列核算标准等。本节主要对企业、产品和区域的碳足迹计量依据的标准体系和核算步骤等进行详细介绍，同时对不同尺度下的核算对象结合研究案例进行介绍。

一、企业、产品和区域碳足迹核算的方法体系

碳足迹的核算尺度、方法与范围如图5.4所示。其中，企业、产品和区域是碳足迹核算典型对象，相关研究也较多。

企业碳足迹是从点到面的研究，在界定清楚企业组织和运营边界的基础上，确定研究目标和范围，通过多点位数据分析，从范围一[化石能源燃烧产生的直接二氧化碳排放（温室气体排放），如直接企业内部排放]、范围二（外购能源包括电力、蒸汽等产生的温室气体排放）和范围三（价值链上下游各项活动产生的间接排放，如原料供应链角度的间接排放）的角度对企业碳足迹进行核算。

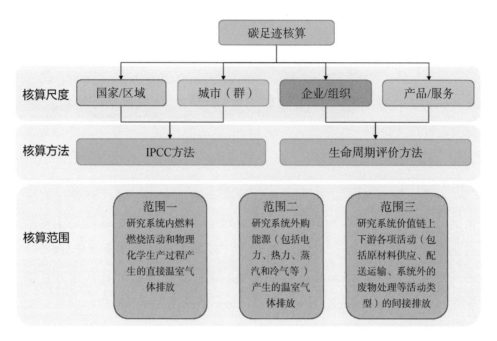

图5.4 碳足迹核算的尺度、方法与范围

产品碳足迹是从点到线的研究,以某一种产品的原料开采—运输—生产—使用和废弃再生的过程链为研究对象,研究范围可以是全过程链(即"摇篮—坟墓"),也可以是全过程链的一部分(即"摇篮—门"或者"门—门"),实现对产品碳足迹从范围一、范围二和范围三角度的碳排放核算。对于企业和产品碳足迹来说,都可以采用生命周期评价方法。

区域碳足迹核算涵盖了研究区域内所有直接排放、外界产品供给导致的间接排放及区域边界外的生产活动间接排放等。区域碳足迹的核算方法,主要采用的是IPCC方法,通过结合区域的能源平衡表及分行业、分品种能源消费量等底层基础数据,进行区域尺度的碳足迹核算。

二、 企业的碳足迹核算

(一)标准和方法

目前的企业和组织层面碳足迹核算国际标准主要有GHGP、《温室气体 第一部

分 组织层次上对温室气体排放和清除的量化和报告的规范及指南》（ISO 14064-1：2018）。国内标准主要是国家发展和改革委员会于2013~2015年相继发布的24个行业企业温室气体排放核算方法与报告指南，以及部分省区市发布的地方标准。

（1）GHGP中关于企业碳足迹的标准主要是两项：《温室气体核算体系：企业核算与报告标准（2011）》（简称"企业标准"）、《温室气体核算体系：企业价值链（范围三）核算与报告标准（2011）》（简称"范围三标准"）。这两个标准之间有一定的联系与互补。"范围三标准"以"企业标准"为基础，补充和规范"企业标准"中划分的核算范围中的范围三的温室气体的相关论述，增进企业在核算和报告其价值链间接排放时的完整性和一致性，因此这两个标准的适用对象一致。

（2）ISO 14064-1：2018作为一个温室气体的量化、报告与验证的实用标准，应用于企业量化、报告和控制温室气体的排放及消除。对面向组织层次上温室气体清单的设计、制定、管理和报告的原则及要求起指导作用，其主要内容包括确定温室气体排放边界、量化温室气体的排放与清除、温室气体清单的报告和质量管理、组织内部审核的要求以及对企业管理温室气体情况的具体措施等方面的要求和指导。

（3）国家发展和改革委员会办公厅于2013年10月印发了首批10个行业企业（发电企业、电网企业、钢铁生产企业、化工生产企业、电解铝生产企业、镁冶炼企业、平板玻璃生产企业、水泥生产企业、陶瓷生产企业、民航企业）温室气体排放核算方法与报告指南。2014年12月印发了第二批4个行业企业（石油和天然气生产企业、石油化工企业、独立焦化企业、煤炭生产企业）温室气体排放核算方法与报告指南。2015年7月印发了第三批10个行业企业[造纸和纸制品生产企业，其他有色金属冶炼和压延加工业企业，电子设备制造企业，机械设备制造企业，矿山企业，食品、烟草及酒、饮料和精制茶企业，公共建筑运营单位（企业），陆上交通运输企业，氟化工企业，工业其他行业企业]温室气体排放核算方法与报告指南。上述24个行业企业温室气体排放核算方法与报告指南在编制过程中经过了实地调研和深入研究，借鉴了全球范围内相关企业关于温室气体核算的优秀研究成果和已积累的报告经验，参考了《2006 IPCC国家温室气体清单指南》以及《省级温室气体清单编制指南（试行）》编制而成。该系列指南编制过程中也得到了国内其他行业组织的大力支持，目前正在逐步推行。

（4）部分省区市也发布了地方标准。例如，上海市借鉴国际上的研究方法，结合国家温室气体排放清单编制中形成的方法，编制了《上海市温室气体排放核算与报告指南（试行）》（SH/MRV-001-2012）。

（二）核算步骤

企业碳足迹的核算包括以下6个步骤，如图5.5所示。

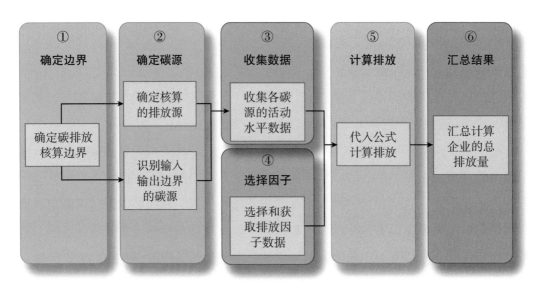

图5.5　企业碳足迹核算主要步骤

（1）确定边界。核算企业的碳足迹，首先应该确立企业的组织边界和运行边界，核算和报告边界内所有生产设施产生的温室气体排放。生产设施范围包括直接生产系统和辅助生产系统，以及直接为生产服务的附属生产系统。

（2）确定碳源。确定核算的排放源和识别输入输出边界的碳源。需要核算的排放源和碳源主要有：燃料燃烧排放源，工业生产过程排放源，购入的电力和热力消费引起的排放源，以及输入和输出边界的化石燃料、含碳的原材料、含碳的产品或废弃物碳源。

（3）收集数据。收集的数据应包括各碳源的活动水平数据。活动水平数据从企业的采购记录或统计表或台账取得，不包括工业生产过程产生的副产品或回收部分的二氧化碳等碳源。

（4）选择因子。选择和获取排放因子数据。若有条件，排放因子数据可委托有资质的专业机构进行检测获得，或根据国家发展和改革委员会公布的指南中的附件表获取。

（5）计算排放。参考对应的公式分别计算各排放源的排放量。国家发展和改革委员会公布的指南中已列出各排放源的计算公式，将收集的活动水平数据和获取的排放因子数据代入相应公式，计算各个排放源的排放量。

（6）汇总结果。最后，汇总计算企业的总排放量。企业的总排放量等于燃料燃烧产生的二氧化碳排放量加上工业生产过程中产生的二氧化碳当量排放，再加上企业采购的电力和热力等的消耗引起的二氧化碳排放量，减去企业回收与外购产生的二氧化碳量。

（三）实施案例

以2018年某公司的运营过程作为研究对象，参考《2006 IPCC国家温室气体清单指南》，结合全生命周期的相关理论和排放因子法以及《中国化工生产企业温室气体排放核算方法与报告指南（试行）》中介绍的办法，确定企业碳足迹的边界，列出企业碳足迹核算公式，核算排放总量。

1. 目标和范围的确定

根据某公司的实际生产运营现状，将其系统边界设定为整个公司内的直接生产过程场地（三个生产车间）、辅助生产系统（配电房、循环水房等动力辅助设施，仓库，内部运输）和附属生产系统（事务楼、食堂、浴室）。确定系统边界后，识别系统相关的输入输出碳源，进而开展企业碳足迹的核算。同时，将最终产生的二氧化碳排放量定义为总的碳足迹。

本案例中，某公司的碳足迹核算主要考虑了如下三个方面。

（1）生产直接碳排放，主要包括各种含碳原料生产工艺过程中的碳排放（三个生产车间产出排放）、辅助设施应急发电机的燃油排放、内部仓库车辆流通耗能排放当量、废弃物废弃造成的碳排放当量。

（2）生产间接碳排放，主要包括公司生产运行过程中消费所需的电力、蒸汽能源带来的排放，以及运输原料和产品产生的交通出行的碳排放。

（3）其他间接碳排放，主要包括公司员工上下班及公司车辆出行产生的碳排放。

2. 计算方法与公式

依照国家有关温室气体排放指南，企业在生产经营活动中的碳排放量等于活动数据乘以该活动的排放因子。此外，《中国化工生产企业温室气体排放核算方法与报告指南（试行）》也提供了具体的温室气体排放量的计算方法。

企业碳足迹的计算方法则是将整个边界范围内生产过程中涉及的所有资源、能源消耗的活动水平数据与相应的排放因子相乘后再相加得出。

具体的计算公式如下：

$$E_{CO_2}=E_{CO_2\text{-燃烧}}+E_{CO_2\text{-过程}}+E_{CO_2\text{-净电}}+E_{CO_2\text{-净热}}+E_{CO_2\text{-车辆}}$$

其中，$E_{CO_2\text{-燃烧}}$为该企业边界之内的化石燃料燃烧所产生的二氧化碳排放量；$E_{CO_2\text{-过程}}$为该企业边界内在工业生产过程中产生的二氧化碳排放量；$E_{CO_2\text{-净电}}$为该企业用于运行过程中净购电力产生的二氧化碳排放量；$E_{CO_2\text{-净热}}$为该企业用于运行过程中净购热力产生的二氧化碳排放量；$E_{CO_2\text{-车辆}}$为该企业内员工上下班及公司车辆出行产生的二氧化碳排放量。

3. 收集数据

（1）收集企业一个年度的碳相关的运行消耗数据，包括采购的柴油量，采购的原料（碳酸钙）量，净购入的电力、热力，以及运输原料及产品的车辆总里程数、班车运行总里程数和员工车辆总里程数。参考《中国化工生产企业温室气体排放核算方法与报告指南（试行）》中附录二中的数据，得出涉及该企业的相关核算物质的默认值。

（2）收集整理与企业核算相对应的排放因子。电力因子选用企业所在地的电网电力系数。热力供应的排放因子按照《中国化工生产企业温室气体排放核算方法与报告指南（试行）》中的描述，若不能提供则选用默认值。运输过程和生产过程的排放因子选用默认值。

4. 汇总计算该企业的总排放量

根据收集的企业活动水平和排放因子各项数据，分别计算各个过程产生的碳足迹排放量（表5.4）。依据各个排放环节的计算结果，最终核算出企业2018年的总碳足迹约为9540吨二氧化碳。

表5.4 企业的总碳足迹计算统计表

内容	活动水平	排放因子	碳排放量 / 吨二氧化碳
采购的柴油量	3.6 吨	43.33 吉焦 / 吨，2.02×10^{-2} 吨碳 / 吉焦（7.407×10^{-2} 吨二氧化碳 / 吉焦），98%	11.32
采购的原料（碳酸钙）量	5 234.8 吨	0.439 7 吨二氧化碳 / 吨，98%	2 255.71
净购入的电力	3 116.3 毫瓦时	0.811 2 吨二氧化碳 / 毫瓦时	2 527.94
净购入的热力	3 492.158 吨（推荐值：1 吨 =4.186 8 吉焦）	0.11 吨二氧化碳 / 吉焦	1 608.31
运输原料及产品的车辆总里程数	3 900 491 公里（油耗的平均值为 28.9 升 / 百公里，1 升柴油 =0.86 千克）	43.33 吉焦 / 吨，2.02×10^{-2} 吨碳 / 吉焦（约 7.407×10^{-2} 吨二氧化碳 / 吉焦），98%	3 048.97
班车运行总里程数	249 711 公里（油耗的平均值为 8.6 升 / 百公里，1 升汽油 =0.73 千克）	44.8 吉焦 / 吨，1.89×10^{-2} 吨碳 / 吉焦（6.93×10^{-2} 吨二氧化碳 / 吉焦），98%	47.70
员工车辆总里程数	211 056 公里（油耗的平均值为 8.6 升 / 百公里，1 升汽油 =0.73 千克）	44.8 吉焦 / 吨，1.89×10^{-2} 吨碳 / 吉焦（6.93×10^{-2} 吨二氧化碳 / 吉焦），98%	40.31

三、产品的碳足迹核算

（一）标准和方法

目前，针对产品层面的碳足迹核算标准主要有《商品和服务在生命周期内的温室气体排放评价规范》（PAS 2050：2008，简称"PAS 2050规范"）、GHGP、《温室气体与产品碳足迹量化要求与指南》（ISO 14067：2018，简称"ISO 14067"）、欧盟产品环境足迹（Product Environmental Footprint，PEF）指南。

"PAS 2050规范"是全球首个产品的全生命周期评价的碳足迹核算标准，于

2008年由英国标准协会发布。"PAS 2050规范"是公开的公众使用规范，是一个严格遵循英国标准协会规定程序制定的具有指导性质的公开标准规范。制定"PAS 2050规范"是为了获得一种用于评估各种商品和服务在生命周期内温室气体排放的统一方法，满足社会各界进行温室气体管理的需求。该标准适用于评估企业的产品在整个生命周期内的温室气体排放量，与IPCC温室气体清单范围内的气体种类一致。"PAS 2050规范"评估的对象不是企业本身，而是用于评估产品或者产品服务在整个生命周期内的温室气体排放量。使用"PAS 2050规范"的对象可以是生产产品或服务的机构，或者是使用商品和服务的消费者，其适用面较广。除了英国，其他国家的知名企业也使用了该规范。在世界各国同类型碳足迹标签评价标准中，选择使用"PAS 2050规范"的占1/3，其是使用最多的碳足迹标准。

GHGP的产品标准《温室气体核算体系：产品寿命周期核算和报告标准（2011）》是面向企业的单个产品，核算产品生命周期的温室气体排放标准，可识别所选产品的生命周期内的减排机会。其适用对象是所有经济部门的企业和组织，帮助企业了解其主要产品设计、制造、销售、购买的温室气体情况，或者帮助企业构建温室气体清单。GHGP为企业提供了一个总体框架，使其在知情的情况下选择减少其设计、制造、销售、购买或使用的产品（商品或服务）的温室气体排放。

"ISO 14067"为产品碳足迹的量化与交流提供详细的原则、要求以及指南，核算的主要对象是产品或者服务在全生命周期内的温室气体排放量以及温室气体清除量。产品的种类可包括服务类、软件类、硬件类、加工材料或原材料。该标准为政府或者组织提供了基于全生命周期评价的清晰、一致的量化和交流产品碳排放情况的方法。"ISO 14067"在一定程度上是以"PAS 2050规范"为基础编制的。规范的实施在一定程度上为企业温室气体减排、倡导居民低碳生活、改善环境等都带来了积极的作用。

PEF是欧盟基于产品生命周期评价的绿色新政，是由欧盟统一建立的绿色产品评价体系。PEF基于生命周期评价（一种可量化产品全生命周期资源环境影响的评价方法）的综合性资源环境指标，要求在原材料选取、设计、制造、流通、使用到最终废弃等产品生命周期各环节中，综合考虑与产品相关的物质流、能量流和排放流的环境影响，因此PEF是一种综合性、全方位的产品环境影响评价体系。PEF

共包括14类评价指标，不仅有气候变化、水资源消耗等传统指标，而且将臭氧消耗、生态毒性、颗粒物、富营养化、人体健康等也纳入进来，为决策提供客观依据。PEF基于生命周期评价方法，并扩展和细化了生命周期评价方法框架，在物质名录、基础数据库、再生循环等建模方法、生命周期影响评价指标、数据质量评估、报告审核等多个方面制定了新的规范和要求，覆盖了产品的整个供应链对环境的影响，涉及原材料生产、纺织、轻工、电子、食品饮料等多个行业的产品。首批PEF产品标准已于2018年发布，欧盟计划将PEF逐步纳入欧盟的循环经济政策、产品环境标识等各种环境政策中，使其成为统一的绿色产品评价方法。这其中，产品碳足迹是PEF的重要内容之一。

（二）核算步骤

产品碳足迹核算步骤如图5.6所示，包括以下四个步骤。

图5.6　产品碳足迹核算主要步骤

（1）目标和范围的确定。目标定义里首先要明确产品碳足迹研究对现实的影响，说明是为宏观或者微观层面提供决策支持。范围定义要说明所研究的产品系统，包括产品类型、规格、原料、技术等。功能单位是对产品功能的定量描述，为产品输入和输出数据的归一化提供基准，确保建立的数据清单精准、有效、可测算。系统边界决定该产品的哪些单元过程应包括在核算中，一般以流程图的形式对系统边界做出明确规定。数据质量应明确数据的时间跨度、地域范围、技术覆盖面、数据源等。

（2）数据清单收集。清单分析是对产品整个生命周期中的输入和输出进行汇编和量化，主要包括四个步骤：数据收集准备、数据收集、数据核算及审定、数据整理汇总。清单分析收集的输入数据主要是原料、辅料、资源和能源的消耗，输出数据是产品、副产品、大气排放、废水、固体废弃物等。数据来源主要有：文献资料数据、实地调研数据和电子数据库数据。

（3）碳足迹评价。碳足迹评价可定量产品系统在整个生命周期过程中的各种温室气体（包括二氧化碳、甲烷、氧化亚氮和各种含氟气体）的排放。不同温室气体的全球增温潜势不同，需要将各种气体以全球增温潜势进行单位统一和换算，并对换算结果进行合并。

（4）结果解释。根据目的和范围的要求对清单分析和碳足迹评价的结果进行评估以形成结论和建议。主要包括以下要素：综合清单分析和影响评价的结果识别重大问题；结果评估（对结果进行完整性、敏感性和一致性检查）；形成结论、识别局限并提出建议。

（三）实施案例

以煤制甲醇产品为例，计算原料开采—中间原料生产—甲醇生产—甲醇应用的"摇篮—坟墓"的生命周期全过程的碳足迹。

1. 界定研究范围和确定功能单元

研究范围是煤原料开采转化、甲醇产品生产及应用的"摇篮—坟墓"的生命周期过程。以1吨甲醇燃料作为功能单元。

2. 数据清单收集

基于煤制甲醇合成路线以及甲醇作为燃料应用路线，收集整个生产过程中的物质流（煤炭、氨、氢氧化钠等）、能量流（外购电力、蒸汽等）和排放流（废水、废气和废渣，其中包括二氧化碳排放）的基础数据，如表5.5所示。

表5.5 煤制甲醇的生命周期的基础数据

输入	输入值	输入值单位	输出	输出值	输出值单位
合成气生产					
高压蒸汽	1.77	吨	合成气	1.23	吨
电	1108.38	千瓦时	废渣	0.15	吨
空气	4348.2	千克	二氧化碳	1.74	吨
水	134.01	吨	硫	30	千克
煤炭	1.38	吨			
氨	0.03	吨			
甲醇生产					
合成气	1.23	吨	甲醇	1	吨
电	825	千瓦时	废气	0.07	吨
氢氧化钠（10%）	1	千克	废液	0.266	吨
甲醇燃烧					
甲醇	1	吨	二氧化碳	1.375	吨

基于煤制甲醇的生命周期清单提供的排放数据，生产过程中煤制合成气工艺温室气体直接排放量为1.74吨二氧化碳/吨甲醇。本案例提供的数据清单中未涉及生产过程燃料燃烧的温室气体直接排放量。因此，总的直接排放量为1.74吨二氧化碳/吨甲醇。

通过外购电力的排放因子（5.77×10^{-4}吨二氧化碳/千瓦时）和外购蒸汽的排放因子（0.1611吨二氧化碳/吨蒸汽），乘以相应的能源消耗活动水平数据，可以计算出生产过程中由外购电力和蒸汽等二次能源所产生的温室气体间接排放量为1.40吨二氧化碳/吨甲醇。

通过煤炭开采的排放因子（0.1吨二氧化碳/吨煤炭）和氨生产的排放因子（5.11吨二氧化碳/吨氨）和氢氧化钠生产的排放因子（0.422吨二氧化碳/吨氢氧化钠），乘以相应的能源消耗活动水平数据，可以计算生产过程中由于原料生产消耗产生的温室气体间接排放量为0.29吨二氧化碳/吨甲醇。最终，生产1吨甲醇产品的煤制甲醇路线的碳足迹为上述几项的和，即3.43吨二氧化碳/吨甲醇。

假设1吨甲醇以燃料的形式燃烧，那么甲醇直接排放的二氧化碳量为1.375吨二氧化碳/吨甲醇。由此，由煤制甲醇到甲醇作为燃料燃烧的整个生命周期的碳足迹为4.805吨二氧化碳/吨甲醇。

值得注意的是，依据本研究所列的范围，采用的排放因子也应尽量采用从原料到上游产品的"摇篮—坟墓"获得的排放因子数据。

四、 区域的碳足迹核算

（一）标准和方法

目前的区域层面碳足迹核算国际标准主要有GHGP的区域标准《区域层面的温室气体核算标准》，以及国内由国家发展和改革委员会组织编制的《省级温室气体清单编制指南（试行）》和各省区市根据自身情况编制的地方标准。区域层面碳足迹核算涵盖了范围一（区域内的所有直接排放）、范围二[由外购电力、蒸汽和（或）加热/冷却导致的间接排放]和范围三（城市运行活动导致的城市边界外的间接排放，包括了电力运输和分配过程中的损失、边界外的废弃物处置和处理、跨界运输；同时，可客观考虑燃料、水、食品和建筑材料等的隐含碳的部分）。

（1）GHGP中关于区域层面碳足迹核算的标准是《区域层面的温室气体核算标准》。该标准按照IPCC方法对区域碳排放来源进行分类，将其分为能源活动、工业生产过程、农林业和其他土地利用以及废弃物处理五大类。同时，该标准对于区域层面的碳核算，提出了基准水平（basic level）和基准加水平（basic + level）。基准水平下只核算所有发生在区域内的排放源（固定能源、边界运输和边界产生的废弃物），计算方法更简单，数据更容易获取。基准加水平更全面地覆盖了排放源，包括基准水平加上工业生产过程、农林业和其他土地利用、跨境运输以及能源传输和分配损失。

（2）中国以《2006 IPCC国家温室气体清单指南》为基础，编制并发布了《省级温室气体清单编制指南（试行）》，确保了不同省区市研究结果的可比性，为统一指导各试点省级温室气体清单编制工作的开展提供了技术依据。《省级温室气体清单编制指南（试行）》中的核定范围依据IPCC核算方法进行分类，包括了能源活动、工业生产过程、农业、土地利用变化和林业以及废弃物处理五大类。其中，能源活动包括了化石燃料燃烧活动产生的二氧化碳、甲烷和氧化亚氮，生物质燃料燃烧产生的甲烷和氧化亚氮，煤炭开采和矿后活动产生的甲烷逃逸排放及石油和天然气产生的甲烷逃逸排放；工业生产过程包括水泥生产、石灰生产、钢铁生产、电石生产、己二酸生产、硝酸生产、一氯二氟甲烷生产等工业过程。

（二）核算步骤

目前，区域碳足迹核算主要依据《省级温室气体清单编制指南（试行）》中的内容，主要包括6个步骤，如图5.7所示。

图5.7 区域碳足迹核算主要步骤

（1）确定核算边界。核算区域碳足迹，首先应该确立区域的地理边界和行政边界，核算和报告边界内人们生产生活活动造成的碳排放。

（2）确定核算和报告的排放源。分析区域边界内的排放源，包括能源活动、工业生产过程、农业、土地利用变化和林业、废弃物处理五个方面。在实际核算过程中，依据数据收集的难易，对农业、林业和土地利用、废弃物处理几个方面会有一定的取舍。

（3）确定计算方法。本案例以IPCC的排放因子法的核算公式作为依据进行计算。基于部门方法（sectoral approach）或者参考方法（reference approach）进行区域层面能源活动的碳足迹核算。部门方法基于分部门、分燃料品种、分设备的燃料消费量等活动水平数据，以及相应的排放因子等参数，通过逐层累积计算获得总的排放量。参考方法是基于各类化石燃料的表观消费量，与各燃料品种的单位发热量、含碳量以及燃烧各类燃料的平均燃烧氧化率，并扣除化石燃料非能源用途的固碳量等计算获得。对于工业生产等过程的碳足迹核算也是基于活动水平乘以排放因子计算得到的。

（4）收集数据。基于区域能源平衡表及分行业、分品种能源消费量，区域统计年鉴，区域行业统计年鉴，收集分能源品种的表观开销量，或者收集分部门、分品种主要设备的燃料燃烧量。收集主要工业产品产量等其他活动水平数据。基于设备的燃烧特点，确定分部门、分品种主要设备相应的排放因子数据。对于排放因子，也可以基于各种燃料品种的低位发热量、含碳量以及主要燃烧设备的碳氧化率确定。另外，确定工业产品的排放因子数据等。

（5）计算各排放源的温室气体排放。根据分部门、分燃料品种、分设备的活动水平与排放因子数据，估算每种主要能源活动设备的温室气体排放量，加和计算出化石燃料燃烧的温室气体排放量。

（6）报告温室气体排放。

（三）实施案例

目前研究者针对区域碳足迹的核算主要是针对区域内能源活动化石燃料燃烧和工业生产过程部分造成的碳排放展开的。下面以上海市城市二氧化碳排放为例，详细介绍计算过程。需要注意的是，区域碳足迹涉及的范围三的计算数据量较大，因此本实施案例中只涉及范围一和范围二的计算内容。核算的基本原理为分部门、分燃料品种的能源消费量乘以相应的排放因子和碳氧化率，然后加和即为某一地区的排放总量。

1. 上海市能源活动和工业生产的直接碳排放核算

核算过程中，将活动水平数据与能源平衡表的能源分类以及二氧化碳排放核算部门法的分类对比可知，上海市二氧化碳直接排放的活动水平数据范围包括：①能源生产和加工转换（火力发电和供热）；②终端消费量（扣除工业中固定到产品中的非直接燃烧产生的二氧化碳）；③工业生产过程（水泥生产和钢铁生产）。能源平衡表中"行"为能源流向和各种经济活动，包括可供本地区消费的能源量（与本地能源利用碳排放无关）、加工转换投入产出量、损失量和终端消费量。

加工转换投入产出量：火力发电和供热是由燃料的热能转化为电能和热能，其他加工转换多为物理分选和提炼。

损失量：如果是天然气，则要根据石油和天然气系统逃逸排放核算原则测算甲烷产生量（本案例只涉及二氧化碳排放，且这部分排放量很小，暂不测算）。

终端消费量：能源消费的主体，分为第一产业、第二产业、第三产业和民用产业。其中，扣除工业中固定到产品中的部分对应了碳排放核算中的分部门信息，但两者并不完全一致。

直接排放的排放因子和碳氧化率主要采用《2005中国温室气体清单研究》因子以及《2006 IPCC国家温室气体清单指南》推荐值。上海市2015年直接排放量（范围一）约为21 531万吨二氧化碳。

2. 上海市外调电力间接碳排放量核算

上海市范围二的排放主要来自外调电力。活动数据基于能源平衡表的外省区市调入量和本市调出量之和。排放因子采用国家应对气候变化战略研究和国际合作中心发布的中国区域电网平均排放因子。上海市外调电力排放因子采用华东区域电网平均排放因子。考虑到上海市外来电中一半左右为水电和核电等清洁电力，其他主要为来源于安徽、江苏的火电，则上海市外来电的二氧化碳排放可以按照对应年份的华东电网基准线排放因子的1/2进行测算。上海市2015年间接排放量（范围二）约为2370万吨二氧化碳。

由此，得出上海市2015年的能源活动和工业生产造成的总碳排放约为23 901万吨二氧化碳。

作　者：魏　伟　刘　竹

审稿人：朴世龙　周广胜　黄　耀

编　辑：马　俊　江　研

第四节　　国际贸易碳足迹转移核算

　　研究显示，全球超过20%的二氧化碳排放来自国际贸易活动中产品及服务的生产与运输过程，这些产品大部分是由以中国为代表的发展中国家制造，被发达国家消费，相当于发达国家向发展中国家通过行业转移了自身的二氧化碳排放，形成一种贸易中的碳足迹转移。绝大多数西方发达国家的碳足迹均高于其直接碳排放。瑞典、瑞士、法国和英国等高收入的发达国家的碳足迹甚至超过其直接碳排放的1/3。因此，碳足迹核算反映高收入国家借由国际贸易规避了理应承担的碳减排责任，有助于正确认识和划分碳排放责任，并在全球气候协议博弈过程中为包含我国在内的众多发展中国家争取更多国际话语权。

一、　国际贸易碳足迹核算方法

　　产品的产业链过程碳足迹，是指某种产品从原材料采集到组装成品并最终对外销售等整个供应链中消耗能源所产生的碳排放。在产品贸易过程中，碳足迹还包括供应链中的其他环节如国内运输、国际运输、加工制造等间接排放的二氧化碳。随着商品和服务在国内区域间、国际间的贸易流动，产品生产过程中的碳排放就以隐含碳的形式随着产品的贸易流动而相互传递[9]，这就是贸易碳足迹的内涵。

　　分析国际贸易中的碳足迹可以厘清各个国家进出口贸易中碳足迹特征，找出各国进出口碳足迹主要来源部门，为实现节能减排目标提供基础性的数据和建议[10]。

　　贸易碳足迹研究的计算主要采用投入产出分析法。具体而言，计算国际贸易的碳足迹包括以下几个步骤。

（一）建立多区域投入产出模型

假设经济系统中包括了 G 个国家和 n 个部门，一个国家的总产出用来作为国家内部和外部的中间产品及终端产品的消费。其中，总产出、中间产品和最终需求产品的基本关系表示为

$$X = Z + Y = AX + Y$$

其中，X 为经济系统总产出的列向量（各列为各个经济部门），其 n 维元素 X_i 表示部门 i 的输出；Z 为中间需求矩阵；Y 为最终需求列向量，其 n 维元素 Y_i 表示货物 i 的最终需求（包括家庭和政府消费、总资本形成和出口）；A 为经济系统的直接需求矩阵，A 矩阵描述了经济系统内部所有部门相互间的需求关系。

假设 $I - A$ 是非线性的，则总产出 X 可以表示为 $X = (I - A)^{-1}Y$。在该式中，I 代表单位矩阵（对角线元素为 1、其他元素为 0 的矩阵）；$(I - A)^{-1}Y$ 代表里昂惕夫逆矩阵，能够反映单位最终需求产品在生产过程中需要的直接或者间接投入。将多区域的投入产出模型做拆分，对一个国家来说，存在以下方程：

$$X^r = Z^r + Y^r + \sum_s e^{rs} - \sum_s m^{rs}$$

其中，X^r 为 r 国家的行业总产出向量；Z^r 为 r 国家的生产过程中需要的本地以及进口中间投入；Y^r 为满足最终需求的本地生产和进口产品数量，并可具体分为居民家庭消费、政府消费和资本形成；e^{rs} 为 r 国家向 s 国家出口的产品数量（$r \neq s$）；m^{rs} 为 r 国家从 s 国家进口的产品数量。

在双边贸易隐含排放方法中，去除满足中间生产和最终需求的进口产品数量后，一个国家的总产出满足：

$$X^r = Z^{rr} + Y^{rr} + \sum_s e^{rs}$$

其中，Z^{rr} 为 r 国家的生产过程中需要的本地中间投入；Y^{rr} 为满足 r 国家最终需求的本地生产产品数量。而进口产品数量满足：

$$m^r = \sum_s e^{sr} = \sum_s Z^{sr} + \sum_s Y^{sr}$$

其中，m^r 为 r 国家的进口产品数量；e^{sr} 为 s 国家向 r 国家出口的产品数量；Z^{sr} 为 r 国家的生产过程中需要的从 s 国家进口的中间投入；Y^{sr} 为满足 r 国家最终需求的从 s 国家进口的产品数量。

（二）贸易隐含碳排放模型建立

生产单位最终消费产品的碳足迹为

$$h^r = F^r (I - A^{rr})^{-1}$$

其中，F^r 为 r 国家的直接碳排放强度因子；$(I - A^{rr})^{-1}$ 只包含了本地的生产供应链而不包含进口产品对于中间生产过程的投入。

r 国家生产出口到 s 国家的产品的碳足迹为

$$T^{rs} = F^r (I - A^{rr})^{-1} e^{rs}$$

（三）碳排放强度因子的确立

依据上述投入产出模型计算碳足迹，其中一个重要的参数是基于货币价值的行业碳排放强度因子 F^r。该因子可由各部门的直接碳排放除以该部门的总产出得到。结合投入产出表和能源统计数据，通过产业部门的聚类统一，从经济和能源利用角度实现产业部门类别的统一。

根据《中国能源统计年鉴》各个部门消耗能源的数据，以及温室气体排放清单编制方法采用的每吨标准煤排放因子等数据，得出分产业的直接碳排放量，其与相应产业总产值的比值可以作为各产业的碳排放强度因子。

（四）计算贸易碳足迹

基于环境拓展型的投入产出模型，结合国际贸易间的经济互动数据和基于货币价值的行业碳排放强度因子集，即可以算出某个国家进出口贸易的碳足迹。

二、 贸易碳足迹转移绝对量

根据贸易类型，贸易中的碳足迹转移可分为进口碳足迹和出口碳足迹。其中，进口碳足迹即隐含于进口贸易产品中的碳排放量，表征为正值；而出口碳足迹即隐含于出口贸易产品中的碳排放量，表征为负值。当一个国家的进口碳足迹大于出口碳足迹时，则该国贸易碳足迹为正值；反之，贸易碳足迹为负值。借助于进口贸易与出口贸易，碳足迹在不同国家与地区之间进行转移。由于发达国家更多依赖于贸易进口，而发展中国家则主要依赖于贸易出口，因此国际贸易中的碳足迹转移往往是从发达国家流向发展中国家。

考虑到发展中国家在环境规制力度与劳动资本等方面的比较优势，发达国家倾向于将污染密集型前端产业转移到发展中国家，并通过进口贸易满足本国居民消费需求，从而减少直接碳排放并规避理应承担的碳减排责任。

作为世界出口大国，我国领土内排放的二氧化碳有相当一部分是隐含在出口商品中由西方发达国家所消费的，这部分隐含于出口贸易中的碳足迹也即发达国家通过国际贸易将碳减排义务转移到我国，给我国造成了巨大的国际舆论压力及高昂的环境治理成本。

贸易碳足迹核算方法显示绝大部分发达国家的碳足迹均远高于其直接二氧化碳排放。例如，以法国、德国与日本等为代表的发达国家的碳足迹甚至超过其直接二氧化碳排放的1/3[11]。据统计，国际贸易活动中产品及服务的生产与运输过程所产生的二氧化碳排放超过全球总二氧化碳排放的1/5，这部分碳排放隐含于中国、印度和俄罗斯等发展中国家的出口贸易中，造成了发展中国家额外的减排负担。

三、 贸易碳足迹逆差/顺差

贸易碳足迹转移净量即进口贸易碳足迹（正值）加上出口贸易碳足迹（负值）的净值。当出口贸易碳足迹大于进口贸易碳足迹时，该国家贸易碳排放的转移净量为负值，表现为碳足迹逆差（高生产、低消费）。例如，中国属于典型的碳足迹逆差型国家（高生产、低消费）。当进口贸易碳足迹大于出口贸易碳足迹时，则该国家贸易碳排放的转移净量为正值，表现为碳足迹顺差（低生产、高消费）。例如，美国显示出的是碳足迹顺差特征，属于典型的碳排放净输出国（低生产、高消费）。通常而言，出现碳足迹顺差的国家会导致碳泄漏，这一概念概括了一国为减轻或避免本国碳排放却加重了他国碳排放的全部过程。

碳足迹顺差（碳泄漏）主体为发达国家，主要发生在发达国家和发展中国家之间（图5.8）。在发达国家中，日本在1995年的碳泄漏是全球最严重的，美国紧随其后[11]。到2005年，美国的碳泄漏量增加到了原来的四倍，而日本碳泄漏量出现下降。1995～2005年遭受发达国家碳泄漏影响最严重的国家分别是中国、俄罗斯和印度。

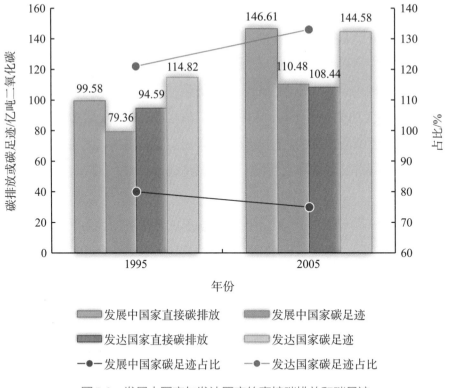

图5.8 发展中国家与发达国家的直接碳排放和碳足迹

发达国家在1995年泄漏的碳足迹达到20.23亿吨二氧化碳，这个数字在2005年几乎达到了36.14亿吨二氧化碳。其中，60%的增长源于向新兴工业化国家进口的产品，将近六成的碳足迹泄漏到了我国等新兴工业化国家。

2005年，发达国家要对发展中国家产生的超过1/4的碳足迹负责。发达国家泄漏到新兴工业化国家外的世界其他地区的碳足迹在1995年和2005年的比例并没有发生明显变化，这说明发达国家过多地消费了新兴工业化国家生产的含碳商品，碳泄漏主要发生在发达国家和新兴工业化国家之间。

作　者：魏　伟　刘　竹
审稿人：朴世龙　周广胜　黄　耀
编　辑：马　俊　江　研

第五节　全球、中国、美国的碳收支综合评估

全球碳收支是碳中和的科学基础。碳收支主要包括碳源和碳汇，分别代表了大气中碳的来源和去向。全球碳收支的微小变化便能导致大气碳浓度的显著波动，从而进一步影响全球气候系统的稳定性。因此，分析与研究碳收支是全球气候变化研究体系的重要环节。定量核算全球碳源与碳汇大小、分布以及变化趋势是以碳减排为主要目的的气候变化谈判的科学基础之一，对构建公平合理的国际减排方案，从而实现碳中和至关重要。因此，近年来全球及区域层面的碳收支研究已经成为多方关注的热点议题。本节主要针对全球和国家尺度的碳收支评估方法进行了详细的论述，对全球、中国、美国的碳收支研究进展进行了介绍。

一、全球和国家尺度的碳收支评估方法

碳源和碳汇是碳收支的两个重要组成部分。其中，碳源是指排放到大气中的碳，以人类活动产生的碳排放为主。碳汇是指从大气中吸收的碳，以自然界的二氧化碳吸收为主。碳汇主要分布在陆地生态系统和海洋。实际上，来自碳源的所有大气中的二氧化碳，只有一部分继续停留在大气中，其余的则被陆地、海洋以及人为或人类未知的碳汇渠道所吸收和储存，与此相关的人为源碳收支、陆地生态系统碳汇和海洋碳汇的估算方法请见第四章第一节。此处分析全球碳收支评估的最新进展。

近年来，围绕着全球及区域碳收支的研究已成为多方关注的热点。定量核算

全球碳汇大小、分布以及变化趋势是以碳减排为主要目的的气候变化谈判的科学基础，对构建公平合理的国际减排方案至关重要。自2007年以来，"全球碳计划"项目组织了区域碳循环评估和过程综合分析，对全球各个地区碳收支情况进行估算。该项目通常于年底发布当年全球碳预算报告并在全球范围内具有极高的影响力。人类活动是全球碳收支中的主要碳源，自工业革命以来，化石燃料的燃烧以及土地利用方式的改变等人类活动使得人为碳排放激增，碳收支不平衡的出现被认为是人类活动的增强打破了自然系统稳定的碳吸收能力。过去70年全球陆地生态系统碳汇和海洋碳汇并非保持稳定，而是均有显著增加。大量研究已证实，由大气二氧化碳浓度激增所引发的气候变化可能对自然生态系统产生复杂影响，并致使其碳汇功能增强。虽然自然碳汇的增加在一定程度上促进了碳收支平衡，但其增加量有限，并不能抵消人为碳排放所带来的碳源增加，人类活动仍是引起碳收支不平衡的主要原因。其中，相比于土地利用变化，化石燃料的燃烧所带来的碳排放在过去几十年里增幅显著，是碳收支不平衡现象逐年加剧的关键因素。

根据"全球碳计划"发布的2021年全球碳收支情况[12]，最大的碳源是化石燃料燃烧，其碳排放量占人类活动碳排放的70%左右，化石燃料主要包含以煤炭、石油和天然气为代表的碳基能源。此外，大约还有30%的人类活动碳排放来自土地利用变化等。全球最主要的碳汇是陆地生态系统和海洋生态系统，其分别从大气中吸收30%左右的碳，大约还有46%的碳留在大气中（表5.6）。

二、 中国的碳收支评估进展

（一）中国人为源碳排放的评估进展

中国的碳收支评估包括了碳源和碳汇两个重要组成部分。碳源以人类活动产生的碳排放为主。在中国碳排放评估方面，主要有政府和各科研机构发布的中国碳排放评估数据。2005年，中国政府向联合国提交了1994年和2005年的温室气体排放清单。建立和完善温室气体排放统计制度既是中国有效履行国际义务的迫切需要，也是中国在应对气候变化国际谈判上赢得主动的重要保障。截至目前，中国已有

表 5.6 全球碳收支

（单位：十亿吨碳/年）

| 分析项 | 20世纪80年代 | | 20世纪90年代 | | 2000～2005年 | 2011～2019年 | 2020年 |
	TAR	修正的TAR	TAR	AR4	AR4	"全球碳计划"	"全球碳计划"
大气增加	3.3±0.1	3.3±0.1	3.2±0.1	3.2±0.1	4.1±0.1	5.1±0.02	5.0±0.2
人为排放	5.4±0.1	5.4±0.1	6.4±0.4	6.4±0.4	7.2±0.3	10.9±0.9	9.5±0.5
净海气通量	-1.9±0.6	-1.8±0.8	-1.7±0.5	-2.2±0.4	-2.2±0.5	2.5±0.6	3.0±0.4
净陆气通量	-0.2±0.7	-0.3±0.9	-1.4±0.7	-1.0±0.6	-0.9±0.6	3.4±0.9	2.9±1.0
土地利用变化通量	1.7（0.6～2.5）	1.4（0.4～2.3）	不涉及	1.6（0.5～2.7）	不涉及	不涉及	0.9±0.7
陆地汇余项	-1.7（-3.8～-0.3）	-1.7（-3.4～-0.2）	不涉及	-1.7（-4.3～-0.9）	不涉及	不涉及	不涉及

注：表中TAR表示IPCC第三次评估报告，AR4表示IPCC第四次评估报告；"全球碳计划"公布的2011～2019年土地利用变化通量包含在人为排放中。

多家机构、数据库等对中国的碳排放量进行了深入的研究，包括中国碳核算数据库——CEADs（Carbon Emission Accounts and Datasets for Emerging Economies）、全球实时碳数据（Carbon Monitor）和中国多尺度排放清单模型（Multi-resolution Emission Inventory for China，MEIC）等。

在化石能源二氧化碳排放方面，不同的国内外研究机构、数据库等给出的数据呈现出一定的差异，表现为CEADs、BP（英国石油公司）、美国橡树岭国家实验室二氧化碳信息分析中心、国际能源署的数值较为接近，其中CEADs的数值最低，全球大气研究排放数据库的数值高于其他机构。根据上述机构、数据库等提供的数据，2019年中国消费化石能源所产生的二氧化碳排放均值为106.7亿吨二氧化碳，误差范围约为±8.4%。图5.9为国际各研究机构、组织或数据库等对中国的化石燃料燃烧和工业过程二氧化碳排放的核算结果。

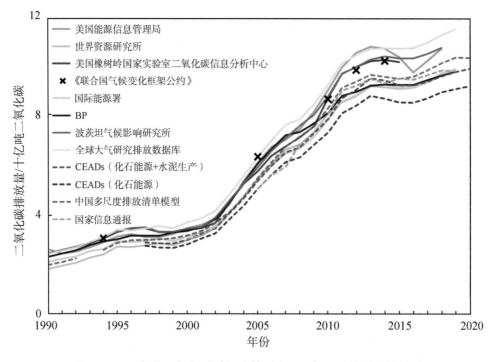

图5.9 不同机构、组织或数据库等对中国二氧化碳排放核算结果

虚线为中国本土数据开发机构、组织或数据库等的核算数据；不同机构、组织或数据库等的活动水平数据口径和范围有差异；各机构发布的碳排放数据的滞后时间不一致，导致了最新的排放数据时间不同

（二）中国陆地生态系统碳汇的评估进展

陆地生态系统是我国非常重要的碳汇，近20年来，中国的科学家利用多种不同方法对中国陆地生态系统碳汇进行了估算。地面调查法估算的每年中国陆地生态系统碳汇为2.1亿~3.3亿吨碳，与生态系统过程模型模拟法的估算结果（1.2亿~2.6亿吨碳）相当；但基于大气反演法估算的结果具有很大的不确定性（1.7亿~11.1亿吨碳），不同研究结果可相差一个数量级。总体上，在校正木材与食品国际贸易等碳排放转移量以及非二氧化碳形式碳排放量后，基于大气反演法估算的中国陆地生态系统碳汇为1.7亿~3.5亿吨碳，这与基于"自下而上"的地面调查法的估算结果基本吻合。

（三）中国海洋碳汇的评估进展

海洋是地球上最大的活跃碳库，吸收了全球约1/4的人为因素碳排放。对于中国海域，部分研究采用走航监测的方法实现对中国渤海、黄海、东海和南海海-气碳通量的估计。自然资源部第二海洋研究所与浙江大学联合研发的海洋遥感在线分析平台（http://www.satco2.com）基于遥感的方法，计算了中国渤海、黄海、东海和南海近20年的月度海-气碳通量。

实地调研估计的中国海洋系统是碳汇，每年从大气中吸收990万吨碳；遥感方法的估计结果显示每年中国海洋系统从大气中吸收190万吨碳，低于实地调研的评估结果。从各个海域来看，两种方法估算的结果有一定的差异，主要的差异在结果的量级上。但两者都显示南海是碳源，东海是碳汇，黄海是弱碳汇，渤海是弱碳源。实地调研方法的结果更为精确，而遥感的优点是时空分辨率更高。

三、 美国的碳收支评估进展

（一）美国人为源碳排放的评估进展

在碳排放评估上，自20世纪90年代以来，美国环境保护署（Environmental

Protection Agency）每年2月都会发布一份文件草案，报告美国在过去13个月的年度排放量。相比之下，美国能源信息管理局发布的是州一级的年度排放估算，但2021年3月发布的数据只包括到2018年底的估算。在州一级，其目标日益要求快速减少排放，如到2045年（加利福尼亚州、弗吉尼亚州）或2050年（夏威夷州、路易斯安那州、马萨诸塞州、缅因州、蒙大拿州、华盛顿州）达到净零排放。

截至目前，已有多家机构、数据库等对美国的二氧化碳排放量进行了深入的研究，包括BP、美国橡树岭国家实验室二氧化碳信息分析中心、国际能源署、全球大气研究排放数据库、Carbon Monitor等。其中，Carbon Monitor项目成功构建了美国州级实时碳排放监测数据平台。Carbon Monitor United States（全球实时碳数据：美国）数据库（https://us.carbonmonitor.org）支持用户基于非商业目的对美国州级近实时碳数据进行查询、下载与可视化分析，数据区间始于2019年1月1日，并不断进行方法迭代及数据更新。该数据的建成体现了实时碳数据量化方法在区域尺度上的运用，表明当前技术已经可以实现在州一级尺度上的以天为单位的碳排放的实时监测。

（二）美国陆地生态系统碳汇的评估进展

在碳汇的评估上，美国管理着全球最大的通量塔监测网络——美国国家生态观测网络。美国国家生态观测网络基于涡流协方差技术来测量生物圈和大气之间的碳、水和能量的循环；利用这些数据可以更好地监测陆地生态系统碳汇的变化趋势。涡流协方差法的一个主要优点是它能够直接（原位）测量通量，而不会干扰生态系统。在每个单独的站点测量二氧化碳、甲烷等的气体交换。一些涡流协方差站点几十年来一直在收集数据，为研究生态系统如何应对气候变化提供了支撑。美国本土拥有全球数量最多的通量塔监测站，覆盖了从20世纪90年代到现在的陆地生态系统碳汇监测数据。

迄今，除了通量塔的方法之外，美国科学家通过使用生态系统过程模型模拟法或清单法，对北美的陆地碳动态进行了最广泛的研究。"北美碳计划"（North American Carbon Program，NACP）项目最近进行了一项模型比对研究，并比较了2000～2005年北美的22个生态系统过程模型的碳模拟。模型比对表明，这些模型在空间和时间域上的碳通量表现出巨大的可变性。这强调了这样一个事实：尽管生态系统建模取得了重大进展，但碳通量的空间和时间变异性仍然存在很大的不确定性。

（三）美国碳收支评估的进展

1989年美国政府倡议开展"美国全球变化研究计划"（United States Global Change Research Program，USGCRP），1990年将其列入全球变化研究法案，旨在帮助国家和世界去了解、评估、预测和应对人类活动及自然过程导致的全球变化。

"北美碳计划"隶属于USGCRP，计划解决的关键问题是北美碳源、碳汇的量和分布在不同时间尺度（季节性到百年尺度）上的情况，以及对它们动态变化的控制过程。

"北美碳计划"的目标包括：①测量和了解北美及其邻近大洋盆地二氧化碳、甲烷和一氧化碳的排放源和汇的信息，为北美及邻近大洋盆地的陆地、海岸海洋和大气成分碳循环的陆空观测项目、陆地与海洋观测和实验研究、数值模拟和数据同化提供科学原理。②制定量化的科学方法、观测手段和模型确定北美及邻近大洋盆地的二氧化碳、甲烷和一氧化碳的通量及其关键调控过程。③实现区域和大陆尺度上的全碳核算。④支持二氧化碳和甲烷通量、排放源和汇的长期定量测量，预测未来发展趋势。

"北美碳计划"的实施分三阶段执行[13]。①2002～2005年：发展新的研究方法和初步模拟能力。②2005～2008年：测试并运用新的观测网络和更趋完善的野外观测网络进行过程研究。③2008年及以后：运作阶段，优化网络并融合数据模型，提供稳定而可靠的北美及其邻近大洋盆地二氧化碳、甲烷和一氧化碳的净储量和通量数据。

将采用三种不同的方法来综合模型和数据（图5.10），以估算"北美碳计划"下的大陆规模碳收支：①"自下而上"方法。使用源/汇过程模型对地表、原位和遥感数据进行"自下而上"综合。②"自上而下"方法。利用数值天气分析和输运模型反演"自上而下"合成大气碳痕量气体数据。③数据/模型融合。将所有可用数据（地表、遥感和大气的数据）和模型融合为基于过程的诊断模型。

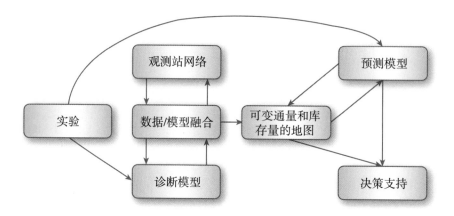

图5.10 "北美碳计划"综合和集成的总体战略

作　者：魏　伟　刘　竹

审稿人：朴世龙　周广胜　黄　耀

编　辑：马　俊　江　研

甲烷的全球增温潜势在100年尺度范围内是二氧化碳的29.8倍，并且甲烷寿命较短，其减排能在较短时间内达到抑制全球升温过快的目的，具有改善大气环境质量的意义。大气中的甲烷主要来自水稻种植、畜牧养殖、垃圾和废水处理、煤炭/石油/天然气采掘、工业生产等过程，以及自然湿地等的排放。生态系统甲烷排放估算主要依赖静态箱法、涡度相关法等通量测定手段；区域与国家尺度甲烷排放计算不仅基于生态系统测量结果的分析，还要结合甲烷排放模型进行估算。基于大气甲烷浓度变化观测，利用大气传输模式可在区域尺度上反演大气甲烷排放通量，这也是国家和区域尺度的甲烷排放评估方法学发展的新趋势。本节主要介绍大气甲烷的来源及其排放机制、甲烷排放通量测量及国家尺度排放量核算方法、全球及中国甲烷排放情况等。

一、大气中的甲烷及其来源

（一）甲烷的生成及排放机制

甲烷在全球人为温室气体排放中的占比仅次于二氧化碳，是首要非二氧化碳温室气体。自工业革命以来，大气中的甲烷浓度从722.26 ppb[①]上升到1879.11 ppb，增加了约1.6倍，已经造成了约0.5摄氏度的升温[14]。在100年尺度范围内，甲烷的

---

① ppb，无量纲浓度单位。1 ppb=10^{-9}。

全球增温潜势是二氧化碳的29.8倍；相比于长寿命气体二氧化碳，甲烷的寿命仅有8～11年，在20年尺度上，甲烷的全球增温潜势是二氧化碳的82.5倍[14]，因此，通过甲烷减排，可在短期内（未来20～30年）更加有效地减缓气候变暖。此外，甲烷也是对流层大气污染物和温室气体臭氧的前体物及对流层羟自由基（·OH）主要的汇，会影响对流层大气的氧化能力以及氮氧化物的清除能力。因此，甲烷对气候变化和空气质量都有重大影响。

地球上的甲烷产生机制可以分为生物和非生物成因两类，其中非生物成因可再分为热成和火成。热成甲烷是在漫长的地质时期，埋藏于地壳深处的有机物在高热和高压下分解所产生的，并以气体形式从地层持续且缓慢地渗漏到大气。但人类活动，如石油、煤炭、天然气等的开采加速了这一过程，造成大量热成甲烷向大气快速泄漏。火成甲烷主要是由生物质和其他有机物不完全燃烧产生的，自然界各种火灾，如林火、山火，以及作物秸秆燃烧和化石燃料燃烧等都会产生甲烷。

产甲烷的生物机制主要依赖厌氧条件下产甲烷菌（一大类古菌）活动。在长期淹水的土壤中，如淹水稻田、沼泽湿地、海洋湖泊水底，以及废水、垃圾填埋场和反刍动物消化道内等，当环境的氧化还原电位下降到约–250毫伏时，产甲烷菌利用氢气还原二氧化碳并产生甲烷。这一过程涉及产甲烷菌体内非常复杂的酶催化反应。

在还原条件下，除了氢气还原二氧化碳机制外，还有另外两个依赖古菌的产甲烷途径：一个是通过分解乙酸途径产生甲烷，另一个是通过分解含甲基的有机化合物（CH_3—R）途径产生甲烷。在非还原条件下，活的植物体和凋落物（枯枝落叶等）也会排放甲烷，但其生物化学机制仍不甚清楚。

（二）大气中的甲烷来源

大气中的甲烷主要来自自然和人为活动导致的甲烷排放，主要的排放源包括以下六个方面，主要甲烷排放源及其贡献如图5.11所示。

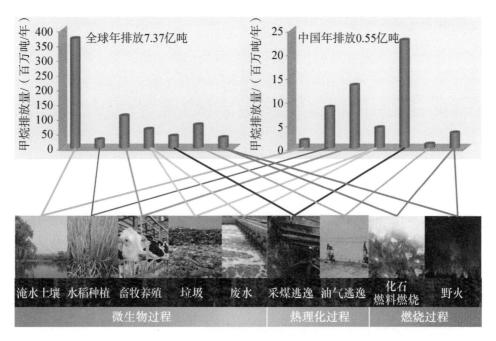

图5.11 主要甲烷排放源及其贡献

1. 稻田及自然湿地甲烷排放

在稻田淹水情况下，土壤很快变为还原环境并促使其中的产甲烷菌恢复活性。稻田土壤中的产甲烷菌利用其他微生物分解复杂有机物产生的小分子有机物（如乙酸）、氢气和二氧化碳等生成甲烷。稻田中产甲烷菌的基质来源主要是水稻植株根系的分泌物和外源添加的有机物，包括作物秸秆、前茬作物的死根以及有机肥料。

稻田土壤中产生的甲烷不会全部排放到大气中。由于水稻植株有发达的通气组织，大气中的氧会通过这些通气组织输送到根系以维持根呼吸并扩散到根际形成根际氧化层。根际及通气组织中的甲烷氧化菌消耗掉了超过90%的甲烷。

自然湿地中甲烷的产生和传输排放过程与稻田类似，但是由于自然湿地的植被类型更加多样，并且各种湿地所处的自然环境状况差异性更大，湿地甲烷排放的过程也更复杂。例如，沿海湿地水中含盐量高，其产甲烷菌活性受盐分影响，甲烷产生量也低一些；泥炭湿地土壤中有机质含量高，并且土壤长期处于还原条件，甲烷排放量会较高；高寒湿地中，由于植被生产力弱，因此甲烷排放量不高，但其永久冻土层中封存了大量甲烷，全球变暖背景下的永久冻土融化会促使这些封存甲烷释放，是一个潜在的甲烷增量排放源。

2. 动物胃肠道的排放

动物源甲烷排放主要来源于反刍动物。反刍动物的瘤胃是一个恒温（38～40摄氏度）的还原环境。食物中的纤维素、半纤维素和果胶等不能被胃消化酶分解的多糖类物质，会在瘤胃中被大量微生物分泌的纤维素酶、半纤维素酶以及 β- 糖苷酶等分解为单糖、挥发性脂肪酸、二氧化碳和氢气等。产甲烷菌利用其中的氢气和二氧化碳以及乙酸等产生甲烷，并通过动物"打嗝"排出到大气中。瘤胃中氢气和二氧化碳反应是甲烷的主要产生途径，占甲烷产生量的80%以上。

大部分动物的下消化道（大肠）都存在大量的微生物，同时也是一个厌氧环境，也有产甲烷菌活动并产生甲烷。但因大肠中粗纤维分解强度较弱，其产甲烷能力也相对有限。动物源产甲烷的主要途径还在于反刍动物以瘤胃为主的胃肠道。白蚁和其他昆虫（如蟑螂等）也是主要的自然排放源之一。

3. 垃圾填埋及废弃物、废水处理的甲烷排放

生活垃圾中含有大量的有机物，填埋处理后，在微生物作用下会迅速分解消耗氧气从而形成厌氧环境，并进而导致甲烷产生。填埋场内温度较高，平均可达55～60摄氏度。在这种温度环境下，产甲烷菌以嗜热菌群为主，这与自然湿地和稻田中的嗜冷（温度低于15摄氏度）和嗜温（25～35摄氏度）产甲烷菌不同。高温下，通常不存在乙酸分解产生甲烷的途径。

4. 燃料及生物质燃烧的甲烷排放

无论是煤炭、石油、天然气等化石燃料，还是草木、作物秸秆或者动物组织，有机物的不完全燃烧均会通过火成机制产生甲烷。在高效燃气机内，如汽车发动机、轮船发动机、航空飞行器发动机等，燃料燃烧相对充分，虽仍难以避免甲烷产生，但排放强度较低。在自然状态下，由于生物质含有一定的水分，其燃烧的甲烷排放可达300毫克/兆焦。

5. 煤炭/石油/天然气/可燃冰采掘、加工、运输的甲烷排放

储存于地层中的煤炭、石油和天然气以及海底的可燃冰等会在采掘、加工、运输等人为活动中发生泄漏，成为大气的甲烷来源。在煤炭井下开采时，以甲烷为主要成分的煤层气不断涌入煤矿巷道，然后通过通风、抽气系统排出。煤炭采出后，其表面及内部空隙有残存的甲烷气体，这部分甲烷也会在矿后活动（洗选、储存、

运输及燃烧前粉碎等）过程中排放出来。石油、天然气相关活动同样会造成甲烷泄漏并成为排放源，但由于我国的能源供应以煤炭为主，因此煤炭相关活动的甲烷排放在能源活动中占绝对多数。

6. 非还原条件下的生态系统甲烷排放

与过往认知的生物源甲烷产生于还原条件下的产甲烷菌活动不同，新的证据显示，广泛存在于海洋、淡水和陆地生态系统中的蓝藻会在有氧环境下产生甲烷。在氮、磷营养元素缺乏时，蓝藻可将甲基膦酸酯或三甲胺去甲基化，甲烷是这一过程的副产品[15]。光照充足能促进这个过程并产生较多的甲烷，是水体表层（高光照、富氧）富含甲烷的主要原因。

二、 甲烷排放通量测量及国家尺度排放量计算

（一）甲烷排放通量测量

环境中甲烷气体的浓度很低，对其进行检测需要高精度的仪器设备，气相色谱法和吸收光谱法是常用的两种测定方法。在气相色谱法分析中，利用甲烷分子没有电极性和分子量较小等特征，在色谱柱中将甲烷与其他气体分离以达到检测目的。吸收光谱法则利用甲烷分子特有的吸收波段（中心波长1.65微米），通过样品对该波段的吸收量来计算其甲烷含量。无论是气相色谱法还是吸收光谱法，甲烷检测精度均可达1 ppb以上。

甲烷样品的采集技术依据排放源差异会有所不同。对于稻田、湿地、水体等单位面积排放强度低的排放源，多采用箱法采集。基于涡度相关的观测是一种微气象学的测量方法，采用涡流协方差原理计算气体通过传感器的垂直通量，配合实时甲烷分析仪可实现对排放源的直接、高频（～10赫兹）、实时测算。对于煤矿、输气设备等发生的高浓度甲烷泄漏排放，目前更多地关注其环境中的甲烷浓度变化监测，并结合通气量来测算排放量。在甲烷浓度变化检测方面，除前述的吸收光谱特性外，还可以利用甲烷的热导和热效特性来测定。

借助高精度测定仪器及系统设备，对各种排放源开展观测是了解其甲烷排放量

大小及变化特征最根本的手段。对于稻田、湿地、水体等面源排放，长期及更全面覆盖各种因素变化条件下的排放测定非常有助于提高测定结果整体的代表性。

（二）不同排放源的甲烷排放通量与排放因子

1. 稻田和湿地排放

不同排放源的甲烷排放通量差异很大。生长季均处于淹水状态下，每公顷稻田每个生长季排放约400～600千克甲烷，但如果采取中国当前水稻种植中的"大面积分蘖盛期前晒田"的做法，每公顷稻田的甲烷排放会降到200～300千克。自然湿地甲烷排放的差异性比稻田更大，全年温度都较低且水层较浅或季节性排干的湿地，其年甲烷排放为200～500千克，深水湿地的甲烷排放则会超过1200千克。在热带地区，沼泽湿地的甲烷排放更高，超过2200千克。海岸带地区的湿地因为盐分含量高，其甲烷排放会比淡水湿地低一些。稻田和自然湿地的甲烷排放受环境变化影响，时间和空间差异性都很大，因此将主要影响因素的作用都考虑在内的模型计算比基于观测结果直接外推具有更强的逻辑合理性。

2. 大型家畜排放

牛的排放量主要取决于个体大小和饲喂。集约牧场的奶牛通常个体比较大，泌乳过程中饲料用量和日粮调配比较恰当的话，每头牛每年胃肠道排放约90～140千克甲烷。散养的放牧奶牛排放略低，约为70～90千克。不以生产牛奶为目的的牛，比如肉牛和水牛，其肠道甲烷排放为40～90千克。羊的肠道甲烷排放机制与牛相似，因体型比牛小得多，单头排放量仅有10～15千克。我国饲养量较大的猪，因为不是反刍动物，每头的肠道甲烷排放只有1.0～1.5千克。

饲养场的动物粪便管理也导致不同强度的甲烷排放。我国饲养场动物，从山羊到奶牛，其粪便管理的甲烷年排放按单头（只）动物计算，为0.25～6.15千克。每头猪的粪便甲烷年排放约为4千克，比其肠道甲烷年排放高。

3. 废弃物、废水排放

废弃物和废水处理的甲烷排放不仅与其有机成分组成有关，还受到处理工艺的影响。垃圾填埋场的排放受诸多因素影响，包括填埋时长、是否覆盖、有无气体收集等。无气体收集装置的未覆盖垃圾填埋场甲烷年排放通量为9.1～34.4千克/米^2，土层覆盖后，甲烷年排放通量会显著降低，约为0.1～4.9千克/米²。城市废水处理按化学需氧量（chemical oxygen demand，COD）或生化需氧量（biochemical oxygen demand，BOD）计，其甲烷排放因子约为7.8～250克/千克化学需氧量（生化需氧量）。

4. 煤炭开采排放

每吨煤炭地下开采排放7～12千克甲烷，而露天矿每吨煤炭开采的甲烷排放约为0.8千克。

煤炭产品本身所含的甲烷在运输和加工过程中也会造成排放，随煤炭挥发性成分不同，这部分排放约为1.5～6千克甲烷/吨煤。

（三）基于大气甲烷浓度观测的排放源反演

按照观测方式不同，地面浓度观测可以分为近地面观测、廓线观测和大气柱浓度观测。全球大气本底观测网通过精确、系统的地面原位测量，可以很好地表征二氧化碳、甲烷和其他混合良好的温室气体的大气浓度。卫星遥感技术的进步大大提高了甲烷探测的精度和覆盖范围，为研究甲烷浓度的时空变化及源和汇提供了新的数据集。

数据同化算法在过去几十年间取得了极大的研究进展，变分算法、集合卡尔曼滤波等一系列经典算法取得了广泛的应用。甲烷的同化反演一般使用大气化学传输模型（如TM5、GEOS-Chem等）建立排放通量与大气甲烷浓度的关系，在考虑观测数据时空分布和对模型、观测做出误差估计的基础上，不断融合新的观测数据计算优化的排放量。

相比于"自下而上"方法的评估结果，基于大气浓度的甲烷排放反演可以避免对不同排放源的重复计算，可以更加准确地评估国家和地区甲烷排放总量及其变化趋势。其缺点在于当前部分区域观测结果较少。目前，世界气象组织建立的GAW系统由65个国家的200多个本底站组成，主要集中在北美和欧洲地区。我国的温室气体观测网包含了60个高精度观测站点。甲烷排放较多的热带地区仍缺乏充足的地面观测站点。因此，在反演中主要依靠先验清单提供信息，导致同化结果具有很大的不确定性。同时，大气传输模式的误差、羟自由基（甲烷主要的汇）的不确定性也会影响甲烷排放反演结果的可靠性。

三、 全球及中国甲烷排放

在全球范围内，各种排放源每年向大气排放甲烷5.5亿～7.5亿吨，其中自然源排放2.2亿～3.7亿吨，人为源排放3.3亿～3.8亿吨。湿地和湖泊等开放水体是最大的自然源，约占自然源排放总量的80%。人为甲烷排放源首先是反刍动物胃肠道，占人为源排放总量的30%；其次是油气相关活动，占人为源排放总量的20%以上；垃圾填埋等废弃物处理排放占人为源排放的比例接近20%；水稻排放不到人为源总排放的10%；煤炭采掘及相关活动排放与水稻种植排放量相当[16]。过去20年，全球甲烷排放量增加了近10%，湿地或其他自然来源的甲烷排放量未显示出大幅增加。但由于全球肉类消费的增长，包括畜牧业在内的农业甲烷排放增长了近12%。经济增长的同时也使化石燃料相关排放的增长超过了15%。

"全球碳计划"对22组全球甲烷反演结果进行总结评估，研究报告显示，2008～2017年的全球甲烷年平均排放总量为5.76亿吨，相比于2000～2009年的年平均排放量（5.47亿吨）高了0.29亿吨，相比于"自下而上"方法计算的结果（7.37亿吨）低了约22%。其中，热带排放约占全球总排放的64%，是全球甲烷排放的主要来源；北半球中纬度和高纬度贡献较小，分别占总排放的32%和4%[16]。最新研究发现，2010～2019年热带陆地的甲烷排放对全球甲烷浓度增加的贡献超过了80%，研究还指出海洋表面温度变化可用于预测全球大气甲烷变化[17]。

我国是水稻种植和煤炭产销大国，在每年约5500万吨的人为甲烷排放中，煤炭相关活动排放超过40%，稻田排放约15%，畜牧养殖排放占近25%，垃圾填埋及废水处理排放占比约10%，油气相关活动排放不到总排放量的3%①。

作　者：刘　毅　张　稳
审稿人：朴世龙　周广胜　黄　耀
编　辑：马　俊　江　研

---

① 《中华人民共和国气候变化第三次国家信息通报》，https://www.mee.gov.cn/ywgz/ydqhbh/wsqtkz/201907/P020190701762678052438.pdf[2019-07-10]。

本章参考文献

[1] Wang J, Feng L, Palmer P I, et al. Large Chinese land carbon sink estimated from atmospheric carbon dioxide data. Nature, 2020, 586: 720-723.

[2] 朴世龙, 何悦, 王旭辉, 等. 中国陆地生态系统碳汇估算: 方法、进展、展望. 中国科学: 地球科学, 2022, 52 (6): 1010-1020.

[3] Yu G R, Chen Z, Zhang L M, et al. Recognizing the scientific mission of Flux Tower Observation Networks: lay the solid scientific data foundation for solving ecological issues related to global change. Journal of Resources and Ecology, 2017, 8 (2): 115-120.

[4] 于贵瑞, 伏玉玲, 孙晓敏, 等. 中国陆地生态系统通量观测研究网络 (ChinaFLUX) 的研究进展及其发展思路. 中国科学: D辑　地球科学, 2006, (S1): 1-21.

[5] 于贵瑞, 李文华, 邵明安, 等. 生态系统科学研究与生态系统管理. 地理学报, 2020, 75 (12): 2620-2635.

[6] Yu G R, Chen Z, Piao S L, et al. High carbon dioxide uptake by subtropical forest ecosystems in the East Asian monsoon region. Proceedings of the National Academy of Sciences of the United States of America, 2014, 111: 4910-4915.

[7] 刘毅, 王婧, 车轲, 等. 温室气体的卫星遥感: 进展与趋势. 遥感学报, 2021, 25 (1): 53-64.

[8] Matthews H S, Hendrickson C T, Weber C L. The importance of carbon footprint estimation boundaries. Environmental Science & Technology, 2008, 42: 5839-5842.

[9] Peters G P. Carbon footprints and embodied carbon at multiple scales. Current Opinion in Environmental Sustainability, 2010, 2 (4): 245-250.

[10] 杨帆, 梁巧梅. 中国国际贸易中的碳足迹核算. 管理学报, 2013, 10 (2): 288-292, 312.

[11] 马述忠, 黄东升. 基于MRIO模型的碳足迹跨国比较研究. 浙江大学学报 (人文社会科学版), 2011, 41 (4): 5-15.

[12] Friedlingstein P, Jones M W, O'Sullivan M, et al. Global Carbon Budget 2021. Earth System Science Data, 2022, 14: 1917-2005.

[13] Steven C W, Harriss R C. The North American Carbon Program. https://www.carboncyclescience.us/sites/default/files/documents/nacp_report_2002.pdf[2022-05-31].

[14] IPCC. Summary for policymakers//Masson-Delmotte V, Zhai P, Pirani A, et al. Climate Change 2021: The Physical Science Basis. Contribution of Working Group I to the Sixth Assessment Report of the Intergovernmental Panel on Climate Change. Cambridge: Cambridge University Press, 2021: 3-32.

[15] Klintzsch T, Langer G, Nehrke G, et al. Methane production by three widespread marine phytoplankton species: release rates, precursor compounds, and potential relevance for the environment. Biogeosciences, 2019, 16: 4129-4144.

[16] Saunois M, Stavert A R, Poulter B, et al. The global methane budget 2000-2017. Earth System Science Data, 2020, 12: 1561-1623.

[17] Feng L, Palmer P I, Zhu S H, et al. Tropical methane emissions explain large fraction of recent changes in global atmospheric methane growth rate. Nature Communications, 2022, 13(1): 1-8.

第六章 **6**

主要国家碳中和目标
与措施概览

摘 要

当前，全球越来越多的国家做出了碳中和承诺。截至 2021 年 12 月，已有 135 个国家和欧盟地区以立法、政策宣示等不同方式承诺碳中和。美国、日本、德国、英国、法国等发达国家已跨越了碳达峰阶段，中国、印度、巴西、南非等主要发展中国家也已承诺碳中和，面临低碳转型与经济发展双重压力。中国是全球主要排放国里首个设定碳中和限期的发展中国家。

本章梳理了美国、日本、德国、英国、法国等主要发达国家，以及印度、巴西等主要发展中国家的碳中和目标与行动，重点归纳了相关国家采取的技术、行政、财税和法规措施。在此基础上，提出对中国构建碳中和政策体系的启示。

从各国碳中和目标与措施来看，尽管美国联邦政府在碳中和目标上态度不明、摇摆不定，但美国仍持续支持绿色低碳技术研发，出台了市场激励导向的低碳政策等，特别是以加利福尼亚州为代表的部分州政府制定了更为完善和系统的碳中和政策。由于产业结构调整和能源节约的空间相对不足，日本碳中和政策重点是通过海上风电等技术创新推动低碳转型，并建立基于技术价值链的行业支持政策体系。德国、英国、法国等欧洲国家是全球碳中和转型的引领者，在具体举措上注重立法引领、技术创新支撑和市场机制构建。巴西和印度作为发展中国家，分别宣布将在2060 年、2070 年实现碳中和，结合国情制定了不同的政策措施，体现了发展中国家在经济发展压力下的政策导向和因地制宜的政策措施。

总体而言，主要国家都加强了碳中和战略的顶层设计，明确了碳中和时间节点，建立了应对气候变化方面的宏观协调机制，制定了技术政策、市场机制和制度法规，形成了相对系统但仍在持续完善的碳中和政策体系[1]。

中国应当充分借鉴国际经验，加强碳中和战略制定和政策统筹，着手制定相关立法，为碳中和目标系统设计与全面实施提供基本保障；制定重视技术驱动的相关政策，推动"双碳"目标实施从规模约束向技术优先转型；发挥市场机制作用，推动形成具有成本效益的碳中和路径；针对区域差异大的基本国情，注重发挥区域、地方政府的补充作用，助力国家碳中和目标的实现。

全球碳中和进程

  碳中和已经成为世界潮流，截至2021年12月，全球已有135个国家和欧盟地区承诺碳中和。在承诺形式上，13个国家完成了正式立法，30个国家写入了政策文件，16个国家采用声明形式，70个国家处在提议阶段。在承诺碳中和的发达国家中，除加拿大和韩国外，包括英国、德国、法国等在内的主要发达国家都已实现碳达峰，正处在碳排放总量减排阶段，实现碳中和压力相对较小，时间窗口较长。发达国家承诺实现碳中和时间集中在2040年、2045年、2050年。在发展中国家中，中国、印度、巴西、南非、印度尼西亚、阿根廷和俄罗斯等主要发展中国家均已承诺碳中和目标，其中巴西和俄罗斯已经跨越碳排放峰值，中国、印度等国家还没有实现碳排放达峰，面临着低碳转型与经济发展的双重压力。在承诺实现碳中和的时间点上，各国结合自身发展需求和转型进程确定碳中和时间点，马尔代夫等5个发展中国家承诺2030年实现碳中和，其碳中和时间甚至要早于发达国家，展现出极为积极的应对气候变化态度；最晚的为印度，其提出2070年实现碳中和；其余国家的实现碳中和时间为2040年、2045年、2050年、2053年、2060年，其中绝大部分集中在2050年。

一、 全球碳中和承诺情况

据英国能源与气候智库统计，截至2021年12月，全球已有135个国家和欧盟地区承诺碳中和[①]；贝宁、不丹、柬埔寨、利比里亚、马达加斯加、圭亚那6个国家自我声明已经达到碳中和，其他129个国家承诺时间及承诺形式如表6.1所示。

各国碳中和承诺包括立法、政策文件、声明和提议等四种形式。已正式立法的国家有13个，包括德国、法国、英国、日本、韩国、加拿大等；欧盟立法承诺2050年实现碳中和。写入政策文件的有30个国家，包括中国、美国、巴西、芬兰等。采用声明形式的国家有16个，包括俄罗斯、印度、南非、以色列等。处在提议阶段的国家有70个，包括瑞士、比利时、印度尼西亚等。

二、 主要国家碳达峰与碳中和进程

（一）主要发达国家

大部分发达国家均已做出碳中和承诺。在承诺碳中和的发达国家中，除加拿大和韩国外，包括英国、德国、法国等在内的主要发达国家都已实现碳达峰。在2000年以前达峰的国家均为欧洲发达国家，除斯洛伐克和匈牙利外，达峰年份的GDP均超过2万美元；2000～2010年达峰的国家人均GDP几乎均超过3万美元，其中，澳大利亚、爱尔兰、冰岛、奥地利、意大利超过4万美元，美国、瑞士甚至超过5万美元；日本于2013年实现碳达峰，人均GDP近4万美元。主要发达国家碳达峰时间及当年人均GDP情况如图6.1所示。

[①] https://zerotracker.net/。

表6.1　全球碳中和承诺国家和时间

承诺时间	国家数量	国家及承诺形式
2030年	5	巴巴多斯（政策文件）、几内亚比绍（声明）、马尔代夫（政策文件）、孟加拉国（提议）、南苏丹（提议）
2035年	1	芬兰（政策文件）
2040年	3	安提瓜和巴布达（政策文件）、奥地利（政策文件）、冰岛（政策文件）
2045年	4	德国（立法）、尼泊尔（提议）、葡萄牙（立法）、瑞典（立法）
2050年	104	阿富汗（提议）、阿根廷（提议）、阿拉伯联合酋长国（声明）、埃塞俄比亚（提议）、爱尔兰（立法）、爱沙尼亚（声明）、安道尔（声明）、安哥拉（提议）、澳大利亚（声明）、巴布亚新几内亚（提议）、巴哈马（提议）、巴基斯坦（提议）、巴拿马（政策文件）、保加利亚（提议）、比利时（提议）、伯利兹（政策文件）、布基纳法索（提议）、布隆迪（提议）、丹麦（立法）、东帝汶（提议）、多哥（提议）、多米尼加（提议）、厄瓜多尔（政策文件）、厄立特里亚（提议）、法国（立法）、斐济（政策文件）、佛得角（提议）、冈比亚（提议）、刚果（提议）、哥伦比亚（提议）、哥斯达黎加（政策文件）、格林纳达（提议）、哈萨克斯坦（声明）、海地（提议）、韩国（立法）、基里巴斯（提议）、几内亚（提议）、加拿大（立法）、科摩罗（提议）、克罗地亚（政策文件）、拉脱维亚（政策文件）、莱索托（提议）、老挝（提议）、黎巴嫩（提议）、立陶宛（政策文件）、卢森堡（政策文件）、卢旺达（提议）、马耳他（提议）、马拉维（提议）、马来西亚（声明）、马里（提议）、马绍尔群岛（政策文件）、毛里求斯（提议）、毛里塔尼亚（提议）、美国（政策文件）、秘鲁（提议）、密克罗尼西亚（提议）、缅甸（提议）、摩纳哥（政策文件）、莫桑比克（提议）、纳米比亚（提议）、南非（声明）、瑙鲁（提议）、尼加拉瓜（提议）、尼日尔（提议）、纽埃（提议）、帕劳（提议）、日本（立法）、瑞士（提议）、萨摩亚（提议）、塞拉利昂（提议）、塞内加尔（提议）、塞浦路斯（提议）、塞舌尔（提议）、圣多美和普林西比（提议）、圣文森特和格林纳丁斯（提议）、斯洛伐克（提议）、斯洛文尼亚（政策文件）、苏丹（提议）、所罗门群岛（提议）、索马里（提议）、泰国（声明）、坦桑尼亚（提议）、汤加（提议）、特立尼达和多巴哥（提议）、图瓦卢（提议）、瓦努阿图（提议）、乌干达（提议）、乌拉圭（政策文件）、西班牙（立法）、希腊（政策文件）、新西兰（立法）、匈牙利（立法）、牙买加（提议）、亚美尼亚（提议）、也门（提议）、以色列（声明）、意大利（政策文件）、英国（立法）、越南（声明）、赞比亚（提议）、乍得（提议）、智利（政策文件）、中非（提议）
2053年	1	土耳其（政策文件）
2060年	9	巴林（声明）、巴西（政策文件）、俄罗斯（声明）、尼日利亚（声明）、沙特阿拉伯（声明）、斯里兰卡（政策文件）、乌克兰（政策文件）、印度尼西亚（提议）、中国（政策文件）
2070年	1	印度（声明）
21世纪后半叶	1	新加坡（政策文件）

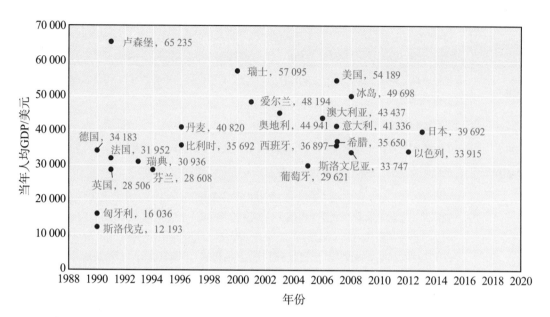

图6.1 主要发达国家碳达峰时间及当年人均GDP

①各国碳排放数据来自世界资源研究所的气候监测工具Climate Watch，人均GDP数据来自OECD统计数据库，数据采集时间为2022年5月；②图中仅显示主要发达国家情况，其他发达国家如挪威、荷兰、捷克和波兰四国没有做出碳中和承诺，加拿大、韩国等尚未实现碳达峰，另有爱沙尼亚、拉脱维亚等国家碳达峰当年GDP数据不详，故未显示在图中

（二）主要发展中国家

中国、印度、巴西、南非、阿根廷、印度尼西亚和俄罗斯等发展中国家已承诺碳中和。中国是全球首个承诺碳中和目标的发展中国家。这些国家中，巴西、俄罗斯均已实现碳达峰。

从人均GDP、人均碳排放量、单位GDP碳排放量三者关系看（图6.2），发展中国家之间的差异性较大。中国、南非、俄罗斯的人均碳排放量、单位GDP碳排放量均较高，中国和俄罗斯的人均GDP也处在发展中国家中的较高水平，南非人均GDP相对较低；印度、印度尼西亚的人均碳排放量较低，单位GDP碳排放量较高，同时人均GDP也较低；阿根廷、巴西等南美国家的人均碳排放量、单位GDP碳排放量均较低，但人均GDP处在发展中国家中的较高水平。

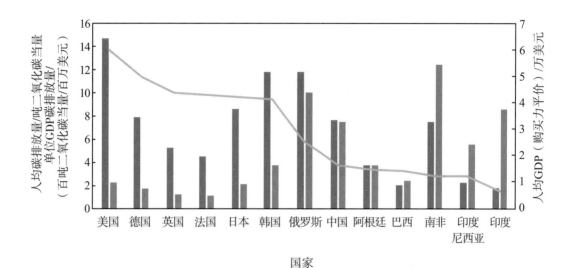

图6.2 主要发达国家与发展中国家碳排放指标对比

人均GDP数据来自OECD统计数据库，为2019年数据；人均碳排放量和单位GDP碳排放量数据来自世界资源研究所的气候监测工具Climate Watch，数据年份为2019年

作　者：潘教峰　谭显春　王建芳　苏利阳

审稿人：樊　杰

编　辑：马　跃　陈会迎

美国是碳排放大国，历史累计碳排放量位居全球第一。美国联邦政府在碳中和目标上态度不明、摇摆不定，国会围绕应对气候变化迄今也未专项立法，但美国始终坚持把技术创新作为重点，这构成美国气候政策举措的重要特征。拜登政府是美国首个提出碳中和目标的政府，2021年发布《迈向2050年净零排放的长期战略》[①]，提出2050年碳中和目标与路线图。在技术措施上，拜登政府积极推动低碳、零碳、负排放技术的研发和创新，强调加快降低各类低碳零碳技术的成本。在行政措施上，受国会立法限制，拜登政府不得不依靠行政令来推动美国国内碳减排，在交通、建筑、清洁能源等关键领域不断加大政府投资和支持力度；同时，为加强碳中和政策协调性，拜登政府建立了多层次的政策协调和咨询机制。在财税措施上，拜登政府主要采取税收优惠和补贴政策以激励企业加大节能清洁技术的研发投入、鼓励公民购买低碳零碳产品。由于部分州政府发展低碳经济的积极性较高，再加上联邦体制下各州较高的自主权，美国形成了多个州际减排合作机制，其中包括了区域性碳排放权交易机制。

一、　碳中和目标

美国政府应对气候变化的政策是不连续的。1997年，在日本京都，包括美

---

① "The Long-Term Strategy of the United States: Pathways to Net-Zero Greenhouse Gas Emissions by 2050"（2021-11-01），https://www.whitehouse.gov/wp-content/uploads/2021/10/US-Long-Term-Strategy.pdf[2021-12-20]。

国在内的多国就发达国家减少温室气体排放达成协议（即《京都议定书》），但在2001年，布什政府以"减少温室气体排放会影响美国经济发展"和"发展中国家也应该承担减排义务"为由，宣布单方面退出《京都议定书》。在《巴黎协定》上，几届政府更是摇摆不定，2016年在纽约签署了《巴黎协定》，在2017年宣布退出《巴黎协定》，直到2021年又宣布重返《巴黎协定》。2021年11月，美国发布《迈向2050年净零排放的长期战略》，公布了实现2050年碳中和目标的时间节点与路线图，包括2030年温室气体排放比2005年下降50%～52%；2035年实现100%清洁电力目标；2050年实现净零排放目标。

二、技术措施

研发低碳技术。美国注重支持变革性的低碳能源技术研发和创新，并积极推动清洁能源技术的商业化应用。2020年发布的《清洁能源革命和环境正义计划》将液体燃料、低碳交通等列为重点方向。为限制航空业碳排放，美国开始研制新的飞机可持续燃料，对飞机技术和空中交通管制进行优化创新。

发展零碳技术。美国加大对电池储能、下一代建筑材料、可再生能源、绿色氢能和先进核能领域的研发投入。美国加快CCUS技术的开发和部署，资助工业碳捕集技术前端工艺设计研究，以及燃烧后碳捕集技术的工程规模测试等。

推动负排放技术的开发利用。2019年美国国家科学院、美国国家工程院和美国国家医学科学院联合发表的《负排放技术和可靠的封存：研究议程》提出，为实现气候和经济增长的目标，从大气中去除和封存二氧化碳的负排放技术需要在减缓气候变化方面发挥重要作用，并提出两类研究议程对生物燃料和二氧化碳封存进行研究，即专门推进负排放技术的项目，以及作为减排研究组合的一部分。

三、行政措施

（一）建立气候政策协调组织机制

为提高应对气候变化的决策效率，美国形成了多层次的政策协调和咨询机制，包括白宫国内气候政策办公室、国家气候工作组、国家气候顾问等。其中，白宫国内气候政策办公室主要负责协调和实施总统的气候政策决策过程；国家气候工作组由财政部长、国防部长等政府机构负责人组成，由国家气候顾问负责具体工作；国家气候顾问由来自21个联邦机构和部门的负责人组成，以增强联邦各机构之间气候政策的协调与配合，保证政府各部门采取一致的政策措施应对气候危机。2021年2月，拜登政府宣布组建气候创新工作组[①]，该工作组作为国家气候工作组的一部分，旨在协调和加强联邦政府培育可以帮助实现2050年净零排放的新技术。

（二）制定落实应对气候变化政策的行政令

通过行政令来调整碳排放标准、发布对新能源产业的激励措施等，落实应对气候变化政策，具体包括四方面：第一是将环境正义作为各机构使命的一部分，命令联邦机构制定并出台相关政策，以降低气候变化对弱势社区所造成的负面影响；第二是力争到2030年美国售出的所有新车中有一半是零排放汽车，命令联邦机构购买零排放电力汽车，并大力贯彻"购买美国货"行政令，将政府近65万辆用车全部换成自产的清洁电动汽车；第三是加强对传统能源产业发展的限制、引导，并控制其碳排放，命令内政部尽可能停止对公共土地或近海水域新的石油和天然气租赁开发项目的许可，对现有租赁开发项目进行严格审查；第四是推动建立关于煤电产业与经济振兴的跨部门工作组，由国家气候顾问和国家经济委员会主任共同主持，指导联邦机构进行投资协调等活动，以帮助传统能源产业部门转型，并要求联邦机构在符合适用法律的前提下取消化石燃料补贴。

（三）形成州际减排合作机制

美国各州的政策制定自主权和自由度较高，各州政府对碳减排问题比较重视，对发展低碳经济的积极性也普遍较高。在特朗普政府宣布退出《巴黎协定》的背景下，多个州政府表示将继续执行《巴黎协定》目标。以加利福尼亚州为例，作为美国第一经济大州，该州早在2006年即通过了州层面的《全球变暖解决方案法案》，明确了2050年的减排目标，2018年以行政令明确2045年实现碳中和。加利福尼亚

---

① "Biden-Harris administration launches American innovation effort to create jobs and tackle the climate crisis"（2021-02-11），https://www.whitehouse.gov/?s=White+House+Forms+Climate+Innovation+Working+Group%2C+Outlines+Innovation+Agenda[2022-05-28]。

州将大力支持交通运输清洁转型、发展零碳排放汽车、清洁发电等。

美国各州之间形成了多个州际减排合作机制。区域温室气体倡议是美国第一个基于市场化机制减少电力部门温室气体排放的强制性计划，于2009年正式实施，截至2021年共涉及美国12个成员州，并约定在2022年至2030年间每年减少225万吨排放，以达到整体减排30%的目标。2018年，纽约市前市长迈克尔·布隆伯格（Michael Bloomberg）和加利福尼亚州州长杰瑞·布朗（Jerry Brown）联合发起《美国承诺》倡议，提出10项具有高影响力的"自下而上"策略，并称美国50个州、上百个城市和上千家公司已经独立制定了减少温室气体排放的目标。

四、 财税措施

（一）节能及清洁能源技术税收优惠和补贴政策

美国制定系列发展清洁能源、节能降耗、鼓励消费者使用节能设备和购买节能建筑方面的财税政策，主要是利用补贴和减税措施激励能源使用效率的提高，制定补贴期限，重点放在对需求方的补贴，刺激人们的购买意愿，进而提高政策的有效性。拜登政府计划投入1000亿美元（约6451.2亿元人民币，按2021年度平均汇率1美元＝6.4512元人民币进行换算，下同）补贴消费者购买电动汽车，投入150亿美元（约967.68亿元人民币）新建50万个电动汽车充电桩。2021年8月，参议院两党提出的《基础设施投资和就业法案》计划投入75亿美元（约483.84亿元人民币）用于建造电动汽车充电站[1]。

（二）碳捕集与封存税收优惠政策

2021年1月，美国财政部和国税局发布碳捕集与封存（carbon capture and storage，CCS）税收优惠政策，即45Q条款最终法规[2]。45Q条款是CCS企业所得税优惠政策，按照捕集与封存的碳氧化物数量计算抵免额，允许纳税人从企业所

---

① "Updated fact sheet: bipartisan Infrastructure Investment and Jobs Act"（2021-08-02），https://www.whitehouse.gov/briefing-room/statements-releases/2021/08/02/updated-fact-sheet-bipartisan-infrastructure-investment-and-jobs-act/[2022-05-29].

得税应纳税额中进行抵免。45Q条款于2008年首次颁布，根据不同封存方式抵免额为10美元/吨（约64.51元人民币/吨）或20美元/吨（约129.02元人民币/吨）。2018年，美国对该条款进行部分修订，为纳税人资格的申请提供了更多灵活性。45Q条款大幅提高了最高税收抵免额，抵免资格分配制度更加灵活，明确私人资本有机会获得抵免资格。

（三）生态碳汇的激励措施

《美国21世纪中期深度脱碳战略》[①]提出了支持生态碳汇方面的政策、创新与研究，优先领域包括三个方面：第一是加强对生态碳汇的激励措施，例如，改进作物保险和相关计划，以进一步激励生产者选择能够最大限度地降低气候变化影响并实现低碳、环保和水资源的多重战略目标的生产实践；第二是完善土地部门的碳激励措施，如基于实践的支付，包括环境质量激励计划等；第三是按绩效付费或基于市场的付款，土地所有者根据他们可以固存的碳量获得补偿，在某些情况下会产生可交易的碳信用额。

（四）区域性碳排放权交易机制

州层面在没有联邦参与下自发建立了多项区域性碳排放权交易机制，比较有代表性的措施如下。

（1）加利福尼亚州碳排放限额与交易制度。自2013年1月正式实施，主要对象是年排放量超过25 000吨二氧化碳当量的企业，覆盖加利福尼亚州境内共约450家报告实体。2014年，加利福尼亚州碳排放限额与交易制度成功将加拿大魁北克省纳入覆盖范围，并计划逐步纳入更多地方。

（2）芝加哥气候交易所。这是世界上第一个、北美唯一的、自愿的、独立的、可核查的具有法律约束力的温室气体减排交易平台。企业自愿加入一个由第三方认证的强制减排系统，并签订具有法律约束力的减排目标协议，形成独特的自愿性质的总量限制交易体系[3]。目前该项业务已经处于停滞，主要是由于缺乏气候变化立法的保驾护航，尽管区域性的业务还在增长，但是"命令与控制"的手段却成

---

① "United States Mid-Century Strategy for Deep Decarbonization"（2016-11-16），https://unfccc.int/files/focus/long-term_strategies/application/pdf/mid_century_strategy_report-final_red.pdf[2021-10-20]。

了主流。

（3）西部气候倡议。由加利福尼亚州政府2007年牵头多个州发起，主要通过碳交易制度下的额度上限管理实现减排目标。西部气候倡议进一步发展了区域温室气体倡议及其他碳排放权交易体系关于灵活履约方面的机制设计，帮助西部气候倡议监测对象降低履约成本。

（4）区域温室气体倡议。由美国东北部地区和大西洋中部某些州共同实施，是美国第一个关于碳排放限额与交易计划，对发电量超过25万千瓦的火电发电机组进行监测，到2014年排放量基本稳定，至2018年排放量降低10%。

此外，美国还恢复了奥巴马时期制定的碳排放社会成本指数，拜登政府将2021年碳排放社会成本定在51美元/吨（约329.01元人民币/吨）左右，使其取代了特朗普时期的1美元/吨（约6.45元人民币/吨）。

五、　法规措施

能源独立一直是美国立法的核心内容。自20世纪70年代初以来，美国先后出台《能源政策和节约法案1975》《能源税收法案1978》《能源政策法案1992》《能源政策法案2005》《能源独立与安全法案2007》《美国能源法2010》等，逐步建立和完善了能源法律法规体系。

但在应对气候变化方面，由于特定的立法体制，美国国会围绕应对气候变化的专项立法总体进展缓慢。2009年国会众议院通过了《美国清洁能源与安全法案2009》，但在此之后一直没有在应对气候变化立法方面取得实质性突破。

作　者：潘教峰　谭显春　王红兵　郭建新　汪明月

审稿人：樊　杰

编　辑：马　跃　陈会迎

第三节　　　　日本碳中和目标与措施

　　日本将应对全球变暖、实现碳中和视为拉动经济持续复苏的新增长点。在2020年10月，日本首相菅义伟宣布日本到2050年实现碳中和的目标，同年12月日本推出《2050年碳中和绿色增长战略》[①]，形成了2050年碳中和路线图，明确了能源、运输、制造等重点领域碳中和目标和行动计划，并预计到2030年该战略每年带来90万亿日元（约5.29万亿元人民币，按2021年度平均汇率100日元=5.8792元人民币进行换算，下同）的经济效益。2021年5月日本正式通过修订后的《全球变暖对策推进法》，以立法的形式明确了到2050年实现碳中和的目标[②]。日本将技术创新视为迈向碳中和的核心举措，高度重视海上风电、燃料电池、氢能、节能与资源回收等领域的技术研发和关键技术突破。由于国内市场相对有限，日本期望通过引领制定低碳、零碳、负碳技术的国际标准，为占据全球碳中和技术市场制高点和形成日本主导的国际产业链奠定基础。在财税支持上，日本加大政府资金支持力度，推动转型金融发展，促进绿色金融，引导民间投资等多渠道资金来满足碳中和的资金需求。同时，日本构建了"国际-国家-区域"三级碳交易系统，形成中央和地方在碳减排市场机制方面的强大合力。

---

　　① "'Green Growth Strategy Through Achieving Carbon Neutrality in 2050' formulated"（2020-12-25），https://www.meti.go.jp/english/press/2020/1225_001.html[2022-05-26]。

　　② 《日本通过2050年碳中和法案》（2021-05-26），http://www.xinhuanet.com/2021-05-26/c_1127495739.htm[2022-05-26]。

一、 碳中和目标

日本围绕2050年长期减排目标制定的讨论由来已久，早在2012年《第四次环境基本计划》就提出2050年温室气体下降80%的目标。2015年在环境省下设长期低排放战略咨询小组，正式启动围绕长期低排放战略的研究和讨论工作。日本首相于2020年10月提出到2050年实现碳中和的目标，未来将应对全球变暖、实现绿色转型视为推动经济持续复苏的新增长点。2020年12月，日本推出《2050年碳中和绿色增长战略》，构建了2050年实现碳中和目标的进度表，提出建设"零碳社会"。

二、 技术措施

注重氢和新兴领域基础技术与实用技术。重点研发氢还原制铁技术、氢制造塑料原料的技术、新型燃料电池技术等高温热源氢制造技术，开展燃氢轮机发电技术示范。发展燃料氨产业，开展混合氨燃料/纯氨燃料的发电技术实证研究，开发使用氨作为燃料的船舶技术。

将海上风电置于可再生能源规划的重要位置。资助研发下一代浮体式技术，制定技术开发路线图、国际标准，开展国际合作，在国际上推广日本的浮体安全评价方法。

发展汽车、航空产业低碳技术。利用先进的通信技术发展网联自动驾驶汽车；大力推进电化学电池、燃料电池和电驱动系统技术等领域的研发和供应链的构建；开发先进的轻量化材料；开展混合动力飞机与纯电动飞机的技术研发、示范和部署；开展氢动力飞机技术研发、示范和部署；研发先进低成本、低排放的生物喷气燃料；发展利用二氧化碳与氢气合成航空燃料技术。

发展节能与资源回收技术。推进公共基础设施（如路灯、充电桩等）节能技术的开发和部署；发展各类资源回收再利用技术，如废物发电、废热利用、生物沼气发电等；开发可回收利用的材料和再利用技术。

三、 行政措施

（一）促进能源与工业转型

日本以促进能源与工业转型作为减排的主要途径，制定了各领域转型发展的具体实施计划。在能源领域，以可再生能源为主、核能为辅，重点扶持氢能、氨燃料发展，并根据未来能源发展总体需求，对可再生能源（特别是海上风电）、氢能、氨燃料、核能做出详细规划。在制造业与运输业发展方面，强化半导体与新能源车等领域技术创新能力，维持汽车与半导体领域优势地位。2019年，日本召开"汽车产业新时代战略会议"，确定了在2050年实现100%电动车的目标。在促进半导体和通信产业转型方面，包括"数字化绿色"和"绿色数字化"两个方面，"数字化绿色"是指通过数字化提高能源需求效率和减少二氧化碳排放，"绿色数字化"即数字设备本身的节能。

（二）积极推动标准化建设

日本将致力在世界范围内对低碳技术进行标准化，以此拉动需求。对于将成为未来增长关键的创新技术，在鼓励民间投资的前提下，经过公私合作投资的验证阶段后，政府将努力扩大需求，包括加强立法来创造技术需求，依托国际标准化促进新技术在世界范围内的使用，并通过吸引大量投资来降低价格。例如，在氢能利用方面，一方面要求电力零售商按一定比例采购无碳能源，利用无碳价值交易市场，将氢作为无碳能源与可再生能源、核电一起评估，建立电力市场鼓励氢的利用；另一方面，致力于相关设备和设施的国际标准化工作。此外，在促进海上风电、新能源汽车与电池领域，积极推动、引领国际规则和标准的制定。

（三）推动跨行业国际合作

日本强调利用技术和产品质量优势，以及与发展中国家开展项目合作方面的既有机制，提升低碳领域国际话语权。日本政府将与其他国家在优先产业领域及其相关领域进行创新与技术开发合作的同时，通过实施海外示范项目等方式促进技术开发的产业化，并加强先进科研机构间的交流合作。

四、　财税措施

（一）促进绿色金融

日本政府主要从加大资金支持、推动转型金融发展和促进金融创新等三个方面促进绿色金融。

（1）加大资金支持。根据《气候创新金融战略2020》，日本将采取措施吸引私人投资到绿色、转型和创新举措中。政府将对海上风电等可再生能源业务提供风险资金支持，通过加强企业减排行动披露和第三方评估，增进行业与金融部门对话，催促金融机构优化融资环境等方式，提高对减排企业的经济支持。

（2）推动转型金融发展。为向稳步低碳化转型阶段所需的技术提供资金，"绿色"或"不绿色"的二元论无法正确评估企业为稳步向低碳化转型所采取的举措，日本政府在《气候转型金融原则》基础上，制定基本原则和路线图，针对无法实现脱碳的且碳排放量大的行业制定实施该原则的基本思路和路线图。

（3）促进金融创新。政府将扩大目标产业领域，创造投资者、企业和政策制定者对话的机会，促进脱碳创新企业融资。政府还将对包括可再生能源业务、低油耗技术利用和下一代蓄电池业务在内的绿色企业提供风险资金支持，设立800亿日元（约47.03亿元人民币）的绿色投资基金。

（二）制定引导民间投资脱碳的税收优惠措施

日本政府制定了三种税收优惠政策，引导民间投资转向脱碳。第一种是税收折旧或特殊折旧。有助于在早期推广温室气体减排效果大的产品来培育新需求，或促进现有生产过程的脱碳。第二种是提高亏损结转的扣税上限。针对在严峻的营商环境下，即便疫情期间业务处于亏损状态，仍坚持迎接"新常态"和实现碳中和挑战的企业，提高其亏损结转扣税上限。第三种是扩大研发税收政策。对于作为日本中长期增长的源泉和实现碳中和不可或缺的研发投资，在现行的研发税制下，企业可以扣除实验和研究费用，最高可达企业税额的25%。这些措施将有力鼓励企业进行各种短期、中期和长期的脱碳投资，预计将在10年内产生约1.7万亿日元（约999.46亿元人民币）的私人投资。

（三）建立中央与地方合力的碳交易系统

日本在20世纪90年代就开始积极推进碳交易体系建设，主要包括以下三个方面。第一是中央层面的碳交易市场，主要由环境省和经济产业省推动。环境省设立日本自愿排放交易体系（Japan Voluntary Emission Trading Scheme，JVETS）和日本核证减排（Japan Verified Emission Reduction，J-VER）体系。JVETS主要针对低能耗产业，比如酒店、办公楼等公用设施以及食品饮料业和其他制造业；J-VER主要针对林业。经济产业省设立的日本试验排放交易系统（Japan Experimental Emission Trading System，JEETS）主要针对大型、高能耗企业。由于这些体系均缺乏强制性，所以碳交易市场需求低迷，JVETS于2012年不得不结束。第二是地方层面建立了东京、埼玉和京都三个地方性碳交易市场，且以强制性为主，对交易规则有严格的设定，可操作性强，收到了良好的减排效果。第三是把国际市场作为国内碳交易体系的重要补充。借助国际碳交易市场，日本不仅购买了大量的碳排放配额，而且确立了双边抵消机制。[①]

五、 法规措施

日本高度重视立法推动和保障碳中和工作。《全球变暖对策推进法》提出扩大利用太阳能等可再生能源，推动去碳化与盘活地方及环境保护对接的制度，还以立法的形式明确了日本政府提出的到2050年实现碳中和目标。此外，日本在2015年、2018年相继通过了《气候变化适应计划》和《气候变化适应法》，在内容上，加强

---

① 《"碳中和"专题系列研究报告 | 碳中和对标与启示（日本篇）》（2021-08-17），https://huanbao.bjx.com.cn/news/20210817/1170469.shtml[2022-05-26]。

适应气候变化的法制建设，从内容上完善了应对气候变化法律和政策体系，调整了过去应对气候变化法律和政策体系中重减缓、轻适应的不平衡结构，将适应提高到与减缓同等重要的地位；在具体操作上，由地方政府负责制定自己的气候变化适应计划。

作　者：潘教峰　郭　雯　刘宝印　王建芳　周道静

审稿人：樊　杰

编　辑：马　跃　陈会迎

欧盟在世界低碳转型方面一直非常积极，走在全球前列。2019年发布《欧洲绿色新政》，提出将在2030年将温室气体排放量降低到1990年水平的55%，到2050年实现碳中和目标。作为欧洲的主要国家，德国、英国、法国均积极应对气候变化，在相关立法中确立了碳中和目标，制定了阶段性减排目标和行业目标；其中德国立法确立2045年实现碳中和目标，英国、法国完成了2050年实现碳中和目标的立法工作。在技术措施上，三个国家都把技术研发和创新作为重点，强调推动可再生能源技术、氢能、重点行业（工业、交通、建筑等）深度脱碳技术、CCUS技术等领域的突破和应用推广，前瞻布局技术的发展和保障措施。在行政措施上，德国、英国、法国等都成立了气候变化专家委员会，负责制定和监督实施减排方案，向政府提出实现碳中和的对策建议，加强碳中和政策协调。在财税措施方面，三个国家出台了一系列政策来优化资金的配置，综合应用财税、金融等政策推动能源转型，积极采取碳税等创新性手段，并注重加强对居民层面绿色低碳行为的引导和激励。在欧盟碳排放权交易市场外，英国和德国均建立了本国的碳排放权交易市场，法国则建立和实施了相对严格的碳预算制度。

一、德国碳中和目标与措施

（一）碳中和目标

德国碳中和目标历经多次更新，最新目标是到2045年实现净零排放。2019年

9月，德国联邦政府内阁通过了《气候行动计划2030》[①]，同年11月德国联邦议院通过《气候保护法》，立法确定了德国到2030年温室气体排放比1990年减少55%，到2050年实现净零排放的中长期减排目标。2021年德国联邦政府通过了《气候保护法》做出必要修改的决议，对温室气体排放提出更为严苛的目标，新法案规定，将于2045年实现碳中和，比原计划提前5年[②]。

（二）技术措施

加快可再生能源技术研发应用。德国聚焦太阳能、风能、生物质能、地热能、水力和海洋能等可再生能源，推动可再生能源技术的研发、示范应用和产业发展。重视高效、低成本光伏生产设备及工艺，太阳能电池串联，以及薄膜太阳能电池开发等光伏技术；风电场选址及勘探、风电设备回采及再利用、小型风电设备开发等风能技术；液态和气态生物燃料应用、高效燃烧等生物质能技术；地下冷热储存、地热流体利用、地热系统建模与模拟等地热能技术；水力利用、水电站无害环境等水力和海洋能技术。

重视氢能研发推动能源转型。德国跨部门研究计划《氢技术2030》将氢能相关关键技术进行战略性捆绑，改善政策条件，培育氢能转化为其他能源的相关技术，重视高性能制氢电解槽批量生产，加快氢能创新[③]。《能源转型的创新——联邦政府第七能源研究计划》提出，利用"能源转型真实实验室"这一新的资助形式，资助技术成熟度等级较高的项目，在真实条件下开发测试创新技术和整体解决方案[④]。此外，德国还高度关注海上风电直接制氢及副产品等氢能技术。

加强电池研究能力。为进一步加强电池研究能力，德国政府于2020年起资助了四个新的电池研究能力集群，重点聚焦电池的生产、使用、回收及质量保证等未

---

① "Climate Action Programme 2030"（2019-09-20），https://www.bundesregierung.de/breg-en/issues/climate-action/klimaschutzprogramm-2030-1674080[2022-05-26]。

② "Climate Action Act 2021"（2021-11-15），https://www.bundesregierung.de/breg-de/themen/klimaschutz/climate-change-act-2021-1913970[2022-05-26]。

③ "Germany's national hydrogen strategy"（2020-06-17），https://www.cleanenergywire.org/factsheets/germanys-national-hydrogen-strategy[2022-05-26]。

④ "Innovationen für die Energiewende 7. Energieforschungsprogramm der Bundesregierung"，https://www.bmwi.de/Redaktion/DE/Publikationen/Energie/7-energieforschungsprogramm-der-bundesregierung.pdf?__blob=publicationFile&v=8[2022-05-26]。

来重要主题。

（三）行政措施

成立独立的气候问题专家委员会。2019年通过的《气候保护法》规定设立一个跨学科的气候问题专家委员会，其主要职责是审查现有和计划中的气候保护措施对于实现德国和欧洲气候保护目标，以及《巴黎协定》的目标是否有效。气候问题专家委员会每年12月向联邦议院递交一份审查报告，对德国气候保护进展进行评估并提出建议。联邦政府在修订气候保护目标、修改年排放量、更新气候保护计划前应征求气候问题专家委员会的意见。

明确重点减排部门和目标。2019年德国联邦政府发布的《气候行动计划2030》将建筑和住房、能源、工业、运输、农林等部门的减排目标进行了分解，明确了各个部门在2020年到2030年间的刚性年度减排目标，并规定了各部门减排措施、减排目标调整、减排效果定期评估的法律机制。

注重提高生态系统碳汇能力。德国注重对森林和木材使用的保护及可持续管理，注重农业能源效率、耕地腐殖质的保存和形成、永久草原的保护等，以提高生态系统碳汇能力。

（四）财税措施

综合应用财税、金融等政策推动能源转型。德国能源政策的核心是能源转型。通过制定《联邦预算法》和《复兴信贷银行促进法》，对碳减排企业给予融资激励和信息服务帮助。在现有的税法体系中开征能源税，并在2021年和2022年根据《可再生能源法》降低可再生能源税，推动能源节约和可再生能源发展。设立特别的能源和气候基金刺激对气候友好措施的进一步投资并支持经济发展。

积极发展碳排放权交易市场。德国注重对碳定价的政策设计，通过碳定价激励企业积极主动进行碳减排，并推动碳减排效果与企业经营绩效直接关联起来。2021年1月，德国全面启动国家碳排放权交易系统，向销售汽油、柴油、天然气、煤炭等产品的企业出售排放额度。此外，德国政府还积极参与欧盟碳市场建设。

注重对居民绿色生活方式的补贴。自2020年1月起，德国联邦政府为鼓励居民乘坐长途火车出行而不是乘坐飞机，将长途火车票价的增值税从19%永久性地降低到7%，并调高了欧洲境内航班的增值税。从碳定价中获取的收益将用于其他气候保护措施和补贴公众绿色低碳出行等。

（五）法规措施

21世纪以来，德国联邦政府陆续颁布了一系列应对气候变化法律法规，如《气候保护法》《可再生能源法》等。特别是2019年通过的《气候保护法》，首次以法律形式确定了德国中长期温室气体减排目标，对每个产业部门的减排目标和措施分别做了规定。

德国联邦政府2021年通过的新《气候保护法》的主要内容包括三个方面：第一是严格履行国际法义务，明确本国温室气体减排目标，即到2045年实现净零排放，到2030年温室气体排放相比1990年减少65%；第二是实行灵活的减排目标部门分解策略及调整机制，根据各行业、各部门的不同特点，制定了更加具体的减排目标；第三是执行年度报告制度，检查减排政策实施状况等。

二、英国碳中和目标与措施

（一）碳中和目标

英国于2019年6月通过了《2008年气候变化法案（2050年目标修正案）》，正式确立到2050年实现温室气体净零排放[1]。2020年12月宣布最新减排目标，承诺到2030年英国温室气体排放量与1990年相比至少减少68%。2021年4月，英国承诺到2035年，碳排放量同1990年的水平相比将减少78%，并首次将国际航空和航运排放纳入预算管理。

（二）技术措施

着力推动各行业先进低碳技术研发。2020年，英国发布《绿色工业革命十项

---

① "The Climate Change Act 2008（2050 Target Amendment）Order 2019"（2019-06-26），https://www.legislation.gov.uk/uksi/2019/1056/introduction/made[2022-05-30]。

计划》^①，支持包括海上风电、氢能、核能、电动汽车、绿色公共交通、零排放喷气式飞机、绿色建筑、CCUS、自然环境、绿色金融与创新等十个重点领域的绿色技术研发。组建海上可再生能源技术创新中心，联合产学研机构开展技术研发和应用。建立四个"推动电力革命中心"，为虚拟产品开发、数字制造和先进组装技术提供场所，研发面向飞机、轮船和汽车等交通工具的绿色电机，推动电机测试和制造领域迈向世界领先。以技术为关键杠杆，支持农业在2040年之前实现零碳排放，如增加可再生能源和生物能源的使用、种植芒属植物等生物能源作物实现碳收支平衡等。

支持工业脱碳技术研发。2021年，英国通过了《工业脱碳挑战》计划，提出向9个项目投入1.71亿英镑（约15.19亿元人民币，按2021年度平均汇率1英镑=8.8802元人民币进行换算，下同）^②，启动3个海上CCUS项目以及6个陆上碳捕集或氢燃料转换项目，支持开发减少重工业和能源密集型工业碳足迹的技术。当前重点关注氢气输送储存专有网络，海上封存场地、基础设施和封存关键组件，天然气发电设施脱碳，以及热电联产电厂现有燃气轮机和辅助锅炉改造等相关技术。

加快CCUS和核能等关键技术研发。英国计划到2030年创建四个CCUS集群，引领全球CCUS技术发展。研发下一代小型模块化反应堆和先进模块化反应堆，使核能发展成为可靠的低碳电力来源。研发净零排放飞机、可持续航空燃料和清洁海洋技术，帮助航空业和航海业变得更加绿色清洁。

（三）行政措施

设立气候变化委员会。英国气候变化委员会是由英国商业、能源和产业战略部赞助的独立公共机构，主要职责包括制定减排方案并监督实施、向政府建议排放目标和碳预算、评估最新的排放数据等，并负责每年向议会进行报告，同时提出政策实施的具体建议。

推动低碳转型与清洁增长计划。2020年，宣布《绿色工业革命十项计划》，涵

---

① "The Ten Point Plan for a Green Industrial Revolution"（2020-11-18），https://assets.publishing. service.gov.uk/government/uploads/system/uploads/attachment_data/file/936567/10_POINT_PLAN_ BOOKLET.pdf[2022-05-26]。

② "UKRI awards ￡171m in UK decarbonisation to nine projects"（2021-03-17），https://www. ukri.org/news/ukri-awards-171m-in-uk-decarbonisation-to-nine-projects/[2022-05-26]。

盖清洁能源、公共交通等领域，大力推动海上风能发展、推进新一代核能研发、加速推广电动车等。

启动全球首个交通脱碳计划。2021年，英国宣布启动全球首个交通脱碳计划，为交通行业到2050年实现净零排放制定路线图，提出到2040年停止销售新型柴油和汽油重型货车，到2050年实现所有交通运输方式脱碳。英国政府承诺将投资数十亿英镑用于支持绿色出行和清洁车辆，同时改善公共交通，到2040年确保国内航空净零排放，到2050年创建净零排放铁路网络。

实施退煤行动。2021年，英国政府宣布煤炭发电退出的时间从2025年提前到2024年，将淘汰所有火力发电厂，并终止向海外热煤开采和煤电厂提供任何直接的官方发展援助、投资、出口信贷或贸易支持。

（四）财税措施

拓宽绿色融资范围。2012年英国政府全资成立全球第一家绿色投资银行——英国绿色投资银行，2016年英国绿色投资银行被以23亿英镑（约204.24亿元人民币）出售给澳大利亚麦格理集团，并更名为"绿色投资集团"，通过发行绿色债券等方式筹集资本。为加快创新型低碳技术的商业化，英国政府启动了由政府资金、配对资金以及社会资金组成的净零创新投资组合，该投资组合将包括10亿英镑（约88.8亿元人民币）的政府资金、10亿英镑的配对资金以及来自私营部门的25亿英镑（约222.01亿元人民币）资金，主要关注《绿色工业革命十项计划》提出的海上风电、氢能等十个重点领域。

碳市场和税收政策协同发力。2002年英国建立碳排放权交易体系，是世界上最早的碳排放权交易市场，于2005年欧盟碳排放权交易体系启动后中止。脱欧后，英国在2021年1月重新建立了英国排放交易体系（UK Emission Trading Scheme，UK-ETS），涵盖能源密集型工业、发电和航空等行业。UK-ETS将分阶段实施，第一阶段是2021年至2030年，第二阶段是2031年至2040年。UK-ETS计算免费配额的基准与欧盟碳排放权交易体系的第四阶段相同，还启动了碳交易底价保证机制。从交易情况来看，2021年共发放3910万份免费碳配额，在首场配额拍卖中，交易量超过600万吨，成交均价达到43.99英镑/吨（约390.64元人民币/吨）。2001年起，英国开始征收气候变化税，旨在鼓励提高能源效率和降低能源消费量，履行其在《京都议定书》中的承诺，减少温室气体排放。

（五）法规措施

英国是全球首个将碳减排目标写入法律的国家。英国相继制定了能源法、规划法、气候变化法等法律法规，构筑了实施低碳发展战略和加速低碳经济转型的制度基石，其中气候变化法是英国应对气候变化法律和政策体系的核心。2019年6月，英国通过《2008年气候变化法案（2050年目标修正案）》，核心内容是将2050年的温室气体减排目标从80%调整为100%，并规定了碳中和相关政策和行动。具体而言，需要对土地利用方式进行技术方面的改变，例如，更加注重碳封存；支持对一系列新技术的投资，包括CCUS、氢能和生物能源等领域。

三、 法国碳中和目标与措施

（一）碳中和目标

法国政府2015年发布《绿色增长能源转型法案》和首个《国家低碳战略》，提出2050年碳排放总量比1990年减少75%，2019年的《能源与气候法案》调整了目标，提出至2050年实现碳中和。

（二）技术措施

支持以绿色氢能为代表的可再生能源。2020年，法国实施《法国发展无碳氢能的国家战略》，计划投入70亿欧元（约534.58亿元人民币，按2021年度平均汇率1欧元=7.6369元人民币进行换算，下同）发展绿色氢能技术[①]。2020年，法国通过经济复苏计划[②]，支持核能产业改造和可再生材料回收、生物燃料产品等绿色关键技术。

支持绿色交通。法国期望建立低碳化的汽车生产本土供应链，并与德国联合生

---

① "Présentation de la stratégie nationale pour le développement de l'hydrogène décarboné en France"（2020-09-09），https://www.economie.gouv.fr/presentation-strategie-nationale-developpement-hydrogene-decarbone-france[2022-05-26]。

② "France Relance"（2020-09-03），https://www.economie.gouv.fr/files/files/directions_services/plan-de-relance/dossier-presse-plan-relance.pdf[2021-12-20]。

产动力电池。2020年，法国提出至2025年生产100万辆电动汽车和混合动力汽车，开发氢动力重型汽车；《航空业支持计划》提出至2035年开发出零碳排放飞机。

支持工业脱碳技术。《法国发展无碳氢能的国家战略》提出在炼油、化工、电子和食品等行业使用无碳氢能，逐步实现工业脱碳。2021年法国第四期《未来投资计划》制定工业脱碳战略，提高生产工艺的能源效率；发展热脱碳等工业脱碳技术；推广脱碳工艺和CCUS技术。

（三）行政措施

成立气候高级委员会。法国政府成立气候高级委员会，作为气候政策评估的独立机构，其主要职责包括评估政府的气候政策，对政府应对气候变化的政策举措、政府公共政策的环境影响等进行评估并提供政策建议。

设立专项气候计划。法国政府于2017年正式提出气候计划，启动了《国家低碳战略》和《能源计划》的修订工作，提出落实《巴黎协定》、鼓励绿色环保生活方式、停止使用化石燃料、发展绿色经济、鼓励生态和农业系统绿色发展、加强气候外交等。

保障森林和农业生态系统绿色发展。2017年气候计划提出停止进口毁坏森林的林业和农业产品、减少农业领域碳排放、改变粮食消费习惯、减少氮肥用量、使用电动农机、开展土壤保护计划、发展土壤固碳等措施。为保障森林生态系统碳储存量，实施森林计划与生物质能发展战略，保护森林系统。

（四）财税措施

国家重大投资计划以低碳转型为重点。2018年，法国《大规模投资计划》提出将投资200亿欧元（约1527.38亿元人民币）用于支持建筑热能改造、发展可再生能源与促进环境创新、发展清洁汽车等。2021年，法国提出将投资300亿欧元（约2291.07亿元人民币）用于支持建筑热能改造、绿色交通、能源与绿色技术、农业转型等。

深化碳预算制度改革，逐步提高碳定价机制的影响。在碳交易方面，积极参加欧盟碳排放权交易体系，根据2020年碳预算法令，法国设定未来三个阶段的碳预算：2019～2023年每年4.22亿吨二氧化碳当量，2024～2028年每年3.59亿吨二氧化碳当量，2029～2033年每年3亿吨二氧化碳当量，并细分至交通、建筑、农林、工业、能源生产、垃圾处理等领域。在碳税方面，法国从2014年实施碳税制度以来，其碳税已从每吨7欧元（约53.46元人民币）提升至2018年的每吨44.6欧元（约340.61元人民币），计划至2030年实现每吨100欧元（约763.69元人民币）的碳税价格，但受到抗议政府加征燃油税的巴黎"黄背心"运动影响，2019年起法国已暂停增加碳税。

实施预算环境影响评估，促进预算向绿色低碳倾斜。法国是第一个开展预算的环境影响分析的国家，2020年起通过六项环境指标评估国家预算支出和税收支出的环境影响，并据此把支出分为有利于环境、中性和不利于环境三类，为调整支出提供依据。该评估指标主要包括应对气候变化、适应气候变化和预防自然风险、水资源管理、循环经济、废物和预防相关技术风险、应对污染、生物多样性、保护自然和农林区等多个方面。

以补贴、税收、金融等工具促进清洁能源使用和温室气体减排。第一是为电动汽车和混合动力汽车购置提供补贴；第二是通过价格补偿、税收等工具保障企业生产和应用无碳氢能；第三是发放"能源券"；第四是征收汽油、柴油税控制汽车碳排放；第五是发行首只绿色债券，为对改善环境做出积极贡献的项目提供资金。

（五）法规措施

为实现碳中和相关各项目标，法国制定、采取了一系列法规措施。2015年，法国制定了《国家低碳战略》，提出了目标实现的路线图：至2022年，关停煤电站；至2030年，化石燃料消耗量比2012年减少40%，可再生能源达到能源结构的33%；至2035年核电占比降至50%。2021年，法国通过了《应对气候变化及增强应对气候变化后果能力法案》，由150名公民组成的公民气候公约委员会从消费、生产和工作、交通、居住、饮食等方面，拟定了近150项举措，旨在改变经济发展模式，促进全社会更好地应对气候变化。

作　者：潘教峰　孙　翊　周道静　陈晓怡　葛春雷

审稿人：樊　杰

编　辑：李　莉　陈会迎

印度和巴西是发展中国家的代表。印度是世界第三大温室气体排放国，2021年印度提出将在2070年实现碳中和目标。作为拉丁美洲的主要经济体，2020年巴西提出力争于2060年实现碳中和。印度和巴西均面临经济发展和脱贫的巨大压力，需要统筹考虑经济发展需求与碳减排、碳中和目标。两国基于不同的自然资源环境，制定了因地制宜的碳中和政策和举措。印度的能源结构高度依赖煤炭，因此在加强太阳能、生物燃料、氢能等清洁能源技术开发的同时，着重强调煤炭的清洁化利用，开展煤炭高效清洁利用技术研发，制定清洁煤炭政策保障电力供应；制定支持新能源项目的煤炭税，设立国家清洁能源基金。巴西注重发展以生物燃料为代表的可再生能源，大力发展水电、风能、太阳能、生物质能、核能等清洁能源技术，并给予政策支持，设定了私营部门清洁能源研发投入的最低比重；鉴于亚马孙森林的特殊地位，巴西还注重保护森林碳汇，承诺加大打击毁林活动的力度，通过设立基金加强森林保护来支撑碳中和目标；并以税收来推动低碳可持续发展。至今，印度和巴西两国均没有启动碳中和目标立法的工作。

一、 印度碳中和目标与措施

（一）碳中和目标

印度人口约占全球总人口的18%，印度是世界第三大温室气体排放国，其电力

70%来自煤炭发电。2021年11月的第26届联合国气候变化大会上，印度总理莫迪提出印度将在2070年实现碳中和目标[①]。印度明确了2030年碳减排的阶段性目标，包括：到2030年底，非化石燃料发电产能目标将提高至500吉瓦（2019年提出的目标为450吉瓦，2021年发电量约为100吉瓦）；到2030年，50%的电力将来自可再生能源（2020年约占38%）。

（二）技术措施

研发煤炭高效清洁利用技术。《气候变化国家行动计划》提出重点研发先进的超临界技术、IGCC技术以及CCUS技术等，以大幅减少煤电的二氧化碳排放量。印度甘地原子能研究中心、印度巴拉特重型电力有限公司和国家热电公司签署了一项协议，开展超超临界锅炉技术的试验和推广。

全面加强新能源技术研发。印度清洁能源研发的重点是太阳能及其与电网的整合、可持续和负担得起的生物燃料。希望吸引全球企业在印度研发太阳能光伏、锂电池、太阳能充电基础设施和其他先进技术。

推动氢能源技术开发和应用。2021年，印度总理莫迪提出发挥绿氢在脱碳中的重要作用，使印度成为全球绿氢生产和出口的中心。2022年3月，印度新能源和可再生能源部发布《国家氢能计划》[②]，强调生产绿氢。氢能源技术重点支持生物质气化、生物技术路线和电解槽生产氢气的大型研发项目，以及氢储存、安全和内燃机应用方面的项目。

（三）行政措施

建立气候变化问题领导机构。印度2007年6月成立了由总理任主席的总理气候变化委员会，成员包括内阁部长、气候变化专家、工业界和民间学术团体人员，是该国气候变化问题的最高领导机构。委员会的职责包括对《气候变化国家行动计划》的实施进行政策指导，检查和评价行动计划的进展，以及在气候变化国际双边

---

① "India's Intended Nationally Determined Contribution: working towards climate justice"（2021-11-20），https://www4.unfccc.int/sites/submissions/INDC/Published%20Documents/India/1/INDIA%20INDC%20TO%20UNFCCC.pdf[2022-01-22]。

② "National Hydrogen Mission"（2022-03-21），https://static.pib.gov.in/WriteReadData/specificdocs/documents/2022/mar/doc202232127201.pdf[2022-05-28]。

及多边谈判上协调国内立场。

制定清洁煤炭政策保障电力供应。煤炭发电是印度的主要电力来源,也是重要的碳排放来源。印度已采取多项举措提高燃煤发电效率,减少其碳足迹,包括要求新建大型燃煤发电站使用超临界技术;分阶段改造现有旧电站;未来将引入超超临界技术,以及制定严格的排放标准等。

实施可再生能源配额制。为促进可再生能源发展,印度推行以可再生能源购买义务和可再生能源证书为核心的可再生能源配额制。莫迪执政后,印度政府宣称将推行世界上最大规模的可再生能源发展计划,此后对该计划目标进行数次修订、提升和细化。总体而言,印度的可再生能源发展计划实施以来取得了一定成效,但距其目标仍有较大差距,且存在体制、资金、土地、技术、基础设施、行政能力等一系列制约因素[4]。

(四)财税措施

制定支持新能源项目的煤炭税。2010年印度制定煤炭税政策,对每吨煤炭征收50卢比(约4.37元人民币,按2021年度平均汇率1卢比=0.0873元人民币进行换算,下同)的税收,后来提高到每吨煤200卢比(约17.46元人民币)。相当比例的煤炭税收用于国家清洁能源基金,用于资助清洁能源及相关的项目①,以及安全饮用水、卫生设施建设、河流修复以及植树造林等。

积极推动碳金融衍生品交易。作为发展中国家碳交易市场的先行者,印度推出了碳金融衍生品交易,主要通过国内两家期货交易所、多种商品交易所和国家商品及衍生品交易所开展。多种商品交易所于2005年开展碳排放权的期货交易,相继推出排放指标期货和核证减排量期货;国家商品及衍生品交易所则在2008年4月推出核证减排量期货。

(五)法规措施

印度政府应对气候变化的政策尚未系统化,相关的法规措施分散在中央和地方政府制定的某些法案和法规中,如《印度环境法》《印度能源法》《气候变化国家行

---

① "India's Intended Nationally Determined Contribution: working towards climate justice"(2021-11-20), https://www4.unfccc.int/sites/submissions/INDC/Published%20Documents/India/1/INDIA%20INDC%20TO%20UNFCCC.pdf[2022-01-22]。

动计划》[5]。2009年提出的《气候变化国家行动计划》明确指出，解决国家贫困问题需要经济的快速增长，但经济增长必须和生态环境可持续发展同步进行，不能顾此失彼。围绕能源安全，《国家电力政策》《综合能源政策》强调普及电力供应，大力发展可再生能源等。

二、巴西碳中和目标与措施

（一）碳中和目标

作为拉丁美洲的主要经济体，2020年12月，巴西环境部长里卡多·萨列斯宣布，将在《巴黎协定》框架内，力争于2060年实现碳中和。为此，巴西政府公布了相关阶段性目标，包括到2025年实现年排放量较2005年水平下降37%；到2030年较2005年水平下降43%；到2030年全面禁止非法毁林，重新造林1200万公顷，将可再生能源的比例提升至45%。①

（二）技术措施

加强清洁能源技术研发投资与创新。为提高能源结构多样性和竞争力，巴西《国家科技创新战略2016—2022》针对能源科技创新做出部署，提出要加强对能源生产供应链技术开发与创新的资助。2020年出台了《国家能源计划2050》，突出清洁能源创新的重要性，强调大力发展水电、风能、太阳能、生物质能、核能等清洁能源技术，强调能源生产与应用的数字化转型、智能电网相关技术的开发、能源的安全储存与传输技术，以提高能源的生产和使用效率。

优先发展以生物燃料为代表的可再生能源。受能源安全和气候变化的驱动，政府鼓励发展可再生能源，尤其是生物燃料。作为《国家科技创新战略2016—2022》的一部分，科技创新与通信部制定《可再生能源和生物燃料科技创新计划2018—

---

① 《巴西实现碳中和目标任重道远》（2021-01-26），https://m.gmw.cn/baijia/2021-01/26/1302070501.html[2021-12-20]。

2022》①，目的是为关键技术提供解决方案，以增加可再生能源在巴西能源供应中的份额，强调要继续提高生物乙醇、生物甲烷的开发利用水平，注重提高生物精炼技术，开发木质纤维素乙醇和用于航空的生物煤油。开发绿色交通燃料技术，提高燃料质量、减少燃料燃烧所产生的碳排放。

（三）行政措施

成立应对气候变化协调机构。2007年，巴西成立由总统府负责的气候变化部际委员会，并声明气候变化已经"从技术和科学层面转向了与国家发展政策相关联的战略层面"。2021年，总统签署法令，成立气候变化和绿色增长部际委员会，该委员会每60天召开一次协调会议，负责将巴西在环保和可持续发展领域的行动系统化。

加强能源创新治理。2020年巴西发布的《国家能源计划2050》，系统阐述了巴西促进能源转型的长期战略，强调要加强能源创新治理。在该战略指导下，矿产能源部和科技与创新部（原科技创新与通信部）将加强合作，包括发布部长级机构国家能源政策委员会决议，引导研发投资方向；矿产能源部和其他公共机构持续参与"能源大推动"项目，建立政策支持平台，构建包含巴西能源研发投资数据在内的大数据平台②。

设定私营部门清洁能源研发投入的最低比重。巴西政府在所有发电、输电和配电的特许、许可及授权合同中，都制定了强制性研发条款，规定电力行业公司每年都必须将一定百分比的净营业收入用于技术研发项目：能源生产和传输公司为1%，能源分销商为0.5%。

加大执法力度打击毁林活动。早在2003年，巴西就成立了部际工作组，加强打击毁林活动的协作。2020年启动了一项光伏发电项目，旨在减少雨林地区化石燃料的使用，改善居民的生活质量，促进当地经济社会发展。2021年，政府推出

---

① "Science，Technology and Innovation Plan for Renewable Energies and Biofuel"，https://stip.oecd.org/stip/net-zero-portal/policy-initiatives/2021%2Fdata%2FpolicyInitiatives%2F99993763[2021-01-22]。

② "Highlights in 2020"（2020-12-16），http://www.mission-innovation.net/our-members/brazil/highlights-in-2020/#:~:text=The%20Science%2C%20Technology%20and%20Innovation%20Plan%20for%20Renewable，National%20Science%2C%20Technology%20and%20Innovation%20Strategy%20%28ENCTI%202016-2022%29[2021-12-28]。

新措施，加强对各环保相关部门的支持与统筹，在重点地区加大对非法砍伐和纵火行为的处罚力度。除法律监管外，巴西政府还综合运用创新手段加强对雨林的保护。亚马孙林业主管部门借助高清晰度卫星图像，加强对分散、小规模森林砍伐活动的监控，大大提高了雨林保护的效率。

（四）财税措施

通过税收推动低碳可持续发展。2010年，巴西政府开始向石油生产企业征收特别税，设立了国家气候变化基金，用于资助减排和适应行动[6]。该基金主要由巴西国家经济社会发展银行管理，帮助低碳生产企业偿还贷款和融资。部分资金由环境部管理，主要用于环境研究项目、社会动员和气候变化影响评估等。

建立基金来加强森林保护。2008年巴西设立了亚马孙基金，接受来自发达国家和私营部门的资金援助，另外，在《巴西气候政策计划》中提出了减少毁林及森林退化造成的排放的国际金融工具①。

（五）法规措施

巴西政府早在2009年12月就颁布了《国家气候变化政策法》，明确规定了国家气候变化政策的原则、目标和政策工具，并提出巴西到2020年的减排目标[6]。目前，巴西尚未完成碳中和目标和战略的相关立法。

作　者：潘教峰　王建芳　马　宁　郭建新　曾　桉

审稿人：樊　杰

编　辑：李　莉　陈会迎

---

① "Climate Policy Programme Brazil"，https://www.giz.de/en/downloads/giz-2022-en-PoMuC.pdf [2022-05-26]。

第六节	主要国家碳中和做法的启示

总体而言，全球主要国家都积极响应和顺应碳中和趋势，高度重视碳中和战略层面的顶层设计，适时加强碳中和立法保障，并基于不同经济发展阶段、资源禀赋、技术基础等制定各有侧重的技术措施、行政措施、财税措施和法规措施，形成了相对系统的碳中和政策体系。总体上看，主要国家的碳中和举措对我国制定和完善立足自身国情、符合世界潮流的碳中和政策措施，有着较好的参考价值和启示意义。我国作为全球碳排放大国和最大的发展中国家，实现碳达峰、碳中和目标的时间紧、转型压力大、目标任务重、不确定因素多，必须充分借鉴国际先进经验做法，持续优化国内碳中和"1+N"政策体系。

1. 加强政策统筹协调

制定相对系统的碳中和政策措施，是全球主要国家的共同做法。一方面，国家宜在相关法律中明确碳中和目标，制定碳中和宏观战略。特别是为提高应对气候变化的决策效率，建立应对气候变化的协调机制，加强相关部门和政策的统筹协调。另一方面，考虑碳中和变革的系统性，我国也应加强政策统筹协调，推进碳中和的顶层设计和立法保障，谋划经济社会全面绿色低碳转型的时间表、路线图和优先序，为强化碳排放控制、行动和政策提供稳定连贯、日趋强化的制度保障与行动指引。

2. 重视技术创新政策

重视技术驱动的碳中和路径和政策设计，是国际上主要国家的普遍做法。将技术创新及其商业化作为碳中和战略的核心，大幅投资低碳、零碳和负碳技术研发与创新。为占据国际竞争制高点，高度重视推动碳中和相关技术标准的国际化。我国应把可再生能源发展、传统能源清洁化利用、氢能及储能等技术创新驱动碳中和作为重点，围绕创新链部署产业链，并制定相关政策措施保障目标实现。同时，制定碳中和技术创新国际化战略，促进绿色低碳技术研发的多边合作。

3. 强化财税政策和市场机制的激励作用

碳市场、税收及碳金融等成为各国推动碳中和目标实现的重点制度。财税政策和市场机制能够有效降低实现碳中和的社会经济成本，吸引私人投资开发和应用低碳、零碳技术。我国应追求成本效率更高的碳达峰、碳中和实现方式。在未来的碳中和政策制定中，我国应进一步完善碳中和财税政策，加大低碳、零碳、负碳技术研发的税收减免力度，优化相关新能源补贴政策，加快碳市场建设，形成具有成本效益的碳中和路径。

4. 发挥区域、地方政府自下而上的补充作用

在中央政府主导实现碳中和目标的过程中，区域、地方政府的自主行动，能够在减少温室气体排放、推动低碳创新、建立碳排放权交易市场等方面起到补充作用。中国应完善激励引导机制，发挥地方政府在碳达峰、碳中和方面的积极作用。此外，还可以推动非国家主体之间的合作，鼓励我国地方政府与国外地方政府之间加强碳中和方面的合作，实施碳中和伙伴城市等计划。

作　者：潘教峰　谭显春　苏利阳　汪明月

审稿人：樊　杰

编　辑：李　莉　陈会迎

本章参考文献

[1] 中国科学院可持续发展战略研究组. 2020中国可持续发展报告：探索迈向碳中和之路. 北京：科学出版社，2021.

[2] 苏健，梁英波，丁麟，等. 碳中和目标下我国能源发展战略探讨. 中国科学院院刊，2021，36（9）：1001-1009.

[3] 陈晓红，胡维，王陟昀. 自愿减排碳交易市场价格影响因素实证研究：以美国芝加哥气候交易所（CCX）为例. 中国管理科学，2013，21（4）：74-81.

[4] 金莉苹. 印度莫迪政府可再生能源发展计划：动因、成效与制约. 南亚研究，2018，（3）：89-109，151-152.

[5] 黄云松，黄敏. 浅析印度应对气候变化的政策. 南亚研究，2010，（1）：65-77.

[6] 贺双荣. 巴西气候变化政策的演变及其影响因素. 拉丁美洲研究，2013，35（6）：26-32，80.

名词缩略语表

缩略词	外文全称	中文全称
AC/DC	alternating current/direct current	交流/直流
ADANES	accelerator driven advanced nuclear energy system	加速器驱动的先进核能系统
ADP	adenosine diphosphate	腺苷二磷酸
AOC	atmospheric oxy-fuel combustion	常压富氧燃烧
bcc	body-centered cubic	体心立方
BIPV	building integrated photovoltaic	光伏建筑一体化
BOD	biochemical oxygen demand	生化需氧量
BSI	British Standards Institution	英国标准协会
CAMS	Copernicus Atmosphere Monitoring Service	哥白尼大气监测服务
CARIBIC	Civil Aircraft for Regular Investigation of the Atmosphere Based on An Instrument Container	空中巴士空气污染和气候研究观测计划
CCS	carbon capture and storage	碳捕集与封存
CCUS	carbon capture，utilization and storage	碳捕集、利用与封存
CDIAC	Carbon Dioxide Information Analysis Centre	二氧化碳信息分析中心
ChinaFLUX	Chinese Flux Observation and Research Network	中国通量观测研究网络
CIGS	copper indium gallium selenide	铜铟镓硒
COD	chemical oxygen demand	化学需氧量
CONTRAIL	Comprehensive Observation Network for Trace Gases by Airliner	客机示踪气体综合观测网络
COP	coefficient of performance	性能系数
CZEN	Critical Zone Exploration Network	关键带研究网络
DC/DC	direct current/direct current	直流/直流
DOC	dissolved organic carbon	溶解有机碳
EC	electronic commutation	电子换向
ECU	electronic control unit	电子控制单元
EDGAR	Emissions Database for Global Atmospheric Research	全球大气研究排放数据库

缩略词	外文全称	中文全称
EIA	Energy Information Administration	美国能源信息管理局
FPAR	fraction of photosynthetically active radiation	光合有效辐射分量
GAW	Global Atmosphere Watch	全球大气观测
GBD	Global Burden of Disease Study	全球疾病负担研究
GDP	gross domestic product	国内生产总值
GFL	grid-following	跟网型
GFM	grid-forming	构网型
GHGP	Green House Gas Protocol	温室气体核算体系
GIF	Generation Ⅳ International Forum	第四代核能系统国际论坛
GPP	gross primary productivity	总初级生产力
GWP	global warming potential	全球增温潜势
HFCs	hydrofluorocarbons	氢氟烃
HIPPO	HIAPER Pole-to-Pole Observations	HIAPER 从极点至极点（温室气体）观测计划
HJT	heterojunction with intrinsic thinfilm	异质结
IBC	interdigitated back contact	交叉指式背接触
ICOS	Integrated Carbon Observation System	集成碳观测系统
IEA	International Energy Agency	国际能源署
IGCC	integrated gasification combined cycle	整体煤气化联合循环
IOA	input-output analysis	投入产出分析
IOT	input-output table	投入产出表
IPCC	Intergovernmental Panel on Climate Change	政府间气候变化专门委员会
IPCC-1996-LUCF	IPCC-1996-land use change and forestry	IPCC-1996-土地利用变化和林业
IPCC-GPG-LULUCF	IPCC good practice guidance for land use，land use change and forestry	IPCC 土地利用、土地利用变化和林业优良做法指南
ISO	International Organization for Standardization	国际标准化组织
JEETS	Japan Experimental Emission Trading System	日本试验排放交易系统
JRC	European Commission's Joint Research Centre	欧盟委员会联合研究中心
J-VER	Japan Verified Emission Reduction	日本核证减排
JVETS	Japan Voluntary Emission Trading Scheme	日本自愿排放交易体系

续表

缩略词	外文全称	中文全称
LCA	life cycle assessment	生命周期评价
LED	light-emitting diode	发光二极管
LMDZ	Laboratoire de Météorologie Dynamique Zoom	动力气象实验室
LNG	liquefied natural gas	液化天然气
MEIC	Multi-resolution Emission Inventory for China	中国多尺度排放清单模型
MVR	mechanical vapor recompression	机械蒸汽再压缩
NACP	North American Carbon Program	北美碳计划
NCS/NbCS	natural climate solution / nature-based climate solution	自然气候解决方案
NDVI	normalized difference vegetation index	归一化植被指数
NEON	National Ecological Observatory Network	国家生态观测网络
NEP	net ecosystem productivity	净生态系统生产力
NMVOCs	non-methane volatile organic compounds	非甲烷类挥发性有机物
NPP	net primary productivity	净初级生产力
OCO-2	Orbiting Carbon Observatory-2	轨道碳观测 2 号
OECD	Organization for Economic Co-operation and Development	经济合作与发展组织
OPC	ordinary Portland cement	普通硅酸盐水泥
P2X	power-to-X	电与燃料转换
PEF	Product Environmental Footprint	产品环境足迹
PEMFC	proton exchange membrane fuel cell	质子交换膜燃料电池
PEMWE	proton exchange membrane water electrolysis	质子交换膜电解水
PERC	passivated emitter and rear cell	钝化发射极和背面电池
PET	polyethylene terephthalate	聚对苯二甲酸乙二醇酯
PLC	programmable logic controller	可编程逻辑控制器
POC	particulate organic carbon	颗粒有机碳
POC	pressurized oxy-fuel combustion	增压富氧燃烧
POLO-IBC	polycrystalline on oxide-interdigitated back contact	多晶硅氧化 - 交叉指式背接触
PPP	purchasing power parity	购买力平价

续表

缩略词	外文全称	中文全称
PX	*p*-xylene	对二甲苯
RCP	representative concentration pathway	典型浓度路径
RDOC	recalcitrant dissolved organic carbon	难分解溶解有机碳
RF	radio frequency	射频
SOFC	solid oxide fuel cell	固体氧化物燃料电池
TCCON	Total Carbon Column Observing Network	总碳柱观测网络
TCRE	transient climate response to cumulative emissions of carbon dioxide	累积二氧化碳排放的瞬态气候响应
TERN	Terrestrial Ecosystem Research Network	陆地生态系统研究网络
TOPCon	tunnel oxide passivated contact	隧穿氧化层钝化接触
TSR	thermal substitution ratio	热量替代率
UK-ETS	UK Emission Trading Scheme	英国排放交易体系
UNFCCC	United Nations Framework Convention on Climate Change	《联合国气候变化框架公约》
USGCRP	United States Global Change Research Program	美国全球变化研究计划
V2G	vehicle-to-grid	车网互动
VDZ	Verein Deutscher Zementwerke	德国水泥工程协会
VOC	virtual oscillator control	虚拟振荡器控制
VSM	virtual synchronous machine	虚拟同步机
WDCGG	World Data Centre for Greenhouse Gases	世界温室气体数据中心
WRI	World Resources Institute	世界资源研究所